国际人道主义灾害响应系列丛书

国家出版基金项目
NATIONAL PUBLICATION FOUNDATION

国际搜索与救援指南
（2020）

联合国人道主义事务协调办公室（OCHA）编

中国地震应急搜救中心 编译

应急管理出版社

·北　京·

内容提要

　　本书以 *INSARAG Guidelines* 为核心体系，从国际地震应急演练的基本概念、演练安排、前期筹备、现场准备、演练场景、演练任务卡、评估方法和远程演练多个方面提出了参考建议和技术规范，是国际搜索与救援咨询团（INSARAG）在下一个执行期开展相关演练的主要指导文件。同时，为国家和地方地震应急救援综合性流程演练的组织开展，以及如何提升相关工作的专业化、规范化和标准化水平给予了思路。

《国际搜索与救援指南（2020）》
编译委员会

联合国
人道主义事务协调办公室
传真：...... ＋ (4122) 917-0023
电话：...... ＋ (4122) 917-1234

联合国
人道主义事务协调办公室
万国宫
CH-1211 日内瓦 10 号

2022 年 4 月 19 日

　　我代表联合国人道主义事务协调办公室的应急响应科（ERS），很高兴看到我们的五份应急响应资源文件已翻译成中文。在此，我再次衷心感谢中华人民共和国应急管理部（MEM）中国地震应急搜救中心（NERSS）提供的支持。因此，ERS 同意出版和发行以下文件的中文版本：

- 国际搜索与救援指南（2020）
- 联合国灾害评估与协调队现场工作手册（2018）
- 现场行动协调中心指南（2018）
- 国际地震应急演练指南（2021）
- 亚太地区灾害响应国际工具和服务指南

　　我谨借此机会感谢中华人民共和国政府为该项目提供资助，并期待 NERSS、MEM 和 ERS 继续开展合作。

谨启

Sebastian Rhodes Stampa
联合国人道主义事务协调办公室（日内瓦）
响应支持处应急响应科主管
国际搜索与救援咨询团秘书负责人

19 April 2022

On behalf of the Emergency Response Section (ERS), located within the United Nations Office for the Coordination of Humanitarian Affairs, I am pleased to note the completion of the translation of five of our emergency response resource documents into Chinese. I would like to reaffirm my sincere gratitude for the support provided by the National Earthquake Response Support Service (NERSS), Ministry of Emergency Management of P.R. China. The ERS therefore endorses the publication and distribution of the Chinese versions of:

- International Search and Rescue Advisory Group (INSARAG) Guidelines 2020
- United Nations Disaster Assessment and Coordination Field Handbook
- On-Site Operations Coordination Center Guidelines 2018
- International Earthquake Response Exercise (IERE) v2.0, Disaster Response in Asia and the Pacific
- INSARAG Earthquake Response Exercise Guide

I would like to take this opportunity to thank the Government of P.R. China for sponsoring this project and I look forward to the continued cooperation between NERSS, MEM and the ERS.

Yours sincerely,

Sebastian Rhodes Stampa
Chief, Emergency Response Section
and Secretary, INSARAG
Response Support Branch
OCHA Geneva

译者序

党的十八大以来，以习近平同志为核心的党中央着眼党和国家事业发展全局，坚持以人民为中心的发展思想，统筹发展和安全两件大事，把安全摆到了前所未有的高度，应急管理体系和能力现代化水平也在不断提升。国务院印发的《"十四五"国家应急体系规划》明确提出，要建强应急救援主力军国家队，加强跨国（境）救援队伍能力建设，积极参与国际重大灾害应急救援、紧急人道主义援助；要增进国际交流合作，加强与联合国减少灾害风险办公室等国际组织的合作，推动构建国际区域减轻灾害风险网络。

"国际人道主义灾害响应系列丛书"由中国地震应急搜救中心组织编译，旨在为我国参与国际人道主义领域工作，以及希望了解相关知识体系的政府机关、企事业单位、科研院校、非政府组织、应急救援队伍和个人，提供当前联合国框架下国际人道主义相关理念和成熟做法的中文文献资料。丛书共编译五本图书，包括《国际搜索与救援指南（2020）》《联合国灾害评估与协调队现场工作手册（2018）》《现场行动协调中心指南（2018）》《国际地震应急演练指南（2021）》《亚太地区灾害响应国际工具和服务指南》，均由联合国人道主义事务协调办公室（OCHA）或其下属部门编写。

联合国人道主义事务协调办公室成立于1998年，隶属于联合国秘书处，由联合国副秘书长直接领导，通过整体协调、政策导向、咨询建议、信息管理和人道主义资金援助等行使其协调全球人道主义事务的职责。选择这五本图书组成"国际人道主义灾害响应系列丛书"，一方面是考虑到联合国人道主义事务协调办公室在国际人道主义领域的权威性，另一方面是考虑到内容的综合性、专业性和实用性。丛书所涵盖的内容涉及五个方面：国际人道主义救援的理论和方法——国际搜索与救援指南；致力于现场高效评估协调的队伍——联合国灾害评估与协调队；国际人道主义紧急援助协调的核心平台——现场行动协调中心；围绕亚太地区的情况介绍——灾害响应国际工具和服务；以及用于指导国际地震应急演练筹备、组织和具体实施的指南。五本图书的内容既在专业领域方面各有偏重，又在体系上相互呼应和补充，组成了一个有机整体。

为了使丛书的编译工作更加科学有效，中国地震应急搜救中心根据编译团队人员的业务专长对编译工作进行了有针对性的分组和分工，并采取分散、集中和交叉翻校译相结合的方式，以科学严谨的态度，用时两年高质量地完成了这套丛书的编译工作。其中，《国际搜索与救援指南（2020）》一书由李立负责，成员包括陈思羽、高娜、高伟、曲旻皓、王海鹰、张天罡、刘晶晶、徐一凡、原丽娟、王盈、严瑾、张帅、张硕南、韩珂；《联合国灾害评估与协调队现场工作手册（2018）》一书由陈思羽负责，成员包括李立、王洋、王海鹰、高娜、张煜、杨新红、张涛、张天罡、张帅、曲旻皓、张硕南、韩珂；《现场行动协调中心指南（2018）》一书由刘本帅负责，成员包括曲旻皓、高伟、张帅、李立、王洋、陈思羽、张天罡、张硕南、韩珂；《国际地震应急演练指南（2021）》一书由王洋负责，成员包括张帅、张硕南、李立、高娜、陈思羽、张天罡、曲旻皓、韩珂；《亚太地区灾害响应国际工具和服务指南》一书由张帅负责，成员包括陈思羽、张煜、王海鹰、李立、高娜、曲旻皓、王盈、严瑾、原丽娟、张天罡、赵文强、朱笑然、张硕南、韩珂。丛书的审定工作由宁宝坤负责。

在丛书编译过程中，应急管理出版社的编辑人员给予了大力支持，并成功获得国家出版基金资助。在此对国家出版基金、应急管理出版社以及为丛书编译工作提供帮助和支持的相关单位与专家，表示诚挚的谢意。

由于编译人员能力有限，丛书在编译过程中难免存在不当之处，望读者多加指正。

译者

2023 年 10 月

常用缩略语

A-POE	简明证明文件集
AAR	行动总结
AoO	行动区域
ASR	评估、搜索和营救
BoO	行动基地
BMS	行动基地医疗站
CAP	改进计划
C-POE	综合证明文件集
Con.	建筑
CP	指挥所
DGR	《危险物品条例》
Dy.	副
DVI	灾难受害者身份识别
EOC	紧急行动中心
ERG	应急响应指南
ERS	应急响应科
EMS	紧急医疗服务
EMT	紧急医疗队
EXCON	演练控制组
FTX	现场培训演练
FIELDEX	实战现场 36 小时演练
GDACS	全球灾害预警与协调系统

GIS	地理信息系统
GPS	全球定位系统
GRG	指南审查委员会
Hazmat	危险物质
HNPW	人道主义网络和伙伴关系周
IATA	国际航空运输协会
ICAO	国际民用航空组织
ICDO	国际民防组织
ICMS	国际搜索与救援咨询团协调管理系统
ICS	事故指挥系统
ICT	信息和通信技术
IEC	国际搜索与救援咨询团分级测评
IER	国际搜索与救援咨询团分级复测
IESRP	国际搜索与救援咨询团外部支持和认证流程
IFRC	红十字会与红新月会国际联合会
IMT	事件管理组
INSARAG	国际搜索与救援咨询团
IOD	因公受伤
IRNAP	国际搜索与救援咨询团认可的国家认证程序
ISDR	国际减灾战略
ISG	国际搜索与救援咨询团指导委员会
LEMA	地方应急管理机构
LO	联络官

MAP	医疗行动计划
MEDEVAC	医疗后送
MSDA	材料安全数据表
NAP	国家认证程序
NDMA	国家灾害管理机构
NGO	非政府组织
OAF/OBA	美国消防员组织
OCHA	联合国人道主义事务协调办公室
OSOCC	现场行动协调中心
POC	联络人
PPE	个人防护装备
PTSD	创伤后应激障碍
RC/HC	联合国驻地协调员 / 人道主义协调员
RCM	快速清理标记
RDC	接待和撤离中心
RSB	响应支持处
SAR	搜索与救援
SCC	分区协调单元
SLS	安全等级系统
SOG	标准操作指南
SOP	标准行动程序
TL	队长
ToR	职权范围

TRG	技术认证组
TSG	技术支持组
TWG	培训工作组
UC	城市搜索与救援协调
UCC	城市搜索与救援协调单元
USAR	城市搜索与救援
UN	联合国
UNDAC	联合国灾害评估与协调
UNDSS	联合国安全和安保部
UNESCO	联合国教科文组织
UNJLC	联合国联合后勤中心
UNISDR	联合国国际减灾战略
VHF	甚高频
VIP	贵宾
VOSOCC	虚拟现场行动协调中心
WG	工作组

目　录

第一卷　政策

第二卷 准备和响应
手册 A：能力建设

手册 B：救援行动

手册 C：国际搜索与救援咨询团分级测评与复测

第三卷　现场行动指南

第一卷　政策

前　言

国际搜索与救援咨询团（INSARAG）成立于1990年，旨在促进国际城市搜索与救援队之间的协调配合，这些队伍可以部署到由地震造成的建筑物倒塌的国家。自成立之日起，国际搜索与救援咨询团持续发展并不断调整其为全球认可和接受的质量标准及方法，以挽救更多生命。

国际搜索与救援咨询团包括九十多个成员国和组织，已成为人道主义援助的典范。截至目前，共有超过五十六支国际救援队通过了联合国国际搜索与救援咨询团分级测评（IEC），其测评标准已获得全球公认。2002年，联合国大会通过了关于"加强国际城市搜索与救援援助效能和协调"的第57/150号决议，巩固了过去三十年来在有效救灾准备、协调和应对方面取得的主要进展。

2020年，标志着国际搜索与救援咨询团开展救生活动持续了三十年。这一组织网络旨在适应不断变化的应急响应环境，帮助准备、管理和开展协调良好的人道主义应急响应行动。

我们期待您的继续合作。对于国际搜索与救援咨询团网络的成功运作，所有伙伴关系和成员国的支持至关重要。

谢谢。

马克·洛考克
人道主义事务副秘书长兼紧急救灾协调专员

1　简　介

《国际搜索与救援指南》包括三卷：《第一卷：政策》《第二卷：准备和响应》《第三卷：现场行动指南》。

以下为《国际搜索与救援指南》各卷的内容。

《第一卷：政策》介绍了国际搜索与救援咨询团关于国际城市搜索与救援行动的方法及其所依据的政策。具体描述内容如下：

—（1）国际搜索与救援咨询团及其运作方式。
—（2）在国际城市搜索与救援应急响应过程中对受灾国和援助国的作用。
—（3）国家城市搜索与救援能力的建设。
—（4）国际搜索与救援咨询团分级测评（IEC）和国际搜索与救援咨询团分级复测（IER）系统。

本卷内容的使用方包括：成员国的决策者、政策联络人、区域组织、赞助者和其他人员，这些人员需要管理和维持城市搜索与救援和人道主义队伍的部署及接收能力，以应对突发灾害事件。

《第二卷：准备和响应》为城市搜索与救援队提供了实用指导和行动程序。这一卷解释了建立和维持城市搜索与救援队的方法、最低标准和正确的行动程序。这些手册还提供了相关指导，推动持续的技能提升、行动准备，并明确分级测评（IEC）和分级复测（IER）的要求。

本卷内容的使用方包括：国际搜索与救援咨询团成员国的行动联络人，以及城市搜索与救援队联络人。

本卷包括三本手册：《手册 A：能力建设》《手册 B：救援行动》《手册 C：国际搜索与救援咨询团分级测评与复测》。

《第三卷：现场行动指南》提供现场和行动策略信息，内容编排简明易懂，城市搜索与救援队所有参加训练和任务的人员均可随时查阅。这一卷设计成应急响应核查表，可以作为国际搜索与救援咨询团成员的模板，供具体队伍和机构起草适合自身情况的细则手册。

> **注意**: 国际搜索与救援咨询团工作组和相关机构编写了如下资料: 国际搜索与救援指南, 技术参考资料库中的材料, 以及关于技术问题的补充指南说明, 这些资料可在 www.insarag.org 网站以电子方式查阅。

1.1 国际搜索与救援指南的用途

这份国际公认的文件提供了一种救灾行动方法, 指导受突发灾害影响导致大规模建筑物坍塌的国家的救灾行动, 以及阐述国际城市搜索与救援队在受灾国的应急响应工作。这份指南还概述了联合国协助受灾国进行现场协调时所发挥的作用。

国际搜索与救援指南所确定的方法, 为受灾国和国际救援机构的救灾准备、救援行动合作和协调提供了一套程序。利用这套程序, 受灾国各级政府可以更好地了解如何通过国际援助来加强本国的灾害应对措施, 确保最有效地利用资源。

2 国际搜索与救援咨询团

2.1 简介

国际搜索与救援咨询团成立于 1990 年, 是在专业的国际城市搜索与救援队的倡议下成立的, 这些队伍共同参加了 1985 年墨西哥地震和 1988 年亚美尼亚地震的救援行动。国际搜索与救援咨询团是一个政府间的人道主义组织网络, 由灾害管理人员、政府官员、非政府组织（NGO）和城市搜索与救援工作人员组成, 在联合国的框架下运作, 并在其任务范围内为执行国际减灾战略做出贡献。

2.1.1 联合国大会第 57/150 号决议的实质

通过国际搜索与救援咨询团的努力, 2002 年, 联合国大会成功地通过了关于"加强国际城市搜索与救援援助效能和协调"的第 57/150 号决议。这份决议巩固了国际搜索与救援咨询团取得的大部分进展, 重点内容包括: 质量标准; 成员国做出的队伍派遣和接待安排; 队伍进入灾区的便利措施; 相关协调系统。

2.2　愿景和作用

国际搜索与救援咨询团的愿景：在遵循通用指南和行动方法的基础上，提高效率，改善行动质量，加强国内和国际城市搜索与救援队之间的协调，从而更好地拯救受灾群体的生命。

国际搜索与救援咨询团的作用：准备、动员和协调高效且有原则的国际城市搜索与救援援助，以支持处于建筑物倒塌紧急情况中的受灾国，并支持国际、区域、次区域和受灾国的救灾能力建设。为实现上述目的，国际搜索与救援咨询团采取以下方式：

（1）制定和完善相关通用标准，涵盖城市搜索与救援援助、协调方法和工具，以及各利益相关方之间的动员和信息交流协议。

（2）促进成员国、非政府组织以及受灾国、区域和国际伙伴之间的合作和经验分享，并与各方结成伙伴关系。

第一届国际搜索与救援咨询团全球会议，通过了《2010 年国际搜索与救援咨询团兵库宣言》，主题为"确认并加强国际城市搜索救援行动标准"，为国际搜索与救援咨询团的工作提供了新的动力和指导，强调需要加强各国灾害应对能力，建议建设国家级、地方级和社区级救灾能力，这对于有效应对灾害至关重要。随后，又通过了《2015 年国际搜索与救援咨询团阿布扎比宣言》，主题为"加强国家和国际城市搜索与救援行动的准备和响应标准"，批准了经修订和更新的《国际搜索与救援指南（2015）》。这份宣言会议呼吁：所有城市搜索与救援队及其各自的国际地震应急响应机构，应充分利用并遵循现场协调程序。

2.3　使命

国际搜索与救援咨询团受命于国际搜索与救援咨询团指导委员会，其使命是：

（1）按照人道主义原则开展行动，该原则是人道主义行动的核心。

（2）确保应急准备和响应活动更加有效，从而挽救更多生命，减少灾民的痛苦，尽量减少灾害的影响。

（3）提高在灾害现场倒塌建筑物中实施救援的国际城市搜索与救援队之间的合作效率，包括开展分级测评／复测。

（4）帮助加强受灾国的城市搜索与救援能力，并强化旨在改善灾害易发国搜救准备工作的活动，从而使发展中国家受益，包括协助成员国建立国家级城市搜索与救援队分级测评程序。

（5）制定国际公认的程序和系统，促进国家级城市搜索与救援队在国际层面上持续合作。

（6）制定城市搜索与救援行动程序、指南和最佳实践，并在紧急救援阶段加强相关组织之间的合作。

2.4　价值观、行动规范和人道主义原则

国际搜索与救援咨询团按照人道主义原则开展行动，这些原则构成了人道主义行动的核心。

（1）**遵循通用标准和方法**：国际搜索与救援咨询团成员承诺遵循国际搜索与救援咨询团指南和方法，这些指南和方法为全球所接受，并以专业知识和基于实证的经验为基础，是经过独立验证的基本行动标准和程序。通过分享和持续学习，国际搜索与救援咨询团网络不断改进这些标准和程序。

（2）**包容**：通过国际搜索与救援咨询团，各国政府、政府组织、非政府组织以及备灾和救灾专业人员聚集在一起。国际搜索与救援咨询团特别鼓励相关国家和组织加入该网络，包括灾害多发国家，以及具有城市搜索与救援能力的任何国家或组织。国际搜索与救援咨询团强调：在受灾地区开展行动时，社会性别意识及其考量至关重要。

（3）**专业**：在城市搜索与救援队和利益相关方中，国际搜索与救援咨询团推广责任明确的、合乎道德的专业标准。

（4）**尊重多样性**：在实现共同目标的过程中，城市搜索与救援队遵循各种行动程序，国际搜索与救援咨询团承认并尊重这些程序，同时传播国际搜索与救援咨询团网络商定的原则和最低标准。

（5）**文化敏感性**：国际搜索与救援咨询团提高国际城市搜索与救援队对文化差异的认识和尊重，确保国际城市搜索与救援队能够更为有效地与受灾国和国际救援机构合作。

（6）**需求驱动**：只有当受灾国的救援能力无法应对建筑物倒塌紧急情况的影响，并且国家主管部门同意接受国际援助时，才支持动员和部署国际城市搜索与救援队。此外，国际城市搜索与救援队所提供的国际援助类型取决于受灾国的需要，而不是由其资源供应能力决定。

（7）**协调**：联合国人道主义事务协调办公室（OCHA）管理和倡导国际公认的协调架构，而国际搜索与救援咨询团推动这些架构，促进备灾和能力建设活动的协调，并在整个行动过程中帮助成员国和受灾国协调应急响应。

（8）**可预见性**：国际搜索与救援咨询团提升搜索和救援响应行动的可预测性，既包括在需要时可以提供的响应能力，也包括在合作平台中如何确保有限的资源在不同级别种类的人道主义援助中被最有效地使用。

2.5　组织结构和工作程序

2.5.1　国际搜索与救援咨询团组织结构

国际搜索与救援咨询团的组成包括：一个指导委员会、三个区域组、秘书处以及城市搜索与救援队队长和工作组（图1）。全球主席负责协调全球层面的决策过程，如图2所示。这样的组织结构提供了一个框架，说明了指导委员会2013年批准的决策和相关流程。

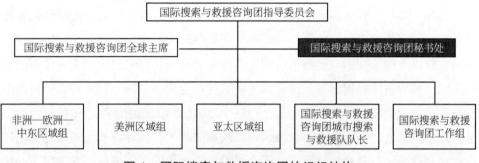

图1　国际搜索与救援咨询团的组织结构

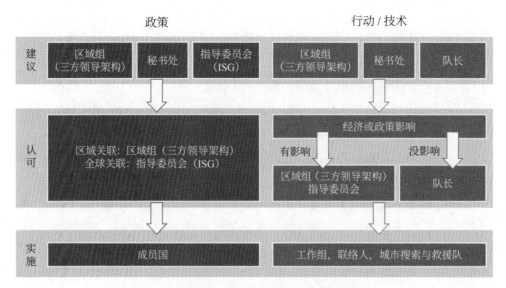

图 2　国际搜索与救援咨询团的决策过程

通过这样的组织结构，确保国际搜索与救援咨询团的目标能够在国家层面实现，且具有其完全自主权，并确保其目标符合全球网络确定的公认最佳做法。

2.5.2　国际搜索与救援咨询团指导委员会

国际搜索与救援咨询团指导委员会召开公开会议，由全球主席主持，所有成员国的政策联络人共同讨论相关政策议题。国际搜索与救援咨询团指导委员会的成员包括：①国际搜索与救援咨询团全球主席；②每个区域组的主席和副主席；③国际搜索与救援咨询团秘书处；④各工作组的主席；⑤国际搜索与救援咨询团成员国政策联络人（或指定人员）；⑥通过国际搜索与救援咨询团分级测评的非政府组织队伍代表（或指定人员）；⑦国际搜索与救援咨询团队长组代表；⑧国际红十字会与红新月会。

每年，在日内瓦人道主义网络和伙伴关系周（HNPW）期间，国际搜索与救援咨询团指导委员会举行会议。该会议包括全球和区域主席会议，全球、区域工作组主席以及国际搜索与救援咨询团秘书处在会议上总结和讨论过去一年所做出的决定，并筹备国际搜索与救援咨询团指导委员会大会。国际搜索与救援咨询团指导委员会大会将各方聚集在一起，包括全球、区域工作组主席、国际搜索与救援咨询团秘书处、国际搜索与救援咨询团政策联络人与国际搜索与救援咨询团城市搜索与救援队及其合作伙伴的代表，讨论过去一年的发展情况，并确定下一年的工作方向。

国际搜索与救援咨询团指导委员会的决策由政策联络人协商一致后做出。

2.5.3　国际搜索与救援咨询团区域会议

国际搜索与救援咨询团区域会议属于公开会议，由区域主席主持并邀请区域成员国的政策联络人、行动联络人和队伍联络人参加会议。区域主席还可能邀请区域政府组织、非政府组织和／或利益相关方参加会议。

在相应的议程中，这些会议包括了政策事项和行动事项。政策事项只在政策联络人之间讨论，行动事项只在行动联络人和队伍联络人之间讨论。区域决策由区域政策联络人和行动联络人协商一致后做出。

2.5.4　国际搜索与救援咨询团队长会议

国际搜索与救援咨询团队长会议是队伍联络人和队长讨论行动和技术事项的公开会议。队长任命和／或重新任命队长代表，加入国际搜索与救援咨询团指导委员会。队长的决策由行动联络人和队长协商一致后做出。

2.5.5　国际搜索与救援咨询团秘书处

国际搜索与救援咨询团秘书处设在联合国人道主义事务协调办公室，后者是联合国秘书处的一个部门，负责动员和协调多边人道主义行动，应对各种紧急情况。国际搜索与救援咨询团秘书处，设在人道主义事务协调办公室日内瓦总部响应支持处的应急响应科。响应支持处同时管理联合国灾害评估与协调（UNDAC）机制。

秘书处充当了连接全球和区域主席、国际搜索与救援咨询团联络人、城市搜索与救援队和国际搜索与救援咨询团网络的直接纽带。秘书处与东道国合作，共同组织国际搜索与救援咨询团的所有会议，包括区域组会议、研讨会、城市搜索与救援队的分级测评／复测演练和培训活动。

秘书处还负责管理和维护国际搜索与救援咨询团网站 (www.insarag.org)，包括国际搜索与救援咨询团成员及其队伍的城市搜索与救援队目录。

秘书处负责推进国际搜索与救援咨询团指导委员会批准的所有相关项目。

2.5.6　国际搜索与救援咨询团区域组

国际搜索与救援咨询团包括以下三个区域组：非洲—欧洲—中东区域组（AEME）；美洲区域组（Americas）；亚太区域组（A-P）。

这些区域组每年举行一次会议，以加强国家和区域备灾以及城市搜索与救援响应。各区域组努力确保指导委员会的战略方向和政策得到落实，收集参与成员国的相关信息并反馈给指导委员会。

每个区域组都由三方领导架构系统管理，其中有一名主席和两名副主席，包括下任主席和即将卸任的主席。每个区域组中的主席和副主席任期一年，代表该区域参加指导委员会。成员国和成员组织在区域组中的代表，包括国际搜索与救援咨询团政策联络人和行动联络人，以及城市搜索与救援队联络人（详见本卷本册附件B）。

各区域组负责在区域层面落实指导委员会的决策，执行为该区域规划的区域年度工作方案和各项活动。区域组与秘书处一道，与联合国人道主义事务协调办公室区域和国家办事处密切合作，区域组确保与人道主义事务协调办公室在该地区的计划和优先事项得以协同开展。根据情况，区域组还支持设立次区域合作伙伴小组。

次区域合作伙伴小组的建立，基于地理、文化和语言上的共同性，确保有效执行国际搜索与救援咨询团的区域任务。

自2010年在日本神户举行会议以来，所有区域组每五年参加一次国际搜索与救援咨询团全球会议，这一机制旨在加强全球网络，确保国际搜索与救援咨询团能够与时俱进，满足新形势的需求。

2.5.7　国际搜索与救援咨询团工作组

必要时，根据指导委员会、区域组或城市搜索与救援队队长会议的要求，可以成立工作组，工作组的建立需要指导委员会的认可以及赞助组织的支持。工作组旨在针对特定的技术问题制定解决方案。

每个工作组都有其职权范围，反映在特定时限内预期提供的可交付成果。

每个工作组都有一名主席，以及从每个地区提名的两到三名成员，确保对城市搜索与救援队队长会议提出的技术或行动问题有一个整体性的全球视角。

工作组可向秘书处建议，增选一名合适的城市搜索与救援队成员，该成员须具有相关经验和资格，以解决工作组所讨论的问题。秘书处与区域和全球主席协商，为这些小组成员的遴选提供便利，协助确定职权范围，提供指导，并确定完成工作的时间表。

鼓励各工作组采用联合主席模式，并为其他分级测评／复测队伍的合格成员提供参与和融入该过程的机会。当完成所分配的任务后，工作组即可解散。在日内瓦举行的年度会议上，指导委员会可以决定将工作组的任务期限延长到特定任务期限之后。

2.5.8 国际搜索与救援咨询团城市搜索与救援队队长

城市搜索与救援队队长组成了一个网络，包括经验丰富的国内和国际城市搜索与救援从业人员，根据情况应对建筑物倒塌事件和其他灾害。这一网络的成员包括：来自成员国的城市搜索与救援队队长，以及国际搜索与救援咨询团行动联络人。

该网络还根据要求提名工作组成员，参与国际搜索与救援咨询团的其他活动，包括能力建设，并为整个国际搜索与救援咨询团的持续发展做出贡献。

每年，该专家组参加国际搜索与救援咨询团队长会议，分享和讨论最佳做法、技术理念和行动问题。城市搜索与救援队队长的意见、建议和经验有助于提高国际搜索与救援咨询团的行动能力，促进受灾国内和国际城市搜索与救援响应。城市搜索与救援队队长应持续进行技术信息和最佳实践的双边交流，并通过虚拟现场行动协调中心（VOSOCC）进行共享。

2.6 成员

国际搜索与救援咨询团的成员资格向所有成员国、非政府组织和参与城市搜索与救援活动的组织开放，并得到所在国政府的推荐和批准。国际搜索与救援咨询团还与区域机构保持密切合作。

国际搜索与救援咨询团成员国受邀参加国际搜索与救援咨询团相关区域组会议和城市搜索与救援队队长会议，参加由队长和区域组提名的相关专家组成的工作组，并得到各自主管部门的支持。

通过国际搜索与救援咨询团网站，以及灾害警报和信息共享平台，包括虚拟现场行动协调中心在内的全球灾害预警与协调系统等，国际搜索与救援咨询团成员国可以获得国际搜索与救援咨询团的信息和知识共享工具。

在国际层面，部署城市搜索与救援队的国际搜索与救援咨询团成员国最好参加联合国国际救援队伍分级测评，但这不是成为国际搜索与救援咨询团网络成员的必备要求。作为第一步，各队伍应开展国家认证程序（NAP）和国际搜索与救援咨询团认可的国家认证程序（IRNAP）。详见《第二卷 手册 A：能力建设》。

2.6.1 要求

为了改进救灾准备和救灾响应，国际搜索与救援咨询团成员与相关方分享信息和最佳做法，包括：国际搜索与救援咨询团其他成员和城市搜索与救援队，以及正在培养响应能力或正在准备分级测评（IEC）的队伍。

鼓励国际搜索与救援咨询团成员积极参加各种会议，包括国际搜索与救援咨询团区域会议、地震应急响应模拟演练和其他国际搜索与救援咨询团论坛（如城市搜索与救援队队长会议），并为工作组做出贡献。还鼓励国际搜索与救援咨询团成员提供相应的技术专家，支持国际搜索与救援咨询团的其他举措，如能力评估任务和区域演练。

2.6.2 国家级政策联络人和行动联络人，以及城市搜索与救援队联络人

根据各自的国家灾害管理架构，建议参加国际搜索与救援咨询团的所有成员国指定政策联络人和行动联络人，实现适当和有效的信息交流。另外，每支城市搜索与救援队最好指定一名官员，担任城市搜索与救援队联络人。在救灾准备和救灾响应阶段，国际搜索与救援咨询团联络人是成员国与国际搜索与救援咨询团网络之间的主要连接纽带和信息渠道。这对于应对紧急情况尤为重要，以确保受灾国与潜在国际救援机构之间的有效信息流动。另外，参加国际搜索与救援咨询团的区域组织、政府间组织和国际组织最好指定一个联络人（POC）。

1. 国家级政策联络人

国家级政策联络人是秘书处与全球层面的国际搜索与救援咨询团体系之间的

核心联络人。这名联络人代表成员国提供或接受城市搜索与救援援助。根据需要，行动联络人也可提供援助。政策联络人通常设在国家灾害管理架构的中央机关或机构中，或设在负责国际合作和人道主义应急响应的机构中，代表成员国处理区域组的城市搜索与救援政策事项，并根据需要代表国际搜索与救援咨询团指导委员会。

2. 国家级行动联络人

与城市搜索与救援队进行联络通常是国家级行动联络人日常职能的一部分。这些联络人主要代表成员国，参加国际搜索与救援咨询团会议（队长会议和区域会议）、研讨会和相关活动，确定城市搜索与救援行动事宜。

3. 城市搜索与救援队联络人

城市搜索与救援队联络人始终是城市搜索与救援队管理层的成员。这些联络人负责与各自的国家联络人（政策和行动）进行联系，保证城市搜索与救援队遵循国际搜索与救援指南，并满足准备和响应的最低标准。

国际搜索与救援咨询团联络人的职责可以描述为：在准备和响应阶段，确保在适当级别进行有效的信息交流和验证，包括能力建设、培训、政策事项、紧急预警、请求或接受援助、动员和提供国际援助。对于年度经费预算规划进程，联络人应考虑相关费用，用以参与和融入支持国际搜索与救援咨询团的活动和工作计划。

政策联络人和行动联络人的任命，由各国政府根据各自的灾害管理架构自行决定，作为国家政府与相关方之间的联络人，联系国际搜索与救援咨询团网络（含国际搜索与救援咨询团秘书处）以及区域组和指导委员会。关于国际搜索与救援咨询团联络人的任命情况，成员国应向国际搜索与救援咨询团秘书处进行汇报，并在协调人发生变化时更新相关信息（参见《第一卷　附件 A　国际搜索与救援咨询团联络人的职权范围》）。

2.6.3　国际搜索与救援咨询团网站和城市搜索与救援队目录

国际搜索与救援咨询团网站分享了关于国际搜索与救援咨询团的一般信息，以及以往活动和即将开展的活动的摘要。

国际搜索与救援咨询团网站和城市搜索与救援队目录是一个独特的数据库，载有国际搜索与救援咨询团所有成员国和相关组织及其城市搜索与救援队的详细资料。该目录还包含相关政策，以及行动联络人和城市搜索与救援队联络人的联系方式。

> 该目录将城市搜索与救援队分为以下三类：
> —（1）已通过国际搜索与救援咨询团分级测评的队伍：轻型、中型或重型分级测评／复测队伍。
> —（2）经国家认证程序及由国际搜索与救援咨询团认可的国家认证程序认证的队伍：轻型、中型或重型国家救援队。
> —（3）尚未进行分级测评的政府队伍和非政府组织队伍。

要成为城市搜索与救援队目录的一部分，队伍需要得到其成员国政策联络人的背书。各队伍可以通过各自的政策联络人向秘书处申请注册。注册一旦完成，成员国的行动联络人可以更新队伍的相应条目。

> **注意**：城市搜索与救援队目录可通过 www.insarag.org 网站访问。

2.6.4 指南说明和技术参考资料库

国际搜索与救援指南说明和技术参考资料库，是两个持续更新的知识管理平台，可通过 www.insarag.org 网站访问。这两者之间的区别在于：与指南说明中的材料不同，技术参考资料库中的材料不具有约束力。

国际搜索与救援咨询团核准的文件，如指南附件、分级测评／复测核查表和城市搜索与救援协调手册，将放在指南说明之下，而技术参考资料库是关于最佳做法的知识库，已同意由各自国家行动联络人和相应的国际搜索与救援咨询团工作组进行分享（更多信息，参见《第一卷 附件 D 技术参考资料库解释性说明和国际搜索与救援指南说明》）。

> **注意**：技术参考库中共享的信息是对特定队伍有效且有益的良好做法。对于资料的使用方，国际搜索与救援咨询团秘书处和资料编撰人员将不承担任何责任。如果有需要，那么强烈建议资料的使用方与指南文件的编撰人员进行联系，以获取更多信息。

2.7　国际搜索与救援咨询团伙伴关系

国际搜索与救援咨询团扩大与相关伙伴的协作，加强救灾准备和救灾响应的共同应对。通过这种伙伴关系，可以动员和激励不同国际组织的合作伙伴共同努力，建立互惠互利的支持、合作和信息交流。

国际搜索与救援咨询团与各相关方密切合作，包括红十字会与红新月会国际联合会（IFRC）、欧盟模块演练、国际民防组织（ICDO）等。通过这些伙伴关系，提高了城市搜索与救援队在救灾准备和救灾响应方面的能力，获得具有丰富经验的专业人员的支持。

2019 年，国际搜索与救援咨询团同相关方建立了伙伴关系，包括联合国教科文组织（UNESCO）、国际警察组织（国际刑警组织），尤其是灾难受害者身份识别（DVI）机构，以及美国消防员组织（OAF/OBA）。主要目标包括：共同努力扩大组织的目标，通过信息和指南的交流，相互补充救援能力；在救灾准备和救灾响应方面找到共同点；共同举办集体活动和演练。

自第一次人道主义网络和伙伴关系周活动以来，国际搜索与救援咨询团积极参与这项活动，并在伙伴关系周活动期间组织多次会议，确保国际搜索与救援咨询团网络各组织的专业知识得到分享。因此，伙伴关系周是专家们聚集在一起并制定国际搜索与救援咨询团未来决策的场合，也是欢迎新合作伙伴的机会（关于与上述各方接触和合作的详细信息，请参见国际搜索与救援指南的作用介绍，网站为 www.insarag.org）。

2.8　国际搜索与救援指南审查

为了促进已通过分级测评的队伍持续改进，同时在快速演变的环境中保持国际搜索与救援咨询团的专业性，国际搜索与救援指南每五年定期审查一次，由国际搜索与救援指南审查委员会领导审查活动。

审查的主要考虑因素包括：最终形成的指南应反映实践经验，而非发生根本性的改变；纳入新技术和发展成果；让这份指南成为简洁易懂的参考资料，提供给政策制定者和决策者，并使之成为城市搜索与救援队培训、准备和现场行动的参考。

在国际搜索与救援咨询团全球会议期间，根据国际搜索与救援咨询团指导委员会的任务规定，成立国际搜索与救援指南审查委员会，其存续期为五年，由来自国际搜索与救援咨询团所有三个区域、现有工作组和国际搜索与救援咨询团秘书处的成员组成。

在此期间，指南审查委员会将与其他工作组密切合作，通过电话会议、区域和队长会议等不同方式，整合国际搜索与救援咨询团相关组织的反馈意见。在国际搜索与救援咨询团年度会议上，将跟踪审查进展情况，审查结果的最后版本将由国际搜索与救援咨询团确认，从而在国际搜索与救援咨询团全球会议期间发布。

3 国家级城市搜索与救援能力建设和提升

当灾难发生后，受灾群体首先向自己的社区和政府寻求帮助，其次向邻国和区域/国际组织寻求帮助。国际援助是人道主义援助的第三层，用于地震后复杂的搜索和救援等专业任务。

根据联合国大会第 57/150 号决议，各国应建立强大的国家级城市搜索与救援响应能力，以应对可能的突发情况，并以此作为最初的应急响应。这份决议指出，每个国家的首要责任是援助本国领土灾害和其他紧急情况下的受害者。如果需要，各国必须能够在本国境内发起、组织、协调和提供人道主义援助。

此外，这份决议"鼓励各国在区域和次区域层面加强在救灾准备和救灾响应领域的合作，特别是各级救灾能力的建设"。

因此，在发展国际可部署的能力（组建通过国际搜索与救援咨询团分级测评的队伍）之前，各国必须首先发展有效和可持续的国家级城市搜索与救援能力，并建立国家危机管理系统。

以下章节介绍国际搜索与救援指南，用于帮助成员国建设其国家级城市搜索与救援能力。这些内容将在《第二卷　手册 A：能力建设》中进一步阐述。

3.1 城市搜索与救援响应框架

根据城市搜索与救援响应框架（图 3）显示，搜索和救援工作是按时间顺序持续开展的，在大规模建筑物倒塌灾害发生后立即开始。

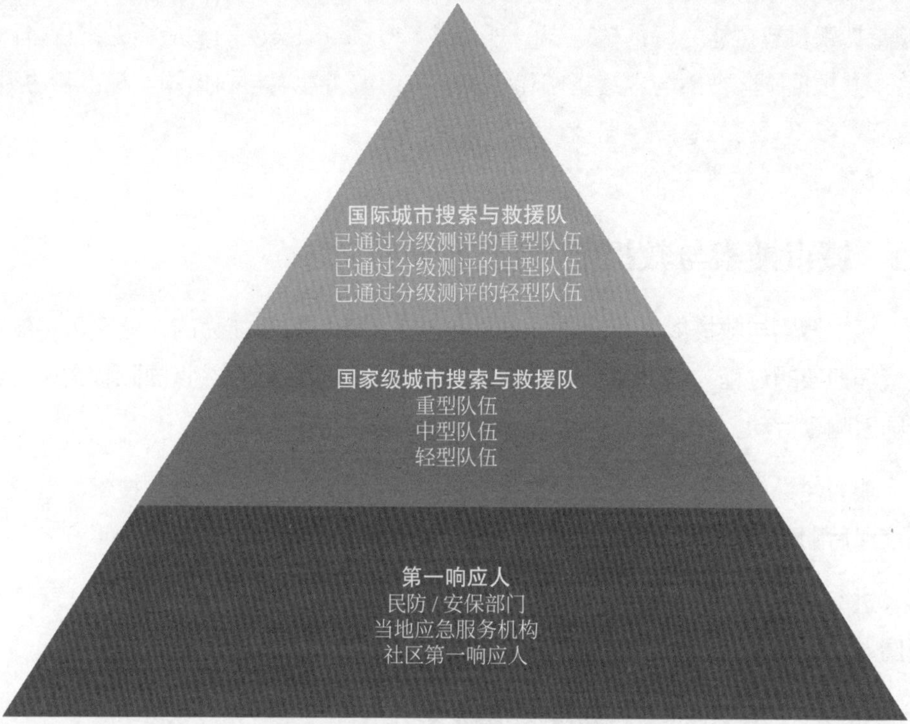

国际城市搜索与救援队
已通过分级测评的重型队伍
已通过分级测评的中型队伍
已通过分级测评的轻型队伍

国家级城市搜索与救援队
重型队伍
中型队伍
轻型队伍

第一响应人
民防／安保部门
当地应急服务机构
社区第一响应人

图 3　国际搜索与救援咨询团城市搜索与救援响应框架

在救援工作的初期阶段，本社区的人员在灾害现场进行救助。灾害发生后的几分钟内，当地应急服务部门就会做出响应。在数小时内，随着地区或国家救援资源抵达，救援工作继续开展。在灾害事件发生后的几天内，根据受灾国政府对国际援助的正式请求，国际救援队做出响应行动。

国际搜索与救援咨询团的应对框架展示了各级应急响应，首先是灾后立即开展的社区自发行动，然后是地方应急服务部门，接下来是国家救援队。国际城市搜索与救援队的响应，用于支持受灾国的救援工作。

每启动新的响应级别都会提高救援能力和整体能力，但必须与已经在灾难中起作用的响应相结合并相互支持。

为了确保不同级别的城市搜索与救援响应之间的协作，通过城市搜索与救援响应框架，确保救援做法、技术术语和相关信息在各响应层级统一并共享，这一点至关重要。

注意：作为初步措施，强烈建议成员国根据国际搜索与救援咨询团的国家城市搜索与救援能力评估核查表，对其城市搜索与救援队的响应能力进行自评估，并根据国际搜索与救援指南和经验，采用城市搜索与救援国家标准和协调机制（参见《第二卷　手册 A：能力建设》）。

3.2　城市搜索与救援能力建设

城市搜索与救援能力建设是开发具有城市搜索与救援能力的、健全可持续灾害管理框架的过程。各国应有能力高效利用本国的救援能力并将国际救灾资源纳入国家响应行动。

能力建设应涵盖城市搜索与救援能力的所有组成部分：管理、搜索、营救、医疗和后勤。

进行城市搜索与救援能力建设的国家，应遵循城市搜索与救援发展周期（图 4）。

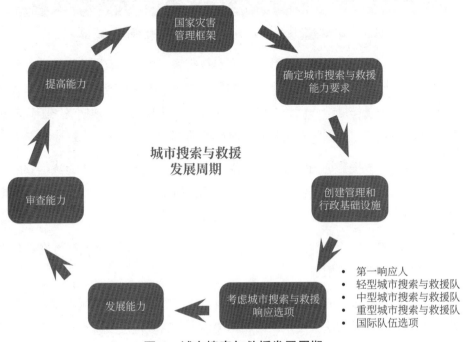

图 4　城市搜索与救援发展周期

3.3　城市搜索与救援能力评估任务

在国家级城市搜索与救援能力建设过程中，为了支持各国和相关组织，根据相关政府的要求，国际搜索与救援咨询团秘书处可协助进行城市搜索与救援能力评估任务。这项工作将由国际搜索与救援咨询团秘书处进行协调，涉及援助请求国，以及由其他政府／组织赞助的国际搜索与救援咨询团网络的各个专家。

城市搜索与救援能力评估任务旨在确定该支队伍的现有能力，并根据具体国家的城市搜索与救援目标和需求，确定其所需的能力。通过这种方式确定该支队伍现有能力与所需能力之间的差距，这反过来又有助于调整其在发展能力方面将采用的举措。

国际搜索与救援咨询团网络提供了独特的机会，可以召集经验丰富和具备资质的城市搜索与救援队专家，这些专家可以评估现有能力，根据需求进行规划，针对随后实施的城市搜索与救援能力发展举措提出建议。鼓励灾害频发国家在其区域会议上提出这一事项，并请求支持。

3.4　国家认证程序（NAP）

发展国家能力的一个关键环节是为城市搜索与救援队制定国家认证程序。通过这种程序，一个国家能够管理、监测和建立相应的国家标准，并在开发其城市搜索与救援国家响应系统时，严格遵循国际搜索与救援指南。国家认证是由认证实体（国家主管部门）认证国家标准的过程。

鼓励各国制定适合其自身国情的国家认证程序。图 5 说明了建立可持续认证系统的过程。

关于建设国家级城市搜索与救援能力的更多信息，请参见《第二卷　手册 A：能力建设》。

3.5　国际搜索与救援咨询团认可的国家认证程序（IRNAP）

国家认证程序可以取得国际搜索与救援咨询团的认可，通过这一程序，建立明确界定的认证过程（包括程序、标准和步骤、核查表和评估方法）。鼓励各区域组建技术支持组（TSG）和技术认证组（TRG），因为这是一个同行评审过程。

队伍申请

（1）自评估
（2）队伍管理层对认证申请的内部决策
（3）向认证机构提出申请
（4）任命教练（不应与申请队伍有任何关系）
（5）队伍管理层、教练和认证机构对商定时间表的承诺
（6）队伍发展和培训
（7）完成证明文件集并提交

审核和评估

（1）基于证明文件集且在国家层面上的行政审核
（2）必要时审查证明文件集
（3）在队伍基地的能力核查
（4）现场演练
（5）认证机构的报告，包括审核结果、评估过程和建议

认证

（1）获得认证、认可和资质证书
（2）队伍首次获得国家认证后，建立国家级城市搜索与救援队目录
（3）将随后获得认证的队伍添加到国家级城市搜索与救援队目录

重新认证

（1）定期重新认证流程
（2）要求执行此项重新认证的频率将由国家主管部门完全决定

图 5　国家认证程序（NAP）

在全球层面，经国际搜索与救援咨询团秘书处确认的符合国际搜索与救援咨询团标准的各种国家认证程序，都可以被称为国际搜索与救援咨询团认可的国家认证程序。认证程序得到国际搜索与救援咨询团承认的成员国可以决定向国家认可的队伍发放统一的认证徽章标识（图6）。

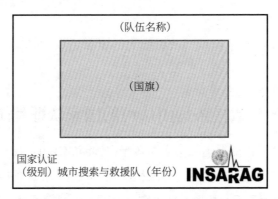

图 6　国际搜索与救援咨询团认可的国家认证程序徽章标识

认证成员国必须向国际搜索与救援咨询团秘书处报告成功获得国家认证的每支队伍的情况，详细信息将在国际搜索与救援咨询团城市搜索与救援队目录中更新（关于建设国家城市搜索与救援能力和国际搜索与救援咨询团认可的国家认证程序的更多信息，请参见《第二卷 手册 A：能力建设》）。

3.6 国家接受援助机制

作为建设和加强国家救灾能力工作的一部分，各国必须建立一种接受援助机制，确保及时做出确定、请求和接受国际援助的决策。通过分析国家风险和查明可能的救援能力差距，这一机制可以增强该国的灾害管理能力。通过这一机制，可以加强在预先确定地点（边境、机场、航运码头等）接收和部署国际援助（城市搜索与救援队、后勤等）的协调工作，并确定向国际社会报告的援助优先事项。在建立国家接受援助机制时，各国应参考联合国大会第 57/150 号决议，该决议指出"受灾国在其境内发起、组织、协调和实施人道主义援助方面发挥主要作用"。

4 国际城市搜索与救援行动

4.1 城市搜索与救援

城市搜索与救援是经过协调的标准化的工作方式，以定位、解救和初步稳定受灾群体。在因地震等突然灾害引起大规模建筑物倒塌的情况下，这些受困于密闭空间或建筑废墟下的群体急需救援。这些灾害的原因各不相同，包括地震灾害、山体滑坡、事故和蓄意破坏等。

搜救行动的目标是在最短的时间内营救出尽可能多的被困人员，同时将救援行动人员的风险降至最低。

4.2 国际城市搜索与救援响应周期

国际城市搜索与救援响应包含以下五个阶段，称为国际城市搜索与救援响应周期。

(1) **第一阶段——准备**：准备阶段处于两次救灾响应之间的平静时期。在这一阶段，国际城市搜索与救援队和受灾国进行培训和演练，回顾从以往经验中吸取的教训，更新标准行动程序，并规划未来的应对措施。

(2) **第二阶段——动员**：动员阶段处于灾难发生后的最初时期。国际城市搜索与救援队准备做出响应，前往部署地区，协助请求国际援助的受灾国。

(3) **第三阶段——行动**：行动阶段处于国际城市搜索与救援队在受灾国执行搜索与救援行动的时期。在此阶段，国际城市搜索与救援队抵达受灾国，在接待和撤离中心或城市搜索与救援协调单元进行登记，并根据地方应急管理机构（LEMA）的行动目标开展城市搜索与救援行动。如果国际城市搜索与救援队接到"停止行动"的指示，这一阶段即告结束。如有必要并经地方应急管理机构提出要求，该支队伍可以参与"废墟之外"的救援行动。

(4) **第四阶段——撤离**：撤离阶段处于国际城市搜索与救援队得到"停止行动"指示的时期。国际城市搜索与救援队开始撤离，通过城市搜索与救援协调单元协调撤离事宜，然后通过接待和撤离中心离开受灾国。

(5) **第五阶段——总结**：总结阶段处于国际城市搜索与救援队返回原驻国后的时期。在此阶段，国际城市搜索与救援队需要完成并提交总结报告并开展经验教训总结，以提高应对未来灾害的整体有效性和效率。图 7 显示了国际城市搜索与救援响应周期。

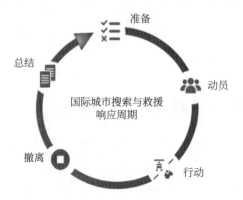

图 7　国际城市搜索与救援响应周期

4.3 利益相关方和救援机构

4.3.1 受灾国

受灾国是那些经历突发灾害的国家,可能需要国际城市搜索与救援队的援助。受灾国必须在整个响应周期中开展一系列行动。

在地震等灾害中,迅速到达被困和受伤人员所在地,是成功开展拯救生命行动的首要任务。鼓励可能受灾的国家建立国家级救灾机制,通过初步响应和评估,确保其能够在最初几个小时内做出决定并宣布灾情是否已超出其应对能力,根据情况立即请求国际城市搜索与救援队的支持。

根据 2010 年国际搜索与救援咨询团兵库宣言,"受灾国应考虑经过国际搜索与救援咨询团分级测评 / 复测队伍的具体援助,优先向这些队伍开放入境通道。在地震或其他涉及建筑物倒塌灾害的生命救援阶段,这些队伍将发挥真正有意义的作用。"

作为首要优先事项,受灾国应及时提供关于紧急情况范围、国家应急响应工作和可能需要的城市搜索与救援队支持请求信息,并由受灾国或国际搜索与救援咨询团秘书处在虚拟现场行动协调中心及时更新。

通过联合国驻地协调员办公室、人道主义事务协调办公室区域办事处或国家办事处,直接通过国际搜索与救援咨询团秘书处,或通过国家之间达成的双边协议,受灾国可以正式提出援助请求。在后一种情况下,鼓励受灾国与国际搜索与救援咨询团秘书处进行协调,并告知其救灾响应需求。

对于受灾国而言,作为国家能力建设的一部分,拥有一个接受国际援助的框架和机制非常重要,涉及众多关键利益相关方,以协助和高效协调资源、人员和搜救犬进入受灾国。

各国可以根据救灾需要,选择请求轻型、中型和 / 或重型配置的特定城市搜索与救援队。在灾害事件发生后,此项请求需要尽早在虚拟现场行动协调中心进行说明。

受灾国的一项主要责任是确保其地方应急管理机构在灾难期间发挥作用,确保在其境内发起、协调和组织的国际人道主义援助过程发挥主要作用,并全面负责响应行动的指挥、协调和管理。这项责任包括：准备和运行接待和撤离中心，规划行动基地和／或现场行动协调中心／城市搜索与救援协调单元的位置。

受灾国还建立或支持最先抵达的国际搜索与救援咨询团队伍建立接待和撤离中心和城市搜索与救援协调单元。受灾国进一步进行需求评估，确定救援优先事项，以及可以部署国际队伍的最佳位置，以弥补救灾能力短板或扩大国家救援行动。在准备阶段，也可以初步建立各职能领域组织。

如果不再需要国际援助，经与人道主义事务协调办公室或联合国灾害评估与协调队（负责管理现场行动协调中心）协商后，受灾国可通过其地方应急管理机构宣布结束城市搜索与救援行动。

根据国际搜索与救援指南，强烈建议可能受此类灾害影响的国家建立本国城市搜索与救援队，并保持其在灾后初期的迅速响应能力。

4.3.2 援助国：双边响应机构

许多国家、国际组织和非政府组织，都拥有待命的救灾能力（如国际搜索与救援咨询团城市搜索与救援队、紧急医疗队），可以在短时间内进行部署，以协助受灾国的灾害应对。这些组织可以与受灾国进行双边合作或通过区域组织（如欧洲联盟或东南亚国家联盟）对援助行动进行协调。

通过联合国机构或非政府组织，成员国或成员组织也可决定提供援助支持。通常，国内的人道主义伙伴可以建立一个协调进程（如通过组群），以支持受灾国。

双边响应机构援助是应对重大灾害的、最主要的国际援助形式，通常由受灾国的主管部门负责管理。鼓励所有国家利用国际平台，如虚拟现场行动协调中心和国内的实体现场行动协调中心／城市搜索与救援协调单元以及特定的组群，协调其援助事项。

在国际搜索与救援咨询团的理念中，提供援助的成员国是那些拥有适当城市搜索与救援队的成员国，这些队伍正在部署到受灾国，为拯救生命提供搜救支持。

2010 年的国际搜索与救援咨询团兵库宣言，"呼吁所有国际地震城市搜索与救援队遵循人道主义事务协调办公室的现场协调程序，特别是国际搜索与救援指南和方法中规定的程序，并根据联合国在灾区设立的接待和撤离中心和现场行动协调中心／城市搜索与救援协调单元的指导开展工作"，支持受灾国政府的总体应对计划。

4.3.3　已通过国际搜索与救援咨询团分级测评的城市搜索与救援队

已通过国际搜索与救援咨询团分级测评的城市搜索与救援队，是国际社会的应急响应资源，帮助受灾国在倒塌结构中开展城市搜索与救援行动。

通过维持其快速的国际部署状态，已通过分级测评的城市搜索与救援队为国际部署做好了准备。在行动期间，各队伍根据国际搜索与救援指南的要求执行策略性行动，与现场行动协调中心／城市搜索与救援协调单元协调，并根据受灾国的优先需求调整其应对措施。（关于城市搜索与救援队职能、结构和协调流程的更多信息，请参见《第二卷　手册B：救援行动》）

4.3.4　城市搜索与救援队的能力

城市搜索与救援可以说是一门涉及多种灾害的学科，旨在应对导致城市环境中建筑物倒塌的突发事件。

城市搜索与救援队在倒塌的建筑物中进行搜救行动，并为被困人员提供紧急医疗救助。队伍配备了搜索工具（搜救犬和电子设备），帮助寻找幸存者。队员还需要进入和控制电力、给排水等公用设施，检测有害物质（危险品）的泄漏情况。城市搜索与救援队评估并加固受损的建筑结构。这些队伍也能够适应在具有挑战性的环境中进行工作，在受损评估、废墟清除、受困人员搜索、医疗评估／救治任务方面提供支持。

根据本地的需求，参考国际搜索与救援指南，鼓励灾害频发的国家和成员国发展国家级城市搜索与救援队能力，并在国家层面建立相应的城市搜索与救援队分级测评程序。

在国际层面部署的各成员国城市搜索与救援队，也应有能力开展大规模灾害救助的各种活动，增强现有的国家救援能力。这些能力包括：①提供初步灾害影响评估；②支持建立各种协调机构；③在支持其他人道主义系统之前，开展早期救援行动或开展联合行动。

某些队伍拥有其他资源以支持救援行动（通常称为"废墟之外"的救援行动），并提供具体的专业援助，如医疗救助能力、水处理和净化或保护危险的受损建筑物和废墟。这些任务必须由地方应急管理机构或相应的机构推动、请求和协调，并且必须从一开始就制定明确的撤离战略。

如果国家主管部门尚未建立接待和撤离中心及城市搜索与救援协调单元，而城市搜索与救援队是首先抵达受灾国的协调资源，那么这些队伍还应建立接待和撤离中心及城市搜索与救援协调单元，并帮助国家主管部门协调入境的国际救援资源。

根据城市搜索与救援队的分级测评，城市搜索与救援队应在 5 ~ 10 天的全天候行动部署期间自给自足（取决于分级结果），并可以在多个地点开展行动。城市搜索与救援队将建立一个行动基地（BoO），在响应期间为队伍提供保障，并作为队伍行动的通信中心。

如果城市搜索与救援队可以安排人员增强现场行动协调中心的城市搜索与救援协调单元和人道主义协调架构（包括军民协调平台），那么这些人员应了解现有的地方应急管理机构协调架构、现有的军民协调平台和 / 或由联合国灾害评估与协调队军民协调联络人推动 / 协调的援助请求。这包括了解城市搜索与救援队在不可预见的灾情下，可能向军方提出的潜在需求，具体如下：

——（1）帮助联合国灾害评估与协调队 / 城市搜索与救援队，迅速设立接待和撤离中心。

——（2）将抵达的城市搜索与救援队从机场转送到现场行动协调中心 / 行动基地和随后的任务行动区域。

——（3）为城市搜索与救援队的车辆和发电机提供燃料。

——（4）为联合国灾害评估与协调队及合作伙伴提供直升机，以进行快速空中评估（影响程度、关键基础设施制约因素、优先需求和优先救灾区域）。

——（5）提供用于执行城市搜索与救援队任务的地图（如果有）。

——（6）为前往不安全区域或在不安全区域工作的城市搜索与救援队提供安保支持（路线或区域安全）。

——（7）准备接待即将抵达的城市搜索与救援队，开展"废墟之外"的救援行动。

在灾害发生后开展行动时，国际搜索与救援咨询团的专业地位和行动是需要考虑的核心问题，因为其中每个成员都代表了国际搜索与救援咨询团。国际救援人员需要考虑受助国的文化、伦理和道德方面的差异。国际救援队伍绝不能给受灾国的资源造成任何额外负担，而是应当提供准备充分、经过适当培训且装备充分的响应人员，以支持受灾主管部门，实现上述目标。

城市搜索与救援队的相关信息，请参见《第二卷 手册B：救援行动》，以及《第三卷 现场行动指南》。

4.3.5 国际协调：联合国人道主义事务协调办公室、联合国灾害评估与协调队与地方应急管理机构

人道主义事务协调办公室担任国际搜索与救援咨询团秘书处，其任务是支持受灾国主管部门，协调国际援助，应对超出受灾国能力的灾害和人道主义危机。

各类组织，包括政府组织、非政府组织、联合国机构和个人，都会对灾难和人道主义危机做出响应。人道主义事务协调办公室及时分享救灾信息，并与所有救援机构合作，协助受灾国政府确保最有效地利用国际资源，共同应对灾害。

联合国灾害评估与协调队是人道主义事务协调办公室的一项工具，主要用于突发紧急情况下的救援部署。根据受灾国政府或联合国驻地协调员/人道主义协调员的要求，人道主义事务协调办公室派遣联合国灾害评估与协调队。

联合国灾害评估与协调队的成员包括来自各国、国际组织和人道主义事务协调办公室的、经验丰富的应急管理人员。联合国灾害评估与协调队由设在人道主义事务协调办公室日内瓦总部的响应支持处进行管理，在联合国驻地协调员/人道主义协调员和人道主义事务协调办公室国家办事处（如果有）的授权下开展工作。联合国灾害评估与协调队还支持地方应急管理机构和人道主义国家工作队，并与之密切合作。作为现场行动协调中心的管理者，联合国灾害评估与协调队帮助地方应急管理机构协调国际响应资源（如人道主义组群、紧急医疗队、城市搜索与救援队等），评估优先需求和信息管理，必要时建立现场行动协调中心和接待和撤离中心。

4.3.6 接待和撤离中心（RDC）

作为所需支援的一个组成部分，如果国家主管部门/地方应急管理机构尚未

建立接待和撤离中心，那么应在当地机场 / 入境点主管部门的配合下，由最先抵达的国际搜索与救援咨询团城市搜索与救援队或联合国灾害评估与协调队建立接待和撤离中心。

这一机构的建立是为了协调即将抵达的国际城市搜索与救援队和其他人道主义援助资源，并通过现场行动协调中心向地方应急管理机构报告情况。

接待和撤离中心还可以作为一项工具，以适当的方式协调救援队的撤离。

4.3.7　现场行动协调中心（OSOCC）

根据灾害情况以及与国家主管部门的讨论，联合国灾害评估与协调队可以在地方应急管理机构附近建立一个现场行动协调中心，支持国家主管部门协调国际响应机构。现场行动协调中心协调国际响应机构并支持最初的组群间协调机制，如健康、水源、卫生设施和临时安置场所。

现场行动协调中心有如下两个核心目标：
— （1）在没有其他协调系统的情况下，提供一种高效手段，迅速促进国际应急响应人员与受灾国政府之间的现场合作、行动协调和信息管理。
— （2）建立一个实体空间，作为入境响应队伍的一站式服务点，特别是在突发灾难的情况下，众多国际响应队伍的协调，对于确保优化救援工作至关重要。

4.3.8　城市搜索与救援协调单元（UCC）

在地震或建筑物倒塌的紧急情况下，城市搜索与救援协调单元是现场行动协调中心的专业且必要的组成部分。如果国家主管部门 / 地方应急管理机构尚未建立城市搜索与救援协调单元，则应由最先抵达的城市搜索与救援队建立，以在灾难的搜索和救援阶段协助和协调多支国际城市搜索与救援队。

注意：建立城市搜索与救援协调单元的要求详见《第二卷　手册 B：救援行动》，以及《城市搜索与救援协调手册》。

4.3.9 全球灾害预警与协调系统（GDACS）

全球灾害预警与协调系统提供的各项服务，旨在促进所有救援机构之间近乎实时的警报和信息交换，以支持救援决策和协调。全球灾害预警与协调系统提供的各项服务，建立在全球灾害管理人员的集体智慧和所有相关灾害信息系统的合力之上。

4.3.10 虚拟现场行动协调中心（VOSOCC）

虚拟现场行动协调中心是一个基于网络的信息管理工具，是现场行动协调中心的虚拟版本，是全球灾害预警与协调系统平台的一部分。

虚拟现场行动协调中心是一个重要的信息共享门户，在突发灾难发生后，旨在促进国际响应机构之间以及与受灾国和联合国响应机构之间进行近乎实时的信息交流。

虚拟现场行动协调中心的访问仅限于应急响应利益相关方且需要注册。虚拟现场行动协调中心的启动和协调，由人道主义事务协调办公室位于日内瓦总部的协调支持部门负责。

> **注意**：城市搜索与救援队的详细信息可以访问《第二卷 手册 B：救援行动》。全球灾害预警与协调系统以及虚拟现场行动协调中心的相关信息可分别通过 www.gdacs.org 和 https://vosocc.unocha.org/ 网站访问。

5 国际搜索与救援咨询团城市搜索与救援队分级测评与复测（IEC/R）

5.1 背景

在接受国际搜索与救援咨询团分级测评之前，城市搜索与救援队应首先完成自我分级测评：轻型、中型或重型城市搜索与救援队。这一自我分级测评结果随后提交给国际搜索与救援咨询团秘书处，并记录在国际城市搜索与救援队目录中。国际搜索与救援咨询团强烈建议各成员国制定国家认证程序，作为分级测评的第一步。

2005 年，通过分级测评 / 复测流程，国际搜索与救援咨询团网络帮助制定了可独立核查的国际城市搜索与救援队行动标准，并鼓励所有拥有城市搜索与救援队的成员国进行国际部署，确保其城市搜索与救援队考虑分级测评 / 复测流程。

当今世界，救灾响应工作日益复杂，国际搜索与救援咨询团为人道主义体系的其他成员提供了一个可借鉴的标准化模型。分级测评 / 复测系统提供了一种全球性的战略方法，确保世界各地都有合格的专业队伍，特别是潜在灾害频发的周边地区，随时准备按照全球公认的行动标准，在灾难发生后及时启动响应。

通过这一系统，受灾国能够知道其有望获得的援助类型，已通过国际搜索与救援咨询团分级测评的城市搜索与救援队在互相协作行动时也可了解彼此的能力。通过这一系统，全球的城市搜索与救援队有了通用术语，并加强了符合国际搜索与救援指南中规定标准的专业响应能力。

5.2　城市搜索与救援队分级

在国际搜索与救援指南中，根据城市搜索与救援队履行关键职能的能力，对城市搜索与救援队进行分级。五项关键职能包括：管理、搜索、营救、医疗及后勤。

5.2.1　已通过分级测评的轻型城市搜索与救援队

已通过分级测评的轻型城市搜索与救援队，可以履行全部五项关键职能（管理、搜索、营救、医疗及后勤）。在倒塌或损毁的木质建筑结构和 / 或未加固的砖石建筑结构（包括用钢网加固的结构）中，已通过分级测评的轻型城市搜索与救援队有能力进行搜索和营救行动。轻型城市搜索与救援队还必须能够进行索具和起重作业。已通过分级测评的轻型城市搜索与救援队能够执行 ASR 3 级的救援行动 [即工作场地的评估、搜索与救援级别，参见《第二卷　手册 B：救援行动》]。已通过分级测评的轻型城市搜索与救援队，具备在一个工作场地、一个工作周期（每天 12 小时，持续 5 天）内开展救援行动的能力。

5.2.2　已通过分级测评的中型城市搜索与救援队

已通过分级测评的中型城市搜索与救援队，可以履行（以上）全部五项关键职能，并且在重型木质建筑结构和 / 或加固砖石结构的倒塌或损毁建筑结构（包

括用结构钢加固和 / 或建造的结构）中，进行复杂的搜索和救援行动。中型城市搜索与救援队还必须能够进行索具和起重作业。已通过分级测评的中型城市搜索与救援队，预期具备在一个工作场地开展救援行动的能力。

5.2.3　已通过分级测评的重型城市搜索与救援队

已通过分级测评的重型城市搜索与救援队，可以履行（以上）全部五项关键职能，并且在倒塌或损毁建筑结构中，特别是那些用结构钢加固和 / 或建造的结构中，具备进行复杂搜索和救援行动的能力。重型城市搜索与救援队还必须能够进行索具和起重作业。已通过分级测评的重型城市搜索与救援队，将拥有足够的设备和人力，可以同时在两个工作场地进行搜索和救援行动。

> **注意**：已通过分级测评的轻型、中型和重型城市搜索与救援队的详细说明，参见《第二卷　手册 A：能力建设》。

5.3　国际搜索与救援咨询团分级测评与复测（IEC/R）

国际搜索与救援咨询团分级测评与复测是进行高效而专业的国际援助的保证。

自 2005 年分级测评 / 复测流程建立以来，许多成员国和成员组织已成功通过了分级测评 / 复测，而许多其他成员国和成员组织则表现出浓厚的兴趣或正在为即将进行的分级测评 / 复测做准备。自流程建立以来，这一流程促进了救援能力建设，并确保了最低标准、救援能力以及援助需求与优先事项相匹配。国际搜索与救援咨询团为已通过分级测评的城市搜索与救援队发放了徽章标识（图 8），并且 2020 年的救援行动证明这些队伍是受地震影响国家的重要救灾资源。

图 8　国际搜索与救援咨询团的徽章标识

时至今日，分级测评／复测仍然是一个无法替代的流程，确立了可核查的行动标准，并体现了由独立的同行评审帮助改进救灾准备和救灾响应的具体方式。分级测评专家和接受分级测评／复测的队伍相互学习，这种互动确实非常有益，因为在地震救援的过程中，这些人仍将密切合作，帮助拯救更多生命。

为了确保国际城市搜索与救援响应的一致性，强烈鼓励有能力进行国际部署的国际救援队伍参与分级测评／复测流程。

5.3.1　国际搜索与救援咨询团分级测评（IEC）

受权进行国际部署的任何城市搜索与救援队，只要得到其成员国国际搜索与救援咨询团政策联络人的认可，都可以申请参与联合国国际救援队伍分级测评。成功完成分级测评后，城市搜索与救援队将按照达到的分级类型列入城市搜索与救援队目录。

针对国际城市搜索与救援行动，分级测评流程评估并划分了其中两个关键能力：响应能力和技术能力。

在真实建筑结构倒塌的模拟实战救援演练中，城市搜索与救援队必须展示他们的熟练程度，运用相应分级类型城市搜索与救援队所需的全方位技能和设备。通过测评的队伍被认为符合城市搜索与救援队的通用标准，并被授予队伍徽章标识，以确认相应队伍在搜救领域的专业水平。图8是此类徽章的示例。

国际搜索与救援咨询团秘书处为所有分级测评／复测流程提供便利，并在相应的分级测评／复测规划时间表内与所有队伍紧密沟通，并与其联络人、教练和分级测评／复测专家组长密切合作。

5.3.2　国际搜索与救援咨询团分级复测（IER）

分级复测是分级队伍需要定期经历的流程，旨在保持其能力状态。无论出于何种原因，如果某一支城市搜索与救援队选择不参加复测，则视其为放弃国际搜索与救援咨询团授予的分级资质。

由于以下四个原因，城市搜索与救援队可能需要参加复测。
—（1）通过分级测评后已满五年。
—（2）城市搜索与救援队结构发生变化。

—（3）分级发生变化。

—（4）在国际响应中存在不当行为。

任何已通过分级测评的城市搜索与救援队，如果五年后无法参加复测，则必须通过其政策联络人向国际搜索与救援咨询团秘书处提交相关理由，然后秘书处同国际搜索与救援咨询团全球主席协商。在这种情况下，这一队伍的分级状态将被视为待定，最终取决于之后的复测情况。

从 2020 年开始，国际搜索与救援咨询团建立了一份单独的分级复测核查表，凭此可以更好地评估相应队伍，这些队伍必须表现出更高的搜救能力，在国际搜救网络中承担更大的责任并做出更多的贡献。

5.3.3　国际搜索与救援咨询团分级测评与复测的费用

所有与分级测评 / 复测工作规划、准备和执行相关的费用均由东道国或要求分级测评 / 复测的组织负责。

通过成员国之间密切的双边合作，许多城市搜索与救援队成功地通过了分级测评 / 复测流程。教练和培训支持事宜将由利益相关方共同协商决定。

在分级测评 / 复测过程中，分级测评 / 复测专家的相关费用由其各自的主管部门承担。然而，受邀观察员由提出分级测评 / 复测请求的东道国或组织决定和管理。

> **注意**：关于分级测评 / 复测流程的更多信息，请参见《第二卷　手册 C：国际搜索与救援咨询团分级测评与复测》。

6　结　论

由城市搜索与救援响应人员和国际搜索与救援咨询团成员国代表编写的《国际搜索与救援指南》，已被联合国大会第 57/150 号决议认定为"救灾准备和救灾响应工作的、灵活且有益的参考工具"。这是一份持续更新的文件，伴随着重大的国际城市搜索与救援行动和／或演练中吸取的经验教训而不断改进。这份指南也是各级救灾机构能力建设的参考文件。这份指南介绍了最佳做法，鼓励所有受灾国和援助国积极执行和实践这些国际公认的程序，并为其发展做出贡献。

在 2020 年全球会议召开之前，针对关键战略目标，征求了国际搜索与救援咨询团网络的意见。在接下来的五年，国际搜索与救援咨询团将侧重于加强质量标准和协调，推进灵活援助，加强救灾准备并巩固伙伴关系。

我要感谢国际搜索与救援咨询团的所有成员，他们一直在支持国际搜索与救援咨询团的工作。我们应当为国际搜索与救援咨询团所取得的成就感到自豪，在世界范围内的各个层面，我们应以更大的决心继续践行联合国大会第 57/150 号决议。

曼纽尔·贝斯勒大使

国际搜索与救援咨询团全球主席

《国际搜索与救援指南》仍然是一份持续更新的文件。国际搜索与救援咨询团重视所有反馈意见，您可以将反馈意见发送给国际搜索与救援咨询团秘书处，电子邮箱为 insarag@un.org。

附件 A　国际搜索与救援咨询团联络人的职权范围

国际搜索与救援咨询团联络人的职责可以描述为：在救灾准备和救灾响应阶段，确保在适当级别进行有效的信息交流和验证，包括能力建设、培训、政策事项、紧急预警、请求或接受援助、动员和提供国际援助。职责可分为以下三类：

—（1）**国家级政策类**：确保在各成员国范围内推广国际搜索与救援指南和方法，并为持续的政策制定做出贡献。

—（2）**国家级行动类**：在紧急情况下，协调成员国与国际搜索与救援咨询团的内部信息交流，并加强城市搜索与救援队对国内和国际响应的准备。

—（3）**城市搜索与救援队类**：确保城市搜索与救援队遵循国际搜索与救援咨询团的方法和最低标准。

另外，联络人还要承担某些行政责任，如充当国家政府与国际搜索与救援咨询团网络（包括秘书处、区域组和指导委员会）之间的联络人。

在适当情况下，政策联络人和行动联络人的职责也可由同一人承担。

1. 国际搜索与救援咨询团国家级政策联络人的职责

—（1）担任东道国政府的国际搜索与救援咨询团政策事务协调人，联系国际搜索与救援咨询团网络，包括人道主义事务协调办公室秘书处、相应的区域组和主席，以及国际搜索与救援咨询团指导委员会和全球主席。

—（2）担任所有国家城市搜索与救援队（包括非政府组织队伍）的国际搜索与救援咨询团事务联络人，并能够批准国家级城市搜索与救援队提出的分级测评申请。

—（3）确保促进和实施国际搜索与救援指南和方法，将其纳入国家灾害管理计划的一部分，按照联合国大会 2002 年 12 月 16 日关于"加强国际城市搜索与救援援助效能和协调"的第 57/150 号决议的规定，促进成员国城市搜索与救援队在国家层面和国际层面的响应。

—（4）在紧急情况下，通过国际搜索与救援咨询团秘书处和 / 或相关渠道（如虚拟现场行动协调中心），确保及时向国际搜索与救援咨询团网络通报相关信息，包括请求或接受国际援助。

—（5）代表或确保所属成员国代表参加国际搜索与救援咨询团相应区域组的会议，如果条件允许，也应参加国际搜索与救援咨询团指导委员会的会议。

2. 国际搜索与救援咨询团国家级行动联络人的职责

—（1）作为国际搜索与救援咨询团国家级行动事务的联络人，与成员国合作，并根据国际搜索与救援指南和方法，促进救援队和国家灾害管理组织的能力建设，包括在需要时为建立接待和撤离中心及现场行动协调中心做准备。

（2）如果是所属成员国境内发生具有国际影响的紧急情况，那么作为国际搜索与救援咨询团秘书处／人道主义事务协调办公室的联络方，应定期向国际搜索与救援咨询团网络提供国际救援行动的相关信息，并在虚拟现场行动协调中心进行更新。

（3）如果是应对发生在第三国的紧急情况，作为国际搜索与救援咨询团秘书处／人道主义事务协调办公室的联络方，应通过虚拟现场行动协调中心／现场行动协调中心，定期向国际搜索与救援咨询团网络提供关于所属成员国计划或已实施的应对措施的最新信息。

3. 国际搜索与救援咨询团城市搜索与救援队联络人的职责

（1）担任所属城市搜索与救援队在国际搜索与救援咨询团行动事务上的联络人。这些联络人负责联系相关方，包括国家级（政策和行动）联络人、区域主席以及国际搜索与救援咨询团秘书处。

（2）负责在所属队伍中推广和确保国际搜索与救援咨询团的方法，以及救灾准备和救灾响应的最低标准。

（3）负责更新所属队伍在城市搜索与救援队目录中的信息。

（4）国际搜索与救援咨询团的协调人，无论是政策联络人、行动联络人或队伍联络人，都应承担行政责任，如：通报国际搜索与救援咨询团秘书处的信息；向其成员国的灾害管理主管部门和城市搜索与救援队转达国际搜索与救援咨询团的会议、研讨会、培训班和／或城市搜索与救援队演练的邀请。

（5）有权核实或决定所在成员国和／或队伍是否准备协助和主办国际搜索与救援咨询团的活动，如具体的研讨会、培训、年度队长会议或国际搜索与救援咨询团区域演练。

附件 B　国际搜索与救援咨询团全球主席、区域主席和区域副主席（三方领导架构）的职权范围

1. 国际搜索与救援咨询团全球主席的职责

（1）在全球各成员国和成员组织中，牵头推广国际搜索与救援咨询团的方法和指南，推动成员国和成员组织参与到国际搜索与救援咨询团的各个机构中。

（2）率先倡导执行国际搜索与救援咨询团兵库宣言，以及联合国大会第57/150号决议。

（3）主持指导委员会的年会。

（4）与秘书处一起，积极协调指导委员会的活动，包括举行定期电话会议和其他会议。

（5）在适当的情况下，代表国际搜索与救援咨询团网络，参加国际搜索与救援咨询团其他机构的年度会议（如区域组会议、队长会议等）。

（6）代表国际搜索与救援咨询团网络，在全球出席相关会议、活动和媒体发布会。

2. 国际搜索与救援咨询团区域主席的职责

（1）在所属区域的成员国和成员组织中，推广国际搜索与救援咨询团的方法和指南，并促进其参与到国际搜索与救援咨询团区域组中，包括参加国际搜索与救援咨询团区域地震响应模拟演练等活动。

（2）支持执行国际搜索与救援咨询团兵库宣言，以及联合国大会第57/150号决议。

（3）在国际搜索与救援咨询团秘书处和区域副主席的支持下，主办并共同组织区域组年度会议（筹备为期两天的会议，安排后勤工作，确定会议地点，在条件允许的情况下支付住宿费用，推动所有成员国和区域组成员组织的参与）。

（4）代表国际搜索与救援咨询团网络，参加区域内的相关会议和活动。

（5）代表所属地区，参加每年2月在瑞士日内瓦举行的国际搜索与救援咨询团指导委员会的年度会议。

（6）与秘书处和区域副主席一起，积极协调区域组的活动，包括举行定期电话会议和其他会议。

（7）如有可能，代表所属区域，参加国际搜索与救援咨询团其他区域组的年度会议。

3. 国际搜索与救援咨询团区域副主席的职责

（1）在所属区域的成员国和成员组织中，推广国际搜索与救援咨询团的方法和指南，并促进其参与到国际搜索与救援咨询团区域组中，包括参加国际搜索与救援咨询团区域地震响应模拟演练等活动。

（2）支持执行国际搜索与救援咨询团兵库宣言，以及联合国大会第57/150号决议。

（3）在国际搜索与救援咨询团秘书处的支持下，支持区域主席主办和共同组织区域组年度会议。

（4）与区域主席协商，代表国际搜索与救援咨询团在所属区域的网络，参加相关会议和活动。

（5）代表所属地区，参加每年2月在瑞士日内瓦举行的国际搜索与救援咨询团指导委员会的年度会议。

（6）与秘书处和区域主席一起，积极协调区域组的活动，包括举行定期电话会议和其他会议。

（7）如有可能，代表所属区域，参加国际搜索与救援咨询团其他区域组的年度会议。

附件 C　国际搜索与救援指南修订表（2015—2020）

序号	修订的主题
1	联络人 （1）引入城市搜索与救援队联络人，作为第三类联络人。 （2）城市搜索与救援队联络人负责城市搜索与救援队的联络工作，确保执行国际搜索与救援咨询团的方法和最低标准，包括准备和响应（如参加分级测评/复测）。 （3）城市搜索与救援队联络人也负责联系现有的国家级政策联络人和行动联络人。 （4）内容层次结构没有更改（按降序）：国家级政策联络人；国家级行动联络人；队伍级/组织级城市搜索与救援队联络人
2	职权范围 （1）国际搜索与救援咨询团成员国的名称已改为"成员国"。 （2）属于国际搜索与救援咨询团网络的组织已改为"成员组织"。 （3）不属于国际搜索与救援咨询团网络的国家一直保留为"国家"，如"受灾国"
3	国家认证程序/国际搜索与救援咨询团认可的国家认证程序 （1）提供了国家认证程序/国际搜索与救援咨询团认可的国家认证程序的最新信息。 （2）增加了国家认证程序/国际搜索与救援咨询团认可的国家认证程序的参考资料
4	已通过分级测评的轻型队 增加了已通过国际搜索与救援咨询团分级测评的轻型队
5	增加了城市搜索与救援协调（UC）
6	指南审查流程 增加了关于国际搜索与救援指南审查流程的信息（指南审查委员会）
7	附件 （1）在附件 A 下介绍城市搜索与救援队联络人的职权范围。 （2）题为"国际搜索与救援指南修订表（2015—2020）"的附件 C，介绍了从2015 版指南至今的最新变化。 （3）"指南附件"中题为"技术参考资料库解释性说明和国际搜索与救援指南说明"的附件 D，介绍了第一卷中的"指南说明"，相关网址为 www.insarag.org
8	技术参考资料库 （1）增加了技术参考资料库和指南说明的信息，均可查询 www.insarag.org 网站。 （2）这两个组成部分之间的区别在于：国际搜索与救援咨询团核准的文件，如指南附件、分级测评/复测核查表和城市搜索与救援协调手册，将放在指南说明之下，而技术参考资料库是最佳做法的知识库，已同意由各自国家行动联络人和相应的国际搜索与救援咨询团工作组进行分享

附件 D　技术参考资料库解释性说明和国际搜索与救援指南说明

1. 背景

—(1) 在 2018 年国际搜索与救援咨询团指导委员会（ISG）[1]的会议期间，在其职权范围（ToR）内，该机构为 2020 年国际搜索与救援指南审查委员会（GRG）做出了一项重要决定，即开发技术参考资料库（TRL），这是一个新的知识库，位于网站 INSARAG.org 内，其中上传和共享了国际搜索与救援咨询团各组织的所有最佳实践。

—(2) 利用这些材料，可以为城市搜索与救援队提供其他的指导参考，而这些指导参考并不在国际搜索与救援指南所规定的最低要求的范围内。技术参考资料库中的材料存在一个重要的区别：与国际搜索与救援指南和指南说明中指导委员会认可的其他材料不同，技术参考资料库中的材料不具有约束力。这些材料也不是指南的一部分。根据区域组和队长（TL）会议的意见，"资料库"这一概念得到了国际搜索与救援咨询团指导委员会的认可。

—(3) 在批准技术参考资料库这一概念的同时，国际搜索与救援咨询团指导委员会还批准其将重新组织国际搜索与救援指南中的以下项目：①核查表（如国家认证程序核查表、分级测评/复测核查表）；②各种表格；③《第三卷　现场行动指南》；④各种手册（如城市搜索与救援协调手册），并将这些内容放在网站 INSARAG.org 的"指南说明"部分。上述项目仍将是指南不可或缺的组成部分。这样的重新组织是为了促进更灵活、更快速的内容审查/修订[2]流程。

---

1 国际搜索与救援咨询团（INSARAG）的成立是为了促进国际搜索救援队在地震方面的协调，并致力于为城市搜索与救援队制定最低的国际标准。作为与国际搜索与救援咨询团所有组织持续联络工作的一部分，国际搜索与救援咨询团指导委员会每年举行一次会议，以通报最新情况，并审议涉及所有组织的关键决定。

2 将继续以五年作为一个周期，审查国际搜索与救援咨询团指南的内容。通过这种重新组织的方式，可以在必要时审查/更新指南说明中的内容。

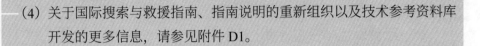

—(4) 关于国际搜索与救援指南、指南说明的重新组织以及技术参考资料库开发的更多信息，请参见附件 D1。

2. 目的

本说明旨在告知：
—(1) 技术参考资料库和国际搜索与救援指南说明的特点。
—(2) 修订后，网站 INSARAG.org 的网页布局。

3. 技术参考资料库的特点

—(1) 技术参考资料库将设置在 INSARAG.org 网页内，根据反映城市搜索与救援的五个关键部分进行内容的组织。所有工作组，包括已通过分级测评的和正在进行分级测评的救援队伍，都有资格为此类最佳实践做出贡献。关于技术参考资料库内材料的浏览，将对国际搜索与救咨询团所有组织开放。

—(2) 技术参考资料库将包括六个类别——第一个类别是"分级测评 / 复测与行动总结"，另外五个类别 [1] 源自《第二卷　手册 B：救援行动》中的"国际城市搜索与救援响应周期"：①准备；②动员；③行动；④撤离；⑤总结。这样的编排旨在为读者 / 内容创建者提供熟悉的术语，并便于查看 / 上传所需内容。关于"国际城市搜索与救援响应周期"的更多信息，请参见附件 D2。

—(3) 为了确保材料的质量，相应的国家级行动联络人必须确认其队伍提交的所有材料。此外，如果内容涉及工作组相应的关注领域、专业知识和职责，那么行动联络人需要与国际搜索与救援咨询团的具体工作组（WG）协商，取得他们的同意。在工作组主席批准技术参考资料库的文件 / 提案后，各工作组也可为技术参考资料库的建设做出贡献。

---

1 在国际搜索与救援咨询团指导委员会 2019 年召开的会议期间，指南中"国际城市搜索与救援响应周期"的五个类别被批准为技术参考资料库的类别。

（4）在各自的国家级行动联络人和国际搜索与救援咨询团工作组的协助下，国际搜索与救援咨询团秘书处、联合国人道主义事务协调办公室将管理和推动技术参考资料库的建设。

4. 国际搜索与救援指南说明的特点

（1）指南说明包括具有约束力的国际搜索与救援咨询团的三个关键组成部分。因此，对指南说明下的任何材料的任何拟议修订或更改，必须得到国际搜索与救援咨询团指导委员会的批准，然后才能将修订内容上传到 INSARAG.org 网页中。

（2）第一个关键组成部分是相关材料，如表格或附件，这些材料构成了已批准指南各卷中的部分内容。然而，应指出的是，并非各卷中的所有附件都必须包含在指南说明中。相关附件仍应作为各卷中的部分内容，从而更好地进行说明，便于参考和理解。

（3）第二个关键组成部分是国际搜索与救援咨询团分级测评（IEC）和国际搜索与救援咨询团分级复测（IER）核查表，各队伍需要使用这些核查表为分级测评与复测做好准备。救援队伍将有六种核查表可供参考：①轻型分级测评；②轻型分级复测；③中型分级测评；④中型分级复测；⑤重型分级测评；⑥重型分级复测。

（4）指南说明中的最后一个组成部分是国际搜索与救援咨询团指导委员会批准的各种手册，例如城市搜索与救援协调手册，以及国家认证程序 / 国际搜索与救援咨询团认可的国家认证程序手册。

（5）为确保一致性，当前 INSARAG.org 网站中所有的指南说明（如由医务工作组发布的内容），不作为指南中的内容（也即不具约束力），现更名为"参考资料说明"并移至技术参考资料库。

5. 结论

总之，技术参考资料库和国际搜索与救援指南说明的主要特点见附表 1。

附表 1　技术参考资料库和国际搜索与救援指南说明的特点

	技术参考资料库	国际搜索与救援指南说明
内容平台	国际搜索与救援咨询团网页（www.insarag.org）	
内容管理方	技术参考资料库的管理和推动方为国际搜索与救援咨询团秘书处和联合国人道主义事务协调办公室，并由相应的行动联络人（国家级）和相应的工作组提供协助	国际搜索与救援指南说明的管理和推动方为国际搜索与救援咨询团各工作组
实现的功能	最佳实践知识库	以下内容的知识库：①核查表（如国家认证程序标准和步骤核查表、分级测评/复测核查表）；②各种表格；③《第三卷　现场行动指南》；④各种手册（如城市搜索与救援协调手册），并将这些内容放在网站 INSARAG.org 的"指南说明"部分。上述项目仍将是指南不可或缺的组成部分。 在必要时，可进行审查/更新
内容贡献方/查阅方	内容贡献方为所有根据国际搜索与救援咨询团标准已经分级测评的队伍，以及正在进行分级测评的队伍或其相应的国家联络人。所有贡献的内容将由相应的联络人批准。 内容查阅方为国际搜索与救援咨询团的所有相关组织	内容贡献方为国际搜索与救援咨询团各工作组。所有修订必须得到国际搜索与救援咨询团指导委员会的批准。 内容查阅方为国际搜索与救援咨询团的所有相关组织

附件 D1 国际搜索与救援指南、指南说明的重新组织和技术参考资料库的开发

附图1直观地展示了国际搜索与救援指南和指南说明的重新组织情况，以及对于技术参考资料库的介绍。

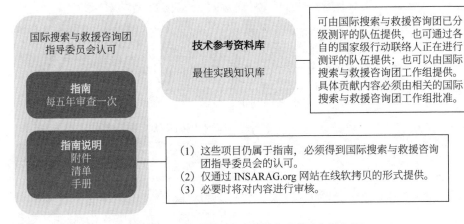

附图 1 指南情况及技术参考资料库介绍

附件 D2 国际城市搜索与救援响应周期简介

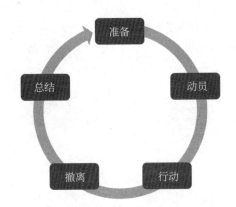

附图 2 国际城市搜索与救援响应周期

国际城市搜索与救援响应（附图2）分为以下几个阶段：

（1）**准备**。准备阶段处于两次救灾响应之间的平静时期。在这一阶段，国际城市搜索与救援队采取准备措施，确保队伍处于尽可能高的部署

准备状态。队伍将进行培训和演练，回顾从以前行动中吸取的经验教训，根据需要更新标准行动程序（SOP），并规划未来的应对措施。

(2) **动员**。动员阶段处于灾难发生后的最初时期。国际城市搜索与救援队准备做出响应，前往部署地区，协助请求国际援助的受灾国。

(3) **行动**。行动阶段处于国际城市搜索与救援队在受灾国执行搜索与救援行动的时期。首先，国际城市搜索与救援队抵达受灾国的接待和撤离中心（RDC），在现场行动协调中心登记，向地方应急管理机构（LEMA）或国家应急管理机构（NDMA）报告并执行城市搜索与救援行动。如果城市搜索与救援队接到"停止行动"的指示，这一阶段即告结束。

(4) **撤离**。撤离阶段处于国际城市搜索与救援队得到"停止行动"指示的时期。城市搜索与救援队开始撤离，通过城市搜索与救援协调单元协调撤离事宜，然后通过接待和撤离中心离开受灾国。

(5) **总结**。总结阶段处于国际城市搜索与救援队返回原驻国后的时期。在此阶段，城市搜索与救援队需要完成并提交总结报告并开展经验教训总结，以提高应对未来灾害的整体有效性和效率。总结阶段之后为准备阶段。

更多信息，请参见《第二卷　手册 B：救援行动》。

第二卷 准备和响应

手册 A：能力建设

1 简 介

联合国（UN）大会第57/150号决议（2002年12月16日）指出，每个国家的首要责任是救助本国领土中处于灾害和其他紧急情况下的受困人员。在发起、组织、协调和实施其境内的人道主义援助方面，受灾国发挥着主导作用。因此，基于国家风险评估，建立一个有力的应急管理框架，这一点至关重要。

本手册中的能力建设，定义了确认和支持现有城市搜索与救援(USAR)资源的过程或创建体系和流程、招募合适的工作人员、采购装备和培训人员的过程，并将其整合到现有的应急管理法律框架中，支持和维持救援能力。

城市搜索与救援能力建设原则，支持联合国大会第57/150号决议和2015年国际搜索与救援咨询团阿布扎比宣言所设定的目标，包括以下三点：

— (1) 全力支持和促进国家级城市搜索与救援能力的发展和建设，并敦促所有成员国确保对加强国家救援能力进程的自主权。

— (2) 认可国际搜索与救援咨询团开展的工作，推动行动和组织指南的创新，提出建议，从而促进国家级城市搜索与救援队的能力建设。鼓励成员国支持此类工作，同时充分认识到国际救援响应是对国家救援能力的补充。

— (3) 强调能力建设应涵盖城市搜索与救援能力的所有五个组成部分：搜索、营救、医疗、管理和后勤，能力发展范围：从基于社区的第一响应人到重型城市搜索与救援能力。

敦促各国政府建立国家级城市搜索与救援响应系统和机制，并将之纳入该国的国家法律框架和应急管理规划流程。地方应急管理机构（LEMA）或国家灾害管理机构（NDMA），作为政府的主要救灾机构，应熟悉国家资源（包括城市搜索与救援）的需求和部署，应对其管辖范围内的各种类型的灾害。

通常，在每个国家的法律框架内，可以利用国家指挥和控制中心[通常称为紧急行动中心（EOC），属于地方应急管理架构]作为中央指挥和控制机构，紧急行动中心全天候运作，负责贯彻应急准备原则，并在紧急情况下执行战略层面的职能，确保受灾国救援行动的连续性。

紧急行动中心负责灾害救援的战略统筹或"全局"把握，通常不直接控制现场资源，而是将制定行动决策和进行策略决定的权力交给下级指挥部。所有紧急行动中心的共同职能包括：收集、整理和分析数据；在适用法律的范围内，做出保护生命和财产、维持国家救援能力连续性的决定；将这些决定传达给所有相关机构和个人。大多数紧急行动中心都设立了一名负责人员，即地方应急管理机构的应急管理人。

此外，从发展新的城市搜索与救援能力的角度来看，国际搜索与救援咨询团响应框架为这一渐进发展过程奠定了基础。

—（1） 根据风险评估，制定高效的国家应急管理框架。
—（2） 开发救灾管理和行政基础设施，考虑不同的响应方案。其他不同的响应选项包括：①发展基于社区的第一响应人网络；②将援助网络中的基础力量发展成为专业队伍；③如果需要，利用这些资源发展城市搜索与救援能力；④评估救援队伍的响应能力；⑤总结从评估中吸取的经验教训，继续保持和发展救援能力。

对于那些在国家或国际层面从事搜救的队伍来说，需要进行持续的能力建设。编写这份能力建设手册，旨在帮助刚开始发展救援能力的队伍、已经具备救援能力的队伍以及支持各类救援队伍的机构。

在本手册中，将尝试区分有组织的第一响应人采取常规行动的能力，及其发展能力后获得的技术救援能力（本卷2章——地方救援能力建设）。本卷3章——国家救援能力建设，将重点关注城市搜索与救援能力的形成，这种能力可以作为国家救援能力。

这项工作中的一个复杂因素，是术语"城市搜索与救援"经常被误解或不当应用。在过去的几十年里，城市搜索与救援经常被用来描述各种类型的救援行动，无论是道路交通事故、徒步旅行者在荒野中迷路、水源相关突发事件，还是登山者被困在岩架上。在本手册中，应急响应资源包括以下要素：

（1）**社区自发的志愿响应人员**：可能出现在各种类型的应急响应中，可能是热心公民在道路交通事故中提供援助，也可能是社区响应人员在突发事件后试图提供援助。

（2）**第一响应人**：通常包括消防部门的人员、紧急医疗救助（EMS）人员、民防机构的人员、警察和其他人员，他们提供有组织的应急响应。

（3）**专业应急响应人员**：包括地方性的专业搜救队伍，以及国家级城市搜索与救援队。

（4）**国际援助**：指的是国际城市搜索与救援队。

2　地方救援能力建设

在世界各地，消防部门（志愿者和专业人员）、民防机构、军队以及非政府组织（NGO）和慈善机构在救援行动中发挥了重要作用，他们是以下紧急情况下的主要应急响应人员：建筑物倒塌、沟渠塌方、密闭空间事故、工业和农业机械事故、水域紧急情况以及人员被困在地面以上或以下。针对这些紧急情况的救援类别，称为技术救援。

实施技术救援的事故往往较为复杂，需要经过专门培训的人员和专用装备才能完成救援任务。地震、降水、极端气温和湍急水流等自然力量，经常导致技术救援事件变得复杂。现场的可燃气体和有毒化学品，也会增加风险水平。

对于开展技术救援行动的队伍，人员安全需要特别关注。在世界各地，第一响应人每天都会进行技术救援。某些复杂的技术救援事件可能会持续数小时甚至数天，救援人员需要仔细评估情况，获取并使用适当的救援装备，监控现场安全并消除危险因素，最终到达受困人员的受困位置，援助并解救受困人员。

由于现场存在危险品或危险因素（如易燃气体或粉尘），救援人员通常必须采取额外的预防措施，并花费更多时间来确保救援行动的安全。经验表明，如果采取仓促的救援行动，则可能会危及救援人员和受困人员的生命。另外，救援人员知道，受困人员的生存机会往往取决于是否进行了快速施救并运送到医院。在执行技术救援行动方面，有些组织比其他组织准备得更充分。为了执行复杂情况

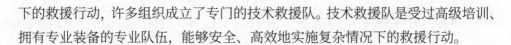

下的救援行动，许多组织成立了专门的技术救援队。技术救援队是受过高级培训、拥有专业装备的专业队伍，能够安全、高效地实施复杂情况下的救援行动。

由于任务的不同，各支队伍的专业和能力差异很大，具体取决于他们的培训水平、受训人员数量以及专业救援工具和装备的配置情况。例如，某些组织拥有切割混凝土和清除重型废墟的装备，并经过相应的培训，可以在倒塌建筑物中进行救援，而其他队伍仅具备使用镐和铲子来清理废墟的能力。

许多组织都只是单一专业的救援队，如水域救援队。这些队伍经过培训和装备配置，可以处理一种灾害类型的救援。而其他组织则拥有多专业队伍，能够执行不止一种灾害类型的救援行动。

如果想要组建一支能力充分并能够确保安全的技术救援队伍，那么无论是单专业还是多专业，都需要进行周密的规划，队员需要投入大量的时间，研究和采购装备，开展风险分析和培训，且每年持续投入资金。

本手册提供了组建技术救援队方法的指导，这样的队伍通常从社区第一响应人的组建开始，作为其他能力建设（包括城市搜索与救援）的基础。本手册讨论了组建救援队之前必须考虑的诸多因素，如：①社区救援队的必要性；②社区所需的救援队类型；③进行风险评估以识别救援风险的方法；④组建救援队的方法；⑤队员所需接受的培训；⑥技术救援涉及的危险；⑦队伍资金的筹集渠道；⑧队伍所需的人员类型；⑨与救援相关的法律和标准；⑩队伍所需的装备。

从第一响应人到国家级城市搜索与救援能力，通过路线图说明了不同阶段的发展和要求，参见"附件A 城市搜索与救援国家能力建设路线图"。

2.1 第一响应人队伍

社区第一响应人队伍的组建，通常是各个社区或组织装备和培训自己队伍所采取的第一步，准备应对今后可能发生的紧急情况。第一响应人队伍存在各种形态、规模和能力，这些方面很大程度上取决于社区面临的风险或危险的类型。所有或大多数第一响应人队伍，都是在自愿的基础上组建的。

另外，第一响应人队伍可以正式被认作有组织的响应队伍，通常由消防部门的人员、紧急医疗救助人员、民防机构人员、警察和其他人员组成。

2.2 技术救援能力

在执行救援行动时，具体社区或组织的第一响应人，经常会遇到特殊或复杂的救援情况，需要特殊技能和装备才能安全应对。某些组织已经做好了准备，有能力处理此类事件，但在许多情况下，这些事件所需的技能和装备超出了应急响应组织的能力。由此，许多组织已经组建或考虑组建技术救援队，以应对这些复杂的情况。

大多数新组建的队伍，首先对成员进行单一救援技能的培训，如绳索救援或水域救援。当单一救援技能培养起来之后，就可以扩展到其他救援领域，将队伍发展成为一支能够应对多种灾害类型的多专业高级救援队伍。相关组织还可以选择建立具有特定能力的不同队伍。

现在已经有各种救援专业。本手册中讨论的救援专业包括以下八个方面：

——（1）**密闭空间救援**：密闭空间是指入口或出口受到限制的封闭区域，其内部构造不是为人类居住而设计的，因此可能会造成进入者被困或窒息。这类空间可能具有向内收缩的壁部结构或是向下倾斜并逐渐收窄横截面的底部结构。这些空间包括下水道、大桶、洞穴、储罐和其他区域。在此类空间中进行救援是危险的，特别是在其内部环境有毒或缺氧的情况下。

——（2）**水域和冰域救援**：在湖泊、沼泽、洪水泛滥地区、湍急或平静的水体以及海洋中进行的救援，都属于这一类救援。水域救援有几个不同的专业，包括急流救援、静水救援、水下救援、冲浪救援和冰域救援。其中每一项都需要经过专业培训。

——（3）**倒塌建筑物救援**：这涉及建筑物倒塌或其他结构倒塌的情况，如受突发事件（地震）影响的大城市地区。在地震多发地区，已组建了多支倒塌建筑物救援队。在拥有许多旧建筑或新建筑项目的城市中，也可能需要这类救援队。

——（4）**沟渠/塌方救援**：几乎所有的人类居住区，都可能出现需要进行沟渠或塌方救援的情况。沟渠经常出现在埋有管道或电缆的新建筑区域。最常见的沟渠救援场景是营救因沟壁倒塌受困的建筑工人。

（5）**绳索救援**：高角度或低角度绳索救援可能发生在悬崖、沟壑、洞穴、山区、高层建筑、通信塔、水塔或筒仓周围。这些救援可能需要复杂的绳索和牵引系统，以确保救援人员的安全及解救受困人员。

（6）**工业和农业机械事故救援**：工业机械事故给救援人员带来了许多挑战。许多工业事故救援涉及密闭空间或重型机械救援，以解救受困于机械设备中的人员。这类救援还可能涉及受困于农业机械或筒仓下方或内部的人员。

（7）**车辆事故救援**：无论哪种类型的车辆碰撞事故，都可能导致一名或多名乘客被困。营救这些受困人员需要专业知识、培训和装备。

（8）**交通事故救援**：交通事故包括可能导致乘客受困的交通工具坠落、碰撞或脱轨。营救这些受困人员需要专业知识、培训和装备。

2.3　组建队伍之前的考虑因素

本章介绍了在考虑是否组建技术救援队时必须评估的各种因素。就本手册而言，队伍是指经过培训并配置救援装备的一组人员，可以在一个或多个专业领域执行技术救援。

在组建救援队之前必须考虑很多因素，包括组建救援队的必要性、当地政府对于救援队的财政支持、救援人员对于组建救援队的投入、救援队可能遇到的风险以及队伍组建的相关法律规定。

在尝试建立技术救援队之前，主管部门应考虑以下九个问题。

2.3.1　社区救援队的必要性

通过对当地社区进行风险分析，可以回答这个问题。选择发展技术救援专业力量的最终决定应基于当地社区的需求。主管部门（如政府或捐助者）必须真实、准确地评估社区的风险水平，如果风险确实存在，则主管部门应尽一切努力确保进行安全有效救援所需的资源。如果确实存在需求，且需求可由对管辖范围做出响应的外部救援队来满足，则可能没有必要建立单独的救援队。

2.3.2　社区所需的救援队类型

队伍应当具有单一救援能力，还是需要多专业的救援能力？同样，在进行风险评估后，可以准确地回答这个问题。

2.3.3　队员对救援工作的投入

救援规划人员应充分考虑现有应急响应人员应对新挑战的能力。组建技术救援队所需的投入程度非常高，因为需要具有奉献精神的领导和全体成员的参与。很多时候，救援规划人员只考虑了正在接受培训的成员，而忘记评估这类培训对其同事的影响。在技术救援期间，救援人员的同事也承担了额外的责任。从这个角度来看，在履行技术救援责任时，整个组织必须共同做出全面的投入，并清楚地理解这一责任的重要性。

2.3.4　队伍组建的具体费用及资金的获取与可持续情况

救援规划人员必须全面评估此类救援队的启动成本和持续运行成本。启动成本可能非常高，但取决于已拥有的装备资源，以及应急管理官员想要启动的队伍类型。大部分启动成本用于装备购置和人员培训。运行成本可能包括持续培训、装备维护和人员工资（如果使用带薪员工）。

救援规划人员必须考虑组建救援队的资金是否已经到位，以及主管部门获得资金的可能性有多大。资金可能来自所在行政区域，也可能来自外部组织的捐赠。

2.3.5　政府官员和城市管理层给予技术救援队的支持

任何救援队的组建，除了需要主管部门，还需要政府官员的支持和承诺，在某些情况下还需要政府的认可。政府官员对于资助队伍拥有最终决定权。只有得到官方的全力支持，才能满足救援队购买专用装备或资助培训等的基本费用。如果应急管理人员试图与其他社区共享资源，官方的支持也是必要的。

在许多情况下，地方主管部门决定发展技术救援专业力量是由于发生了重大事件，而当地救援人员却被发现没有做好应急响应的准备。应急管理人员可能认为有必要发展技术救援能力，但在没有发生重大事件的情况下，不确定如何证明此类支出的合理性。

考虑财务人员或政府官员可能提出的有关这些支出的问题，如：

（1）为什么我们需要所有这些昂贵的装备？

（2）去年我们发生了多少起这类事件？

（3）我们过去都能应对，为什么现在需要救援队？

应急管理人员可能敏锐地意识到现有能力的局限性，以及，如果在重大事件发生时，因响应资源没有准备好可能导致的潜在批评。应急管理人员应认识到，如果主管部门将缺乏培训或装备不足的应急工作人员派遣到应急工作环境中，则会带来各种风险。应考虑城市搜索与救援队是否可以向管理人员和政府官员解释这些风险，以及对方的反应。主管部门应准备好提供文件材料，支持组建专业城市搜索与救援队的合理性。

2.3.6　邻近社区提供的其他资源

在规划当前技术救援需求评估时，请考虑在两个或多个社区之间共享这些资源的方案。利用共享或多机构响应的方案在财政上是负责任的，同时又可以提供适当水平的服务。

2.3.7　组建队伍所面临的具体挑战

进行技术救援，就像消防一样，存在各种危险。当然，通过提供适当的安全救援技术培训，以及购买确保救援工作更安全的装备，可以限制风险，但主管部门必须考虑救援人员将面临哪些危险，以及主管部门和救援人员是否愿意在真实事故中面对这些危险。

统计数据表明，密闭空间内的重大死亡事件涉及未经培训和／或装备不良的救援人员。技术救援人员可能面临许多风险，包括在密闭空间内窒息，在绳索上作业时坠落受伤，以及在湍急的水流条件下作业时溺亡。

组建队伍时，相关人员犯下的一个最大错误，就是认为主管部门可以在没有基本培训和基本装备的情况下组建一支队伍。在没有基本装备或培训的情况下，某些组织甚至试图组建队伍或进行危险的救援。从救援人员和受困人员的角度来看，这样做都是极其危险的。

2.3.8　法律、法规和标准对队伍发展的影响

影响技术救援的最复杂和最容易被误解的一个领域，就是法律、法规和标准。

针对不同类型的救援，已经出台了相应的法规和标准。出于安全目的，所有救援人员都必须遵守这些法规和标准。

在组建队伍之前，队伍负责人必须考虑到那些对队伍具有约束力的法规，以及为了合规所需的投入、因不合规所造成的代价。在救援过程中，不遵守法规可能会导致罚款或其他处罚。

此外，队伍负责人必须确保救援资源能够补充现有的国家灾害法律框架，并且救援队可以被看作国家灾害管理规划的一部分。

2.3.9 培训的具体要求

在规划组建救援队时，必须考虑国家的相关培训要求。在不同国家甚至不同地区，强制性培训要求也不同。大多数技术救援培训任务是由国家或地区自行确定的，可能要求主管部门遵循特定的培训标准。

2.4 组建技术救援队的流程

技术救援队的组建和发展，是一项艰巨的任务。虽然组建队伍所涉及的各个方面（包括行政和运行）都任务繁重，但队伍维护和定期培训更具挑战性。组建队伍可能是一项投入很高的任务，需要培训人员和购置装备，还有一项重要的任务就是仔细规划。

本章提出了组建技术救援队应采取的步骤。这些步骤涉及队伍发展的四个阶段，如图1所示。

鉴于组建技术救援队的复杂性，每一步都必须仔细考虑，以免遗漏重要事项。

2.4.1 第一阶段：社区风险、救援需求评估风险及救援需求

在确定社区是否需要救援队时，主管部门必须首先进行一些研究，评估该地区的风险。通过风险分析，主管部门可以确定风险级别以及存在的具体潜在危险，从而决定是否需要救援队。这是组建队伍的一个特别重要的阶段，有如下两个方面的原因：首先，政府官员想知道存在的具体风险，证明为组建队伍提供资金的合理性；其次，主管部门想知道其所面临的具体风险，进行队伍培训所针对的危险场景的类型，以及应对这些风险所需的救援装备。通过全面的风险分析，可以确定主管部门组建救援队的目标，并证明组建队伍这项工作的合理性。

第一阶段	第二阶段	第三阶段	第四阶段
评估社区风险和救援需求	规划	队伍的组建	标准行动程序的制定
(1) 执行风险评估 (2) 分析数据以预测发生技术救援紧急情况的可能性 (3) 确定风险阈值 (4) 确定所需的类型	(1) 设立一个规划委员会，制定计划 (2) 确定当前的能力 (3) 拟订行动构想 (4) 确定方案管理架构 (5) 制定人员配置计划，确定初始装备和车辆需求 (6) 确定培训要求 (7) 考虑提供定期培训的计划 (8) 估算队伍费用并制定预算，以获取管理支持 (9) 获取政治支持 (10) 寻找合作伙伴	(1) 选择队伍成员 (2) 培训队伍 (3) 购买装备和制服 (4) 购买车辆 (5) 提供行政支持	(1) 制定或编写队伍管理文件及标准行动程序 (2) 定期审查和修订标准行动程序 (3) 评估社区风险和救援需求 (4) 规划 (5) 队伍发展 (6) 制定标准行动程序

图 1　队伍发展的四个阶段

主管部门可以首先对潜在的最坏情况进行分析，指导其开展切合实际的风险评估。首先考虑以下基本问题：

— (1) 社区面临的最严重自然灾害和 / 或人为灾害是什么？
— (2) 如果最严重的情况发生在今天，那么这个组织会怎么做？
— (3) 如果这个组织救灾准备不力，那么社区将如何应对？
— (4) 如果当地没有救灾能力，社区民众和环境会受到怎样的影响？

2.4.1.1　开展风险评估

风险评估应基于救援工作历史数据，并结合最新出现的风险进行分析。首先评估特定响应区域过去的救援需求。根据过去的发生事件或计划新建的建筑，主管部门可以评估该地区技术救援的频率。其他潜在的数据来源包括：国家统计局、建筑或承包商协会、建筑主管官员和检查人员以及当地企业的安全管理人员。

经验可能表明，重大建设项目期间，可能会发生技术救援类事件。对于指定响应区域中现在存在或未来预期存在的目标风险，主管部门也必须对其进行考虑。目标危险是指，在紧急情况下，救援队面临的特定风险领域。

通过审视当地的自然特征，可以揭示一些危险。河流、急流、悬崖和攀岩地点，是可能发生事故的部分区域。对现有建筑规划的审查，可能会突出反映需要专业救援队服务的某些特定类型的商业或工业设施。联系当地建筑主管部门，确定可能包含目标危险的新建筑或规划建筑。

列出带来特殊救援挑战的各种目标危险，针对这些危险进行安全有效的控制，必须依靠特殊技术救援装备或高级救援培训。最后，主管部门应调查工作人员对危险知识的掌握情况。

无论社区规模或经济结构如何，几乎每个地方都面临某种类型的风险，如重大交通事故或建筑物倒塌，这些风险都需要技术救援专业力量。社区中，特定行业的普遍存在或聚集发展，可能会促使应急官员优先考虑并发展特定技术救援领域的专业力量，应对该行业或相应活动最有可能引发的灾害事件。

2.4.1.2 分析数据以预测技术救援紧急情况的可能性

为了论证技术救援事件发生的可能性，首先要展示社区甚至其他行政辖区在给定时间内发生灾害事件的频率或比率。

社区中发现的常见风险和目标危险如下：

— (1) **地下隧道／水道／下水道**：密闭空间、有毒气体、缺氧。

— (2) **河流／泄洪道**：急流救援、静水救援、有毒水环境。

— (3) **洪水易发区**：水面和水下救援、冰上救援。

— (4) **工业设施**：危险品（hazmat）、有毒气体排放、密闭空间、在机械设备中受困。

— (5) **悬崖／峡谷／沟壑／山脉**：地面以上、地面以下险境中的救援。

— (6) **农业设施**：粉尘爆炸、密闭空间、危险品、化肥、在机械设备中受困。

— (7) **化粪池／水箱**：有毒气体、缺氧、密闭空间。

— (8) **新建筑**：结构倒塌、沟渠救援、在机械设备中受困。

— (9) **老旧建筑**：结构倒塌。

— (10) **井／洞穴**：密闭空间、危险环境。

— (11) **高层建筑**：高角度绳索救援、电梯救援。

— (12) **地震／飓风／龙卷风**：倒塌救援，解救埋压人员，灾害响应，洪水。

— (13) **固体废物转运设施**：危险品、有毒气体排放、密闭空间、在机械设备中受困。

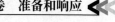

（14）**交通网络**：危险品、有毒气体排放、密闭空间、在机械设备中受困、脱轨。

2.4.1.3　设置风险阈值

风险评估的最终结果应包括对社区潜在风险的权衡，以及对必须执行救援行动的应急响应人员的潜在风险。社区中存在的危险，会造成人员受伤或需要救援人员提供帮助。

同样，如果社区期望救援队提供援助，那么执行救援行动的救援人员的生命就会受到威胁。风险的严重程度各不相同。某一种风险的概率可能非常低，而另一种风险的概率可能非常高。危险的严重程度必须加以考虑，将之作为最终风险评估结果的一部分。

对于水域救援队来说，小池塘造成的风险远小于湍急水道造成的风险。同样，涉及急流的水道发生救援事件的概率通常大于涉及小池塘的救援事件。拥有小池塘的社区可能会认为池塘造成的风险水平太小，所以不需要专业的水域救援队，而拥有湍急水道的社区可能会做出相反的决定。

如果救援人员要在危险环境下进行救援，将面临以下各种风险：有毒环境和吸入性损伤（密闭空间救援）、溺水（水域救援）、坠落（绳索救援）、二次塌方和挤压综合征（塌方救援）和爆炸（筒仓救援）。

每个社区都必须自行确定可接受的风险水平，以及需要组建专业救援队的风险"阈值"。社区和地方官员应当清楚地了解以下因素：救援队的救援能力和局限性、社区面临的风险以及救援人员在救援过程中面临的危险。在没有适当培训和装备的情况下，社区不可期望救援人员进行相应的救援工作。

在这种情况下，区分训练有素的救援人员和自发响应人员至关重要。受过培训的人员知道自己救援能力的局限性，而未经培训的自发响应人员则不会。任何类型的响应人员都必须始终保持谨慎，不要将自己置于危险环境而成为下一个受困人员。尽管如此，主管部门必须考虑到，如果救援行动缺乏深思熟虑或做得一团糟，那么很可能会引起公众的强烈抗议。

通过风险分析，主管部门可以确定是否需要救援队。如果（风险分析结果）

表明需要救援队，那么下一步就是确定所需队伍的类型。主管部门试图应对哪些风险？这支队伍将只执行基本救援，还是需要执行复杂的救援？这支队伍将应对什么类型的紧急情况？确定主管部门认为需要具备的各种救援能力。这些救援能力可能包括：①高角度/绳索救援；②沟渠塌方救援；③结构倒塌救援；④密闭空间救援；⑤农业事故救援；⑥车辆事故救援；⑦大众交通事故救援；⑧工业事故救援；⑨受困于机械设备的救援；⑩静水救援或急流救援。

如果需要组建一支多专业的救援队伍以应对多种危险，如水域和密闭空间救援，主管部门可能希望首先只组建其中一个专业的队伍并精通该专业，然后扩展到第二个专业救援能力。

建议首先在最重要的领域培养熟练的救援技能，在该领域形成初步技能，然后以此为基础，扩展队伍的技能。

2.4.2　第二阶段：规划

2.4.2.1　成立规划委员会以制定计划

组建一个委员会，制定主管部门的计划，并任命一名主席。计划制定委员会的人员组成应包括：有能力的规划人员，以及可能成为技术救援队组建和行动阶段组长的人员。

在组建委员会时，主管部门可能希望将某些已经具有救援经验或其他相关经验的个人纳入规划队伍。

首先确定技术救援队发展委员会的目标。委员会的章程是什么？目标和量化指标是什么？委员会什么时间必须完成计划？

委员会应了解这些目标，并确保目标的专注性。应为委员会设定一个完成计划的时间表。在救援队最高管理层中，至少有一名成员应成为委员会的成员并提供指导，确保委员会在正确的轨道上前进。

该计划应涉及以下领域的资源和运作：

（1）**组织结构**：队伍的层级结构是怎样的？队伍的行政要素和行动要素如何相得益彰？决策过程是怎样的？

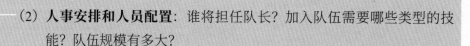

（2）**人事安排和人员配置**：谁将担任队长？加入队伍需要哪些类型的技能？队伍规模有多大？

（3）**装备**：需要什么装备？个人能提供什么装备，队伍能提供什么装备？

（4）**车辆**：什么类型的车辆最适合指定的响应区域和救援任务？

（5）**培训**：需要哪些初始培训和定期复训？

根据队伍涵盖的专业和管辖区的需求，主管部门可以为队伍制定一份使命宣言。使命宣言很重要，因为它将为新队伍指明方向和重点。

主管部门一旦确定了所需队伍的类型，就应当制定创建队伍的具体行动计划。这份计划应涵盖队伍发展的各个方面，包括人员、装备和培训。

组织架构：谁将领导这支队伍，维护行动记录、管理装备库存并负责项目监督？

政府支持：主管部门是否需要获得政府支持，或者是否已经获得地方政府负责人的支持？

2.4.2.2　确定当前的救援能力

确定主管部门已经拥有的装备和已完成的培训。某些所需的装备可能已经配置。此外，某些队员可能已经参加了救援培训课程。主管部门确定其已经拥有的能力越多，组建队伍的速度就越快，成本也就越低。

2.4.2.3　明确救援行动的概念

明确救援行动的基本概念，并制定一套行动程序。利用行动概念，主管部门可以思考救援队的行动方式，以及所需的具体资源。行动概念还有助于主管部门向项目管理队伍和公众展示：如果不开发此类资源，那么社区可能面临的潜在后果；队伍开展行动的方式。

在组建队伍的早期，需要制定行动程序的大纲，向管理队伍证明主管部门已经仔细考虑了队伍组建计划，并且没有遗漏任何事项。在队伍即将开始运行时，主管部门可以细化行动程序。

2.4.2.4　确定项目管理架构

考虑组建技术救援队的组织，应明确项目人员分工，满足完成组建队伍的基本要求。这些人员将组成项目管理队伍。应指定一名资深人员作为项目高级官员。此人是核心管理员，负责承担所有正在进行项目的相关职责（如安排会议、制定方案和安排沟通、分配任务、跟踪成果等）。

大多数正在建设中的队伍都有必要任命至少一名救援培训官员。这名救援培训官员负责各种相关问题，涉及培训方案的制定、实施和培训认证情况的跟踪。同样，救援装备官员的任命也极其重要。这名救援装备官员负责各种相关问题，包括装备的研究和采购、新装备的接收、装备的储存安排，以及确保定期开展（每周、每月、每季度等）针对所有工具、物资和装备的维护保养和演练。

在启动一个新项目时，涉及大量项目开发事务和人事工作，因此设立幕僚/文员岗位将会很有帮助。凭借计算机的文字处理、数据库、电子表格程序等的帮助，对于与装备和人员相关的详细资料的跟踪变得更加易于管理。

2.4.2.5　制定人员配置计划

在组建新技术救援队时，最关键的一项考虑因素是确定这支队伍的人员配置规模。一般来说，人员配置要求必须解决所有确定的指挥/管理人员的问题，并满足有效、安全地执行策略行动所需的最低人员数量的要求。

人员配置规模取决于救援队的类型；沟渠救援队可能比水域救援队需要更多的人员。一般来说，所有主要的技术救援专业都是人员密集型的，尤其是在行动的初始阶段。沟渠救援和建筑物倒塌救援行动可能是人员最密集的，很容易需要至少 4～5 名专家，由指挥人员监督并由非认证人员提供协助。

高难度的绳索救援可能需要大量人员，以进行提升作业。进行提升作业或固定保护绳的大多数人员，不必是经过认证的人员（但其进行救援时，必须在经过认证的人员的直接指挥下）。

人员配置计划还应说明每个救援单位（车辆）所需的人员数量。许多第一响应组织配置了重型救援分队或其他专业单位来满足特定的策略需求。由于规模等因素的限制，其他组织可能无法完成此项任务。

这份计划还必须包括所有行动岗位的冗余配置；国际搜索与救援指南要求这些岗位的冗余率为 2∶1。例如，如果队伍需要派遣 12 名救援人员，则队伍必须配置 24 名救援人员。冗余配置是为了应对队员生病、受伤或缺勤，这样就不会导致队伍因人员配置而停止服务。

2.4.2.6　确定初始装备和车辆需求

针对每个救援专业，应单独进行装备需求分析。然后，可以将各专业的装备清单合并为一个汇总的装备采购清单。大多数应急响应机构可能已经拥有大部分确定需要的装备。在这种情况下，可能只需要将装备集中存放在一个位置，或者编制一个针对各项目位置的装备资源列表，以及装备的紧急调集机制。

这一过程可能会大幅减少队伍行动所需装备的采购资金，但如果装备没有集中存放在指定位置，那么在紧急情况下就需要时间来调集装备。某些组织已派成员参加培训班，了解新队伍所需的具体救援装备。参加培训是获取装备功能基本知识的绝佳方法，这对于确定需求非常重要。

在大多数情况下，如果资金有限，应优先根据一项或多项已确定的队伍救援专业的最大需求来购买装备。对于人员安全相关装备的采购应当设为更高的优先级，而用于扩展能力的采购应当是次要的。无论如何，必须强调安全性，并且，适当数量的装备冗余是必要的。

显然，如果关键工具或装备发生故障或因正在维护而无法使用，并且没有冗余的装备，那么队伍的能力可能会受到严重损害。最简单的方法可能是参考其他技术救援队的装备列表副本，并以其中一个或多个装备列表为依据，建立装备的库存。

主管部门一旦确定了队伍所需的装备，就可以考虑可承载装备和队员的适当车辆。主管部门可能利用现有的车辆运载装备或者可能需要购买新的车辆。某些队伍使用货运拖车、改装旧车辆或请求当地企业捐赠车辆。

2.4.2.7　确定培训需求

为了充分和安全地提升每名队员的能力，需要进行密集的培训。技术救援队负责的救援专业越多，提升人员达到必要的培训和技能水平的任务就越困难。

在规划阶段，主管部门必须确定所需的培训项目、现有的培训项目以及开展培训的方式。培训需求将由队伍的工作重点决定。培训需求也将由当地或所在国培训的要求决定，这在有职业安全和健康监管部门的国家尤其重要。此外，还应考虑以下问题：培训什么时候开展？谁负责开展培训？队伍如何培养自己的培训教官？

2.4.2.8 考虑制定复训计划

救援技能的保持，对于救援队员的能力建设至关重要。制定一项计划，为救援队员制定基本的复训标准。某些复训可以针对个别成员进行，但整支队伍应当每年开展数次集体培训课程。

查询国家培训机构是否已经针对救援队员制定复训要求，还必须考虑开展复训的成本。

2.4.2.9 估算队伍组建成本并制定预算

队伍组建的成本估算非常耗时且需要进行调查研究，但这是队伍发展中非常重要的一步。在批准队伍组建之前，地方官员会要求提供一份详细的预算计划。

进行预算的第一步是单独列出主管部门计划进行的主要救援类型（如水域救援、密闭空间救援、沟渠救援等）。将其中每一个类型视为一个单独的预算名目。在每个预算名目下，列出组建队伍所需的培训、装备和仪器。

在此阶段，预算中还应包括与培训场地设计和开发相关的成本，这很重要。培训场地必须满足救援队发展技能的培训需求。集中式培训场地是可以考虑的，但还必须考虑能够进入社区中已确认的目标危险区（工业厂房、悬崖、隧道等），以确保在真实现场条件下完成培训。

列出主管部门想要的所有装备和培训项目，不要遗漏任何内容。必须考虑以下各方面的成本：①人员培训时长；②培训和复训；③教材和材料；④消耗品（绳索、锯片、电池、钉子、急救装备）；⑤通信装备；⑥个人防护装备（PPE），听力、呼吸和眼部防护；⑦密闭空间大气/环境监测装备；⑧视听装备；⑨培训场地；⑩培训道具（混凝土板、木材等）；⑪教室；⑫保险；⑬差旅费用；⑭医疗需求，包括疫苗接种、体检、任务后的恢复等；⑮工具和专业救援装备；⑯车辆；⑰防护服（头盔、手套、靴子、衣服等）。

接下来，按照国家规定和程序购买相关装备。这一过程需要进行大量的调查研究。不可仅仅参照装备商品目录中的成本信息。对装备价格的深入研究包括：与制造商或分销商交谈、了解装备的功能和局限性，主管部门以此比较不同的装备商品。主管部门也可以针对具体设备进行议价。预算中的各项价格应向上舍入，避免出现预算不足的情况。

主管部门一旦完成价格确认和装备商品研究后，应比较不同的商品和价格，确定最适合救援队实际需求的产品和价格。计算所有可能的培训、装备和仪器项目的总成本，确定最大启动成本。那些组建队伍初期并不急需的项目，可能会在未来提出并制定预算。上述这样的安排也将有助于降低初始启动成本。

主管部门必须确定组建队伍所必需的项目。所有必需的项目成本的总和，就是最小启动成本。

2.4.2.10　获取管理层的支持

这可能是组建技术救援队最重要的一步。主管部门必须宣传队伍组建计划，将队伍组建所带来的益处告知社区、当地企业和政府官员。所有利益相关方都需要认识到此类计划的益处，进而予以支持。

队伍组建方案在技术上可行吗？在公开队伍组建计划之前，准备好所有必要的支持材料，并进行宣传预演。主管部门可能只有一次机会展示队伍组建方案的价值，并且可以假设某些受众将不赞成或支持这项计划，应为上述可能发生的情况做好准备。可引用拥有救援队的邻近地区或邻国其他组织的实例，并总结这些队伍所带来的益处。

在这一步，主管部门的目标是获得组建技术救援队的许可。首先，主管部门要支持队伍的组建，然后向当地政府官员介绍队伍理念。通常而言，管理层会需要时间来思考这一提议。尝试为提议的批准进程设定一个切实可行的时间表。

如果主管部门有权独立进行队伍的组建，不受辖区任何其他部门的监督，则可以省略这一步。然而，如果主管部门不知道救援队员对于队伍组建这件事的态度，不要假设救援队员会在没有充分理由说服的情况下就能接受。

2.4.2.11　获得政府的支持

制定一项计划，争取政府的支持。这对于确保所需的持续年度资金是必要的。如果主管部门没有独立的资金来源支持，则需要政府支持才能获得资金。

请注意，主管部门最终必须寻求这些政府官员的支持，以获得项目资金。

准备好回答由政府官员提出的队伍组建相关问题。管理层和政府官员提出的常见问题有以下四点：

(1) 为什么我们需要技术救援队？我们不是已经具备这些能力了吗？

(2) 这项工作需要花费多少钱？我们真的需要一支队伍来开展很少需要的救援工作吗？

(3) 这支队伍开展工作的频率有多高？我们不能向其他辖区请求救援服务吗？

(4) 我们可以与另一个辖区分担队伍费用吗？

如果主管部门已经完成了前面的每个准备步骤，那么需要为回答此类问题做好准备。回答时应做到内容具体、观点简明扼要，证明批准新队伍组建请求的合理性。为了促进主管部门赢得政府支持，可以参考以下建议：

(1) 在与政府官员接触之前，务必取得主管部门的支持。

(2) 与相关政府官员讨论救援队的理念。

(3) 准备一份救援响应区域的危险清单，并记下与每个区域相关的危险和风险。将这份资料交给政府官员。

(4) 创建视频或幻灯片，展示响应区域存在的危险。请务必注明每个区域给公民和救援人员带来的风险。

(5) 讨论可接受的风险阈值。

(6) 主管部门可以收集已经组建的救援队的行动图片，展示队伍的能力。

(7) 准备好图表证明对救援队的需求，并显示主管部门过去已经开展和预计将要开展的救援行动的次数。

(8) 准备好图表，概述队伍的发展计划。

(9) 准备好讨论法规，如密闭空间救援的法规，这些法规可能要求主管部门将人员培训到一定的救援水平，然后才能开展特定类型的救援。仅凭这一要求，就可以证明队伍组建的合理性。

(10) 熟悉所在国家／地区的其他救援项目，以作为范例。

2.4.2.12　寻找合作伙伴

对于获得政府支持和保障资金来源而言，伙伴关系特别有帮助。如果当地产业设施可能存在密闭空间，那么根据国家法规，可能需要拥有密闭空间救援队。

然而，当地产业队伍中可能没有组建救援队所需的人员，可能会请求主管部门提供帮助，将主管部门组建的队伍作为密闭空间救援队。

国际搜索与救援咨询团区域组是一个合适的平台，联合国成员国和城市搜索与救援队借此分享和探索区域网络可能提供的支持，包括区域捐助者。

2.4.3　第三阶段：队伍的组建

2.4.3.1　队员的遴选

所需队员的选择，必须基于组建整支队伍的需求和要求。队伍必须包含核心队员，这些队员可以随时部署以执行任务。以志愿人员为基础，还可以招募队伍其他成员，他们仅在有空时提供服务。

在选择队员时需要考虑的关键因素，包括其所获得的技能、知识、专长和能力等。遴选队员的一种最佳通用方法是进行面试。

首先招募有意加入队伍的人员。让候选人员完成一份简短的调查问卷，了解他们加入队伍的目的，以及他们可以为队伍带来的技能。

在倒塌建筑物救援、绳索垂降、紧急医疗救助等领域，拥有相关技能的各类人员都可以为组织带来相关领域的技能，而且不会增加机构的成本。在这些人员正式加入队伍之前，主管部门必须向其明确说明加入队伍所要满足的其他要求，以及要承担的责任。

例如，除了维持其现有职业外，他们可能还需要参加持续的救援培训。在志愿者组织中，提前向队员说明要求尤其重要，因为满足技术救援队的要求可能会占用较多时间。

选择队员时的另一个考虑因素，是招募接受过紧急医疗培训的成员。许多救援工作都需要人员同时具备救援队技术能力和紧急医疗技能。

2.4.3.2　队伍的培训

针对所有装备和救援技术，需要进行全面的队伍初步培训。队伍培训涉及处理响应区域内的特定目标危险（请参见本卷本册附件 B）。

确保培训项目既包括动手实践，又包括课堂技术专题，这一点至关重要。根据国际搜索与救援咨询团提供的方法，建议对各种培训项目都采取夯实基础的方法，确保培训做到循序渐进。通过这种方法，可以降低搜救培训的基本原则遭到忽视或不受重视的可能性。

即使主管部门已经将培训场地建设好并将培训道具制作好，如果想要实现逼真的培训场景，那么还需要与地区承包商或其他组织合作，获取他们捐助的沟渠、建筑物或其他设施。

2.4.3.3　装备和制服的采购

根据任务目标和预先确定的装备需求，采购队伍所需的装备。从基本装备开始采购，随着队伍建设进展，再添加更为复杂的技术救援装备。

2.4.3.4　车辆的采购

在规划阶段，主管部门指定了所需车辆的一般类型，如拖车、四轮驱动等。在这一步，需要制定详细的车辆计划，包括装备存储，确保车辆适合装备的运输需求。主管部门应为未来购置的装备留出大约三分之一的尺寸，以增加裕度。确保所有装备都有一个安全的储存区域，避免其损坏或损伤。如果计划使用拖车，那么需要核实拖车挂钩是否足以承受拖车和装备的重量。

采购过程不仅涉及仓库式存储，还涉及将设备安全地固定在车辆上。此外，还要考虑当地的气候变化（及安全状况），确定是否需要在车库中停放车辆。

2.4.3.5　行政支持保障

在组建技术救援队的规划过程中，通常容易忽视的环节是开始组建队伍所需的行政工作。应安排队员或支持人员做好队伍的各项记录。

记录任务应包括以下内容：①队员名单；②健康记录（包括疫苗接种）；③部署模式；④部署记录；⑤标准行动指南；⑥标准行动程序；⑦队员日常工作安排（确定活动安排方式）；⑧装备库存；⑨装备维修／保养；⑩记录（人员和装备）；⑪队伍启动清单；⑫培训记录；⑬培训工作；⑭费用开支。

确定和制定持续定期的培训和复训计划很重要，有助于跟踪装备使用情况，并统计队员参加培训的出勤情况。这是一项重要的行政管理工作。

此外，主管部门必须跟踪与培训和装备相关的所有费用。这些信息将有助于确保费用开支符合批准的预算，制定全年预算，并且也是向管理人员和政府官员报告的必要信息。

2.4.3.6　国际搜索与救援咨询团第一响应人培训计划

为了协助当地社区发展救援响应能力，国际搜索与救援咨询团制定了第一响应人培训计划。国家 / 地方主管部门可以利用灵活这一计划，将其作为灾害多发国家第一响应人能力建设的基础。这一计划可根据当地情况进行调整，包括：①国际搜索与救援咨询团第一响应人课程；②国际搜索与救援咨询团第一响应人教官培训课程；③培训参与人员的辅助学习材料。

这一课程是为以下人员设计的：参与突发灾害应急管理的当地应急服务人员，以及当地社区组织的成员。国际搜索与救援咨询团第一响应人课程向参与者介绍了有组织的灾难响应方法的总体情况，主要涉及快速评估、地面救援和初步医疗护理领域的培训。

这一课程要达到的主要学习目标如下：

——（1）提高参与者对建筑物倒塌环境中一般危险和风险的认识。
——（2）确保参与者具备对受影响区域进行调查的能力。
——（3）确保参与者能够运用简单的搜救技术并采取基本的救生措施。
——（4）将基于社区的响应与有组织的当地应急服务联系起来。
——（5）促进参与者对于区域、国家和国际城市搜索与救援支持系统的了解。
——（6）确保参与者能够在现场组织志愿救援人员。

有关上述计划的详细信息，请访问 www.insarag.org 网站或咨询国际搜索与救援咨询团秘书处。

2.4.4　第四阶段：标准行动程序的制定

2.4.4.1　制定或编写含有管理和行动两个类型的标准行动程序

标准行动程序是技术救援队不可或缺的部分，将已批准的行动概念补充完善。虽然某些组织在没有标准行动程序的情况下就决定开展行动，但这些程序对于安全和有组织的救援行动至关重要。在紧急事件发生之前，运用标准行动程序，可以确定技术救援队的组织、流程和技术。

标准行动程序应回答以下问题：谁是负责人、将使用什么装备、将使用什么技术、谁有资格执行某项技术、对每个应急响应单元有什么期望以及特定救援事件需要哪些人员配置等。最重要的是，这些行动程序提供了一种指导框架，通过这种指导框架，技术救援队能够以有组织的方式安全地应对几乎所有紧急事件中出现的混乱和不确定性。

制定技术响应标准行动程序的过程，通常具有挑战性。如果主管部门需要帮助，应联系国际搜索与救援咨询团秘书处，获取现有标准行动程序资源的相关信息。

技术救援队应考虑制定两种类型的标准行动程序：管理类型下的标准行动程序和行动类型下的标准行动程序。这些程序应合并为一本手册，并且应与主管部门现有的标准行动程序系统完全结合。

（1）管理类型下的标准行动程序，为队伍的人员结构配置提供了指导框架。

（2）行动类型下的标准行动程序，描述了紧急事件中使用的技术和每个行动单元的职责等内容。

管理类型下的标准行动程序包括以下内容：

（1）**指挥链**：应明确技术救援队指挥系统的管理和行动命令流程。

（2）**专业认证要求**：必须明确队伍负责的救援专业能力。必须清晰定义与每个救援专业相关的培训要求。应包括每个救援专业认证所需的初始培训，以及持续培训要求。

（3）**单元/装备要求**：这一部分将定义技术救援队的车辆和装备类型。与队伍装备库存管理、组织和维护相关的所有要求都必须得到满足。这应包括制定例行装备库存维护/装备使用演练计划，确保行动需要的所有工具、装备和用品都已准备就绪。

（4）**单元人员配置**：如果特种车辆是专用的，则应确定其操作人员配置。如果法律法规有相关的要求，则应明确最低人员配置。或者，可能只需要规定高效开展技术救援行动所需的专业人员数量（数量可能因灾害事件类型而异）。无论在何种情况下，所有队员都应当清楚地了解认证人员的数量和/或最低人员配置要求。

行动类型下的标准行动程序包括以下内容：

- (1) **常规行动流程**：应包括队伍负责的灾害事件类型、针对各种类型的灾害事件派遣标准/专业的救援单元，以及到达现场后要开展的常规救援行动或第一响应人行动（针对非专业人员的标准）。
- (2) **针对特定事件的行动程序**：应明确策略性行动程序的总体概况。如有必要，可按灾害事件类型（如沟渠救援、建筑物倒塌救援、绳索救援等），将行动程序分别列出。应明确每个救援专业的独特要求或考虑因素。
- (3) **法规/要求**：某些技术救援行动需要遵循地方级、省级或国家级法规的要求。这些法规要求应体现在程序中。
- (4) **现场管理流程**：大多数组织已经建立了事故指挥系统。基本指挥结构可用于任何灾害事件救援，包括技术救援事件，但还应增加其他的技术救援指挥岗位。标准行动程序的这一部分，必须详细说明技术救援事件的指挥流程。应建立专门针对技术事件的指挥组织架构。
- (5) **策略性指挥工作表**：大多数技术救援队伍都制定了某种类型的策略核查表或指挥工作表，以协助技术救援指挥人员管理救援事件。如有必要，可以为每个救援专业编制相应的工作表。
- (6) **队伍启动**：启动程序必须由整支队伍制定和执行，确保其完整性和充分性。启动程序应包括以下内容：队伍调动、集结区、装备到集结区的运输、食品采购（如果需要）、部署人员及其家庭联系人清单、向主管部门报告的每日情况（如果队伍部署到其他地区）以及其他相关清单。

2.4.4.2 定期审查和修订标准行动程序

应定期（至少每年一次）审查标准行动程序，确保程序及时更新并满足队伍的需求。此外，在重大救援事件发生后，如果发现程序有缺陷或存在漏洞，则应重新审查和修订程序。

组建技术救援队的流程如图 2 所示。

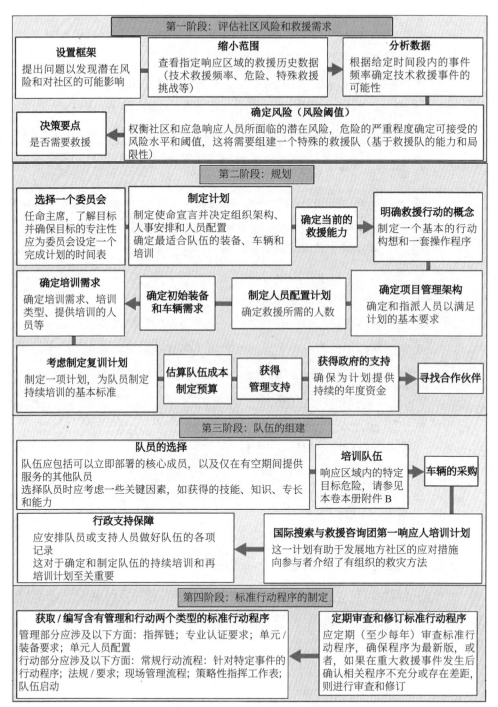

第一阶段：评估社区风险和救援需求

设置框架
提出问题以发现潜在风险和对社区的可能影响

缩小范围
查看指定响应区域的救援历史数据（技术救援频率、危险、特殊救援挑战等）

分析数据
根据给定时间段内的事件频率确定技术救援事件的可能性

决策要点
是否需要救援

确定风险（风险阈值）
权衡社区和应急响应人员所面临的潜在风险，危险的严重程度确定可接受的风险水平和阈值，这将需要组建一个特殊的救援队（基于救援队的能力和局限性）

第二阶段：规划

选择一个委员会
任命主席，了解目标并确保目标的专注性应为委员会设定一个完成计划的时间表

制定计划
制定使命宣言并决定组织架构、人事安排和人员配置
确定最适合队伍的装备、车辆和培训

确定当前的救援能力

明确救援行动的概念
制定一个基本的行动构想和一套操作程序

确定培训需求
确定培训需求、培训类型、提供培训的人员等

确定初始装备和车辆需求

制定人员配置计划
确定救援所需的人数

确定项目管理架构
确定和指派人员以满足计划的基本要求

考虑制定复训计划
制定一项计划，为队员制定持续培训的基本标准

估算队伍成本制定预算

获得管理支持

获得政府的支持
确保为计划提供持续的年度资金

寻找合作伙伴

第三阶段：队伍的组建

队员的选择
队伍应包括可以立即部署的核心成员，以及仅在有空期间提供服务的其他队员
选择队员时应考虑一些关键因素，如获得的技能、知识、专长和能力

培训队伍
响应区域内的特定目标危险，请参见本卷本册附件 B

车辆的采购

行政支持保障
应安排队员或支持人员做好队伍的各项记录
这对于确定和制定队伍的持续培训和再培训计划至关重要

国际搜索与救援咨询团第一响应人培训计划
这一计划有助于发展地方社区的应对措施
向参与者介绍了有组织的救灾方法

第四阶段：标准行动程序的制定

获取／编写含有管理和行动两个类型的标准行动程序
管理部分应涉及以下方面：指挥链；专业认证要求；单元／装备要求；单元人员配置
行动部分应涉及以下方面：常规行动流程：针对特定事件的行动程序；法规／要求；现场管理流程；策略性指挥工作表；队伍启动

定期审查和修订标准行动程序
应定期（至少每年）审查标准行动程序，确保程序为最新版，或者，如果在重大救援事件发生后确认相关程序不充分或存在差距，则进行审查和修订

图 2　组建技术救援队的流程

2.5　资金需求和潜在来源

对于许多辖区来说，技术救援行动可能是一项成本高昂的任务。鉴于资金有限，寻找资金来源可能是新救援队最难克服的一个障碍。在每个财政年度，现有队伍经常为争取预算资金而努力，并且一直在寻找新的、创造性的方式来为队伍运作融资。

本章节讨论组建队伍时的资金流向、资金来源以及证明队伍开支合理性的方法。

2.5.1　财务成本：资金流向

为了帮助确定社区所需的救援服务类型，以及社区愿意提供的财务支持，了解资金流向以及所需资金规模非常重要。在编制预算时，应注意考虑用量较大的消耗品（木材、刃具、医疗用品等），以及运行费用（装备租赁）和开展培训所需的人员开支（如差旅费、报酬、保险费）。

—(1) **初始培训**：每一位学员每门课程的培训费用各不相同。培训资金应覆盖方方面面的费用。要想具备安全高效的救援能力，全面培训必不可少。主管部门可以考虑将队员培训安排在两年或三年的时间内完成，以分摊成本。第一年的预算用于人员基本认知层面的培训；第二年的预算用于救援行动培训。某些经过选拔的队员，随后可以接受技术人员或更高级别的培训。要尽力让事故救援指挥官参加培训，确保其了解救援行动和装备。指挥官在为其救援队制定标准行动程序时，参加培训也将有所帮助。培养内部教官骨干以降低项目成本，也至关重要。

—(2) **持续培训**：在为技术救援队提供资金时，必须考虑人员持续培训和复训的投入。仅有初始培训和装备是不够的；要培养出行动高效的队员，必须不断练习已有技能并学习新技能。例如，在完成绳索救援课程后的六个月内，如果不坚持练习，那么绳索救援技术的熟练程度可能会下降。技术救援的持续培训可能更为重要，因为与其他紧急事件不同，救援事件的发生频率通常较低。持续培训费用涉及以下过程产生的费用：派遣人员参加重新认证的复训课程或高级课程或举办专门的持续培训演练。

举行演练通常是费用最少的方式，但在大多数情况下，这种方式不能为参加者提供认证。法律可能要求定期进行重新认证培训，这可能是一种费用更高的方式，因为这意味着要求主管部门聘请可以对人员进行重新认证的教练。每年为期48小时的持续培训，是一项合理的要求。

（3）**装备**：装备成本将取决于社区所需的救援能力类型。主管部门可能已经配备了执行多种救援的基本装备，如绳索、架梯和呼吸器具。在许多情况下，可以补充购买其他装备以增强救援能力。然而，更强的救援能力通常需要昂贵的专用装备。还必须考虑装备的储存和维护成本。储存的大量装备必须妥善保管，确保其在紧急情况下可以使用。

（4）**运输车辆**：救援队所需的主要车辆费用，涉及车辆的购买、改装和维护，以及燃料。对于运输车辆及其装备，不同队伍花费的金额有很大差异。车辆类型多种多样，包括皮卡车、运动型多功能车、厢式货车和重型货车。许多队伍利用拖车运输装备。有时可以获得捐赠的车辆。许多公用事业公司向非营利组织捐赠货车或卡车；主管部门可能有资格获得捐赠。

私营公司可能向队伍捐赠了饮料车或货柜车厢。利用这些当地资源，可以减少预算金额。还必须考虑年度维护成本，特别是在一组装备中添加其他单元的情况下。

（5）**保险**：保险费用常常被忽视。主管部门可能需要为装备、车辆、人员或意外事故购买保险。主管部门也许能够将保险成本纳入其现有保单中。在这种情况下，主管部门必须检查现有保单是否能扩大并覆盖这些新保险范围。

主管部门可能需要添加或更改其保单，确保其成员获得密闭空间救援或水域救援的承保，这些职责可能未在主管部门的章程、附则、使命宣言或公司章程中列出。地方官员和律师应参与这一购买保险的过程。整合队伍、互助保险和辖区外培训的保险问题，也必须得到解决。

（6）**证明费用的合理性**：为了组建和资助救援队，当地官员希望主管部门证明所需费用是合理的。在具有巨大潜在风险的社区中组建一支队伍，可能更容易证明其合理性；而在风险较小或风险发生频率较低的社区，证明队伍组建融资的合理性将变得更加困难。对于具体的融资管

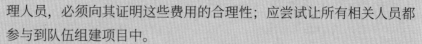

理人员，必须向其证明这些费用的合理性；应尝试让所有相关人员都参与到队伍组建项目中。

队长必须向主管部门证明资金流向的合理性，然后主管部门必须向政府官员证明资金流向的合理性。如今，公共预算受到公众的仔细检视，而明确的队伍使命同样重要，后者有助于成功获得资金和开展救援行动。将资金需求与当地现有需求（尤其是过去的救援事件和安全问题）联系起来，可以为资金需求提供更加合理的理由。地方级、省级或国家级法规也可用于证明队伍资金需求的合理性。

国家职业健康和安全法规以及其他救援标准，也应进行分析。主管部门应研究当地／国家的安全法律和法规，以证明队伍资金需求的合理性。所有决策者都应当了解，与大多数紧急行动不同，如果技术救援提供方在履行职责时未能遵守既定的职业健康和安全标准，那么可能会受到严厉的罚款和处罚。在没有接受过培训或缺乏装备的情况下，许多非认证救援人员会在尝试进行救援时丧生。让公众和政府管理人员意识到这些问题，可能有助于证明队伍资金需求的合理性。

2.5.2　资金来源

对于技术救援需求的资金，可能有许多不同的来源。通常，市政税收资金会被分配给现有的紧急服务提供方，以增强技术救援服务。捐赠的资金和装备也可以使用。拨款可能很难获得，但可以提供必要的种子资金以启动项目。

资金来源的示例如下：①地方政府和国家政府的直接资助；②多方分担成本；③公私合作伙伴关系；④当地社团和社区慈善机构；⑤资金使用方费用和成本回收；⑥许可证费用；⑦捐助国／组织。

2.6　人事安排和人员配置

一支优秀的技术救援队，其骨干是训练有素、经验丰富的人员。这些人员可以是职业人员、志愿者或来自其他背景。在一定程度上，救援队的成功取决于所选择的队员及其团队协作的能力。本节讨论组建救援队时所需的人事安排和人员配置注意事项。

2.6.1 技术救援队所需人员类型

在大多数应急响应组织中，某些人员配置会自然地倾向于技术救援项目。技术救援队人员所需的能力，通常涉及高超的机械操作能力和充沛的体力。优秀的队员具有娴熟的技能，并表现出聪明、富有智慧和创造力。

行业技能可能非常有用且有助于救援工作，相关人员包括木工、管道工、电工、金工、电子技术员、重型装备操作员等。

具有特殊技能或接受过培训的人员，可以将其技能带到队伍中，而不会给主管部门增加额外的费用支出。木工可能了解构建支撑结构的方法。建筑工人可能熟悉重型装备的操作方法。土木工程师一定了解建筑物倒塌救援期间结构完整性的知识。业余绳索攀岩运动员或皮划艇运动员，可能具备绳索救援或水域救援技能。这些技能资质应在队员招募的过程中进行评估。

救援队员还必须愿意参加并通过专业培训认证，以满足所需的最低标准。标准可能要求每名队员每年参加一定数量的培训课程。法律可能强制要求所有人员参加某些培训课程。

2.6.2 人员身心素质要求及健康状况监控

由于技术救援行动对队员身体素质要求很高，救援队员必须符合国家规定的体能要求。队员必须能够执行诸如搬运、运输和安装重型装备等任务。此外，队员必须身心健康且具备适应能力，以应对较长期艰苦条件下的生活和工作。

建议主管部门制定一项政策，在城市搜索与救援队候选人加入队伍之前，评估每一名候选人的健康状况，并在加入队伍以后，定期进行健康状况检查，具体根据城市搜索与救援队的政策确定。如果缺乏这样的政策，那么可能会增加部署过程中的风险，具体风险如下：

- (1) 城市搜索与救援队队员在艰苦环境中患重病、受伤或死亡。
- (2) 缺乏政策所带来的不利后果会影响城市搜索与救援队的能力，并可能导致代价高昂的提前撤离。
- (3) 紧急医疗后送扰乱城市搜索与救援行动。
- (4) 对已经不堪重负的当地卫生基础设施产生了不利影响。

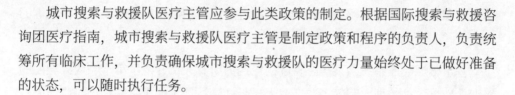

城市搜索与救援队医疗主管应参与此类政策的制定。根据国际搜索与救援咨询团医疗指南，城市搜索与救援队医疗主管是制定政策和程序的负责人，负责统筹所有临床工作，并负责确保城市搜索与救援队的医疗力量始终处于已做好准备的状态，可以随时执行任务。

主管部门应与城市搜索与救援队医疗主管合作，为城市搜索与救援队中的所有队员制定疫苗接种政策。城市搜索与救援队中所有队员有关各类疫苗和加强型疫苗（可能需要）的接种情况，应保留准确记录。世界卫生组织（WHO）或国家卫生主管部门可以提供有关疫苗接种要求的指导。

2.6.3 队员遴选

队员的申请和选拔是技术救援队组建和发展的重要环节。筛选候选人的选拔过程应评估和考虑以下因素：做出的承诺，参加过的救援培训，学到的经验和技能，领导力和适当的健康状况。

许多队伍开始选拔队员时，宣布队伍的组建，并要求有意参与的个人提交意向书或简历，然后开始选拔过程。队伍队员需要对队伍组建项目感兴趣、积极主动并决心投入其中。

主管部门可能希望对候选人进行书面和 / 或口头面试，确保候选人了解其所做的承诺，并将面试作为选择最合适人选的一种手段。选拔过程还可能进行特殊的身体敏捷性测试，尤其是在成员加入队伍时未进行此项测试的情况下。

作为选拔过程的一部分，主管部门可能要求候选人承诺在一段时间内成为队员。有些主管部门要求候选人签署一份协议，确保在一定期限内（如五年）留在队伍内。从培训和维持队员技能所需的时间、精力和资金来看，这是合理的要求。

队员选拔是一项有价值的事业和投资。要求志愿者人员签署协议比较困难，不过非政府组织可以制定一项协议，要求志愿者承诺：如果在完成培训课程后的一定期限内离开了队伍，则要向主管部门偿还培训课程的费用。

2.6.4 消防员、紧急医疗救助人员和非救援人员参与救援行动

专业的技术救援队必须成为整个社区应急响应行动不可或缺的一部分。经过专门培训的救援人员将指导救援行动，但通常需要非专业人员提供协助，这些非专业人员可以执行不需要特殊培训的任务。这种需求表明，不仅技术救援队的行

动程序和队伍培训必须解决上述问题，而且还应当解决所有队员关于救援培训的问题。

基于分层响应系统，某些主管部门已经为所有人员开发了第一响应人层面的培训。通过这种培训，明确了非专业人员最初到达技术救援事件现场时应当采取的行动或不应当采取的行动。非专业人员通常首先到达现场，并且在专业队伍到达之前，非专业人员可能已经有很长一段时间处于现场。

有效的现场管理程序，应当能够解决这种情况。所有人员都必须接受现场安全、信息收集和危险识别方面的培训。所有人员都应当清楚地了解技术救援的危险，特别是在事故发生时的禁止事项。所有人员必须明白，他们绝对不应当进入无支撑的沟渠进行救援行动。在没有适当的呼吸防护装置、气体监测设备、通风设备、照明和后备队伍支持的情况下，所有人员不应进入密闭空间。

满足这些要求的最有效方法是制定、培训和实施严格的现场管理程序。一般来说，这些程序应至少实现以下目的：

最先抵达现场的人员应考虑是否能够采取以下四项行动：①信息收集／现场评估；②现场控制（驱离旁观者／竖起警戒线等）；③评估危险／公共设施情况，降低危险；④建立指挥架构。

这些行动可以为成功的技术救援奠定基础。在技术救援事件期间，有效协调紧急医疗救助人员（经过医学培训的救护人员）持续开展行动至关重要。紧急医疗救助人员的主要职责是救治伤员并随时待命，以应对救援队队员需要医疗救助的情况。

技术救援区域或现场一旦证实安全，必须准许紧急医疗救助人员接近受困人员进行医疗评估，并稳定其伤情。某些队伍对护理人员进行了技术救援级别的培训，确保他们能够进入危险区域并为伤员提供直接帮助。

在整个救援行动过程中（有时可能会持续数小时），紧急医疗救助人员必须持续监控并确保伤员情况稳定，并且必须获准进入现场。

2.6.5　社区专业人士参与救援行动

行业组织和志愿者组织可以考虑在其社区内招募具有特殊技能的个人，以协助技术救援队。许多队伍都联系了参与搜索行动的搜救犬训导员，但这些人员不需要参加救援管理、紧急医疗救助或复杂救援技能的培训。

某些队伍还招募了土木工程师、医生、外科医生和建筑专家。将专家纳入队伍并不总是轻而易举的事情。在现场部署或队伍建设方面，这些外部成员可能经验较少，因此可能需要额外的培训。还可能需要额外的管理任务，如提供伤害或医疗事故保险。

救援机构可能担心使用外部人员所引发的责任问题。救援机构必须考虑是否愿意承担确保这些专家安全的责任，包括在培训期间、前往灾害现场期间以及救灾行动期间。

救援队需要注意的一个主要考虑因素是何时可以通过国际搜索与救援咨询团的分级测评，成为城市搜索与救援队。救援队必须充分理解并遵守专家培训、能力和部署方面的要求。这些要求可以参考《第二卷　手册 C：国际搜索与救援咨询团分级测评与复测》。

2.6.6　每个救援专业所需的最少人员数量

技术救援队骨干人员的数量应根据以下因素确定：队伍类型、救援专业、安全完成救援任务所需的最少人数以及指挥架构的规模。

每个技术救援专业都需要相应水平的经过专门培训的救援人员。例如，建筑物倒塌行动可能涉及在救援行动之前首先部署一个或多个勘察队，评估倒塌建筑物的结构。一般来说，每个勘察小组应至少由三名人员组成，在一名负责评估安全问题的主管的监督下，两名专家协同工作。

沟渠救援行动对体能要求很高，需要移动和搭设重型面板、木材、机械支撑和其他专用装备。如果队伍拥有所需劳动力密集程度较低的先进装备，则对专业人员的需求就较少。

高难度绳索救援行动可能非常复杂。专业人员越多，事件响应速度就越快，因为可同时操控绳索系统的不同部分，即提升系统、保护绳、锚固系统等。

> **注意**：密闭空间救援所需的最少人员配置：两名队员进入密闭空间，另外两名队员在外面待命，提供支持。

根据既定的危机事件管理标准行动程序，人员配置规模还应取决于指挥岗位所需的人员数量，以及安全有效地开展救援行动所需的人员数量。除了救援行动指挥岗位（如救援行动指挥官、部门官员等）的正常配置之外，技术救援小组还应设立数名监督官员。可能仅包括四人：技术救援队长、技术救援安全官、技术救援装备官和技术救援人事官。

主管部门还应考虑在救援行动中投入的人员数量，以及这些人员在需要休息之前能够持续工作的时间。如果救援行动持续了较长时间，则应制定计划，确保主管部门除了满足特定救援行动的人员配置需求外，还拥有足够的人员配置规模，以维持正常的日常运作。

到达现场后，救援行动指挥官可以召集适当数量的专家。在队伍的行动程序中，主管部门指定响应技术救援召集或执行特定救援行动所需的最少人员数量，这些人员经过专门培训并得到支持，这一点很重要。

> **注意**：技术救援行动本身的安全至关重要，也是每一位参与人员的责任；因此，如果队伍没有足够的经过培训、装备齐全且获得资质的人员来安全地开展救援，那么应当等到更多合格人员到达后开展。

2.7 技术救援行动的法规和标准

有些法规和标准与工作场所安全相关，必须注意确保主管部门理解并遵守这些法规和标准。这包括可能适用于救援响应区域的国家级各种法律和法规，以及邻近辖区和国家的法律和法规。最重要的法规是国家职业安全和健康机构颁布的法规，要求雇主遵守强制性工作场所健康和安全保护的最低标准。

这些法规依据相关的法律，其中规定雇主有责任提供没有已知危险的工作场所。不懂法律并不能作为开脱责任的理由。

技术救援队属于"专业队"，和其他个人甚至同一组织的其他成员相比，技术救援队应当具有更高水平的技能和专业知识。因此，技术救援队应密切关注相应的法规和标准。

2.8　技术救援培训

培训和经验的作用没有任何工具或技术可以替代。各类救援队都需要接受适当的培训，才能安全有效地开展救援行动。本章节讨论技术救援培训的发展历程、救援培训的未来趋势、培训要求、城市搜索与救援队培训的规划方法以及不同级别的培训课程。

2.8.1　培训资源

救援培训的可用资源有很多。有些私营公司可以提供特定救援专业的培训。许多政府机构也提供救援培训，特别是针对其他机构的人员。

大多数此类培训课程，可以确保学员在完成课程后，满足救援能力的基本要求。然而，由于救援培训缺乏标准化，不同教官教授的学员能力水平往往存在差异。

2.8.2　制定技术救援培训计划

从队伍组建的初始阶段开始，就应当制定培训计划，这一点非常重要。在许多情况下，各类组织的成员可以自己参加培训课程，然后出于对特定救援专业的共同兴趣和能力而自行组建队伍。还有一种情况，成员没有接受过任何正式培训，而是在其主管部门正式组建队伍后才接受培训。所需培训计划的类型会受到两个因素的影响。下面将讨论这些因素。

2.8.2.1　行动区域

技术救援的基本知识可以通过培训来掌握，但为了制定满足当地需求的培训计划，最重要的一项考虑因素是救援行动区域的性质。培训应针对队伍行动区域的地理条件和目标危险。

技术救援培训可以有针对性地选择相应技术，确保受训人员能够应对这些危险。对于队伍响应区域中潜在的技术救援危险，培训应全面、系统地进行总体介绍。针对目标危险，队伍应制定应急计划，并针对可能发生的救援场景进行专门培训。针对队伍响应区域危险，如果不充分了解开展救援行动的方法，培训就是有缺陷的。

2.8.2.2　队伍类型

需要多专业队或单一专业队，这个决定至关重要。根据队伍类型，可以确定以下需求：接受认知/行动层面培训的人员数量；接受技术员级别培训的人员数量；接受教官级别培训的人员数量。

2.8.3 具体的技术救援培训示例（详见本卷本册附件 B）

为了让救援组织了解可以开展哪些技术救援培训课程，本卷本册附件 B 中提供了某些类型的技术救援课程大纲的样本。这些样本大纲仅旨在介绍一些可以涵盖的主题，并且不一定是完整的大纲。

2.8.4 重新认证和持续培训

技术救援人员需要重新认证，更新相关救援专业的实践技能和知识。对于所有类型的技术救援而言，技能都必须进行磨炼和实践，确保队伍充分做好行动准备。

由于新技术、新工艺不断推出，技术救援行动因而变得更容易、更安全。除了基本培训之外，重要的是进行持续培训。队员将学会通力合作，通过思想和信息的交流，经验丰富的救援人员可以将知识传播给同伴。每年进行一次针对救援技能的能力测试，并对能力不足的领域进行再培训，这可能是确保个人技能匹配队伍救援能力的最佳方式。

2.8.5 文档管理

针对培训过程和实际救援行动，应保存记录个人表现、队伍行动和装备使用的文档。

2.8.5.1 个人记录

队伍应保存所有人员培训的记录，包括所有人员的初始培训和认证情况以及持续培训的情况。文档内容应包括培训时长、所学技能、技能展示和技能测试，以及教官和培训主管对学员的评价。

2.8.5.2 队伍记录

描述整支队伍情况的文档也应当妥善保存，包括培训类型、时长、所用装备和产生的费用。新装备和技术的使用情况以及新装备的优缺点，都应记录下来。该文档还应记录人员的培训水平、准备情况和伤病情况。

2.8.5.3 装备记录

应保存好主要装备的日志，包括个人防护装备或救援绳等生命安全装备，以跟踪装备的使用、维修、问题处理和更换等情况。如果装备出现使用或安全相关的问题，保留的记录将有助于问题的解决。

2.8.5.4 事件记录

对每次技术救援事件进行深入总结，做好记录，这一点至关重要。通过这种方式，队伍能够了解发生过的情况，并制定策略来提高培训和救灾准备的安全性、效率和有效性，以应对灾害事件。

保存好记录可以实现两个主要功能。首先，记录可以提供队伍救灾准备能力建设的基础信息，队伍因此可以使用基于行动的标准来改进救援行动。参考以往的记录，队伍还可以绘制进度图表，并在定期总结期间发现需要改进的领域。

其次，如果在队伍行动过程中出现法律问题，保存的记录可以提供必要的文档资料。

2.8.6 队伍合作

技术救援培训的一项最重要的内容是培养救援人员的团队协作能力。如果每个人按照自认为最适合的方式行事，这种方式通常是单独行动，低效且危险，那么就会遇到困难。来自不同公司或不同组织的救援人员，如果在未经共同培训的情况下被安排在一起工作，那么也会出现配合问题。上述这些问题都可以通过队伍培训来解决。

为了安全、高效地开展技术救援，队伍的协同努力必不可少。队员必须了解自己的角色，以及自己在队伍中的分工。标准行动程序或行动指南应清楚地说明队伍中每个岗位的角色和职责，包括救援行动指挥官的职责。

> **注意**：队员必须定期地重新参加培训，进一步发展队伍合作技能，确保队伍作为一个高效的协作整体来运转。

2.8.7 城市搜索与救援能力建设评估任务和支持体系

在城市搜索与救援能力建设过程中，希望寻求援助的国家，可以向国际搜索与救援咨询团已建立的城市搜索与救援队全球网络求助，此类请求可以通过双边合作渠道提出，也可以向国际搜索与救援咨询团秘书处提出请求，然后由秘书处将此类请求转达给有意提供捐助的国家进行审议。

为了支持国家和机构进行国家城市搜索与救援能力建设，当收到此类请求后，国际搜索与救援咨询团秘书处将与东道国和全球城市搜索与救援队专家一起，在共同商定的日期协助国际搜索与救援咨询团城市搜索与救援能力建设评估任务，通常由捐助者资助经费或提供实物援助，或由东道国提供支持。秘书处还在www.insarag.org 网站上提供了城市搜索与救援能力评估方法指南，协助有意开展这项工作的国家。

评估任务的主要目标是根据东道国国家级城市搜索与救援的能力状况提供客观反馈，并根据国际搜索与救援指南提出建设性意见。基于国际搜索与救援指南要求，这项评估涉及城市搜索与救援队的五个组成部分。评估任务可能包括对主要利益相关方进行一系列访谈，进行若干相关现场调研，以及观察技能演示，最后汇编调研结果。更多详细信息，请通过 insarag@un.org 联系国际搜索与救援咨询团秘书处，了解有关城市搜索与救援能力评估方法用户指南。

3　国家救援能力建设

3.1　城市搜索与救援响应框架

在国际搜索与救援指南中，城市搜索与救援被定义为"从倒塌建筑物中安全转移受困人员并对其进行医疗救治的过程"。在地震、飓风、恐怖袭击活动等突发事件引起的大规模建筑物倒塌事件后，通常会开展这类救援行动。

为了理解本手册所描述的背景，需要了解建筑物倒塌事件中持续救援的概念，这一点非常重要。这一概念涵盖了在倒塌发生后立即赶赴现场救援的志愿者的自发救援步骤，以及当地应急服务机构在几分钟内做出的响应。整个过程包括：在数小时内，地区或国家救援力量抵达；在事件发生后几天内，国际救援队做出响应。根据救援响应中的时间顺序，国际搜索与救援咨询团响应框架如图 3 所示。

国际搜索与救援咨询团的响应框架展示了各级应急响应，首先是灾后立即开展的社区自发行动，然后是地方应急服务部门，接下来是国家救援队（包括专业资源）。最后，还有国家级和 / 或国际城市搜索与救援队的响应，以支持受灾国的救援工作。

每增加一个级别的响应，都会增加救援能力和整体实力，但必须与已经在灾难中发挥作用的响应行动相结合，并提供支持。为了确保不同响应级别之间的协作，行动方法、技术术语和相关信息应在整个响应框架中通用和共享，这一点至关重要。遵循国际搜索与救援指南，更具体地说是本卷，可以确保在响应行动的各个层面建立这一通用和共享的框架。

基于社区的响应

1. 自发志愿者
2. 有组织的社区响应

有组织的第一响应

1. 消防服务
2. 救护车服务
3. 民防
4. 军事力量

专业响应

1. 技术搜索
2. 搜救犬搜索
3. 医疗队

城市搜索与救援

1. 技术救援
2. 工程
3. 危险品
4. 后勤

图 3　国际搜索与救援咨询团响应框架

因此，城市搜索与救援响应框架可以作为一个基础，以此建立与各级行动准备、能力建设、培训和能力评估相关的原则和行动方法。

3.2　国家级城市搜索与救援能力建设

如果决定将地方级城市搜索与救援能力扩大为国家级城市搜索与救援能力，那么还需要考虑很多事项。在这种计划启动之前，需要完成各类评估。需要考虑的事项如下：

（1）是否需要国家级城市搜索与救援队？
（2）应建设怎样的能力水平？

（3）需要建立哪些体系和机制来管理、监督和发展城市搜索与救援能力？

（4）需要考虑和制定哪些相关的国家法律、法规和标准？

（5）哪些人员应当参与国家风险评估？

（6）队伍如何扩大新岗位的招募并留住队员？

（7）队员还需要接受其他哪些培训？

（8）相关人员是否面临新的危险？

（9）扩编的队伍将如何获得资金？

（10）队伍需要多少成员？应当采用什么样的冗余配置？

（11）队伍需要什么样的装备？

3.2.1 招募新队员并留住受过培训的队员

如果要将技术救援队扩大为城市搜索与救援队，那么需要进行仔细规划，确保满足所有行动和管理要求。完成需求评估后，下一步应考虑招募新队员的方法，并制定设法留住队员的计划。

在考虑招募计划时，首先要认识到持续演进的队伍使命，这一点很重要。城市搜索与救援队需要具备以下职能：①管理；②搜索；③营救；④医疗救治；⑤后勤。

没有具体列出但同样重要的专业人员包括：具备资质的结构工程师、危险品专家、通信技术员、医生和其他医务人员、起重工、媒体公关人员，以及接待和撤离中心（RDC）和 / 或城市搜索与救援协调单元（UCC）所需的经过培训的人员。接待和撤离中心以及城市搜索与救援协调单元的相应定义，参见本卷本册附件 D。为了更好地理解这两个概念及其在国际应急响应中的运用，请参见《手册B：救援行动》，以及城市搜索与救援协调手册。

招募计划所需人员应能提供以下八项能力：

（1）针对受损倒塌建筑物开展现场和技术搜救行动。

（2）搜救犬救援能力（如果队伍还没有这种能力）。

（3）为任务响应人员和指定的犬只提供医疗服务。

（4）为受困人员提供医疗服务。

（5）勘察和评估建筑物损坏情况和救援需求，并向地方应急管理机构和 / 或城市搜索与救援协调单元提供反馈。

（6）评估房屋、建筑物的公共设施情况，在必要时关闭公共设施。

（7）危险品调查 / 评估。

（8）对急需使用的政府市政建筑进行结构 / 危险评估，以支持救灾行动，加固受损建筑结构，包括在结构内开展救援行动所需的支撑和支护措施。

3.2.2 能力建设

国际搜索与救援咨询团网络应大力推动灾害频发国家发展其国家级城市搜索与救援队的能力。在这种情况下，"国家级城市搜索与救援队"一词是指在国家层面部署但不执行国际任务的城市搜索与救援队。这样的救援队可能是政府队伍，也可能是非政府队伍。通过国际搜索与救援咨询团分级测评（IEC）流程及其现有的队员能力建设计划，包括国家认证程序（NAP）、国际搜索与救援咨询团积累所需的经验，制定关于国家级城市搜索与救援队组织架构和行动的推荐标准，从而为成员国提供发展国家级城市搜索与救援能力的指南。

这份指南旨在为国家级城市搜索与救援队提供全球公认的标准，发展相应的救灾行动和组织能力。通过推广国家级城市搜索与救援队的共同标准，国际搜索与救援咨询团网络旨在为救灾能力建设工作提供指导，并增强国家级城市搜索与救援队与国际救援队在本国重大紧急情况下的救援协作。

此外，国家级城市搜索与救援队的推荐标准为国际搜索与救援咨询团整个体系提供了一个极其重要的工具，可以推广和传播国际搜索与救援咨询团的指南和方法，帮助全球绝大多数国家建立城市搜索与救援队。

国家级城市搜索与救援队的组织和行动指南是作为国家救援能力建设的指导文件而制定的，这样世界各地有了通用的救援行动标准。拥有经过国际搜索与救援咨询团分级测评的国际城市搜索与救援队的国家，应大力协助发展中国家的救灾能力建设进程，并为所在国内的其他国家级救援队提供指导。

正在发展国家级城市搜索与救援能力的国家，应根据相应的级别遵循国际搜索与救援指南，帮助建设国家级城市搜索与救援队能力。这可能是一个预期要实现的目标。各国可以建立适当的程序，确认这些标准的实现情况，如建立国家认证机制。首先，根据国际搜索与救援指南说明中的核查表，强烈建议国家城市搜索与救援队对相应的能力进行自评估。

相关流程和步骤如图 4 所示。

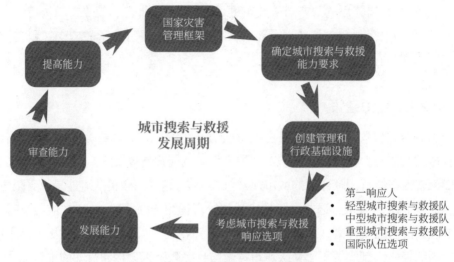

图 4　城市搜索与救援发展周期

3.3　发展国家级城市搜索与救援管理和行政基础设施

政府主管部门的官员（国家级、地区级和 / 或本地）一旦确定了对国家城市搜索与救援能力的需求，就应开始制定与所需城市搜索与救援能力级别相匹配的发展规划。随着救援资源开发工作的启动，政府还应修改其救灾法律框架，以纳入正在建设的城市搜索与救援能力在管理、行政和运用方面的基础设施。

针对城市搜索与救援能力建设，需要设计队伍行政和财务管理工具。这些工具文件的作用如下：

— （1）明确相关政策和程序。

— （2）为城市搜索与救援队的救灾准备工作提供初始资金或"启动"资金。

— （3）提供持续的年度资金支持，确保资金充足，城市搜索与救援队可以维持高标准的救灾准备状态。

> （4）行政和财务文件还应明确以下内容：①管理和行政岗位的任务和职责；②组织职责和角色；③城市搜索与救援队管理年度资金的流程；④记录管理的相关流程；⑤财产核算方法；⑥选拔新成员的方法；⑦队员接受初步培训的方法；⑧确保队员行动能力所需的持续培训。

有效的管理和行政基础设施一旦建立，就需要考虑应急响应的各种备选方案，其中内容包括以下四项：

> （1）所选择的方案应基于以下情况：发生灾难时所需的可能救援人员数量和救援行动难度，以及采购适当的装备、招募合适的人员并对其进行培训（初始培训和持续培训）的能力。
> （2）灾难后获救的大多数人都属于轻度受困人员，因此可以通过当地的和可快速到达现场的第一响应人及城市搜索与救援队进行施救。因此，在灾害规划中整合各层级的响应力量至关重要。
> （3）除非预期将遇到更大困难并需要技术性救援，否则没有必要升级并组建一支技术能力更强的队伍。
> （4）与具备轻型救援能力的队伍相比，具备中型或重型救援能力的队伍的组建和运作成本更高，并且部署速度较慢，因为需要时间来集结和调动人员和装备。

正如在发展当地技术救援队时所遇到的情况，通过高效的方式运作较低级别的救援能力，往往优于尝试组建具备较高能力的队伍，因为这样的队伍难以维持所需的技能和装备水平。

经过分级测评的队伍比未经培训的志愿者的自发群体更具优势，因为队伍可以提供有组织的救援能力，从而降低队员自身和受困人员受伤或死亡的风险。

3.3.1 国家级城市搜索与救援队认证程序

发展国家救援能力的重要环节是建立国家认证机制。通过这种机制，一个国家能够管理、监测和建立相应的国家标准，并在开发其城市搜索与救援国家响应系统时，严格遵循国际搜索与救援指南。根据国际搜索与救援咨询团响应框架，大力提倡建立国家级城市搜索与救援队程序。

"分类测评"一词符合国际搜索与救援指南的国际部署要求，而"认证"这一术语则反映了国家认证程序的关键环节。根据相关法律法规，国家主管部门是根据国际搜索与救援指南建立和认定符合国家标准救援队的最高权力机构。

国家认证框架的发展应得到高层政府官员的支持和承诺，确保可持续和稳定的发展进程。因此，城市搜索与救援项目应纳入国家灾害管理系统，确保项目的发展、实施和资金供给的可持续性。因此，对认证体系的承诺是各项标准具备可持续性的关键先决条件，并且应该成为国家相关法规不可或缺的组成部分，确保其在公共政策范围内得以发展和巩固。

在制定国家认证体系的过程中，应考虑以下五个环节：

- （1）针对制定认证系统的过程，国家主管部门进行重点规划。
- （2）确定参与认证系统开发的利益相关机构或组织，认证系统应包括国家级城市搜索与救援队的培训规定。
- （3）为制定认证体系，提供相应的且可持续的合格人员配置。
- （4）参与认证的国家所有相关机构都应当遵循认证系统，以验证和支持认证过程。
- （5）认证系统和认证过程始终保持信息的透明。

国家灾害管理机构作为流程的牵头机构，可以通过官方文件授权认证实施机构或实体。合适的认证实施机构包括但不限于：学术机构、国家消防和救援机构或民防部门。认证实施机构必须制定有利于所有相关方的认证协议和解决方案，确保认证体系的公开透明和参与性实施过程。

认证实施机构必须进一步确保认证框架的发展过程符合国家需求，并利用认证过程取得的经验，推动城市搜索与救援队的发展和专业化。在这一方面，建议采取以下步骤来创建认证过程：

- （1）建立一个认证技术委员会，该委员会具有明确的、可持续的法律授权、财务支持和行使职能的技术条件。

（2）城市搜索与救援国家利益相关方的参与，可以确保认证框架具有充分且集中的代表性。

通过所有利益相关方认可的公共资源，认证机构负责制定认证体系的相关文件，并且这些文件应成为规范和确保流程运作的公认标准。

认证过程的控制机制向认证实施机构保证相关程序以透明的方式进行，并向其提供了可接受的技术条件。

图 5 进一步描述了国家认证程序，并且只能在国家政策正式生效后执行，将这一程序纳入国家规划。

队伍申请

（1）自评估
（2）队伍管理层对认证申请的内部决策
（3）向认证机构提出申请
（4）任命教练（不应与申请队伍有任何关系）
（5）队伍管理层、教练和认证机构对商定时间表的承诺
（6）队伍发展和培训
（7）完成证明文件集并提交

审核和评估

（1）基于证明文件集且在国家层面上的行政审核
（2）必要时审查证明文件集
（3）在队伍基地的能力核查
（4）现场演练
（5）认证机构的报告，包括审核结果、评估过程和建议

认证

（1）获得认证、认可和资质证书
（2）队伍首次获得国家认证后，建立国家级城市搜索与救援队目录
（3）将随后获得认证的队伍添加到国家级城市搜索与救援队目录

重新认证

（1）定期重新认证流程
（2）要求执行此项重新认证的频率将由国家主管部门完全决定

图 5　国家认证程序（NAP）

3.3.2　国家责任

当国家级城市搜索与救援队获得国家主管部门的认可，国际搜索与救援咨询团政策联络人便可根据需要通知国际搜索与救援咨询团秘书处。在城市搜索与救援队目录中，国际搜索与救援咨询团秘书处将这一队伍注册为"国家认证的城市搜索与救援队"，级别包括轻型、中型或重型。

> **注释**：任何外部认定都是自愿的选项，是对国家认证程序的补充，并且不可将其与国际搜索与救援咨询团分级测评流程相混淆。对于计划在国际上部署的城市搜索与救援队来说，国际搜索与救援咨询团分级测评流程仍然是唯一的分级测评系统。

3.3.3　国际搜索与救援咨询团认可的国家认证程序

自 2005 年以来，国际搜索与救援咨询团建立了城市搜索与救援队分级测评流程（IEC），这一流程建立了可核查的行动标准，并构成了同行评审机制，为救灾准备和响应创造价值的示例。某些救援队需要执行国际响应任务并得到特定机构的支持，分级测评流程便是为这类队伍设计的。

在成功实施分级测评流程的基础上，实施国际搜索与救援咨询团认可的国家认证程序，目的是为国家级城市搜索与救援能力建设的国际咨询提供总体框架，并为城市搜索与救援队的国家认证程序（NAP）建立国际搜索与救援咨询团认可的评估体系。

国际搜索与救援咨询团对国家认证程序的认可，将通过既定的明确流程来执行，包括通过国际搜索与救援咨询团认可的国家认证程序（IRNAP）所包含的程序、核查表和评估方法，详情请见本卷本册 3.4 节。

在全球层面，国际搜索与救援咨询团秘书处确认其符合国际搜索与救援咨询团标准的各种国家认证程序，都可以称为国际搜索与救援咨询团认可的国家认证程序。成功建立国际搜索与救援咨询团认可的国家认证程序的国家，必须向国际搜索与救援咨询团秘书处报告成功获得国家认证的每支队伍的情况，详细信息将在国际搜索与救援咨询团城市搜索与救援队目录中更新。

3.3.3.1 国际搜索与救援咨询团支持流程的原则

国际搜索与救援咨询团对国家认证程序制定和认可的支持流程，基于以下五个原则：

(1) **自愿**：这一流程应完全基于自愿原则，有意向的国家应向国际搜索与救援咨询团秘书处提出正式请求，以获得支持。

(2) **区域层面的支持**：每个区域应建立一份具有相应的适当特征（城市搜索与救援经验、具备国际搜索与救援咨询团方法的经验、语言等）的专家名册，并取得区域主席的认可。

(3) **成员国的承诺**：通过这一流程获得区域专家名册支持的成员国，也应承诺提供相应的专家，并支持这些专家参与其他成员国的认可流程。

(4) **遵循国际搜索与救援咨询团方法**：提出请求的成员国应证明，在其国家认证框架中采用了国际搜索与救援咨询团方法。

(5) **认证请求成员国的资助**：通过双边协议、捐助者支持或其他方式，认证申请国应承担与支持流程相关的费用。

3.3.3.2 建立支持国际搜索与救援咨询团认可的国家认证程序的专家名册

为了支持各国建立其国家级城市搜索与救援队认证程序，并审查其遵守国际搜索与救援咨询团方法的情况，区域组应建立一份具有适当资质并得到区域主席团认可的专家名册。

在这个名册中，所选专家组成两种类型的小组：技术支持组（TSG）和技术认证组（TRG），分别具有以下职能：①技术支持组根据国际搜索与救援咨询团基本原则、步骤和标准，为国家机构提供支持和建议，实施国家级城市搜索与救援队认证程序；②技术认证组审查国家认证程序对于国际搜索与救援咨询团原则、步骤和标准的实际执行情况，并向秘书处建议国际搜索与救援咨询团对国家认证程序进行外部认可。

在区域层面上设立技术支持组，虽然是为了响应区域内国家的请求，但个人专家也可以成为国际搜索与救援咨询团其他区域技术支持组的一部分，前提是这些专家已得到相应区域主席团的批准。

考虑到基于不同经验进行多元文化交叉学习的益处，区域组可能会鼓励技术支持组吸纳跨区域成员，但由于不同区域的时差或语言障碍等，需要考虑应对跨区域技术支持组协调工作所面临的挑战。

专家应满足以下五个最低能力要求：

— (1) 具有城市搜索与救援相关经验（城市搜索与救援流程和培训）。
— (2) 拥有城市搜索与救援行动／协调方面的丰富经验。
— (3) 具有运用国际搜索与救援咨询团方法的经验。
— (4) 具有国家认证程序和／或分级测评／复测流程经验。
— (5) 熟悉区域背景并掌握区域内的相关语言。

为了建立区域专家名册，区域组将在秘书处的支持下发出专家召集通知，建议专家使用指南说明中的申请表。区域主席团将审查专家申请，根据秘书处的建议选择合适的候选专家加入名册。建议区域组在名册上设立两类专家，即成员和观察员。

— (1) **成员**：符合所有既定标准的专家将获准作为成员。
— (2) **观察员**：具有丰富经验但可能不熟悉国家认证程序或分级测评／复测流程的专家，可能会获准作为观察员，目的是利用这一身份获得成为名册正式成员所需的经验。是否接受专家作为名册上的观察员，由区域主席团酌情决定。如果认证申请国接受，观察员可以构成特定国家技术支持组的一部分。

区域主席团应确定专家召集的周期，维持专家名册的正常运作。每次新一轮专家召集时，区域主席团还应审查正处于观察员身份的专家，评估其是否已获得成为名册成员所需的经验。

想要申请成为名册成员或观察员的专家，应通过相应账户将包含相关经验的申请表上传到虚拟现场行动协调中心（VOSOCC）。因此，秘书处将能够与请求名册支持的国家分享这些信息。

3.3.3.3　国际搜索与救援咨询团认可的国家认证程序申请流程

通过国内的国际搜索与救援咨询团联络人，有意认证的成员国可以向国际搜索与救援咨询团秘书处提交认证申请。申请应至少包含以下信息：①申请国；②申请日期；③申请机构；④执行机构和所有参与机构；⑤实际申请相关信息（如支持建立流程或审查现有流程）；⑥国际搜索与救援咨询团政策联络人的联系方式；⑦国际搜索与救援咨询团行动联络人的联系方式；⑧如果此项申请的联系人不是国际搜索与救援咨询团联络人，则指定该联系人作为相应的联络人；⑨认证实施地点（如果相关）；⑩认证程序的预计开始和结束日期。

认证申请应附有提出申请的成员国向秘书处提交的承诺声明，其中应承诺以下四项内容：

——(1) 根据国际搜索与救援咨询团方法和指南，遵循国际搜索与救援咨询团认可的国家认证程序的步骤和标准。

——(2) 提供流程及与所有步骤相关的活动所需的资金，包括技术支持组可能产生的旅行费用（如交通费、住宿费、餐饮费等），确保技术支持组部署期间的安全。

——(3) 执行技术支持组的建议。

——(4) 设立技术支持组的联系人以及相应的沟通方式。

除上述信息外，提出认证申请的成员国还需要提交一份对国家认证程序实施现状的自评估，这份自评估应基于国际搜索与救援指南说明中的核查表。

3.3.3.4　国际搜索与救援咨询团认可的国家认证程序

如果提出要求，技术支持组可以向成员国提供建议，指导国家级城市搜索与救援队认证程序的实施。提出认证申请的成员国和技术支持小组，将共同确定咨询阶段和相关活动（线上会议、电子通信、现场会议等）的方法和持续时间。在启动认证程序之前，应商定技术支持组提供支持的职权范围。技术参考资料库中提供了标准的职权范围。

具体的支持方式将取决于国家级城市搜索与救援程序的发展水平，更具体地说，取决于国家级城市搜索与救援队认证程序的进程。

认证进程可分为三个阶段：

- **（1）设计阶段**：针对没有国家认证框架、需要支持建立标准化国家认证程序的国家。
- **（2）高级阶段**：针对部分达到标准并请求支持全面实施认证的国家。
- **（3）巩固阶段**：针对完全达到所有标准并请求支持程序核查的国家。

表 1 总结了支持阶段应开展的活动，主要涉及技术支持组与认证申请国之间的互动。

表 1　支持阶段的各项活动

活动内容	建议的最长时间
1.审查提出认证申请的成员国进行自评估，并达成一致意见 （1）要求申请国对自评估进行澄清或提供额外支持文件。 （2）在完成自评估审查之前，技术支持组可以与成员国和秘书处进行协商。 （3）针对自评估达成共识。 （4）与最终核查方法类似，技术支持组将使用"颜色标注法"来反映自评估每个项目的进展情况。请参见评估方法章节	90 天
（1）采纳并同意技术支持组的职权范围；根据国家认证程序的进展程度，包括巩固阶段、高级阶段或设计阶段，详述并商定支持工作计划。 （2）技术支持小组将详细阐述工作计划提案，并将其提交给认证申请国进行讨论。双方应就工作计划达成一致。 （3）在许多情况下，特别是当认证申请国处于国家流程的设计阶段时，必须召开现场会议，并且应当能够解释国际搜索与救援咨询团国家标准的范围，以及国家认证程序的步骤和标准，这一点非常重要。 （4）作为共同商定的工作计划的一部分，技术支持组和认证申请国将制定一个时间表，其中包含实现各种成果的最后期限、会议、沟通，以及必要的现场会议的时间表，监控进度。 （5）查明认证申请国是否希望技术支持组观察认证活动，将其作为认证过程的一部分，期间技术支持组需要访问该认证申请国。应当注意，这一过程不是强制性的。 （6）针对相关文件的交换、管理和归档系统，技术支持组和认证申请国应达成一致。 （7）认证申请国预期要成立一个专门工作组，确保流程的跟进和实施	30 天

表 1（续）

活动内容	建议的最长时间
2. 根据工作计划中双方商定的要求，认证申请国提交进度报告，展示国家级城市搜索与救援队认证程序的实施情况。 自评估采用实时文件的格式	30 ～ 180 天
3. 技术支持组审查进度报告，向认证申请国提出意见，并随时向国际搜索与救援咨询团秘书处通报情况	
4. 针对国家认证程序的实施进展情况，技术支持组和认证申请国进行联合分析 （1）对于此项分析，将使用完整的核查表以及国家认证标准和步骤列表。 （2）根据此项联合分析，技术支持组和认证申请国政府应确定进行最终核查访问的适当时间，或者是否需要重新设计或延长这一流程。 （3）根据需要，技术支持组编制准备提交给秘书处的报告，建议启动下一阶段的认证程序	如果决定重新设计或延长认证程序，则需要30 天或更长时间

　　技术支持组和认证申请国一旦确定已达到流程支持阶段所要求的标准，则启动下一阶段，由技术认证组进行最终的核查访问。

　　表 2 总结了在认证阶段应开展的活动，根据这些活动情况，将确定认证申请国的国家认证程序是否符合国际搜索与救援咨询团的标准。

表 2　认证阶段的各项活动

活动内容	建议的最长时间
1. 技术认证组的选派：国际搜索与救援咨询团秘书处将向区域名册中的专家发送召集通知，专家将相应回复是否有时间对认证申请国进行访问和核查。国际搜索与救援咨询团秘书处将从认证地区选择两名专家，并可以选择增加 / 接受其他观察员作为技术认证组的一部分。国际搜索与救援咨询团秘书处将陪同专家进行核查访问。 技术认证组的责任是掌握各国的认证进展情况，并根据国际搜索与救援咨询团分级测评的原则、步骤和标准，确保流程质量	30 天
2. 核查是否符合国家认证程序的标准、步骤和原则：认证申请国和技术认证组将确定对认证申请国进行（必要）访问的适当时间，在此期间对整个国家的认证程序进行审查。 （1）在访问前，通过国际搜索与救援咨询团秘书处，技术认证组和认证申请国必须商定访问的详细议程和预期成果。访问议程应包括：①与主管部门会晤；②与认证委员会会晤；③提交最终文件；④审查搜救演练方法；⑤在演练期间运用核查工具；⑥观察国家救援队的认证演练，评估演练核查工具的应用情况。	—

表 2（续）

活动内容	建议的最长时间
（2）如果符合国家认证程序的标准、原则或步骤，则与认证申请国商定实施时间表以及评估方法（如果可能的话，技术认证组应不必再次对该国进行实地访问）	—
3. 最终报告：技术认证组将编写一份相关活动和核实情况的报告，提交给认证申请国和国际搜索与救援咨询团秘书处。报告中必须附上核查工具。秘书处向区域主席团通报国际搜索与救援咨询团对国家认证程序的认可结果	15 天
4. 反馈流程和方法改进：根据认证过程中获得的经验，持续改进技术支持组和技术认证组的方法和工作模式，这是有必要的。基于这种情况，在提交给国际搜索与救援咨询团秘书处的反馈报告和区域专家名单中，技术支持组和技术认证组都应记录相关经验，从而推动后续流程和方法的持续改进	15 天

详细的指南信息可以在国际搜索与救援咨询团认可的国家认证程序手册中找到，这份手册收录在国际搜索与救援指南说明中。

3.3.4 国际搜索与救援咨询团国家标准核查表

核查表将采用 Microsoft Excel 格式，可参考国际搜索与救援指南说明。技术认证组将使用这份核查表进行最终评估，但这份清单也作为认证申请国的指南，帮助认证申请国将认证要求纳入国家级城市搜索与救援标准。

技术认证组将采用一种评估方法，确定国际搜索与救援咨询团国家标准实施的进展情况，并根据以下颜色标注将进展情况分为四个级别：

— （1）绿色或"Y"（意为"完全合格"）表示认证申请国在某一方面完全达到或超过国际搜索与救援咨询团的最低标准。

— （2）黄色或"M"（意为"部分符合"）表示认证申请国在某一方面符合要求，但建议还要进行其他改进。如果某个方面被标记为黄色，则应在核查表的观察栏中给出原因。

— （3）橙色或"RT"（意为"需要时间"）表示某一方面仍未达到国际搜索与救援咨询团的最低标准，这取决于妨碍达标的具体原因。例如，相关文件已创建，但尚未得到主管部门的正式认可。在这种情况下，针对实施时间表以及核查方法，技术支持组和认证申请国协商达成一致。

(4) 红色或"NY"（意为"不合格"）表示某一方面不满足国际搜索与救援咨询团的最低标准。如果某一方面被标记为红色，则表示这一方面不符合国际搜索与救援咨询团的最低标准。在这种情况下，针对整改实施时间表以及核查方法，技术支持组和认证申请国协商达成一致。

这种颜色标注方法将用于自评估（包括进度报告）的审查，目的是确定工作计划中需要特别关注领域的优先事项，以及最终核查国家认证程序的标准、原则和步骤的实现情况。

如果最终评估的所有方面达到了黄色或绿色，那么技术认证组就可以向国际搜索与救援咨询团秘书处建议向认证申请国颁发认可证书。

3.3.5 利益相关方的作用和责任

本节概述国际搜索与救援咨询团认可的国家认证程序中不同利益相关方的作用和责任。

3.3.5.1 认证申请国的作用和责任

(1) 在国际搜索与救援咨询团认可的国家级城市搜索与救援队认证程序中，遵守相应的标准。

(2) 为技术支持组／技术认证组的区域名册提供专家。

(3) 承诺遵循国际搜索与救援咨询团的方法。

(4) 建立国家级城市搜索与救援系统。

(5) 建立国家级城市搜索与救援队认证程序。

(6) 承担建议的技术支持组两次访问的费用。

3.3.5.2 技术支持组的作用和责任

(1) 为国家级城市搜索与救援队认证程序的实施提供建议和支持。

(2) 对国际搜索与救援咨询团原则、步骤和标准的实施情况进行文件建档和现场审查。

（3）向国际搜索与救援咨询团秘书处提交认证申请国支持阶段和进展情况的报告。

（4）在流程结束时，向国际搜索与救援咨询团秘书处提交技术支持组对实施规定方法的自评估。

3.3.5.3　技术认证组的作用和责任

（1）应用 Excel 核查表，验证认证申请国是否符合国际搜索与救援咨询团的原则、步骤和标准。

（2）根据国际搜索与救援咨询团原则、步骤和标准的合规情况进行认可。

（3）提交最终的核查报告。

（4）在流程结束时，向国际搜索与救援咨询团秘书处提交技术认可组对实施规定方法的自评估。

3.3.5.4　国际搜索与救援咨询团秘书处的作用和责任

（1）根据认证申请国的请求，提出技术支持组 / 技术认证组专家名册，并予以支援。

（2）全程支持技术支持组和技术认证组。

（3）选择技术认证组的专家。

（4）陪同技术认证组访问认证申请国。

（5）为技术认证组寻求资金，支付核查访问的旅行费用。

（6）发布区域名册专家召集通知。

（7）审查申请并验证该申请是否符合向区域主席团提交申请国资料的最低要求。

（8）将专家候选人推荐给区域主席团。

（9）跟进已获得认可的国家。

（10）告知各国所获国际搜索与救援咨询团认可的有效期。

（11）准备并提供国际搜索与救援咨询团认可证书。

3.3.5.5　区域主席团的作用和责任

（1）要求国际搜索与救援咨询团秘书处发出技术支持组／技术认证组名册专家召集通知。

（2）批准地区的专家名册候选人。

3.3.6　国家认证程序的认可

在收到技术认证组的最终报告后，秘书处将向负责国家级城市搜索与救援队认证程序的国家应急主管部门颁发认可证书。国际搜索与救援指南说明提供了认可证书样本。

已通过认证程序的国家必须向国际搜索与救援咨询团秘书处报告成功获得国家认证的每支队伍的情况，详细信息将在国际搜索与救援咨询团城市搜索与救援队目录中更新。

认证程序得到国际搜索与救援咨询团承认的国家，可以决定向国家认可的队伍发放统一的认证徽章标识。认证徽章标识有两个目的：确保认可和相关标识的标准化，并向其他国家和国际响应机构通报队伍的能力。

如果国家认可的城市搜索与救援队决定在现场使用徽章，则应考虑以下方式：

（1）矩形徽章尺寸为 75 毫米 ×55 毫米。

（2）遵循国际搜索与救援咨询团兵库宣言和联合国大会第 57/150 号决议的规定。

（3）徽章为白色背景和方形浅灰色轮廓，搭配黑色文字。

（4）认证国的国旗尺寸为 60 毫米 ×40 毫米。

（5）国旗标注以下内容：①"国家认证"字样；②认证队伍的名称；③认证级别和年份；④国际搜索与救援咨询团标志的尺寸为 22 毫米 ×10 毫米。

标准化徽章的模板和通用示例如图 6 和图 7 所示。

模板

示例

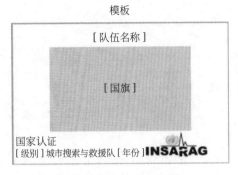

图 6　标准化徽章的模板　　　　图 7　徽章通用示例模板

3.3.7　国际搜索与救援咨询团认可的国家认证程序支持文档

国际搜索与救援指南说明中提供了建议的支持文档，国家级城市搜索与救援系统可能希望采用和 / 或改编这些文档，将其作为队伍完成认证程序的模板，证明城市搜索与救援队系统正在执行国家标准。针对国际搜索与救援咨询团国家标准，建议提供一系列直接相关的文件供参考。此外，尽管一个国家与另一个国家之间可能存在明显差异，也可以采用标准格式作为运用这些文件的实施工具。

3.3.8　维持国家级城市搜索与救援能力

维持城市搜索与救援国家能力的首要任务是在地方和国家层面建立能够定期测试和验证的国家机制。这可以通过情景规划、桌面推演和现场部署演练等方式来实现。此类活动必须涉及主要利益相关方和合作伙伴，如当地社区、私人组织（包括非政府组织）和相关政府机构。建立和测试整个政府机制，验证国家应急机制，这对于整个响应系统的成功至关重要。对于一些国家来说，还可以扩展这些验证演练，让国际搜索与救援咨询团区域组和区域内的其他国家参与其中。

在灾害频发的国家，国际搜索与救援咨询团网络每年进行地震应急响应模拟演练，目的是在国家和国际响应组织层面练习国际搜索与救援咨询团的方法。

强烈建议灾害频发国家定期举办此类演练，作为发展国家救灾能力的一部分。更多信息，请参见国际搜索与救援指南说明。

3.4　城市搜索与救援队架构和组织

根据国际搜索与救援咨询团的方法，城市搜索与救援队应分阶段发展，正如"2 章——地方救援能力建设"中技术救援队所介绍的那样。通过分阶段发展，减少了疏忽基础救援能力培训的可能性，扩大了队员的知识储备，并有助于队伍建设。

根据国际搜索与救援咨询团的方法，强烈建议队伍建设必须首先打好基础，先培养基础能力，而不是先培养高级能力。因此，新组建的城市搜索与救援队不应当从轻型、中型或重型级别开始，而应当首先培养第一响应人级别的能力，直到技能熟练并能发挥第一响应人的作用。

城市搜索与救援队能力建设的入门级别通常是培养第一响应人的城市搜索与救援能力。这一阶段遵循初级技术救援队的增强计划，采用了许多相同的组织架构。第一响应人城市搜索与救援队的作用如下：

—（1）对受灾地区进行勘察和调查。

—（2）鉴别危险并采取行动，降低风险水平。

—（3）控制公共设施。

—（4）在确保安全的情况下，隔离危险品并对其进行鉴定。

—（5）在地面进行搜索和救援。

—（6）启动医疗服务并解救受困人员。

—（7）设立伤亡人员集结点。

—（8）协助国际队伍融入当地应急管理工作。

第一响应人城市搜索与救援队的结构，基于在单一场地维持地面救援能力的概念。这类队伍将能够在木质或轻金属构件、无钢筋砖石、土坯或泥土以及竹质结构中进行救援。搜索小组将能够执行结构表面 / 物理搜索。这类队伍的救援人员将配备手动切割工具，以及绳索、顶升杆和垛式支架，用于稳定受损结构。

本卷本册附件 C 包含针对所有级别城市搜索与救援队的建议，包括行动标准、培训和装备要求。

3.4.1　城市搜索与救援队整体概述

城市搜索与救援队属于专业队，并根据其所具备的能力分为三个级别：

— （1）**轻型城市搜索与救援队**：通过国家级认证和 / 或国际分级测评 / 复测。
— （2）**中型城市搜索与救援队**：通过国家级认证和 / 或国际分级测评 / 复测。
— （3）**重型城市搜索与救援队**：通过国家级认证和 / 或国际分级测评 / 复测。

通过认证的队伍和通过分级测评的队伍之间的显著区别在于：分级测评队伍可以进行国际部署，具备支持其他国家 / 地区的能力；经过认证的队伍也具有相应级别的技术能力，但只在国家主权边界内或通过双边协议提供响应援助。

3.4.2　轻型城市搜索与救援队

根据国际搜索与救援指南的要求，轻型城市搜索与救援队由五个部分组成：管理、后勤、搜索、营救和医疗。在倒塌的木质结构、砖石结构和轻型钢筋混凝土结构中，轻型城市搜索与救援队（以下简称"轻型队"）有能力进行技术搜索和救援行动。轻型队还将有能力进行索具作业和顶升操作。在技术能力方面，轻型队类似于中型和重型城市搜索与救援队。轻型队能够在工作场地完成 ASR 3 级的搜索和救援任务。轻型队的建议人员规模为 17 ~ 20 人，能够在部署期间派遣一名人员到国际搜索与救援咨询团支持机构（城市搜索与救援协调单元 / 接待和撤离中心）。轻型队的后勤组将能够建立行动基地（BoO），其中包括临时住所、环境卫生设施、工具维修区、进餐区和卫生区等。

轻型队的要求如下：

— （1）需要有能力在单一场地开展救援工作。
— （2）需要具备开展搜救犬救援和 / 或进行技术搜索的能力。
— （3）必须配置足够的人员和资源，以确保能够在单一场地（站点可能会发生变化）每天开展最长 12 小时的救援行动，持续期最长为 5 天。
— （4）必须具备实施医疗救助的能力，对象包括队员（含搜救犬，如果已配置）以及被发现的受困人员（在受灾国政府允许的情况下）。

（5）必须能够执行 ASR 3 级的城市搜索与救援行动，并融入国际搜索与救援咨询团规定的报告机制。

按照表 3 中建议的人员配置，可以确保一支轻型队能够在单一场地执行 12 小时的行动。更多信息，请参见本卷本册附件 C。

表 3　轻型队的建议人员配置

城市搜索与救援队组成部分	任务	建议人员配置	建议人数（共 17 ~ 20 人）
管理	指挥	队长	1 人
	协调 / 城市搜索与救援协调单元 / 接待和撤离中心 / 现场行动协调中心	副队长	1 人
	规划 / 信息 / 通信	规划官	1 人
	安全和安保	安全官	1 人
搜索与营救	行动	搜救组长	1 人
	技术搜索 / 搜救犬 / 危险品评估 / 破拆；切割；支护；绳索救援；顶升和搬运	搜救组（含搜救犬，如果已部署）	8 人（配置搜救犬）
医疗	医疗组管理：医疗组的协调和管理	医生	1 人
	与当地医疗卫生基础设施整合；为搜救组（含搜救犬）和被发现的受困人员提供医疗救助	内科医生 / 护理人员 / 护士	1 人
后勤	行动基地	后勤组负责人	1 人
	行动基地	后勤专家	1 人
	供水	运输专家	1 人（或无）
	食物供给	后勤专家	1 人（或无）
	运输能力和燃料供应	基地负责人	1 人（或无）

3.4.3　中型城市搜索与救援队

根据国际搜索与救援指南的要求，中型城市搜索与救援队由五个部分组成：管理、后勤、搜索、营救和医疗。在倒塌或损毁的木质建筑结构和 / 或未加固的砖石建筑结构中（包括用结构钢加固的结构），通过测评的中型城市搜索与救援队有能力进行技术搜索和救援行动。中型城市搜索与救援队（以下简称"中型队"）还必须能够进行索具作业和顶升操作。如果作为国家救援框架的一部分，中型队预计将包括接待和撤离中心/城市搜索与救援协调单元。与轻型队相比，中型队的主要区别如下所述。

中型队的要求如下：

- （1）需要有能力在单一场地开展救援工作。
- （2）需要具备开展搜救犬救援和/或进行技术搜索的能力。
- （3）必须配置足够的人员和资源，确保能够在某个场地（不一定在同一场地；场地可能会发生变化）每天开展最长 24 小时的救援行动，持续期最长为 7 天。
- （4）必须具备实施医疗救助的能力，对象包括队员（含搜救犬，如果已配置）以及被发现的受困人员（在受灾国政府允许的情况下）。

按照表 4 中建议的人员配置，可以确保一支中型队能够在单一场地进行长达 7 天的 24 小时救援行动。更多信息，请参见本卷本册附件 C。

表 4　中型队的建议人员配置

城市搜索与救援队组成部分	任务	建议人员配置	建议人数（共 42 人）
管理	指挥	队长	1 人
	协调	副队长	1 人
	规划/跟进	规划官	1 人
	联络/媒体/报告	联络官	1 人
	评估/分析	结构工程师	1 人
	安全和安保	安全官	1 人
	接待和撤离中心/城市搜索与救援协调单元	协调官	2 人（如果适用于国家救援框架）
搜索	技术搜索	技术搜索专家	2 人
	搜救犬	搜救犬训导员	4 人
	危险品评估	危险品专家	2 人

表 4（续）

城市搜索与救援队组成部分	任务	建议人员配置	建议人数（共42人）
营救	破拆；切割；支护；绳索救援	营救组负责人和营救技术人员	14人（2个小组各包括1名队长和6名救援人员）
	顶升和搬运	重型索具专家	2人
医疗	医疗组管理：医疗组的协调和管理、与当地医疗卫生基础设施整合；为授权组（含搜救犬）和被发现的受困人员提供医疗救助	医生	1人
		内科医生、护理人员、护士	3人
后勤	行动基地	后勤组负责人	1人
	供水	运输专家	1人
	食物供给	后勤专家	1人
	运输能力和燃料供应	基地负责人	2人
	通信	通信专家	1人

3.4.4　重型城市搜索与救援队

根据国际搜索与救援指南的要求，重型城市搜索与救援队由五个部分组成：管理、后勤、搜索、营救和医疗。重型城市搜索与救援队（以下简称"重型队"）具有在倒塌或失效建筑结构中进行复杂技术搜索和救援行动的能力，这些行动需要切割、破拆钢筋混凝土结构，以及使用顶升和索具技术延迟这些结构的倒塌，建立接待和撤离中心 / 城市搜索与救援协调单元（如果适用于国家救援框架）。

重型队的要求如下：

—(1) 需要拥有足够的装备和人力，能够同时在两个不同的工作场地开展具备重型技术能力的救援工作。所谓的不同工作场地，是指城市搜索与救援队需要将人员和装备重新部署到其他地点的各种救援现场，所有这些行动都需要单独的后勤支持。
—(2) 需要同时具备搜救犬救援和技术搜索能力。

——（3）需要具备切割结构钢的技术能力，这种结构钢通常用于多层结构的施工和加固。

——（4）必须配置足够的人员和充分的后勤保障，确保能够在两个不同的场地（不一定在同样的两个场地；场地可能会发生变化）每天开展最长24 小时的救援行动，持续期最长为 10 天。

——（5）如果受灾国的政府允许，必须能够在转移到医疗设施之前对其队员（含搜救犬以及城市搜索与救援队正在努力营救的受困人员）进行医疗救治。

按照表 5 中建议的人员配置，可以确保一支重型队能够在两个工作场地进行长达 10 天的 24 小时救援行动。关于重型队的更多信息和建议装备清单请参见本卷本册附件 C。

表 5　重型队的建议人员配置

城市搜索与救援队组成部分	任务	建议人员配置	建议人数（共 63 人）
管理	指挥	队长	1 人
	协调	副队长	1 人
	规划	规划官	1 人
	联络／跟进	联络官	1 人
	媒体／报告	副联络官	1 人
	评估／分析	结构工程师	1 人
	安全和安保	安全官	1 人
	接待和撤离中心／城市搜索与救援协调单元	协调官	4 人（如果适用于国家救援框架）
搜索	技术搜索	技术搜索专家	2 人
	搜救犬	搜救犬训导员	6 人
	危险品评估	危险品专家	2 人
营救	破拆；切割；支护；绳索救援	营救组负责人和营救技术人员	28 人（4 个小组各包括 1 名队长和 6 名救援人员）
	顶升和搬运	重型索具专家	2 人

表 5（续）

城市搜索与救援队组成部分	任务	建议人员配置	建议人数（共 63 人）
医疗	队伍医疗救助（人员和搜救犬）和伤员护理	医生	2 人
		护理人员 / 护士	4 人
后勤	行动基地	后勤组负责人	1 人
	供水	运输专家	1 人
	食物供给	后勤专家	1 人
	运输能力和燃料供应	基地负责人	2 人
	通信	通信专家	1 人

3.5　城市搜索与救援培训和发展方法

救援队的培训和发展，无论是初始培训、联合培训还是再认证，对于成功完成当地各种城市搜索与救援能力建设项目而言至关重要，并且必须满足队伍所有组成部分的需求。

城市搜索与救援队管理和行政基础设施人员，负责制定标准化流程并明确培训需求。

流程中可能包括以下四项内容：

— （1）明确现有资源、程序和能力。
— （2）自评估以确定实际行动能力。
— （3）进行能力差距分析，确定培训要求。
— （4）明确能够提高培训效果的先决条件。

与城市搜索与救援第一响应人的单一作用不同，城市搜索与救援队的发展需要对组成城市搜索与救援队的承担不同职责的人员进行培训。因此，为了支持全球各地城市搜索与救援队的发展，国际搜索与救援咨询团建议采用一种培训方法，将培训与每位队员在城市搜索与救援队中的岗位挂钩。

城市搜索与救援队内的每个职能岗位均已确定并制定了岗位职责。在城市搜索与救援队能力的各个级别中，这些岗位职责的规定都是通用的，同时存在相应的变化以适应不同级别的技能和知识。更多信息请参见本卷本册附件 C。

针对城市搜索与救援队结构内的队伍岗位和职责规定，国际搜索与救援咨询团进一步提出了相关通用培训要求的建议。根据培训要求，对城市搜索与救援队进行了模块分组，以推动各机构发展城市搜索与救援能力，如图 8 所示。

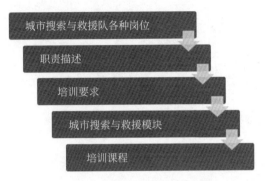

图 8　城市搜索与救援培训方法

在做出部署承诺前，城市搜索与救援队必须了解到其自身的任务可能不只是开展搜索和救援行动。在救援初期，城市搜索与救援行动和早期救援活动常常重叠；城市搜索与救援队应做好准备，根据地方应急管理机构的要求，协助进行其他必要的行动。救援队应当只接受与其救援能力相称的任务。

在与主管部门协商后，城市搜索与救援队应尽早确定在部署期间是否能够协助早期的救援行动。如果确认可以，则应与城市搜索与救援协调单元负责人确认救援队可以执行的任务，以及执行任务的持续时间。这将有助于城市搜索与救援协调单元负责人与地方应急管理机构安排相应的行动。

这些任务包括但不限于以下十项内容：

- （1）灾情和需求评估。具体内容包括：①基础设施（道路和桥梁）；②建筑结构；③协调；④消防安全；⑤通信；⑥电力；⑦蓄水池；⑧水和污水；⑨水力设施。
- （2）食物和水的分配。
- （3）避难所的分配和建设。
- （4）难民营评估。具体内容包括：①外部安全；②内部安全；③风险分析。
- （5）水和卫生评估。具体内容包括：①系统完整性；②健康风险分析。

（6）进行医疗援助。具体内容包括：①营养评估；②健康评估；③医疗基础设施评估；④医疗护理服务。

（7）捐助中心后勤。具体内容包括：①规划；②接收；③发放；④管理。

（8）城市搜索与救援协调人员负责：①接待和撤离中心的工作；②城市搜索与救援协调单元的工作；③规划；④技术信息；⑤联络。

（9）为当地响应人员提供范围有限的实操培训。

（10）做好后勤保障，包括以下项目的人员配置：①机场；②海港；③转运点；④公路卡车运输；⑤铁路；⑥仓储。

3.5.1 城市搜索与救援队的各种岗位

城市搜索与救援队需要在队伍架构中设立不同的岗位，才能发挥整体救援作用。在城市搜索与救援队内，确定每个职能岗位并编制每个岗位的职责规定（请参见本卷本册附件C）。在城市搜索与救援队能力的各个级别中，这些岗位职责的规定都是通用的且存在相应的变化，以适应不同级别的技能和知识。

根据城市搜索与救援队的五个组成部分，确定了17个岗位，见表6。

表6 根据城市搜索与救援队的五个组成部分确定的17个岗位

城市搜索与救援队组成部分	岗位	职能
管理	队长	指挥
	副队长/行动官	协调/行动控制
	规划官	规划
	联络官/副联络官	联络/媒体/报告/接待和撤离中心/城市搜索与救援协调单元
	结构工程师	结构评估/分析
	安全官	安全/安保
搜索	技术搜索专家	技术搜索
	搜救犬训导员	搜救犬
	危险物质	危险品评估
营救	营救队长	破拆/切割/支护/绳索救援
	营救人员	破拆/切割/支护/绳索救援

表 6（续）

城市搜索与救援队 组成部分	岗位	职能
营救	重型索具专家	顶升 / 搬运
医疗	医疗组负责人（医生）	队伍医疗救助（人员和搜救犬）和伤员护理
	护理人员 / 护士	队伍医疗救助和伤员护理
后勤	后勤组负责人	行动基地管理
	后勤专家	食物和水供应 / 基地运作 / 运输能力 / 燃料供应
	通信专家	通信

并非所有队伍都会设置所有已确定的岗位，有些队伍可能会设置更多岗位，具体取决于队伍结构和当地的具体需求，以及队伍的重型、中型或轻型级别。但重要的是，前文所述的每个岗位和职能都与所在国的标准行动程序规定相符。

3.5.2　城市搜索与救援队的培训要求

作为职责描述的一部分，本卷本册附件 C 详细介绍了城市搜索与救援队中每个岗位的具体作用和一般培训要求。

推荐的训练要求以行动为基础，并对学习成果和行动标准做出了规定，设定了适合相应级别城市搜索与救援队人员的最低培训成果。

城市搜索与救援队一旦获得政府的国家应急响应认证，就应当进行仔细分析，确定该支队伍是否应当成为所在国政府计划的一部分，针对建筑物倒塌事件提供国际援助。

4　结束语

某些国家和城市搜索与救援队刚刚开始开发救灾资源或正在努力加强现有救灾资源，本手册的内容旨在为此提供帮助。本手册的内容不是强制性的规定，而是概述国际搜索与救援咨询团网络的经验，从而协助成员国促进城市搜索与救援能力建设。也就是说，各国可以根据国内的需要调整手册的具体内容。

国际搜索与救援咨询团网络愿意与相关方进一步接触和协商，包括有意发展救灾能力的国家和城市搜索与救援队。更多详情请联系国际搜索与救援咨询团秘书处，电子邮箱为 insarag@un.org。

附件 A 城市搜索与救援国家能力建设路线图

本地层面

基于社区的个人响应者（志愿者）

1. 评估社区风险 / 救援需求
2. 发挥特定技能
3. 满足自己的培训需求

有组织的第一响应人

1. 评估集体风险并确定需求
2. 组织资源并响应要求
3. 确定队伍类型和所需各种技能
4. 培养特定的技能和能力
5. 借助国际搜索与救援咨询团制定培训要求
6. 第一响应人培训包

技术救援队

1. 确定所需的技术技能类型（单项或多项）
2. 规划和组织资源，并确保可持续性
3. 培养特定的技能和能力
4. 制定法律、法规和安全框架
5. 开发相应系统，管理和监控技能水平及其时效性

国家层面

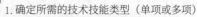

国家能力和国家认证程序

轻型 中型 重型

1. 根据风险评估确定国家需求
2. 确定所需的能力参考国际搜索与救援指南
3. 根据风险评估，组织和分配资源以培养能力
4. 获得政府支持和承诺
5. 创建和制定法律、法规和工具，满足和管理相关需求
6. 建立所承诺的国家认证程序、机制和系统，进行管理并确保可持续性
7. 制定正式的国家认证程序
8. 确保国家应急管理系统与国际搜索与救援指南框架保持一致和 / 或制定国家指南框架并提交国际搜索与救援咨询团认可
9. 承诺建立相应的机制，定期核查队伍能力

国际机制

国际城市搜索与救援

轻型 中型 重型

国际搜索与救援咨询团网络

1. 确定在人道主义应急响应方面提供援助的能力
2. 加入国际搜索与救援咨询团城市搜索与救援网络
3. 考虑对申请国际搜索与救援咨询团认可的国家级队伍进行分级并提交申请
4. 开始为分级测评工作做准备
5. 在国际搜索与救援咨询团活动和队伍能力建设中做出贡献并发挥积极作用

附件 B　具体的技术救援培训示例

本手册将培训层级定义为以下三个内容：

—（1）**认知层级**。这一层级代表了对技术搜救事件进行响应组织的最低能力。支持区（冷区）是指远离事件危险并可安全用作规划和集结区的场地。技术救援／城市搜索与救援队的所有队员都必须接受这一层级的培训，然后才能在冷区开展安全行动。

—（2）**行动层级**。这一层级代表了救援组织的以下能力：响应技术搜救事件、识别危险、使用救援装备并应用本标准中规定的有限技术，支持和参与技术搜救事件。过渡区（暖区）是禁入区（热区）和支持区之间的区域。这一区域是应急响应人员进入和退出禁入区的场地。技术救援／城市搜索与救援队的所有队员都必须接受这一层级的培训，然后才能在冷区和／或暖区开展行动。这一区域需要穿着适当的防护服。

—（3）**技术员层级**。这一层级代表了救援组织的以下能力：响应技术搜救和／或城市搜索与救援事件、识别危险、使用救援装备并应用本标准中规定的所需先进技术，协调、执行和监督技术搜救事件。禁入区是进行战术搜救行动的区域。这一区域存在最严峻的危险和受伤／死亡风险。技术救援／城市搜索与救援队的所有队员都必须接受这一层级的培训，然后才能在暖区和／或热区开展行动。这一区域需要穿着适当的防护服和装备。

1. 绳索救援

绳索技术是大多数其他类型救援的基本技能。作为入门课程的一部分，基本的绳索救援技术和打结技术需要为大多数救援人员所熟悉。

只需一天的时间，救援人员就可以掌握绳索技能。相关知识可能包括以下主题：绳索特性、强度、基本结、配套金属器材、进行绳索救援时应注意的危险以及应避免的危险技术等。行动层级的培训可以涵盖绳索救援技术。救援人员可以学习绳索垂降、索具、保护绳、安全、锚定和简单的力臂倍增系统的基本技术。其他救援行动技术可能包括伤员包扎、低角度安全疏散和简单的高空垂直救援技巧。这些培训内容在两天内就可以完成。

　　详细的技术员层级培训课程可以在大约 7 天内完成，涵盖基本和高级索具技术、锚定系统、保护绳、简单和复杂的力臂倍增系统以及伤员解救高级技术和空中担架救援行动。低角度和高角度救援技术，包括高架索道和高空横渡系统，也可以纳入培训内容。

　　专家层级的培训课程可能包括以下高级技术：直升机操作、架梯救援行动和桥接技术以及其他主题。培训课程的教官应当具备实践和教学经验。城市绳索救援技术的培训可以归入高角度救援区域的培训内容，只要高角度救援技术能够适应城市环境。

绳索救援课程主题示例

（1）课程目标	（8）通信	（15）高角度救援
（2）绳索救援应用	（9）绳结、套结和锚定	（16）城市救援行动
（3）救援理念	（10）绑扎和锚固技术	（17）横移技术
（4）安全	（11）简单和复杂的力臂倍增系统	（18）事件指挥
（5）绳缆类型	（12）保护绳技术	（19）自救技术
（6）装备类型	（13）担架索具和安全疏散技术	（20）紧急医疗救助和伤员护理注意事项
（7）配套金属器材和技术装备的类型	（14）低角度救援	（21）直升机操作

绳索救援必要的个人装备

（1）头盔	（3）皮手套（最好不使用消防手套）	（5）服装（适合现场地形和天气条件）
（2）结实的靴子	（4）安全带	

2. 密闭空间救援

　　密闭空间是指不适合人类居住且出入口受限的各类区域。许多国家都制定了国家法规，要求获准进入密闭空间的救援人员在参加此类救援行动之前接受培训。

　　对密闭空间救援的认知层级培训需要数个小时。密闭空间救援的认知层级培训可能包括：适用法规的背景、对于需要进入许可的密闭空间的认知、对密闭空间危险的识别、现场保护措施、密闭空间救援的可用资源以及密闭空间禁止进入的条件。

行动层级受训人员的学习内容包括：安全进入和救援技术、空气监测技术以及危险和风险评估方法。行动层级的培训一般需要数天才能完成。

技术员层级受训人员可以接受各种技能和危险评估培训。其学习的技能可能包括：伤员疏散、专业搜救系统、密闭空间救援行动的通信和指挥、各种类型密闭空间的知识、空气监测、危险评估和通风技术。技术员层级的培训至少需要40 个小时。

专家层级的培训要求完全精通密闭空间救援行动并具有实践经验。除了具备技术员的专业知识，专家还应具备以下相关经验：救援培训、危险品和其他适用于密闭空间救援领域的相关技能。

密闭空间救援课程主题示例

（1）密闭空间的类型	（6）空气监测	（11）安全闭锁／悬挂警示牌程序
（2）国家法规	（7）事件指挥	（12）呼吸装置
（3）危险识别	（8）救援人员进入密闭空间的技术	（13）紧急医疗救助和伤员护理注意事项
（4）现场安全	（9）搜救系统	（14）安全和生存
（5）资源	（10）绳索和配套金属器材及技术装备	

密闭空间救援必要的个人装备

（1）头盔	（4）个人防护服	（7）护眼装置
（2）手套	（5）安全带	（8）自给式呼吸装置／供气呼吸系统
（3）工作靴	（6）护膝／护肘	

3. 沟渠救援

根据定义，沟渠的深度大于宽度。救援人员进入一条没有支撑的沟渠后，如果出现二次塌方，则会造成人员伤亡。沟渠救援认知层级培训需要大约两个小时，涵盖沟渠事故危险识别、现场安全、救援人员安全、沟渠塌方类型、其他资源和初步行动的基础知识。

行动层级的培训可以在数天内完成，受训人员可以掌握以下技能：救援装备、各种类型的支护、基于队伍标准行动程序的现场保护方法、安全进入沟渠的

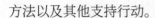

方法以及其他支持行动。

技术员层级的人员可以熟悉的技能为各种救援技术、支护技术、受困人员搜救系统、紧急医疗救助和沟渠塌方伤员护理技能、公共设施控制以及长期行动技能。技术员层级的培训需要大约 10 天的时间。

专家层级的培训可能要求精通各种类型的救援装备和沟渠救援行动技术，并且具有实践和教学经验。

沟渠救援与密闭空间救援和塌方救援一样，需要相同的装备、救援技术和技能。课程安排可能包含每个救援专业的各个方面。

沟渠救援课程主题示例

（1）沟渠的各种危险	（5）装备和资源	（9）紧急医疗救助
（2）现场安全	（6）标准行动程序	（10）沟渠进入和伤员转移技术
（3）安全	（7）支护技术	
（4）事件指挥	（8）索具	

沟渠救援必要的个人装备

（1）头盔	（4）个人防护服	（7）护眼装置
（2）手套	（5）安全带	（8）自给式呼吸装置 / 供气呼吸系统
（3）工作靴	（6）护膝 / 护肘	（9）折叠铲

4. 结构性倒塌救援

结构性倒塌救援与沟渠救援和密闭空间救援一样，采用许多相同的技术。对结构倒塌危险的认知层级培训内容可能包括：建筑类型和相关危险、倒塌类型、现场保护方法以及寻求援助的时机。认知层级的培训大约需要 8 个小时就能完成。

行动层级的培训可能包括：在废墟表面搜索埋压人员的各种模式、基本加固措施、公共设施控制和空气监测模式。行动层级的培训需要 2 ~ 3 天的时间。

技术员层级的培训课程涵盖：支护和建筑物加固、救援装备、搜索装备及其操作、隧道和挖掘技术以及伤员护理。技术员层级的培训需要大约 5 天的时间。

专家层级的培训要求精通以下内容：各种类型的轻型和重型救援技术的使用、危险建筑加固和减轻风险以及城市搜索与救援技术的组成部分。

结构性倒塌救援课程主题示例

（1）评估和指挥的注意事项	（6）基本搜索技术	（11）安全和心理影响／危机事件应激晤谈
（2）建筑类型	（7）高级搜索技术	（12）混凝土、钢结构和其他障碍的破拆
（3）倒塌类型	（8）支护和加固技术	（13）隧道和开挖技术
（4）初步行动	（9）建筑物倒塌救援装备与技术	（14）救援人员面临的危险
（5）救援人员面临的危险	（10）紧急医疗救助和伤员救治注意事项	（15）重型建筑装备操作

结构性倒塌救援必要的个人装备

（1）头盔	（4）个人防护服	（7）护眼装置
（2）手套	（5）安全带	（8）自给式呼吸装置／供气呼吸系统
（3）工作靴	（6）护膝／护肘	（9）折叠铲

5. 水域救援

水域救援是最危险的一种特殊救援类型。水域救援领域包括多个不同的专业。救援人员可能会遇到涉及静水、急流、结冰甚至海浪环境的事故。潜水救援本就是一个救援专业，本手册不对其进行介绍。

每个培训级别的课程可能包括所有类型的水域救援或个别类型的水域救援（如只涉及急流救援）。认知层级的培训需要数个小时，包括水域危险、安全及岸上救援技术。不同类型的水域救援可能采用相似的技术，但会面临不同的危险。

行动层级的培训可能涵盖水域或冰域救援技术。救援人员可以掌握的技能包括：各种类型的水域救援技术、冰域和水流危险、失温症和紧急医疗救助注意事项、冰域救援装备以及岸基急流救援技术。这门课程大约需要 7 天的时间，但要求学员具备游泳能力。

技术员层级的培训可能包括：水域救援各个方面的知识，以及运用特殊救援技术的方法，如使用船只或直升机营救受困人员。这门课程也需要大约 7 天的时间。

专家层级的培训可能包括：深入掌握所有类型的水域救援技术和危险，以及实践和培训经验。

水域救援课程主题示例

（1）水域危险	（8）直升机使用	（15）船舶作业
（2）冰的特性和危险	（9）冷水溺水和失温症	（16）山洪暴发和水位上涨
（3）急流危险和水力特性	（10）自救和生存技术	（17）受污染的水体
（4）接触救援技术	（11）救援与恢复	（18）冰域救援装备与技术
（5）投掷技术	（12）搜索模式和技术	（19）急流救援装备与技术
（6）划艇技术	（13）安全	（20）水域安全基本知识
（7）撤离技术	（14）事件指挥	（21）游泳测试

水域救援必要的个人装备

（1）个人漂浮装置/救生衣	（5）抛绳包	（9）湿式或干式救生衣
（2）口哨	（6）头盔	（10）合适的鞋履
（3）小刀或剪刀	（7）手套	
（4）手电筒	（8）护目镜/护眼装置	

附件 C　国际搜索与救援咨询团的最低行动级别、培训标准、行动标准和城市搜索与救援队的所用装备

城市搜索与救援队队员的通用要求

（1）必须能够满足城市搜索与救援队的体能要求。

（2）必须在接到请求后的 10 小时内立即动身执行任务，并能够在至少 72 小时内实现自给自足，确保在严峻的环境中可以执行长达 10 天的响应任务。

（3）必须能够在不利条件下进行灵活应对，并长时间开展救援行动。

（4）在奔赴受灾国执行国际救援任务前，必须按照世界卫生组织的规定进行疫苗接种。

（5）必须能够在高空、废墟或其周围安全地开展救援。

——（6）必须了解并遵守城市灾害环境中所需的安全工作惯例和程序。

——（7）必须受过急救相关技能的培训。

——（8）针对具体救援行动、技术以及工具和装备应用，必须了解国际搜索与救援咨询团体系内同行的需求，并为其提供支持。

行动级别	培训标准	行动标准	城市搜索与救援队所用装备
第一响应人 木质结构系统或轻金属组件、无钢筋砖石、土坯或泥质和竹质结构，通常为楼板、墙体或屋顶组件提供支撑	1. 危险品第一响应 2. 医疗救援第一响应 3. 灾害事故救援指挥系统 4. 城市搜索与救援基础知识 5. 通用国际搜索与救援指南和概念的应用	1. 建立灾害事故救援指挥系统，并负责已建立系统的指挥任务 2. 鉴别轻型框架结构存在的风险状况和潜在后果 3. 遵守国际安全标准，维护并采取相应行动 4. 运用各种救援技术，包括清除倒塌或失效的轻型框架结构中现有的小块瓦砾 5. 利用杠杆和垛式支架重物顶升技术加固建筑结构 6. 提供基本的紧急医疗救治，稳定伤情，固定和解救伤员 7. 了解并运用国际搜索与救援咨询团标记系统 8. 适用危险品事件的基本处理程序 9. 运用基本的搜索技术	1. 基本切割工具 2. 基本破拆工具 3. 各种粗度的绳索 4. 绳索金属配套器材 5. 各类杠杆 6. 垛式支架材料 7. 为救援人员配备足量的通信设备，这些设备应适用于现场搜救环境 8. 基本的生命维持装备 9. 个人防护装备 10. 用于发出信号的口哨和/或喇叭 11. 标记用品 12. ABC 灭火器

1. 危险品第一响应人

培训内容：①危险品事故；②危险品识别；③运用应急响应指南（ERG）；④安全与健康；⑤初步控制和事故管理。

2. 事故指挥系统（ICS）

培训内容：①事故指挥系统原理和架构；②事故指挥系统架构的扩展和收缩；③设施；④资源；⑤行动计划；⑥启动、撤离和行动结束。

3. 城市搜索与救援基础知识

培训内容：①城市搜索与救援简介；②风险评估；③重物顶升；④应急支护；⑤绳索和打结；⑥背板固定和捆扎；⑦架梯救援程序；⑧搜索（呼叫方法）；⑨国际搜索与救援咨询团标记系统。

4. 国际搜索与救援指南和原则

培训内容：①协议；②指南；③程序；④城市搜索与救援协调单元。

轻型、中型和重型城市搜索与救援队的最低培训标准

1. 管理

1）队长 / 副队长

岗位要求：

—(1) 在机构中担任高级管理岗位。

—(2) 了解国际搜索与救援咨询团的方法。

—(3) 作为虚拟现场行动协调中心（VOSOCC）的注册用户，知晓其使用功能。

—(4) 具备英语实用能力。

—(5) 树立文化意识。

—(6) 完成联合国在线 BSAFE 安全认知课程。

作用和职责：

—(1) 担任城市搜索与救援环境行动时的战略、战术和安全总指挥。

—(2) 全面了解城市搜索与救援队的所有职能。

—(3) 了解联合国组群系统和其他救灾组织（包括非政府组织）。

—(4) 了解现有的搜救技术。

—(5) 掌握并能够合理运用灾害环境相关危险的实用知识。

—(6) 促进外部协作。

—(7) 具备监督和人事管理技巧：①沟通；②合作；③协调；④处理人际关系：（a）掌握谈判技巧；（b）掌握冲突化解方法；（c）进行重大事件情况汇报；（d）给予员工福利。

（8）制定灵活计划及运用共识法解决问题。

（9）履行财务责任。

（10）制定策略规划。

（11）与媒体互动。

2）规划官

岗位要求：

（1）在机构中担任高级管理岗位。

（2）了解国际搜索与救援咨询团的方法。

（3）作为虚拟现场行动协调中心的注册用户，知晓其使用功能。

（4）掌握计算机操作技能。

（5）具备英语实用能力。

（6）树立文化意识。

（7）完成联合国在线 BSAFE 安全认知课程。

（8）能够熟练使用地理空间信息服务应用程序（包括全球定位系统）。

作用和职责：

（1）了解城市搜索与救援战略、战术和安全。

（2）了解联合国组群系统和其他救灾组织（包括非政府组织）。

（3）具备对现有信息技术的实际应用能力。

（4）掌握并能够合理运用灾害环境相关危险的实用知识。

（5）促进内部协作。

（6）具备人事管理技巧：①沟通；②合作；③协调；④处理人际关系：（a）掌握谈判技巧；（b）掌握冲突化解方法；（c）进行重大事件情况汇报；（d）给予员工福利。

（7）制定灵活计划及解决问题。

（8）参与财务管理。

（9）制定行动计划：①收集数据；②整理数据；③分析数据；④规划周期：（a）制定书面或其他形式的直观行动计划，实现当地事故指挥官的目标；（b）发布计划；（c）监控计划的有效性；（d）根据需要，对计划进行修订。

（10）具备媒体意识。

（11）信息管理：①具备实用的英语书写能力；②保存记录；③撰写报告；④编制规划总结报告。

3）行动官

岗位要求：

（1）在机构中担任高级管理岗位。

（2）了解国际搜索与救援咨询团的方法。

（3）作为虚拟现场行动协调中心的注册用户，知晓其使用功能。

（4）具备英语实用能力。

（5）树立文化意识。

（6）完成联合国在线 BSAFE 安全认知课程。

（7）具备有案可查的城市搜索与救援行动经验。

作用和职责：

（1）全面了解城市搜索与救援队的所有职能。

（2）全面了解城市搜索与救援周期[1]、行动、战术和安全注意事项。

（3）了解联合国组群系统和其他救灾组织（包括非政府组织）。

（4）掌握现有技术的实际应用（包括测绘）。

（5）掌握并能够合理运用灾害环境相关危险的实用知识。

（6）促进内部和外部协作。

（7）掌握人事管理技巧：①沟通；②合作；③协调；④处理人际关系：

---

1 请参考本卷《手册 B：救援行动》，以了解城市搜索与救援周期的相关内容。

（a）掌握谈判技巧；（b）掌握冲突化解方法；（c）进行重大事件情况汇报；（d）给予员工福利，包括队员的休整与恢复。

(8) 解决战术问题：①对于任务区域的行动控制；②与当地救援资源、地方应急管理机构和其他组织互动；③控制队员问责制；④实施风险降低策略；⑤掌握工具和装备运用的知识；⑥协调分配的资源以完成分配的任务。

(9) 实施行动计划的战术层面：①收集数据；②根据要求，报告与战术行动计划相关的进展或差距；③对战术行动计划进行修订。

(10) 具备媒体意识。

(11) 进行信息管理：①保存记录；②撰写报告；③编制行动总结报告。

4) 结构工程师

岗位要求：

(1) 获得土木/建筑工程学位（参见本文件末尾有关结构工程师的描述）并受过工程救援培训。

(2) 树立文化意识。

作用和职责：

(1) 了解城市搜索与救援队内的所有救援专业和能力。

(2) 了解国际搜索与救援咨询团的方法。

(3) 了解城市搜索与救援行动、战术和安全注意事项。

(4) 收集有关受灾区域结构概况的信息。

(5) 能够进行现有技术的实际应用。

(6) 掌握并能够合理运用灾害环境相关危险的实用知识。

(7) 具备人事管理技巧：①沟通；②合作；③协调。

(8) 解决战术问题。

(9) 履行行动职责：①进行结构评估；②确定结构类型；③鉴别具体结构的风险；④对建筑物进行标记。

（10）针对与结构不稳定相关的以下战术问题，提出实用解决方案：①结构是否安全？②如果不安全，能否确保结构安全？如果能，如何确保？③设计并监督结构支护措施的执行；④设计并监督结构逐层破拆的执行；⑤与城市搜索与救援队起重工、行动负责人和/或当地事故指挥官协作。

（11）信息管理，编制工程总结报告。

5）联络官

岗位要求：

（1）在国内机构中担任管理岗位。

（2）拥有在国内机构担任联络官的经验。

（3）了解联合国组群系统和其他救灾组织（包括非政府组织）。

（4）完成联合国在线 BSAFE 安全认知课程。

（5）全面了解国际搜索与救援咨询团的方法：接待和撤离中心和城市搜索与救援协调单元的功能。

（6）成为虚拟现场行动协调中心的注册用户并知晓其使用功能。

（7）具备英语实用能力。

（8）树立文化意识。

（9）掌握计算机操作技能。

作为城市搜索与救援队联络官的作用和职责：

（1）全面了解城市搜索与救援队的所有职能。

（2）了解城市搜索与救援行动、战术和安全注意事项。

（3）全面了解其他救灾响应组织。

（4）能够进行现有技术的实际应用。

（5）掌握并能够合理运用灾害环境相关危险的实用知识。

（6）参与联合行动规划。

（7）与媒体互动。

（8）信息管理：①保存记录；②撰写报告。

借调到联合国灾害评估与协调队后的作用和职责：

（1）掌握联合国灾害评估与协调方法的实用知识。

（2）全面了解城市搜索与救援队的所有职能。

（3）了解城市搜索与救援行动、战术和安全注意事项。

（4）能够进行现有技术的实际应用。

（5）掌握并能够合理运用灾害环境相关危险的实用知识。

（6）制定灵活计划及解决问题。

（7）控制联合行动计划：①收集数据；②整理数据；③分析数据；④规划周期：（a）制定行动计划；（b）发布计划；（c）协调资源分配以实现地方应急管理机构的目标；（d）监控计划的有效性；（e）根据需要，对计划进行修订。

（8）与当地救援资源、地方应急管理机构和其他组织互动。

（9）与媒体互动。

（10）信息管理：①保存记录；②撰写报告；③知晓全球定位系统。

6）安全官

岗位要求：

（1）在国内机构中担任管理岗位。

（2）拥有在国内机构中担任安全官的经验，以及所在国相关资格证书。

（3）完成联合国在线 BSAFE 安全认知课程。

（4）具备英语实用能力。

（5）树立文化意识。

作用和职责：

（1）全面了解城市搜索与救援队的所有职能。

（2）了解城市搜索与救援行动、战术和安全注意事项。

（3）掌握并能够合理运用灾害环境相关危险的实用知识。

（4）与下列人员开展内部协作：①城市搜索与救援队队长和副队长；②医疗负责人；③危险品技术员。

（5）人事管理技巧：①沟通；②合作；③协调；④处理人际关系：（a）掌握谈判技巧；（b）掌握冲突化解方法；（c）进行重大事件情况汇报；（d）给予员工福利：提供修整和恢复计划，建立轮值名册，进行疲劳风险管理，环境卫生与个人卫生的保持。

（6）对任务区域进行安全控制：①对所有角色进行评估，始终确保安全和伤害预防的最佳效果；②立即采取干预行动，防止人员伤亡；③建立安全和风险评估文档；④实施风险降低策略；⑤控制队员问责制；⑥工具和装备运用的知识。

（7）制定并实施行动计划的安全层面：①分析与安全注意事项相关的数据；②持续监控危险和风险环境。

（8）信息管理：①保存记录；②撰写报告；③编制安全总结报告。

2. 后勤

1）后勤负责人和后勤技术员

岗位要求（**粗体**内容仅适用于后勤负责人）：

（1）**在国内机构中现有的后勤管理职位上任职。**

（2）必须拥有各种相关资质，满足国内机构中后勤技术员的所有要求。

（3）**在国内机构中担任后勤管理岗位。**

（4）**了解国际搜索与救援咨询团的方法。**

（5）**成为虚拟现场行动协调中心的注册用户。**

（6）**掌握计算机操作技能。**

（7）**具备实用英语书写能力。**

（8）完成联合国在线 BSAFE 安全认知课程。

作用和职责：

（1）全面了解城市搜索与救援队的所有职能。

（2）了解城市搜索与救援行动、战术和安全注意事项。

（3）能够进行现有技术的实际应用。

（4）掌握并能够合理运用灾害环境相关危险的实用知识。

（5）在工作区域内进行以下内部协作：①确保工具和装备的管理、保养及维修责任；②给予员工福利，负责行动基地中所分配资源的运行和维护；③协调队员和装备的运输。

（6）**参与财务管理。**

（7）制定与后勤相关的行动计划：①**行动基地以及工具和装备库存的控制**；②供应/补给；③与货物装卸有关的机场物流；④将装备和救援人员运送到事故现场；⑤获取燃油产品、压缩气体和木材；⑥完成装备清单和危险品声明。

（8）信息管理：①保存记录；②撰写报告；③编制任务后后勤报告。

2）通信/信息技术专家

岗位要求：

（1）在国内机构中担任通信/信息技术岗位。

（2）具有通信/信息技术装备的工作经验。

（3）了解国际搜索与救援咨询团的方法。

（4）成为虚拟现场行动协调中心的注册用户。

（5）掌握计算机操作技能。

（6）具备英语实用能力。

（7）完成联合国在线 BSAFE 安全认知课程。

作用和职责：

（1）了解所有队伍的职能。

（2）确保以下通信：①队伍内部通信；②与受灾国内的其他救灾参与方的通信；③国际通信，即从受灾国到原驻国的通信；④现场的互联网接入。

（3）安装、操作和维护：①通信和信息技术装备；②超高频/甚高频无线电；③地理空间技术。

（4）了解城市搜索与救援安全注意事项。

（5）能够进行现有技术的实际应用。

（6）掌握并能够合理运用灾害环境相关危险的实用知识。

（7）信息管理：①保存记录；②撰写报告。

3. 营救

1）营救队长/营救技术员

岗位要求（**粗体**内容仅适用于营救队长）：

（1）**在国内机构中担任行动管理岗位。**

（2）**在国内机构中从事行动管理工作。**

（3）必须拥有各种相关资质，并满足国内机构中营救技术员的所有要求。

（4）**了解国际搜索与救援咨询团的方法。**

（5）完成联合国在线 BSAFE 安全认知课程。

作用和职责：

（1）全面了解所有队伍的职能。

（2）了解城市搜索与救援行动、战术和安全注意事项。

（3）掌握并能够合理运用灾害环境相关危险的实用知识。

（4）促进内部协作。

（5）**促进外部协作和树立文化意识。**

（6）人事管理技巧：①沟通——高超的人际交流技巧；②合作；③协调；④处理人际关系：（a）掌握谈判技巧；（b）掌握冲突化解方法；（c）进行重大事件情况汇报；（d）给予员工福利，包括休整及恢复周期。

（7）进行战术行动：①解决战术问题；**②对任务区域的行动控制**；③实施行动计划的战术内容；④确定救援现场的组织和后勤需求；⑤与当地救援机构、地方应急管理机构和其他组织互动；**⑥控制队员问责制**；**⑦确保队伍的福利和安全标准得到执行**；⑧确定最佳战术方法；⑨工具和装备运用的知识；⑩配置资源以完成指定任务；**⑪与行动官保持沟通**；⑫根据进展或差距，提出修改战术行动计划的建议。

（8）信息管理：①保存记录；②撰写报告；③编制总结报告。

2）危险品技术员

岗位要求：

（1）必须拥有各种相关资质，满足国内机构中危险品技术员的所有要求。

（2）了解国际搜索与救援咨询团的方法。

作用和职责：

（1）全面了解所有队伍的职能。

（2）了解城市搜索与救援行动、战术和安全注意事项。

（3）掌握并能够合理运用灾害环境相关危险的实用知识。

（4）与下列人员开展内部协作：①医疗负责人；②安全官。

（5）人事管理技巧：①沟通——高超的人际交流技巧；②合作；③协调；④处理人际关系：（a）掌握谈判技巧；（b）掌握冲突化解方法；（c）进行重大事件情况汇报；（d）给予员工福利。

（6）战术行动：①在指定环境中进行总体洗消和技术洗消；②负责空气中可燃、有毒、窒息气体浓度的监测；③监测并报告当前和预期的天气状况；④负责与危险品检测相关的各种技术装备的维修和保养；⑤解决战术问题；⑥实施行动计划的战术内容；⑦确定救援现场的组织和后勤需求；⑧与当地救援机构、地方应急管理机构和其他组织互动，并提出建议；⑨提出建议，确保队伍的福利和安全标准得到执行；⑩确定最佳战术方法；⑪掌握工具和装备运用的知识；⑫配置资源以完成指定任务；⑬与营救队长保持沟通；⑭根据进展或差距，提出修改战术行动计划的建议。

——（7）信息管理：①保存记录；②撰写报告；③编制总结报告。

3）索具专家

岗位要求：

——（1）了解重型建筑装备的操作特性和能力。
——（2）了解建筑物的建造和拆除方法。

作用和职责：

——（1）了解城市搜索与救援队内的所有救援专业和能力。
——（2）了解城市搜索与救援行动、战术和安全注意事项。
——（3）能够进行现有技术的实际应用。
——（4）掌握并能够合理运用灾害环境相关危险的实用知识。
——（5）具备救援人员的技能组合：①通信；②合作；③协调。
——（6）履行行动职责：①掌握重型索具操作知识，包括：提升能力，提升工程应用，运用锚固系统，对支护方法和材料的应用；②掌握重型装备操作的通用手势信号；③理解并能熟练运用索具和起重相关战术问题的实用解决方案；④与工程师协作。

4. 搜索

技术搜索 / 搜救犬训导员

岗位要求：

——（1）必须拥有各种相关资质，满足国内机构中搜索技术员或搜救犬训导员的所有要求。
——（2）了解国际搜索与救援咨询团的方法。

（3）树立文化意识。

（4）完成联合国在线 BSAFE 安全认知课程。

作用和职责：

（1）全面了解所有队伍的职能。

（2）了解城市搜索与救援行动、战术和安全注意事项。

（3）掌握并能够合理运用灾害环境相关危险的实用知识。

（4）促进内部和外部协作。

（5）人事管理技巧：①沟通——高超的人际交流技巧；②合作；③协调；④处理人际关系：（a）掌握谈判技巧；（b）掌握冲突化解方法；（c）进行重大事件情况汇报；（d）给予员工福利。

（6）战术行动：①解决战术问题；②实施行动计划的战术内容；③确定救援现场的组织和后勤需求；④与当地救援机构、地方应急管理机构和其他组织互动；⑤提出建议，确保队伍的福利和安全标准得到执行；⑥确定最佳战术方法：（a）应用搜索理论和策略；（b）开发制图和网格系统；（c）利用搜救犬启动受困人员侦测阶段；（d）利用摄像头和监听装备启动受困人员定位阶段；⑦掌握救援工具（包括搜救犬）和装备的知识和维护；⑧配置资源以完成指定任务；⑨与指定官员保持沟通；⑩根据进展或差距，提出修改战术行动计划的建议。

（7）信息管理：①保存记录；②撰写报告；③编制总结报告。

5. 医疗

医疗工作者

岗位要求：

（1）准备开展医疗救治的医疗队员的要求：①必须具备所需的学历才能获得许可并进行注册，在其所在国的机构内担任医生、护士或护理人员；②执业范围应由其国内的行医执照确定。

（2）了解国际搜索与救援咨询团的方法。

（3）了解城市搜索与救援队内的所有救援专业和能力（行动、战术和安全注意事项）。

作用和职责：

（1）在整个任务周期中，为城市搜索与救援队队长的决策过程提供关键的医疗信息依据。

（2）在动员、行动、撤离期间，为城市搜索与救援队队员提供健康监测、初级护理和紧急医疗护理（定义见第142页~第143页表格）。

（3）在动员、行动和撤离期间，与搜救犬训导员合作，为城市搜索与救援队搜救犬提供紧急兽医护理。

（4）经受灾国政府批准，在救援阶段向受困人员提供紧急医疗护理，包括密闭空间救援，直至移交给当地医疗机构或类似机构。

（5）向城市搜索与救援队管理层提供有关安全和健康考虑的医疗信息，包括环境和公共卫生危险以及遇难者处理。

（6）在城市搜索与救援勘察行动期间收集医疗信息。

（7）制定并定期审查城市搜索与救援队队员的紧急医疗后送和遣返计划。

（8）向城市搜索与救援队队长提供医疗信息和/或支持，促进从救援阶段过渡到早期恢复阶段。

（9）信息管理：①保存记录；②撰写报告；③编制总结报告。

申请国际搜索与救援咨询团分级测评的城市搜索与救援队必须在本国按轻型、中型及重型三个级别之一进行分级测评，分级测评队伍的行动级别如下。

1. 轻型

轻型队将得到国家政策联络人的支持，成为捐助机构/国家的可部署资源，并将得到适当的资金安排支持，协助国际环境中正在进行的救援行动。

轻型分级测评队伍可以从现有的国家救援能力和能力基础（如果二者之一存在）发展而成，也可以在国家政策联络人的支持下从非政府组织发展而成。轻型队将包括城市搜索与救援的五个组成部分：管理、搜索、营救、后勤和医疗。

在为期 5 天的时期内，轻型队可以每天开展 12 小时的行动（工作休息周期为 12 小时），在单一场地实现自给自足，并具备在木质结构、砖石结构和轻质钢筋混凝土结构的倒塌建筑中进行技术和 / 或搜救犬搜索和救援行动的能力。轻型队还将具备独立进行境内或境外部署的能力。轻型队将能够在任务现场开展 ASR 3 级救援行动，并遵循标准国际搜索与救援咨询团报告的相关机制。轻型队通常由 17 ～ 20 名队员组成，并且有能力在部署期间安排一名人员支持接待和撤离中心或城市搜索与救援协调单元。

轻型队可以合并队伍中的多个岗位，高效利用有限的资源。

轻型分级测评队伍的技术能力组成与中型或重型队伍一致，但具体指标不同。

描述	通过分级测评的重型城市搜索与救援队	通过分级测评的中型城市搜索与救援队	通过分级测评的轻型城市搜索与救援队
ASR 级别能力	—	—	ASR 1 级、2 级和 3 级
搜索能力	—	—	技术搜索和 / 或搜救犬搜索
混凝土墙体和楼板			网状钢筋—最大网孔尺寸 150 毫米
混凝土柱梁	—	—	不适用
结构钢			3 毫米
钢筋（配筋）			非结构性钢筋网格加固
木材			200 毫米
索具和提升（手动和杠杆）			1 吨
索具和提升（机械、液压或气动）			1 吨
起重机操作（吊索）			5 吨
高空安全作业和绳索救援			在现场平面上方或下方 10 米处营救伤员
支护			门窗
危险品检测	—	—	辐射、空气监测（O_2、CO、H_2S、可燃气体）pH/ 碱度

2. 中型

中型队必须得到国家政府的认可，成为国内应急响应资源，在当地的灾害事件中执行日常减灾任务。得到所在国家政府的支持后，中型队才能参与国际人道主义救援行动，特别是城市搜索与救援行动。中型队必须能够在由重型木质结构、钢筋砖石结构、轻质钢结构、木框架和其他轻质建筑物倒塌或损坏灾害事件中进行搜救行动。中型城市搜索与救援队应具备搜救犬搜索或技术搜索能力（最好两者兼具）；重型城市搜索与救援队必须同时具备这两种搜索能力。

3. 重型

除了具备中型救援行动级别的能力外，重型队还应当有能力在倒塌或损坏的钢筋混凝土或钢质框架结构中（在两个不同的地点）进行搜救行动。虽然中型城市搜索与救援队应具备搜救犬搜索或技术搜索能力（最好两者兼具），但是重型城市搜索与救援队必须同时具备这两种搜索能力。

岗位	培训	行动标准	装备
队长和副队长	**轻型、中型、重型** （1）国家级城市搜索与救援方法。 （2）了解国际搜索与救援咨询团方法，包括现场行动协调中心方法。 （3）能够执行并遵循公认的灾害事故救援指挥协议。 包括但不限于控制范围、风险管理、职能任务、有效沟通和应急响应人员的福利。 （4）动员、行动、撤离以及将国际资源整合到行动中。 （5）理解文化、种族和性别相关问题。 （6）倒塌建筑物中的搜索和救援。 （7）基于当地社区响应的城市搜索与救援能力建设	**轻型、中型、重型** （1）管理队伍行动的各个方面，并确保所有职能领域行动的协调。 （2）确保对人权、性别平等、法律、道德和文化问题的承诺得到实现	**轻型、中型、重型** （1）确保所需的管理工具和用品，以管理城市搜索与救援队。队伍处于相应的分级测评级别。 （2）个人防护装备

（续）

岗位	培训	行动标准	装备
安全官	**轻型、中型、重型** （1）职业健康和安全。 （2）现场卫生程序。 （3）风险评估程序。 （4）灾害情况、风险和需求评估。 （5）恢复和队员轮值	**轻型、中型、重型** （1）在整个部署过程中，提供安全和安保规划。 （2）鉴别所发现建筑类型相关的风险，以及根据具体倒塌类型预测可能发生的后果	**轻型、中型、重型** （1）确保所需的管理工具和用品，为城市搜索与救援队提供相应测评级别的安全保障。 （2）个人防护装备
联络官	**重型** （1）国际搜索与救援咨询团指南中要求的联络职能。 （2）制定行动计划	**重型** （1）向现场行动协调中心提供协助，确保其与城市搜索与救援队之间进行协调和沟通。 （2）扩充接待和撤离中心的人员配置。 （3）管理现场行动协调中心	**重型** 管理现场行动协调中心或向接待和撤离中心提供工作人员的能力
媒体官	**轻型、中型、重型** 媒体关系	**轻型、中型、重型** 向媒体提供协助，确保信息发布的准确性，并由地方应急管理机构通过现场行动协调中心进行协调	**轻型、中型、重型** 确保所需的管理工具和用品，代表已通过分级测评的城市搜索与救援队与媒体进行互动
规划官	**轻型、中型、重型** （1）会议的组织和协调。 （2）城市搜索与救援行动所需的规划	**轻型、中型、重型** （1）会议协调、事件文档记录以及短期和长期行动计划的制定。 （2）与当地灾害事故救援指挥官、救援机构和现场行动协调中心进行协调	**轻型、中型、重型** 城市搜索与救援队的办公及行政管理装备

（续）

岗位	培训	行动标准	装备
后勤组负责人	**轻型、中型、重型** （1）工具和装备的管理责任、保养及维修。 （2）队员福利、队伍运行和行动基地中指定资源的维护。 （3）队伍和装备的运输。 （4）管理行动基地以及工具和装备的库存。 （5）供应／补给。 （6）与货物装卸有关的机场物流。 （7）将装备和人员送至事故现场。 （8）完成装备清单和危险品声明	**轻型、中型、重型** （1）安排城市搜索与救援队（人员和装备）的空运，遵循国际航空运输协会的政策和托运人危险物品申报程序。 （2）安排城市搜索与救援队（人员和装备）从抵达地点到任务行动区域的地面运输。 （3）建立行动基地	**轻型、中型、重型** （1）确保所需的管理工具和用品，管理已通过分级测评的城市搜索与救援队的后勤工作。 （2）满足空中和／或地面运输管理所需的物资。 （3）用于发电、供电和电气检测的装备和配件。 （4）建立行动基地所需的装备，包括临时安置场所、环境卫生、工具维修、食物供给和个人卫生。 （5）灭火器
通信专家	**轻型、中型、重型** （1）通信和信息技术装备以及超高频／甚高频无线电系统的安装、操作和维护。 （2）地理空间技术	**轻型、中型、重型** 根据国际搜索与救援指南，确保通信装备正常运转	**轻型、中型、重型** 已通过分级测评的城市搜索与救援队的通信装备包括：手持无线电、卫星电话、计算机、传真机和互联网接入设备
结构工程师	**轻型、中型、重型** （1）鉴别结构类型，评估结构受损情况和危险。 （2）设计、检查和监督结构支护措施的搭建。 （3）结构安全性监测	**轻型、中型、重型** （1）根据建筑类型鉴别风险及可能发生的后果。 （2）鉴别建筑材料，并区分倒塌模式（与空隙形成相关）	**轻型、中型、重型** 监测建筑稳定性和设计支护系统所需的工具、用品和装备
索具专家	**轻型、中型、重型** （1）评估各种建筑相关装备的能力和需求。 （2）各种索具技术，包括制定索具计划和程序。	**轻型** （1）稳定建筑物结构。 （2）运用顶升技术，处理负载重达1吨（手动）和5吨（机械）	**轻型** （1）液压、气动和机械装备，用于顶升1吨（手动）和5吨（机械）的负载，

（续）

岗位	培训	行动标准	装备
索具专家	（3）与城市搜索与救援队队员和当地重型装备/起重机操作员进行互动，协调相关工作。 （4）安全的手动顶升技术	**中型** （1）稳定建筑物结构。 （2）运用顶升技术，处理负载重达1吨（手动）和12吨（机械）。 **重型** 运用顶升技术，处理负载重达2.5吨（手动）和20吨（机械）	以及使用吊索和起重机提升5公吨的负载。 （2）高空安全作业，并在现场作业面上方或下方10米处用绳索营救伤员。 （3）用于顶升轻量物体的各种撬棍/杠杆。 （4）垛式支架材料 **中型** （1）液压、气动和机械装备，用于顶升重达1吨（手动）和12吨（机械）的负载。 （2）用于提升和卸下负载的装备和配件，用于锚定、稳固、移动和拖拽重达12吨的负载。 （3）用于牵引和锚定的绳索及配件。 （4）用于顶升轻量物体的各种撬棍/杠杆。 （5）垛式支架材料 **重型** （1）液压、气动和机械装备，用于顶升重达2.5吨（手动）和20吨（机械）的负载。 （2）用于提升和卸下负载的装备和配件，用于锚定、稳固、移动和拖拽超过20吨的负载

（续）

岗位	培训	行动标准	装备
搜索组负责人	**轻型、中型、重型** （1）搜索行动管理，包括网格系统的应用、制图和陆地导航。 （2）搜索（呼叫和物理探测）。 （3）国际搜索与救援咨询团标记和信号系统	**轻型和中型** 利用技术或搜救犬搜索和救援资源，实践协调搜索理论 **重型** 利用电子技术、搜救犬搜索和救援资源，实践协调搜索理论	**轻型、中型、重型** （1）确保所需的管理工具和用品，管理已通过分级测评的城市搜索与救援队的搜索行动。 （2）信号装置。 （3）建筑标记用品
技术搜索专家	**轻型、中型、重型** （1）电子技术搜索的基本原则和理论。 （2）受困人员探测技术。 （3）所选技术电子监听和光学搜索装备的操作。 （4）协调多项搜索行动	**轻型、中型、重型** （1）管理各种装备，确保随时做好部署准备。 （2）补充救援行动，并确保现场行动的有效性	**轻型、中型、重型** 用于探测和/或定位受困人员的技术装备，包括专用摄像头和声学/地震探测装备
搜救犬专家/训导员	**轻型、中型、重型** （1）搜救犬搜索行动，包括检查/复查程序和观察员职责。 （2）搜索模式选择标准，包括地形，结构，以及风、天气和空气流通特征。 （3）了解各种灾难环境可能对搜救犬造成的危险。 （4）提供搜救犬紧急护理	**轻型、中型、重型** （1）工作人员和搜救犬保持良好的准备状态。 （2）补充并融入救援行动中的搜索任务	**轻型、中型、重型** 搜救犬接受过空气嗅探培训，确定受困人员的位置
救援组负责人	**轻型、中型、重型** （1）在灾害事故救援指挥框架内行动，具有独立行动的能力（无须直接监督），同时确保人员安全。 （2）管理倒塌结构环境中的救援行动，包括： ①救援策略和技术；	**轻型、中型、重型** （1）实施搜索和救援技术，包括解救受困人员。 （2）鉴别各种建筑结构类型中的特定倒塌模式（与空隙形成相关）。	**轻型、中型、重型** 确保所需的工具、用品和装备，以进行针对相应分级的管理

（续）

岗位	培训	行动标准	装备
救援组负责人	②采用支护技术，确保轻钢、重型木质结构或钢筋砌体建筑内救援行动的安全；③结构、材料和损坏类型；④结构分类；⑤装备、工具和配件的运用；⑥顶升及固定建筑负载。 （3）受困人员检测、定位和解救技术。 （4）城市环境中的全套救援技能包括：废墟清理、轻质物体顶升与切割、临时垛式支架、绳索和绳结以及架梯救援程序	（3）国际搜索与救援咨询团建筑标记系统的识别和使用	见上页
救援技术员	**中型和重型** （1）倒塌结构环境中的救援行动，包括：①救援策略和技术；②垂直结构、门窗的支护技术；③结构、材料和损坏类型；④结构分类；⑤装备、工具和配件的运用；⑥顶升及固定建筑负载。 （2）受困人员解救技术	**轻型** （1）仅对门和窗户进行支护。 （2）搭设门窗支护系统。 （3）切割并穿透厚度达150毫米的网状钢筋混凝土和厚度达200毫米的木质结构。 （4）破拆、提升和移除建筑构件。 **中型** （1）破拆、提升和移除建筑构件。 （2）搭设垂直结构、门窗的支护系统。 （3）切割和/或穿透厚度达300毫米的混凝土和厚度达300毫米的木质结构。 （4）稳定建筑物结构。	**轻型** （1）适当的装备，用于切割厚度达3毫米的金属碎片和轻质混凝土钢筋网。 （2）液压、气动或机械装备，用于破碎厚度最大150毫米的混凝土和切割厚度最大200毫米的木质结构。 （3）用于门窗支护的装备。 **中型** （1）液压、气动和机械装备，用于切割厚度达10毫米的金属碎片。

（续）

岗位	培训	行动标准	装备
救援技术员	见上页	**重型** （1）切割和/或穿透厚度达450毫米的混凝土和厚度达300毫米的木质结构。 （2）切割和/或热切割厚度不超过20毫米的金属、结构钢或钢筋	（2）液压、气动和机械装备，用于破碎厚度达300毫米的混凝土和厚度达300毫米的木质结构。 （3）适当的装备，用于搭设垂直结构、门窗的支护系统。 **重型** （1）液压、气动和机械装备，用于切割和热切割厚度不超过20毫米的金属、结构钢或钢筋。 （2）液压、气动和机械装备，用于切割和/或穿透厚度达450毫米的混凝土和厚度达300毫米的木质结构。 （3）适当的装备，用于搭设支柱和其他所需支护系统，如箱式支撑、倾斜式支护和定制支护
医疗组负责人	**轻型、中型、重型** 必须接受必要的培训以管理医务人员、融入队伍管理结构以及评估和整合当地受影响的医疗基础设施	**轻型、中型、重型** 管理所有医疗队活动，并向城市搜索与救援队队长提供相应的信息	**轻型、中型、重型** 管理工具（如核查表）和通信装备，用于监督医疗组

注释：在某些情况下，医疗组负责人也可能参与伤员护理，如下文所述

（续）

岗位	培训	行动标准	装备
医疗专家/医生/护理人员/护士	**轻型、中型、重型** （1）基本的急救护理，包括止血、夹板固定和心肺复苏。 （2）休克救治。 （3）传染病预防措施。 （4）烧伤和突发环境事件。 （5）移动和抬升伤员。 （6）检伤分类。 （7）给氧（面罩、插管）和球囊/面罩通气。 （8）镇静和疼痛管理。 （9）伤亡评估、治疗和疏散优先顺序。 （10）张力性气胸的治疗。 （11）伤口护理。 （12）固定和包扎。 （13）救援队死亡队员的处理程序。 （14）当地居民死亡人员的处理程序（依据地方主管部门建议）。 （15）水和卫生设施；病菌控制。 （16）环境健康因素（如极端温度条件）。 （17）危险物质泄漏。 **中型和重型** （1）队伍的初级护理：根据需要进行预防医学、医学监测和治疗。 （2）急救护理（成人和儿童）。 （3）伤亡评估、治疗和疏散优先顺序。 （4）医疗紧急情况的管理。 （5）创伤紧急情况的管理包括：张力性气胸的处理或伤口护理；固定和包扎。	**轻型、中型、重型** 倒塌结构环境中的综合技能表现	**轻型、中型、重型** （1）医疗初级护理和生命维持装备（耐用品和非耐用品），用于救援队（包括搜救犬）的医疗服务。 （2）生命维持装备，用于护理获救伤员，包括稳定伤势和伤口包扎

（续）

岗位	培训	行动标准	装备
医疗 专家/ 医生/ 护理 人员/ 护士	（6）高级气道处理、高级心脏复苏、休克处理。 （7）镇静和疼痛管理。 （8）挤压综合征的治疗、截肢和肢解（见注释）。 （9）心理/行为健康服务。 （10）识别和管理队员的异常应激反应。 （11）搜救犬紧急护理。 （12）与搜救犬训导员合作，为城市搜索与救援队搜救犬提供紧急兽医护理。 （13）健康和卫生。 （14）水和卫生设施；病菌控制。 （15）环境卫生。 （16）危险品泄漏。 （17）遇难者的处理。 （18）遇难者的处理程序——队员；废墟中发现的受困人员	见上页	见上页

注释：截肢和肢解

截肢（幸存的受困人员）和肢解（遇难者）总是在城市搜索与救援体系中引起广泛讨论，这是一个涉及社会、宗教和伦理方面的复杂问题。尽管截肢和肢解被认为是最后手段的情况极少发生，但更好的方案是尽可能避免这样的情况。

截肢和肢解需要考虑以下注意事项：

1）截肢

（1）世界各地采用多种保肢评分标准。这些标准适用于手术室的受控环境中，其中的伤员有完备的治疗条件，但即使在这样的环境中，保肢评分标准的应用也经常受到质疑。期望城市搜索与救援队医疗服务人员确定保肢的可行性，是不现实的。

（2）在以下情况中，截肢应被视为必须采取的最后手段：①存在对受困人员或城市搜索与救援队队员生命构成直接威胁的危险；②相比于长时间被困在倒塌结构中然后采用急救复苏术，截肢可以为受困人员提供更大的生存希望。

（3）做出决定进行截肢之前，需要考虑的其他因素包括：①建议每支队伍都制定一个决策流程，城市搜索与救援队队长最好参与其中；②获救后可获得的医疗护理水平；③与伤员本人协商（如果可能）；④与地方应急管理机构协商（如果可能）；⑤当

（续）

地文化、宗教方面的因素；⑥城市搜索与救援医疗组应携带基本的装备和用品，进行现场截肢或最终完成截肢手术。

2）肢解

允许肢解遇难者以继续进行城市搜索与救援行动的情况越来越少。允许肢解遇难者的情况，通常是为了营救幸存的受困人员。理想情况下，肢解遇难者的程序不应由外国城市搜索与救援队医疗组执行，而应由当地医疗队与相关法医主管部门联合执行

岗位	培训	行动标准	装备
危险品专家	**轻型和中型** （1）家用化学品鉴定、隔离和总体洗消。 （2）使用当地危险品应急响应指南。 **重型** （1）识别、鉴定和记录救援现场和行动基地的基本风险和危险。 （2）危险品的识别和监控装备的应用。 （3）城市搜索与救援队个人防护装备的确认和运用。 （4）总体洗消和技术洗消程序和系统。 （5）四种气体监测装置，可监测氧气、一氧化碳、二氧化碳和可燃气体的爆炸下限。 （6）强制通风装备的运用	**轻型和中型** 操作大气监测装备 **中型和重型** 操作强制通风装备	**轻型、中型、重型** 大气监测装备 **中型和重型** 强制通风装备 **重型** 配备有机蒸气滤盒的全脸覆盖式空气面罩

有关结构工程师的介绍

在大多数国家，获得工程学学士学位是取得专业认证的基础，这类学位课程本身经过了专业机构的认证。完成认证学位课程后，工程师必须满足相关要求，包括工作经验和考试要求，才能获得专业认证。获得专业认证后，工程师将被指定为专业工程师（在美国、加拿大和南非）、特许工程师（在大多数英联邦国家）、特许专业工程师（在澳大利亚和新西兰）或欧洲工程师（在欧盟中的许多国家）的资质。相关专业机构之间签订了国际工程协议，根据这类协议，工程师可以跨

国界开展工作。

认证的作用因不同的国家而存在差异。例如，在美国和加拿大，只有获得执照的工程师才能准备、签署和盖章确认向主管部门提交的工程计划和图纸以供批准，或为公共部门的客户和私人客户工程资料盖章。这一要求是国家和地方立法的规定，如魁北克工程师法，而在其他国家却没有这样的立法。例如，在澳大利亚，国家颁发的工程师执照仅限于昆士兰州。实际上，所有认证机构都约定了一套道德准则，希望所有成员都遵守，否则将面临取消资格的风险。在维护职业道德规范方面，这些组织通过这种方式发挥着重要作用。即使在认证对工作没有法律影响或只有很小影响的地区，工程师也必须遵守合同法。如果工程师的工作造成事故，那么这位工程师可能会受到过失侵权的指控，在极端情况下，可能会受到过失犯罪的指控。工程师的工作还必须遵守许多其他规章和法规，如建筑规范和有关环境的立法。

附件 D 术语表

以下术语主要引自 2009 年版的《联合国国际减灾策略（UNISDR）减轻灾害风险术语》，其中一些术语源自现场行动协调中心和国际搜索与救援指南。

（1）**可接受风险**：在现有社会、经济、政治、文化、技术和环境条件下，某个社会或社区认为可以接受的潜在损失水平。

> **说明**：在工程术语中，可接受风险还用于评估和确定所需的结构性和非结构性措施，从而根据规范或"公认做法"将对人员、财产、服务和系统可能造成的伤害减少到所选的可容忍水平。这种风险水平是基于已知的危险概率和其他因素而确定的。

（2）**生物致灾因子**：起源于有机体或是通过生物媒介传染的过程或现象，包括接触病原微生物、毒素和生物活性物质，可能造成人员死亡、身体损害、疾病或其他健康影响、财产损失、生活状况和服务质量受损、社会和经济不稳定或环境破坏。

> **说明**：生物致灾因子的示例包括流行病的暴发、植物或动物传染病、昆虫或其他动物瘟疫和病虫侵扰。

（3）**建筑法规**：相关的一套法令或法规及标准，旨在控制建筑物的设计、施工、材料、改造和结构用途等方面的规定，以确保使用者的安全和福祉，包括建筑物的抗倒塌和抗损坏能力。

> **说明**：建筑法规可以包括技术性和功能性的标准。这些规范应吸取国际层面的经验教训，并应根据本国和当地情况进行调整。系统性的法律制度是有效实施建筑规范的关键保障。

（4）**能力**：社区、社会或组织内可用于实现既定目标的所有力量、软实力和资源的总合。

> **说明**：能力可能包括基础设施和物理手段、机构、社会应对能力，以及人类知识、技能和集体属性，如社会关系、领导力和管理能力。能力也可以描述为人的才能。能力评估是一个关于特定流程的术语，在这个流程中，根据预期目标审查某支队伍的能力并确定其能力短板，以采取进一步行动。

（5）**能力培养**：个人、组织和社会在一段时间内系统地激发和发展其能力以实现社会和经济目标的过程，包括知识、技能、系统和机构层面的改进。

> **说明**：能力培养这一概念将能力建设期限延伸以涵盖各个方面，在一段时间内逐渐创造和维持能力的增长。能力培养涉及学习和各种类型的培训，还包括持续努力以发展机构、政治意识、财政资源、技术体系以及更全面的社会和文化有利环境。

（6）**应对能力**：人员、组织和系统利用现有技能和资源以应对和管理不利局面、紧急情况或灾难的能力。

说明：无论是在正常时期还是在危机或不利情况下，应对能力都需要持续的救灾意识、资源和良好的管理。应对能力有助于减轻灾害风险。

（7）**关键设施**：在常规情况下和突发事件的极端情况下，对社会或社区的运转方面至关重要的主要实体结构、技术设施和系统。

说明：关键设施是社会中支持基本服务的基础设施要素。关键设施包括运输系统、空港和海港、电力、水和通信系统、医院和诊所以及消防、警察和公共管理服务中心。

（8）**灾害风险**：在未来某个特定时期内，特定社区或社会可能发生的生命、健康状况、生计、资产和服务方面的潜在灾害损失。

说明：灾害风险这一概念的定义反映了灾害作为持续存在风险条件的后果。灾害风险包括不同类型的潜在损失，这些损失通常难以量化。然而，基于对现存危险以及人口和社会经济发展模式的知识，至少可以从广义层面评估和绘制灾害风险图。

（9）**灾害风险管理**：利用行政指令、组织机构以及操作技能和能力以实施战略、政策并提高救灾应对能力的系统过程，从而减少危险的不利影响和发生灾害的可能性。

说明：该术语是对于通用术语"风险管理"（本附录第 38 项）的延伸，用于解决灾害风险的具体问题。灾害风险管理旨在通过防灾、减灾和备灾活动和措施以避免、减轻或转移灾害的不利影响。

（10）**减轻灾害风险**：通过系统地分析和控制灾害的诱发因素从而减轻灾害风险的理念和实践，包括减少风险敞口，减小人员和财产的脆弱性，妥善管理土地和环境，以及提高人员对不利事件的准备程度。

> **说明**：联合国批准了《2005—2015 兵库行动框架》，提出了减轻灾害风险的综合方法，其预期成果是"大幅减少灾害造成的人员伤亡，以及对社区和国家社会、经济和环境资源造成的损失"。国际减灾战略（ISDR）体系为政府、组织机构和民间社会组织之间的合作提供了一个工具，以协助兵库行动框架的实施。请注意，虽然有时使用"减少灾害"这一术语，但"减轻灾害风险"这一术语可以更好地反映灾害风险的持续性质，以及减轻灾害风险的持续可能性。

（11）**减轻灾害风险计划**：由主管部门、行业、机构或企业编制的文件，规定了减轻灾害风险的总体目标和具体目标，以及实现这些目标的相关行动。

> **说明**：减轻灾害风险计划应以兵库行动框架为指导，在相关发展计划、资源分配和项目活动范围内考虑和协调相关内容。国家层面的计划需要明确各级机构的管理责任，并适应当前不同的社会和地域环境。计划应当明确实施各项措施的时间范围、责任和资金来源。应尽可能与气候变化适应计划建立联系。

（12）**应急管理**：组织和管理救灾资源并明确相关责任，以解决突发事件的各方面问题，特别是备灾、响应和灾后早期恢复阶段。

> **说明**：危机或突发事件是需要采取紧急行动的危险情况。有效的应急行动可以避免事件加剧为灾难。应急管理涉及计划和制度性安排，采取全面且协调一致的方式，参与和指导政府、非政府、志愿人员和私人机构的救援行动，以满足各种紧急情况的需求。有时使用"灾害管理"这一术语来代替应急管理。

（13）**应急服务部门**：具有特定责任和目标的专门机构，在紧急情况下提供人员和财产的服务和保护。

> **说明**：应急服务部门包括民防主管部门、警察、消防、救护车、护理人员和紧急医疗救助机构、红十字会和红新月会等机构，以及电力、运输、通信和其他相关服务机构的专门应急相关单位。

（14）**环境影响评估**：评估一个申报项目或方案环境影响结果的过程，作为规划和决策过程的一个组成部分，以限制或减少项目或方案的不利影响。

> **说明**：环境影响评估是一种政策工具，为从形成概念到形成决策的各阶段活动环境影响提供证据和分析依据。这一工具广泛用于国家规划和项目审批流程，以及国际发展援助项目。环境影响评估应包括详细的风险评估，并提供替代方案、解决方案或其他选项以处理已发现的问题。

（15）**暴露**：人员、财产、系统或其他要素处在危险地区，因此可能会受到损害。

> **说明**：可以用来衡量暴露程度的标准包括某个地区的人数或资产类型。这些因素可以与风险敞口元素对任何特定危险的具体脆弱性相结合，以估计与所关注区域中的具体危险相关的定量风险。

（16）**广布型风险**：分散人口暴露于低度或中等强度重复或持续灾害状况相关的普遍风险，通常具有明显的区域特性，可能导致破坏性的累积灾害影响。

> **说明**：广布型风险主要是农村地区和城市郊区的一种风险特征，这些地区的社区容易遭受反复发生的局部洪水、山体滑坡、风暴或干旱的影响。广布型风险往往与贫困、城市化和环境退化有关。另请参见"密集型风险"（本附录第20项）。

（17）**地质致灾因子**：可能导致人员伤亡或其他健康影响、财产损失、生计方式和服务质量受损、社会和经济不稳定或环境破坏的各种地质变化过程或现象。

> **说明**：地质致灾因子包括地球内部地质活动过程，如地震、火山活动和火山喷发，以及相关的地球物理过程，如大规模地块移动、山体滑坡、岩石滑坡、地表塌方以及碎屑流或泥浆流。水文气象因素是其中一些变化过程的重要影响因素。海啸很难分类：尽管海啸是由海底地震与其他地质事件引发的，海啸本质上是一种海洋变化过程，表现为与沿海水域有关的灾害。

（18）**致灾因子**：可能导致人员伤亡或其他健康影响、财产损失、生计方式和服务质量受损、社会和经济不稳定或环境破坏的危险现象、危险品、人类危险活动或状况。

> **说明**：如兵库行动框架脚注 3 中所述，减轻灾害风险涉及的致灾因子是"……源于自然的危险以及相关的环境和技术危险和风险"。此类致灾因子由多种地质、气象、水文、海洋、生物和技术活动引起，有时会共同起作用。在技术活动中，根据历史数据或科学分析的结果，通过不同区域不同强度的潜在发生频率来定量描述致灾因子。

请参见术语表中的其他危险相关术语：生物致灾因子（本附录第 2 项）；地质致灾因子（本附录第 17 项）；水文气象致灾因子（本附录第 19 项）；自然致灾因子（本附录第 24 项）；社会自然致灾因子（本附录第 40 项）；技术致灾因子（本附录第 42 项）。

（19）**水文气象致灾因子**：大气、水文或海洋变化过程或现象，可能导致人员伤亡或其他健康影响、财产损失、生计方式和服务质量受损、社会和经济不稳定或环境破坏。

> **说明**：水文气象致灾因子包括热带气旋（又称台风和飓风）、雷暴、冰雹、龙卷风、暴风雪、强降雪、雪崩、海岸风暴潮、洪水（包括山洪）、干旱、热浪和寒潮。水文气象条件也可能是其他灾害的一个因素，如山体滑坡、荒地火灾、蝗灾、瘟疫以及有毒物质和火山喷发物质的传播和扩散。

（20）**密集型风险**：大量人员和聚集的经济活动暴露于严重灾害事件的相关风险，可能导致潜在的重大灾害影响，包括高死亡率和严重的资产损失。

> **说明**：密集型风险主要是大城市或人口稠密地区的风险特点，这些城市或人口稠密地区不仅面临强烈地震、活火山、特大洪水、海啸或剧烈风暴等严重危险，而且其面对这些灾害的脆弱性也很明显。另请参见"广布型风险"（本附录第 16 项）。

（21）**土地利用规划**：公共主管部门为确定、评估和决策不同的土地使用方案而进行的规划过程，涉及经济、社会和环境长期目标，对不同社区和利益群体的影响，以及随后制定和颁布的计划，其中明确了允许或可接受的用途。

> **说明**：土地利用规划是可持续发展的重要支柱。其中涉及研究和地块绘图；经济、环境和危险相关数据分析；制定土地使用决策的替代方案；针对不同地理和行政区域规模，设计长期规划。通过阻止在灾害易发地区进行定居点和关键设施的建设，土地利用规划可以帮助减轻灾害和降低风险，包括规划运输、电力、水源、污水和其他重要设施的服务路线。

（22）**减灾**：减轻或限制各类致灾因子和相关灾害的不利影响。

> **说明**：各类致灾因子的不利影响通常无法完全预防，但可以通过各种策略和行动显著减轻其规模或严重程度。减灾措施包括工程技术和防灾建筑，以及完善的环境政策和普及的公众意识。值得注意的是，在气候变化政策中，"减排"的定义有所不同，指的是减少导致气候变化的温室气体排放。

（23）**国家减轻灾害风险平台**：减轻灾害风险国家协调和政策指导机制的一个通用术语，本质上是多部门和跨专业的平台，公共部门、私人部门和民间社团参与其中，涉及国内所有相关机构。

> **说明**：该定义源自兵库行动框架脚注⑩。减轻灾害风险这项工作涉及众多部门和机构的专业知识、能力和投入，包括根据具体情况在国家层面设立的联合国机构。多数部门都直接或间接受到灾害影响，许多部门担负着减轻灾害风险的具体责任。国家的各种平台提供了加强国家减轻灾害风险行动的手段，这些平台代表了国际减灾战略的国家机制。

（24）**自然致灾因子**：可能导致人员伤亡或其他健康影响、财产损失、生计方式和服务质量受损、社会和经济不稳定或环境破坏的各种自然变化过程或现象。

> **说明**：自然致灾因子是所有危险集合中的一个子集。这一术语用于描述实际的危险事件，以及可能引起未来事件的潜在危险情况。通过事件规模或强度、发生速度、持续时间和影响范围，可以表征自然灾难事件。例如，地震持续时间较短，通常影响相对较小的区域，而干旱的形成和消失缓慢，通常影响较大的区域。在某些情况下，危险可能是相互关联的，如飓风引发的洪水或地震引发的海啸。

（25）**行动作业区**：支持区（或冷区）是指远离事件危险并可安全用作规划和集结区的场地。技术救援 / 城市搜索与救援队的所有队员都必须接受这一层级的培训，然后才能在冷区开展安全行动。过渡区（或暖区）是禁入区和支持区之间的区域。这一区域是应急响应人员进入和退出禁入区的场地。技术救援 / 城市搜索与救援队的所有成员都必须接受这一层级的培训，然后才能在冷区和 / 或暖区开展行动。这一区域需要穿着适当的防护服。禁入区（或热区）是进行战术搜救行动的区域。这一区域存在最严峻的危险和受伤 / 死亡风险。技术救援 / 城市搜索与救援队的所有队员都必须接受这一层级的培训，然后才能在暖区和 / 或热区开展行动。这一区域需要穿着穿戴适当的防护服和装备。

（26）**现场行动协调中心**：现场行动协调中心旨在作为一个交流信息的渠道，改善受灾国政府与国际援助各提供方之间的沟通，并为通常缺乏密切合作的援助人员提供一个协调平台。现场行动协调中心支持现场协调和信息交流，并促进其他各种的协调机制，其范围远远超出了现场行动协调中心的地理区域。

> **说明**：为了最大限度地发挥其效力，应在需要国际援助的灾害发生后或在现有紧急情况出现恶化迹象时，立即成立现场行动协调中心。在突发灾害的情况下，这对于确保最佳救援工作而言至关重要。

（27）**备灾**：政府、专业灾害响应和灾后重建机构、社区和个人具备的救灾知识和能力，以有效预测、应对可能的、迫在眉睫的或正在发生的灾害事件或状况，并在灾害产生影响后进行恢复重建。

说明：备灾行动是在灾害风险管理的大背景下开展的，旨在形成有效管理各类紧急情况所需的能力，并实现从应对到持续恢复的有序过渡。备灾工作的基础在于对灾害风险的合理分析以及与早期预警系统的良好衔接，包括应急预案的制定、装备和物资的储备、协调安排、疏散和公共信息披露以及相关培训和实地演练等活动。上述活动必须得到正式机构、相关法律和预算安排的支持。相关术语"准备就绪"描述了在救灾需要时进行快速适当响应的能力。

　　（28）**防灾**：全面防止致灾因子和相关灾害的不利影响。

　　说明：防灾（灾害预防）表达了通过提前采取行动，完全避免潜在不利影响的灾害应对理念和意图。例如，消除洪水风险的水坝或堤坝、禁止在高风险区域建立定居点的土地使用法规，以及确保重要建筑物在可能的地震中完好和正常使用的抗震工程设计。很多时候，完全避免损失是不可行的，防灾的任务实际上是减轻损失。部分出于这个原因，防灾和减灾这两个术语有时在非正式场合可以互换使用。

　　（29）**前瞻性灾害风险管理**：处理灾害风险并寻求避免新增灾害风险的管理活动。

　　说明：这一概念的重点是解决或减轻在灾害风险政策不到位的情况下未来可能出现的风险，而不是关注已经存在且现在可以控制和减轻的风险。

　　（30）**公众意识**：关于灾害风险、导致灾害的因素以及为减轻灾害风险和脆弱性而可以单独和集体采取的行动的各类常识。

　　说明：公众意识是有效减轻灾害风险的一个重要因素。例如，通过开发媒体和教育渠道并传播信息、建立信息中心和网络、社区或参与行动，以及政府高级官员和社区领导人的宣传，可以实现形成关于灾害应对的公众意识。

（31）**接待和撤离中心**：接待和撤离中心是国际救援资源运输的中心接收枢纽，通常是在受灾国家建立的第一个现场行动协调中心的组成部分。在最初的几个小时或几天里，接待和撤离中心必须做好准备，推动现场行动协调中心的基本服务，包括提供情况和行动简报，提供基本的后勤支持，促进应急响应队伍的救灾行动，并跟踪资源配置。随着现场行动协调中心的成立，和 / 或受灾国家有能力增强国际救灾资源流入 / 流出，这些服务的范围也将发生变化。

（32）**灾后恢复**：恢复并根据情况完善受灾社区的设施、生计方式和生活条件，包括努力减轻与灾害风险有关的各种因素。

> **说明**：在应急响应阶段结束后，立即开始灾后恢复和重建任务，并遵循现有的战略和政策，以明确灾后恢复行动机构的责任，并促进公众参与。灾后恢复计划以及灾后公众意识和参与度的提高，为制定和实施减轻灾害风险措施以及遵循"重建更好未来"这一原则提供了宝贵的机会。

（33）**残余风险**：即使采取了有效的减轻灾害风险的措施，风险仍然处于未受完全控制的状态，并且必须保持应急响应和灾后恢复能力。

> **说明**：因为存在残余风险，所以需要持续发展和支持应急服务、救灾准备、响应和灾后恢复的有效能力，并建立安全网和风险转移机制等社会经济政策。

（34）**御灾力**：遭受危险的系统、社区或社会迅速有效地抵御、承受、适应危险影响并从中恢复的能力，包括通过保存和恢复重要的基本架构和功能。

> **说明**：御灾力是指从灾害冲击中"恢复"的能力。社区对潜在危险事件的恢复能力，取决于社区拥有必要资源的数量，以及在有需求之前和期间自我组织救灾的能力。

（35）**灾害响应**：在灾害期间或灾害发生后立即提供紧急服务和公共援助，以拯救生命、减少灾害对人员健康的影响、确保公共安全并满足受灾群体的基本生存需求。

说明：灾害响应主要关注当前需求和短期需求，有时被称为"救灾"。灾害响应阶段和灾后恢复阶段之间的划分并非泾渭分明。某些灾害响应行动，如提供临时住所和供水，可能会持续到灾后恢复阶段。

（36）**风险**：灾害事件发生的概率及其负面后果的共同影响。

说明：这一定义严格遵循 *ISO/IEC Guide 73* 中的定义。"风险"一词有两个独特的含义：在普通用法中，重点通常在于表达机会或可能性的概念，如"事故的风险"；而在技术语境中，其重点通常在于表达事件的后果，即某些特定原因、地点和时期情况下的"潜在损失"。值得注意的是，对于不同风险的影响和根本原因，人们不一定有相同的看法。

（37）**风险评估**：通过分析潜在致灾因子和评估现有脆弱性状况以确定风险性质和程度的一种方法，潜在危险和脆弱性状况共同决定了风险对受影响人员、财产、服务、生计方式及其所依赖环境造成的损害。

说明：风险评估（及相关的风险地图）包括：①审查致灾因子的特征，如致灾因子位置、强度、频率和概率；②对暴露程度和脆弱性的分析，包括社会物质条件、健康、经济和环境的各个方面；③评估当前能力和其他应对能力在可能出现的风险情况下的有效性。这一系列活动有时称为风险分析过程。

（38）**风险管理**：管理不确定性的系统性方法和做法，以最大限度地减少潜在危害和损失。

说明：风险管理包括风险评估和分析，以及控制、降低和转移风险策略和具体行动的实施。风险管理广泛应用于各种机构，以尽量减少投资决策的风险并应对运营风险，如业务中断、生产流程故障、环境破坏、社会影响以及火灾和自然灾害造成的损失。风险管理是供水、能源和农业等行业的一个核心管理事项，这些行业的生产受到极端天气和气候的直接影响。

（39）**风险转移**：将特定风险的财务损失后果正式或非正式地从一方转移到另一方的过程；在灾害发生后，家庭、社区、企业或国家主管部门作为受灾的一方从另一方获得资源，同时作为交换，受灾的一方将持续的或补偿性的社会或经济利益提供给另一方。

> **说明**：保险是一种众所周知的风险转移形式，投保人从保险公司获得风险承保，作为交换，持续向保险公司支付保费。非正式的风险转移可以发生在家庭和社区网络中，人们期望通过赠予或信用借款的方式相互援助；正式的风险转移，可以发生在政府、保险公司、多边开发银行和其他大型风险承担机构中，通过建立相应的机制来帮助应对重大事件造成损失的风险情况。这些机制包括保险和再保险合同、巨灾债券或有信贷机制的储备基金，其费用分别由保费、投资者缴款、利息和以往的储备金来承担。

（40）**社会自然致灾因子**：由于自然灾害与过度开发或退化土地和环境资源的相互作用，而导致某些地球物理和水文气象灾害事件发生情况增多，这类现象包括山体滑坡、洪水、地面沉降和干旱。

> **说明**：这一术语用于描述人类活动导致某些危险的、超出其自然发生概率的情况。有证据表明，此类危险造成的灾害应对负担日益增加。通过妥善管理土地和环境资源，可以减少和避免社会自然危险。

（41）**结构性和非结构性措施**：结构性措施旨在减少或避免可能的致灾因子影响的各种实体建筑或应用工程技术来实现结构或系统的对致灾因子的抵抗力和复原力；非结构性措施不涉及实体建筑，而是利用知识、方法或协议来减轻风险及其影响的各种措施，特别是通过政策和法律、公众意识的强化、培训和教育等方式。

> **说明**：减轻灾害风险的常见结构性措施包括水坝、防洪堤、海浪堤防、抗震建筑和疏散临时安置场所。常见的非结构性措施包括建筑规范、土地使用规划法及其执行、研究和评估、信息资源和公众意识项目。请注意，在土木和结

构工程中，术语"结构"的使用基于其狭义层面，仅表示承重结构，而其他部分（如墙面覆盖层和内部装修部分）则称为非结构部分。

（42）**技术致灾因子**：源于技术或工业条件下的致灾因子，包括事故、危险程序、基础设施故障或特定人类活动，可能造成人员死亡、身体损害、疾病或其他健康影响、财产损失、生活状况和服务质量受损、社会和经济不稳定或环境破坏。

说明：技术致灾因子的示例包括工业污染、核辐射、有毒废物、溃坝、交通事故、工厂爆炸、火灾和化学品泄漏。同样地，也可能直接因自然灾害事件的影响而产生技术危险。

（43）**培训层级**：①认知层级，这一层级代表了对技术搜救事件进行响应的各类机构的最低能力；②行动层级，这一层级代表各类机构在响应技术搜救事件，识别危险，使用救援装备，应用本标准规定的有限技术以支持和参与技术搜救事件这几个方面的能力；③技术员层级，这一层级代表了救援组织在响应技术搜救和/或城市搜索与救援事件，识别危险，使用救援装备，应用本标准中规定的所需先进技术以协调、执行和监督技术搜救事件这几个方面的能力。

（44）**脆弱性**：社区、系统或资产易于受到某种致灾因子的破坏性影响的特点和环境。

说明：脆弱性表现在很多方面，由各种物理、社会、经济和环境因素引起。例如，建筑物的设计和施工不当、资产保护不足、缺乏公共信息和公众意识、主管部门对风险和备灾措施的认识有限，以及忽视妥善的环境管理。随着时间的推移，某个社区的脆弱性可能会出现很大变化。通过这一定义，将脆弱性确认为独立于其风险敞口指标的评估对象（社区、系统或资产）特征。然而，在日常使用中，这一术语的使用范围通常更广泛，其含义包括了评估对象的风险敞口指标。

（45）**工作场地**：城市搜索与救援行动正在开展的地点。此外，通常只有预计需要进行现场救援时，才会在工作场地开展城市搜索与救援大规模行动。

> **说明**：由于可能需要现场救援，工作场地通常是城市搜索与救援队或搜救分队正在开展救援行动的一栋建筑物。工作场地可能比一栋建筑物更大或更小。大型建筑物或建筑物群，如医院，也可以被视为一个单一的工作场地。另一种情况下，面积仅数平方米的单个救援现场也可以被视为一个工作场地。

附件 E　国际搜索与救援指南修订表（2015—2020）

序号	修订的主题
1	执行了国际搜索与救援咨询团指导委员会 2018 年会上的相关决定，涉及国家认证程序／国际搜索与救援咨询团认可的国家认证程序。 采用已获批的手册作为手册 A 的组成部分，包括相关核查表
2	执行了国际搜索与救援咨询团指导委员会 2018 年会上的相关决定，涉及轻型救援队伍。 （1）更新了轻型城市搜索与救援队的介绍，反映分级测评轻型队的概念。 （2）更新了整个手册对于队伍结构和介绍的相关内容
3	内容的主要变化 （1）保持格式一致并更新内容（如城市搜索与救援协调单元）。 （2）增加了一篇关于"技术认证组 (TRG)"的章节，以符合国际搜索与救援咨询团认可的国家认证程序手册（指南说明）以及技术认证组遵循认证程序的要求。 （3）增加了国际搜索与救援咨询团认可的国家认证程序中利益相关方责任的说明。 （4）以粗体突出显示"建议的人员配置规模"。 （5）更新了队伍组成表中搜救犬的建议数量
4	信息图表 　更新了图 1 和图 2
5	附件 （1）增加了题为"国际搜索与救援指南修订表（2015—2020）"的附件 E，介绍了从 2015 版指南至今的最新变化。 （2）2015 年指南的附件已重新编排，并做了以下显著改动。 　①"附件 C　国家级城市搜索与救援队能力评估核查表"已被删除，并由手册中的"基于国际搜索与救援咨询团外部支持和认可流程的国家级城市搜索与救援队认证程序（IESRP）"（手册见附件 F）取代指南说明中的国际搜索与救援咨询团认可的国家认证程序。

（续）

序号	修订的主题
5	②"附件 D　建立国家级城市搜索与救援认证系统的示例"已被删除，主要概念已纳入第 3 节。 ③"附件 E　示例概念说明—国际搜索与救援咨询团区域地震应急演练"已移至"手册"指南说明中的"其他"内容，标题为"国际搜索与救援咨询团地震应急演练指南"

附件 F　基于国际搜索与救援咨询团外部支持和认证流程的国家级城市搜索与救援队认证程序手册

1. 简介

自 2005 年以来，国际搜索与救援咨询团建立了城市搜索与救援队分级测评体系，这一体系建立了可核查的行动标准，形成了同行评审机制如何为救灾准备和灾害响应提供附加价值的一个示例。这一流程称为国际搜索与救援咨询团分级测评（IEC），某些救援队伍需要执行国际响应任务，并得到特定机构的支持，分级测评流程是为这类队伍设计的。

在这一框架内，每个国家的国家主管部门都有责任提供指导，并核实国内队伍是否达到国家标准。《国际搜索与救援指南（2015）》建议各国建立国家认证程序，并根据每个国家的实际情况进行改进和调整。事实上最近几年来，越来越多的国家正在利用国际搜索与救援咨询团指南作为参考，制定本国的认证程序。

自 2003 年以来，特别是在美洲地区，讨论、分析和制定了一系列举措，旨在建立一项程序，确保城市搜索与救援队满足建议的相关最低标准，从而成为国家级城市搜索与救援队。正是在这种背景下，确定了建立"城市搜索与救援队国家认证程序"的需求，以国际搜索与救援咨询团的方法为参考，并以每个国家的经验、当地需求和风险情景为基础，强化国家级城市搜索与救援建设流程。

2. 背景

国际搜索与救援咨询团分级测评流程是为某些需要执行国际响应任务并得到特定机构支持的这类救援队伍设计的。通过国际搜索与救援咨询团联络人，国际搜索与救援咨询团分级测评队伍得到各自国家主管部门的支持。国际搜索与救援咨询团分级测评是一个独立的、可核查的和自愿的程序，已得到国际搜索与救援咨询团体系的一致认可。根据国际相关标准，这一程序的主要目标，是向受灾国提供一项额外资源，这些资源的质量和能力都已通过认证。

2011 年，经过全球磋商进程，关于建立国家级城市搜索与救援能力的新的一章 G 被纳入国际搜索与救援指南。在 G3.5 段落中，2011 年版的指南鼓励各国："（在适当级别）利用国际搜索与救援咨询团的组织和行动指南，指导国家级城市搜索与救援队能力建设，作为其国家级城市搜索与救援队的建设目标，并采用适当的程序来确认这些标准的执行情况"。

更新后的 2015 年版国际搜索与救援指南，包括一份关于加强国家和地方救灾能力建设的完整手册《第二卷 手册 A：能力建设》，甚至建议各国建立国家级城市搜索与救援队认证机制，确保每一个国家能够"正式管理、监督和建立相同的标准，并在开发其城市搜索与救援国家响应系统时严格遵守国际搜索与救援咨询团标准和指南"。2014 年，在智利举办的关于"创建国家级城市搜索与救援队认证程序"[1] 的研讨会上，对这一程序进行了特别的探讨，此后的几年中，在美洲地区吸取的许多经验教训已被纳入其中。

2015 年版的国际搜索与救援指南，解释了国际搜索与救援咨询团分级测评和国家认证程序之间的区别：分级测评是国际搜索与救援咨询团体系设计的同行评估程序，旨在核查具有国际部署任务队伍标准的执行情况；国家认证程序，根据定义，这是一个在国家层面进行的认证过程，通过这一程序，国家标准的执行情况由认证机构即国家主管部门进行认证。

全球范围内，特别是美洲地区，对于国家级城市搜索与救援队的认证程序拥有丰富的经验，其中一些程序是联合开发的，而另一些是由国家和相关机构单独开发的。

总的来说，在程序和标准方面，这些评估流程都保持了类似的结构，与依据国际搜索与救援咨询团方法所制定的程序没有什么不同。事实上，许多评估流程直接参考了国际搜索与救援咨询团的分级测评程序。

---

1 "创建国家级城市搜索与救援认证体系"研讨会报告，2014 年国际搜索与救援咨询团智利年会：http://www.insarag.org/images/stories/Americas_good_practices/Sistema_acreditaci%C3%B3n_USAR_guidance_ENG_2014.09.29.pdf 。

2016 年，国际搜索与救援咨询团美洲区域组向国际搜索与救援咨询团指导委员会提交了关于这一主题的倡议，指导委员会又要求区域组牵头"设计国家级城市搜索与救援队认证程序的同行修订 / 认证流程，确认请求国正在遵循国家级城市搜索与救援队认证程序的最低标准"，并在 2017 年向指导委员会反馈建议。

美洲区域组由哥伦比亚牵头组织了一次研讨会，进一步阐述和完善相关提案。2016 年 5 月 7 日至 9 日，此次研讨会在哥伦比亚金迪奥地区的红十字会培训中心举行，由哥伦比亚政府主办，来自以下 11 个国家的二十二名代表参加了研讨会：阿根廷、智利、哥伦比亚、哥斯达黎加、古巴、厄瓜多尔、萨尔瓦多、法国、巴拉圭、秘鲁和委内瑞拉，以及联合国人道主义事务协调办公室 / 国际搜索与救援咨询团秘书处的代表。研讨会催生了国家级城市搜索与救援队认证程序工作组，这样可以确保认证程序具有连续性。

2016 年，在与国际搜索与救援咨询团体系的磋商过程中，于队长会议以及亚太、非洲、欧洲、中东区域组会议上收集了讨论意见以及个人意见。在美洲区域组会议之前，工作组于 2016 年 11 月 15 日在哥伦比亚波哥大举行了会议，采纳了相关意见。区域组随后审查了认证提案，提出了补充意见，工作组又将这些意见纳入了当前提案。

在 2017 年 2 月的会议上，国际搜索与救援咨询团指导委员会批准了关于基于国际搜索与救援咨询团外部支持和认证流程（IESRP）的国家级城市搜索与救援队认证程序的提案，鼓励各区域组将其付诸实践，并在指导委员会年度会议上报告其实施情况。

3. 基于国际搜索与救援咨询团外部支持和认证流程的国家级城市搜索与救援队认证程序

国际搜索与救援咨询团的城市搜索与救援响应框架（附图 1）反映了这样一种架构：旨在确保城市搜索与救援不同级别响应之间的协作，并确定"工作方法、技术语言和信息必须在城市搜索与救援响应框架下不同级别之间进行共享，这一点至关重要"（国际搜索与救援指南，第一卷，第 2.1 节）。因此，为国家队伍认证所制定的标准必须与国际搜索与救援咨询团的方法保持一致，应在同一框架内得到认可。

附图 1　国际搜索与救援咨询团城市搜索与救援响应框架

国家认证程序最好成为广义上的国际搜索与救援咨询团流程的组成部分，与国际队伍的国际搜索与救援咨询团分级测评程序相同。这样做的目的是确保国家和国际响应能力之间的协作和适当互动。

为此，建议制定统一的国家级城市搜索与救援标准，始终为国家的本地化调整留出所需的空间。

面对众多的国家级城市搜索与救援队，如果由国际搜索与救援咨询团承担进行认证或分级的责任，这样的安排是不可取的。国家认证的唯一责任主体仍然是国家主管部门，2015 年版的国际搜索与救援指南再次确认了这一点。

然而，在根据国际搜索与救援指南推动国家级城市搜索与救援能力建设方面，国际搜索与救援咨询团体系可以发挥作用，同时确保国际响应的互补性。

国际搜索与救援咨询团外部支持和认证流程旨在提供一个总体框架，指导国际搜索与救援咨询团体系的咨询工作和国家级城市搜索与救援队的能力建设工作，从而建立国家级城市搜索与救援队认证程序的认可方式。

1）支持流程

支持流程应遵循以下标准：

（1）**自愿**：首先，这一流程应完全基于自愿原则，有意向的国家应向国际搜索与救援咨询团秘书处提出正式请求，以获得支持。

（2）**由区域技术支持组（TSG）提供的支持**：一份专家名册，由区域主席团设立和认可的相应专家档案（涉及城市搜索与救援经验、国际搜索与救援咨询团方法的经验、技术术语）。参见"附件 F1 技术支持组的标准职权范围"。

（3）**国家的承诺**：通过认证流程从技术支持组获得支持的国家，也应承诺向区域专家名册提供适当的专家人选。

（4）**对国际搜索与救援咨询团方法的承诺**：请求国应表明愿意遵循国际搜索与救援咨询团方法开展工作。

（5）**请求国提供资金**：请求国应承担与技术支持组有关的费用，但提供资金的方式可能不尽相同，包括通过双边协定或是捐助者的支持。

这一流程的关键步骤定义如下：

（1）**请求**：有意认证的国家应向国际搜索与救援咨询团秘书处提出申请，并附上一份正式文件，表明该国承诺遵循国际搜索与救援咨询团方法开展工作，并提交一份关于国际搜索与救援咨询团国家标准执行情况自评估的报告。参见"附件 F2 技术支持组援助请求流程"和"附件 F3 国际搜索与救援咨询团国家标准执行情况初步自评估的格式"。

（2）**技术支持组的选派**：国际搜索与救援咨询团秘书处将向区域专家名册中的专家发出请求，这些专家将进行答复，明确告知是否能够支持请求国的国家认证程序。请求国将从该地区的三个不同国家选择至少三名专家，并可选择增加/接受其他观察员作为技术支持组的组成人员。参见"附件 F4 技术支持组的人员组成和遴选"。

（3）**支持流程**：技术支持组将向请求国提供建议，指导其实施国家级城市搜索与救援队认证程序的标准和步骤。请求国和技术支持组应确定咨询服务（线上会议、电子通信、现场会议等）的方法和持续时间。

注意：在某些情况下，根据国家认证程序的情况，这个流程可能持续时间很短，而在其他情况下，则可能需要更长的时间，甚至持续几年。参见"附件 F5　技术支持组的方法和工作模式"。

(4) **核查国家认证程序标准和步骤的执行情况**：请求国和技术支持组将确定对请求国进行访问的适当时机，在此期间审查整个国家认证程序（最终文件、现有做法等）。技术支持组将详尽编写一份关于其在请求国的活动和认证程序考察报告，并将其通报给请求国和国际搜索与救援咨询团秘书处。参见"附件 F6　国家认证程序标准和步骤的核查表""附件 F7　国际搜索与救援咨询团国家标准执行情况的核查表""附件 F8　技术支持组最终报告模板"。

(5) **反馈流程以及支持和评估方法的改进**：利用在每次流程中取得的经验，改进技术支持组的支持和评估方法以及工作模式，这很重要。在提交给国际搜索与救援咨询团秘书处的情况报告和区域专家名册中，为援助特定国家而设立的每个技术支持组都应记录其经验，从而推动其他技术支持组并不断改进方法。参见"附件 F9　技术支持组情况报告模板"。

2）外部认证

对于那些证明已将国际搜索与救援咨询团方法纳入其本国标准和进程并实施的国家主管部门，国际搜索与救援咨询团应当提供某种方式的认证。这是国际搜索与救援咨询团体系推动国家能力加强进程的一种方式，也是承认在国家层面依据国际搜索与救援咨询团方法开展工作的一种方式。由秘书处颁发认证证书：在收到技术认证组的最终报告后，秘书处将向负责国家级城市搜索与救援队认证程序的国家应急主管部门颁发认证证书，参见"附件 F10　认证证书示例"。

4. 国家认证程序

针对建立国家级城市搜索与救援队认证程序，目前的国际搜索与救援指南提供了非常笼统的指导。相关信息见本卷本册"3　国家救援能力建设"。然而，这份指南没有为在国家层面执行该指南提供具体指导或相应工具。

因此，本手册介绍了国家级城市搜索与救援队认证程序的一系列最低标准和步骤。一方面，建议将这份核查表作为指导，帮助正在建立国家级城市搜索与救援队认证程序的国家主管部门。另一方面，这份核查表预期将用作技术支持组的参考资料和核对表，用于针对请求国开展咨询工作。参见"附件 F6 国家认证程序标准和步骤的核查表"。

国家标准

根据定义，国家标准应由主管部门在国家层面制定和颁布。本手册有助于国家主管部门推动将国际搜索与救援咨询团方法作为其国家系统的一部分，并在其国家级城市搜索与救援队中推广使用。

国际搜索与救援指南的现行版本已经规定了适用于国家队伍的最低标准，参见本卷本册附件 C。附件 C 已经进行了更新，旨在提供更明确的指导，涉及适用于轻型、中型和重型队伍的不同标准，以及在国家响应的启动和协调程序方面对于国家地方应急管理机构（LEMA）的要求。参见"附件 F7 国际搜索与救援咨询团国家标准执行情况的核查表"。

同时，本手册包括一系列推荐使用的辅助文件，国家级城市搜索与救援系统不妨采用和 / 或改编这些文件，作为队伍的情况报告模板，证明相应队伍达到了国家标准。针对国际搜索与救援咨询团国家标准，建议提供一系列直接相关文件（14 份）以供参考。此外，尽管一个国家与另一个国家之间可能存在明显差异，仍然可以采用标准格式作为运用这些文件的实施工具，参见"附件 F11 国际搜索与救援咨询团国家标准执行情况的支持文档表"。建议的格式可在国际搜索与救援咨询团网站上查阅：http://www.insarag.org/capacity-building/national-guidelines。

附件 F1 技术支持组的标准职权范围

1. 总体目标

国家级城市搜索与救援队认证程序的设计和审查期间，向请求国提供建议和现场支持，并核查国际搜索与救援指南及国际搜索与救援咨询团方法的执行情况。

2. 具体目标

— (1) 为采用或调整国家级城市搜索与救援队认证程序的标准和步骤提供指导。

— (2) 采用国家级城市搜索与救援队认证程序的配套文件和标准格式，为采用或调整国家级城市搜索与救援队能力建设标准（本卷本册附件 C）提供指导。

— (3) 提高请求国对国家级城市搜索与救援队认证程序中所实施标准和步骤的认识，并进行宣传。

— (4) 确保国家认证程序的标准及步骤与国际搜索与救援指南保持一致，涉及更新后的本卷本册附件 C。

3. 注意事项

— (1) **持续时间**：最合适的做法是认证程序不超过 18 个月，如有需要可再延长 6 个月。应当制定一个工作计划，规划认证程序的每个步骤，以及执行工作计划的时间表，明确完成各项目标的具体时间，规定利益相关方在认证程序中的作用和责任。

— (2) **人员组成**：技术支持组将由来自所在地区不同国家的至少三名专家组成，这些专家由请求国从专家名册中挑选出来，根据专家的可部署情况，由国际搜索与救援咨询团秘书处进行派遣。此外，最多可以安排三名观察员加入技术支持组。

— (3) **资金来源**：请求国应支付与技术支持组有关的费用（观察员除外），但相关资金来源可以有多种方式，包括自有资金、双边协议和 / 或捐助者的支持。

— (4) **工作方法和方式**：根据以下指南内容，请求国和技术支持组应制定相应的工作方法。

附件 F2　技术支持组援助请求流程

1. 技术支持组援助请求的适用对象

书面请求应由国家灾害风险管理的最高主管部门签署，抄送或通过国际搜索与救援咨询团政策联络人，送交国际搜索与救援咨询团秘书处/联合国人道主义事务协调办公室日内瓦总部，并抄送国际搜索与救援咨询团区域主席团和联合国设在请求国的驻地协调员。

2. 书面请求的格式

书面请求应包含以下信息：①请求国；②请求日期；③请求部门；④执行部门和所有参与机构；⑤有关实际请求的信息（例如，在认证程序设计、现有认证程序审查等方面的支持）；⑥国际搜索与救援咨询团政策联络人的联系方式；⑦国际搜索与救援咨询团行动联络人的联系方式；⑧如果此项申请的联络人不是国际搜索与救援咨询团联络人，则指定该联络人作为相应的联络人；⑨认证实施地点（如果需要明确）；⑩认证程序开始和完成的估计日期。

1）对国际搜索与救援咨询团国家标准目前执行情况的自评估

除上述所要求的信息外，请求国还必须根据附件 F3 中提供的格式，提交一份对国际搜索与救援咨询团国家标准目前执行情况的自评估。这种格式以最终的核查表为基础，但针对此项初步自评估的目的进行了简化。

2）承诺声明

书面请求应附有请求国向国际搜索与救援咨询团秘书处做出的承诺声明，在这份声明中，请求国做出以下承诺：

—（1）根据国际搜索与救援咨询团的方法和国际搜索与救援指南，遵循国家级城市搜索与救援队认证程序的步骤和标准。
—（2）提供与认证程序所有步骤相关的活动所需的资金，包括技术支持组可能产生的旅行费用（交通、住宿、餐饮等），并确保技术支持组在任务期间的安全。
—（3）执行技术支持组的建议。
—（4）设立技术支持组的联系人以及相应的沟通方式。

附件 F3　国际搜索与救援咨询团国家标准执行情况初步自评估的格式

准备阶段				
序号	需求	需要考虑的事项	自评估	配套文件
1	国家灾害管理框架内的城市搜索与救援			
1.1	国家灾害管理框架是否已建立	这是由相关社团组织和社区制定的一套行政、组织和行动知识决策框架，以实施灾害管理政策和战略，并加强相关方的应对能力，从而根据国家风险情况减少自然灾害、环境和技术灾害的影响		
1.2	国家灾害管理能力是否已得到确认	国家制定一份实施城市搜索与救援系统/程序现有能力的清单		
1.3	城市搜索与救援系统/程序是否已融入国家灾害管理政策	将城市搜索与救援系统/程序纳入国家灾害管理框架，并将其作为国家政策的一部分		
1.4	城市搜索与救援系统/程序是否已融入国家风险管理计划	国家风险管理计划包括城市搜索与救援系统/程序部分		
1.5	战略计划是否已制定，以巩固城市搜索与救援系统/程序	针对城市搜索与救援系统/程序，制定一项五年战略计划		
1.6	如果建立了城市搜索与救援系统/程序，实施和持续运作该系统/程序所需的资金是否到位	针对城市搜索与救援系统/程序，制定一项年度资助计划，确保其实施和持续运作		
1.7	国家是否已设立相应的政府机构，在国家层面协调城市搜索与救援系统/程序	城市搜索与救援系统/程序得到政府的支持，并在国家层面进行协调		
1.8	国家是否已设立相应的政府机构，在国家层面认可城市搜索与救援系统/程序的国家级能力	城市搜索与救援系统/程序可以依靠国家系统和有关主管部门的协作，支持认证方法的信息公开和应用，并遵循国际搜索与救援咨询团或国家级能力建立的方法		

（续）

准备阶段				
序号	需求	需要考虑的事项	自评估	配套文件
1.9	国家风险管理系统是否建立了相应的机制，确保城市搜索与救援系统/程序的质量控制和持续改进	城市搜索与救援系统/程序分配相应的资源，聘请外部机构实现质量控制和持续改进		
2	地方应急管理机构的需求			
2.1	针对城市搜索与救援系统/程序，是否设立了国家政策联络人和行动联络人	国际搜索与救援咨询团政策联络人有权力调动财政和行政资源，领导城市搜索与救援系统，并与国家级城市搜索与救援认证系统/程序以及国家级城市搜索与救援队保持经常联系。国际搜索与救援咨询团行动联络人有权力调动财政和行政资源，与城市搜索与救援系统有直接关系，与国家级城市搜索与救援认证系统/程序和国家级城市搜索与救援队保持经常联系，并始终与政策联络人配合行动		
2.2	国家是否建立了国家级城市搜索与救援系统/程序的组织架构	针对国家级城市搜索与救援认证系统/程序，国家设立了相应的组织架构，涉及国家机构的不同政府级别和行政级别，负责紧急事件及灾害的准备和响应		
2.3	技术/行动机构是否制定了相应的协议和程序，以引导国家级和国际城市搜索与救援队的请求和援助	通过城市搜索与救援系统/程序，核实技术/行动地方应急管理机构与国家级城市搜索与救援队一起制定了相应的协议和程序，以在全国范围内引导国家级城市搜索与救援队的请求和援助。通过国际搜索与救援咨询团政策联络人和行动联络人的配合，外交部或国家层面的类似机构制定相应的协议和程序，用于城市搜索与救援队国际援助的请求和提供		

　　关于国家级城市搜索与救援队，国家级城市搜索与救援系统/程序至少必须考虑以下事项。

准备阶段			自评估	配套文件
序号	需求	需要考虑的事项		
3	管理			
3.1	国家程序是否要求城市搜索与救援队建立管理、培训和持续运行程序	—		
4	决策			
4.1	城市搜索与救援队与风险协调机构或地方应急管理机构之间，是否存在协调机制	制定文件并建立队伍，可以形成国家级城市搜索与救援队与地方应急管理机构（LEMA）之间的有效沟通系统，确保在救援启动、部署、行动、撤离和补给方面及时做出决策		
5	人员配置程序			
5.1	针对城市搜索与救援队的所有组成部分（队员和搜救犬），是否建立了启动和医学筛检程序	建立相关文件，明确适时动员城市搜索与救援队的程序和方法，以及相应的医疗记录和检查（包括搜救犬，如果适用）		
6	城市搜索与救援队结构			
6.1	国家级城市搜索与救援系统／程序是否需要具有国际搜索与救援指南所建议的结构，包括管理、后勤、搜索、营救和医疗部分	国家级城市搜索与救援队的组织文件，按照国际搜索与救援指南的建议，包括以下部分： （1）管理。 （2）后勤。 （3）搜索。 （4）营救。 （5）医疗		
7	培训			
7.1	国家级城市搜索与救援系统／程序是否要求制定培训计划和持续的技能更新计划，确保人员为在城市搜索与救援环境中的行动做好准备，并配置所需装备	建立培训和持续技能更新计划的文档，这些计划确保人员为在城市搜索与救援环境中的行动做好准备，配置所需装备，包括与国家级和国际城市搜索与救援队、地方应急管理机构的互动，以及队伍培训登记册（包括搜救犬）		

（续）

准备阶段				
序号	需求	需要考虑的事项	自评估	配套文件
8	通信与技术			
8.1	国家级城市搜索与救援系统/程序是否要求国家级城市搜索与救援队建立具有内部和外部信息传递能力的通信系统	具有信息传递能力的通信系统： （1）内部（在城市搜索与救援队队员之间）。 （2）外部（与参与响应的其他城市搜索与救援队之间）。 （3）外部（与受灾国/地区的城市搜索与救援队及其他协调机构和地方应急管理机构进行通信）		
8.2	国家级城市搜索与救援系统/进程是否要求国家级城市搜索与救援队拥有和使用全球定位系统技术并应用地理信息系统能力（制图/网格系统）	具备全球定位系统技术和/或地理空间信息服务（制图/网格系统）能力，接受过相关培训并可以应用此类技术		
9	文档管理			
9.1	国家级城市搜索与救援系统/程序是否要求国家级城市搜索与救援队建立队员档案登记和存档（包括搜救犬）的系统	建立一个收集、处理和更新文件的系统，确保国家级城市搜索与救援队所有队员都建立了以下个人档案： （1）有效身份证件的记录以及纸质版和电子版副本。 （2）文件记录和经过确认的有效档案的纸质版和电子版副本，以证明队伍中医务队员临床实践的资质（如果适用）。 （3）文件记录和最新接种记录纸质版和电子版副本。 （4）文件记录和有效搜救犬健康证/微芯片记录（如果适用）纸质版和电子版副本		
9.2	国家级城市搜索与救援系统/程序是否要求国家级城市搜索与救援队管理层建立队伍档案	国家级城市搜索与救援队管理层建立以下档案的文件记录和纸质版或电子版副本： （1）城市搜索与救援队队员清单/组织架构图和队员名单。 （2）城市搜索与救援队队伍概况表。 （3）队员的紧急联系人详细信息。		

（续）

准备阶段				
序号	需求	需要考虑的事项	自评估	配套文件
9.2	国家级城市搜索与救援系统/程序是否要求国家级城市搜索与救援队管理层建立队伍档案	（4）装备的库存，包括通信装备及其工作频率。 （5）危险物质清单，包括每种产品的安全说明书，如物质安全数据表。 （6）受控物质（如药物）清单，附上主管部门签署的正式文件。 （7）队伍搜救犬名单（犬名、年龄、犬种、性别、证明文件等）		
9.3	国家级城市搜索与救援系统/程序是否要求国家级城市搜索与救援队建立标准作业程序	标准作业程序的纸质版或电子版文档涵盖以下内容： （1）通信。 （2）疏散。 （3）安全和安保。 （4）后勤。 （5）动员。 （6）撤离		
10	现场设施			
10.1	国家级城市搜索与救援系统/程序是否要求建立队伍开展各项活动所需的基础设施	队伍各部分开展各项活动所需的现场基础设施，以满足最基本的安全条件		

动员和抵达受灾地点				
序号	需求	需要考虑的事项	自评估	配套文件
11	启动和动员			
11.1	国家级城市搜索与救援系统/程序是否要求国家级城市搜索与救援队具备动员、部署和抵达受灾地点的能力	能够在当地/国家紧急情况发生后 4 ~ 6 小时内启动部署。 （1）轻型队：4 小时。 （2）中型队：6 小时。 （3）重型队：6 小时。 还需考虑以下事项： （1）城市搜索与救援队队伍概况表及其更新过程。		

（续）

动员和抵达受灾地点				
序号	需求	需要考虑的事项	自评估	配套文件
11.1	国家级城市搜索与救援系统/程序是否要求国家级城市搜索与救援队具备动员、部署和抵达受灾地点的能力	（2）用于监督和更新人员和装备信息的纸质版和电子版文件系统。 （3）收集信息的程序、工具、指南和清单。 （4）医学筛检系统。 （5）部署队员。 （6）救灾货物清单		
12	行动基地（BoO）			
12.1	国家级城市搜索与救援系统/程序是否要求国家级城市搜索与救援队拥有相应的资源和程序，与地方应急管理机构一起建立行动基地	建立相应的程序，确定现场条件、地面条件和安全特征，与地方应急管理机构一起为行动基地选择合适的地点。 行动基地拥有相应的程序、工具、表格和指南，可以采取所需措施完成以下事项：行动基地管理；人员和装备的安置场所；安全和安保；通信；服务于队员和搜救犬需求的医疗站；食物和水；环境卫生和个人卫生；搜救犬区域（如适用）；装备保养和维修区；废弃物管理		

城市搜索与救援行动				
序号	需求	需要考虑的事项	自评估	配套文件
13	行动协调和规划			
13.1	国家级城市搜索与救援系统/程序是否要求国家级城市搜索与救援队拥有训练有素的工作人员和专用装备，用于信息管理并满足地方应急管理机构、国际城市搜索与救援队或其他国际救援机构的特别要求（视情况而定）	建立相应的程序、工具和表格，并配置训练有素的人员，根据需要与地方应急管理机构、国际城市搜索与救援队或其他国际救援机构合作		

（续）

城市搜索与救援行动				
序号	需求	需要考虑的事项	自评估	配套文件
14	行动能力			
14.1	国家级城市搜索与救援系统/程序是否要求国家级城市搜索与救援队制定一项可修改的行动计划，建立一个随时报告和追踪救援人员的系统	建立相应程序和指南，说明根据需要更新行动计划的具体方法，并建立一个随时报告、跟进和追踪行动人员的系统		
15	区域勘察			
15.1	国家级城市搜索与救援系统/程序是否要求国家级城市搜索与救援队进行协调并制定相应规程，从而在紧急情况发生后进行必要的评估	（1）从受灾群体中收集信息。（2）进行结构评估。（3）进行危险识别和风险评估		
15.2	国家级城市搜索与救援系统/程序是否要求国家级城市搜索与救援队能够使用国际搜索与救援咨询团标记系统	所有工作人员做好准备，具备相应的资源和技术能力，可以使用国际搜索与救援咨询团标记系统		
15.3	国家级城市搜索与救援系统/程序是否要求国家级城市搜索与救援队确保部署的地区勘察组获得相应等级的医疗支持	制定相应规程并配置人员，确保部署地区勘察组获得相应等级的医疗支持		
16	搜索行动			
16.1	国家级城市搜索与救援系统/程序是否要求国家级城市搜索与救援队根据其等级应用搜索技术	根据可用信息，应用其现场行动级别的相应搜索技术		
17	救援行动			
17.1	国家级城市搜索与救援系统/程序是否要求国家级城市搜索与救援队具备在密闭空间内安全开展救援行动的能力	具有在密闭空间内安全进行救援行动的准备和适当装备		

（续）

城市搜索与救援行动				
序号	需求	需要考虑的事项	自评估	配套文件
18	医疗服务			
18.1	国家级城市搜索与救援系统内的国家级城市搜索与救援队是否建立了相应规程并具备相应的技术，确保根据队伍级别提供医疗服务	（1）初级医疗服务。 （2）紧急医疗服务。 （3）健康状况监视。 （4）对严重受伤或遇难的队员进行处置。 （5）医疗救助事件和人员准备日志。 （6）与搜救犬训导员合作，为搜救犬提供紧急兽医护理（如适用）		
19	安全注意事项			
19.1	国家级城市搜索与救援系统／程序是否要求国家级城市搜索与救援队考虑安全和安保	（1）准备相应材料，并配置训练有素的人员，以正确运用国际搜索与救援咨询团的信号系统。 （2）根据情况需要，配置和使用适当的个人防护装备。 （3）在现场建立安全监控系统和安全文件		
20	撤离和退出战略			
20.1	国家级城市搜索与救援系统／程序是否要求国家级城市搜索与救援队建立制定撤离和终止计划所需的程序和文件（表格和其他资料）	（1）与地方应急管理机构协调撤离事宜。 （2）遵循指定的城市搜索与救援队撤离流程。 （3）在捐赠相关材料时遵循规定的程序。 （4）在撤离后的 30 天内向地方应急管理机构提交总结报告		

附件 F4 技术支持组的人员组成和遴选

1. 技术支持组名册人员的组成

在国际搜索与救援咨询团外部支持和认证流程中，关于国家级城市搜索与救援队认证程序的技术支持组（TSG）名册是区域层级的专家名单，这些专家具有相应的资质档案，并已得到国际搜索与救援咨询团区域主席团的批准。鼓励每个区域组建立其技术支持组区域名册。

虽然技术支持组是在区域层级设立的，响应区域内各国的请求，但没有任何规定禁止专家个人参加国际搜索与救援咨询团其他区域的技术支持组，只要这些专家得到相应区域主席团的批准。事实上，鉴于相互交流和从不同经验中相互学习的目的，各区域组可能会鼓励这种做法，但这可能会导致技术支持组出现工作方式上的困难（如区域时差或语言问题）。

1）专家

专家应满足以下一系列最低标准。

（1）具有城市搜索与救援经验（城市搜索与救援流程和培训）。
（2）具有城市搜索与救援行动 / 协调经验。
（3）具有国际搜索与救援咨询团方法的经验。
（4）具有国家认证程序或国际搜索与救援咨询团分级测评程序的经验；此外，专家应熟练掌握相应地区的语言。

2）申请和批准

鉴于区域技术支持组的组成，每个区域组应在秘书处的支持下发出专家召集通知，建议使用本附件第 3 节中的申请表。区域主席团根据秘书处的建议审查申请，批准或不批准某个专家成为技术支持组成员的候选人。建立各区域组在名册上设立两类专家，即成员和观察员。

（1）**成员**：符合所有既定标准的专家将获准成为技术支持组的"成员"。
（2）**观察员**：具有丰富经验，但可能不熟悉国家认证程序或分级测评 / 复测流程的专家，可能会获准作为"观察员"，目的是利用这一身份获得成为名册正式成员所需的经验。是否接受专家作为技术支持组的"观察员"，由区域主席团酌情决定。如果认证申请国接受，"观察员"可以构成特定国家技术支持组的一部分。

区域主席团应确定其希望征集专家的周期，建立一份高质量的专家名册，以支持认证申请国。在每次新一轮专家召集时，区域主席团还应审查正处于"观察员"身份的专家，评估其是否已获得成为名册"成员"所需的经验。

技术支持组的成员和观察员应上传其申请表，其中详细说明了他们在虚拟现场行动协调中心的相关经验。这些资料将有助于秘书处与请求技术支持组支持的国家分享专家情况。

具体如附图 2 所示。

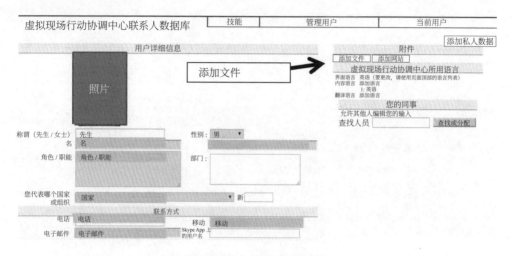

附图 2　资料详细示意图

2. 建立特定国家技术支持组的程序

针对特定国家的每个技术支持组，应由来自三个不同国家或组织的至少 3 名专家组成。此外，建议请求国接受一名或多名观察员作为技术支持组的组成人员，帮助观察员通过这一流程获得经验。

1）向技术支持组名册提出请求

为了支持设计或审查某个国家的城市搜索与救援队认证程序，在收到该国正式提交的请求后，秘书处将在"虚拟现场行动协调中心讨论"标签下创建一个关于国际搜索与救援咨询团外部支持和认证流程的"讨论"，向技术支持组区域名册发送请求信息，附上政府提交的请求，并要求专家说明其是否能够支持请求国。

对技术支持组的请求，是通过虚拟现场行动协调中心的消息传递完成的，专家通过电子邮件和短信接收消息。专家将在一个预定的时间内（通常是两周）做出回应，告知是否能够提供支持。

在收到的电子邮件中，专家可按以下选项回复，如附图 3 所示。

（1）是的，我可以提供支持［点击相应的链接］。

（2）抱歉，我不能提供支持［点击相应的链接］。

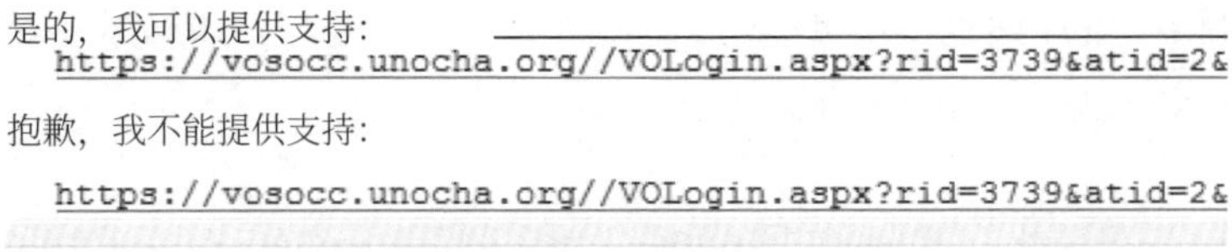

是的，我可以提供支持：_____
　　`https://vosocc.unocha.org//VOLogin.aspx?rid=3739&atid=2&`

抱歉，我不能提供支持：

　　`https://vosocc.unocha.org//VOLogin.aspx?rid=3739&atid=2&`

附图 3　选项详情示意图

如果回答可以提供支持，则要求专家在黄色文本框中填写信息，这一文本框显示在屏幕上，如下所示。

（1）常用电子邮件地址。

（2）常用电话号码。

（3）在 Skype App 上的联系方式。

（4）可提供支持的持续时间（以月或年为单位）。

（5）其他可能相关的信息。

此外，如果专家希望更新技术支持组申请表，但尚未在其个人档案中进行更新，则可以在黄色文本框中提交更新信息，如附图 4 所示。

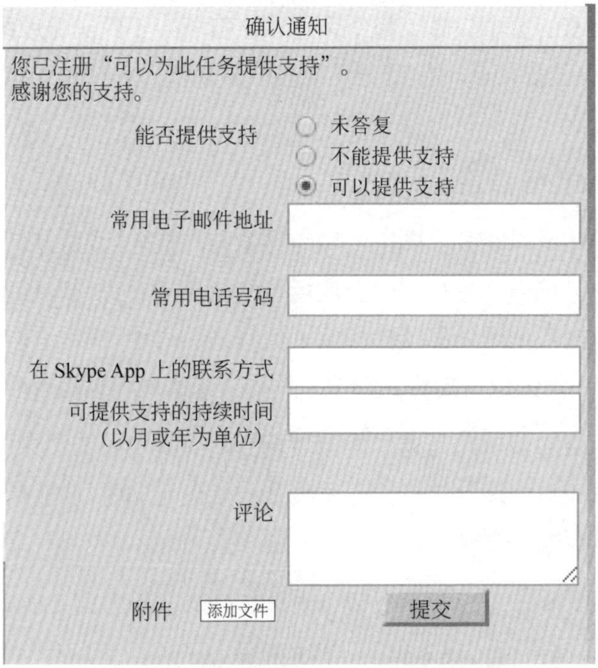

附图 4　"确认通知"文本框示意图

2）特定国家技术支持组的遴选

专家答复请求的最后期限过后，秘书处将汇编可以提供支持的专家并下载其档案，将其通报给请求国。

请求国有两周时间从三个不同的国家或组织中挑选至少 3 名专家，并可能另外增加观察员。

请求国将其决定传达给秘书处，然后秘书处通过虚拟现场行动协调中心的消息传递机制向技术支持组名册专家通报遴选情况。秘书处将请求国联系人的详细情况告知特定国家的技术支持组，确保专家能够与请求国联络人取得联系，并商定具体工作方式。

3）特定国家技术支持组的组建时间表概览（附图 5）

1. 国家向秘书处提出的请求
3. 技术支持组专家是否回应了能否提供支持
5. 认证申请国选择特定国家的技术支持组
2. 秘书处向技术支持组提出的请求
4. 秘书处与可以提供支持的技术支持组专家和认证申请国进行沟通
6. 秘书处向技术支持组名册通报遴选情况

附图 5　特定国家技术支持组的组建时间表

3. 申请表

详细填写此表格，并将其交回国际搜索与救援咨询团秘书处（insarag@un.org），从而申请成为国家认证程序技术支持组区域名册的候选人。

国际搜索与救援咨询团秘书处将申请提交给国际搜索与救援咨询团区域主席团进行审核，并将通知结果。所有获得批准的专家都必须在虚拟现场行动协调中心进行注册，并被列入区域专家名册。

1）个人信息

名		姓	
职务		机构	
国籍		电子邮件	
地址		电话	

2）个人现状

职能					
职责	请描述您目前的职责				
所用语言	英语	初级（ ）	中级（ ）	高级（ ）	精通（ ）
	西班牙语	初级（ ）	中级（ ）	高级（ ）	精通（ ）
	葡萄牙语	初级（ ）	中级（ ）	高级（ ）	精通（ ）
	法语	初级（ ）	中级（ ）	高级（ ）	精通（ ）
	其他（请注明）：	初级（ ）	中级（ ）	高级（ ）	精通（ ）

3）相关经验

城市搜索与救援经验（城市搜索与救援流程和培训）	请描述您在国家层面和国际层面的城市搜索与救援经验
城市搜索与救援行动／协调经验	请描述您在城市搜索与救援行动中的经验和具体角色
国际搜索与救援咨询团方法的经验	请说明您的具体经历，以证明您熟悉国际搜索与救援指南和国际搜索与救援咨询团的方法，包括曾经参加的国际搜索与救援咨询团的相关活动
国家认证程序或国际搜索与救援咨询团分级测评流程的经验	请描述您作为国家级城市搜索与救援队认证程序或国际搜索与救援咨询团分级测评流程的设计／建立／运行人员或支持相关工作的具体经验

附件 F5　技术支持组的方法和工作模式

特定国家的技术支持组一旦成立，将会立即面临一系列需要完成的关键任务，这些任务是所要实施工作方法的一部分。

其具体的工作模式将取决于国家级城市搜索与救援程序的发展水平，更具体地说，取决于国家级城市搜索与救援队认证程序的进程。

认证进程可分为三个阶段：

——（1）**设计阶段**：针对要求支持相关标准合规性但没有相应的国家认证程序的国家。

— （2）**高级阶段**：针对部分达到标准并请求支持全面实施相关标准的国家。

— （3）**巩固阶段**：针对完全达到所有标准并请求支持程序核查的国家。

1. 支持流程中的关键步骤

步骤和说明	建议的最长时间
1. 审查提出认证申请国的自评估，并达成一致意见 （1）要求认证申请国对自评估进行澄清或提供额外的配套文件。 （2）在完成自评估审查之前，技术支持组应与成员国和秘书处进行协商。 （3）针对自评估达成共识。 （4）与最终核查方法类似，技术支持组将使用"颜色标注法"来反映自评估每个项目的进展情况。参见"评估方法"章节	90 天
2. 根据对自评估达成的共识，调整和商定技术支持组的职权范围，并根据国家认证程序的进展阶段（巩固阶段、高级阶段或设计阶段），细化并商定支持进程的工作计划 （1）技术支持组将详细阐述工作计划提案，将其提交给认证申请国进行讨论。双方应就工作计划达成一致。 （2）在许多情况下，特别是在认证申请国处于国家认证程序的设计阶段时，计划召开至少一次现场会议，解释国际搜索与救援咨询团的国家标准以及国家认证程序的步骤和标准，这样的安排可能是有益的。此时，技术支持组和认证申请国应共同细化和商定工作计划。 （3）作为工作计划的一部分，技术支持组和认证申请国制定一个时间表，其中规定实现各种成果的最后期限和会议、电子邮件沟通方式以及必要的现场会议的时间表，以监控进度。 （4）在此阶段，查明认证申请国是否希望技术支持组观察认证活动，将其作为认证过程的一部分，其间技术支持组需要访问该国。应当注意，这一过程不是强制性的。 （5）针对相关文件的交换、管理和归档系统，技术支持组和认证申请国应达成一致。 （6）认证申请国预期要成立一个专门工作组，确保流程的跟进和实施	30 天
3. 根据工作计划中双方商定的要求，认证申请国提交进度报告，展示国家级城市搜索与救援队认证程序的实施情况 应采用与自评估相同的格式，根据情况更新现有版本中的信息	30 ~ 180 天
4. 技术支持组审查进度报告，向认证申请国提出意见，并随时向国际搜索与救援咨询团秘书处通报情况	

（续）

步骤和说明	建议的最长时间
5. 针对国家认证程序的实施进展情况，技术支持组和认证申请国进行联合分析 （1）对于此项分析，将使用完整的核查表以及国家认证标准和步骤列表。 （2）根据此项联合分析，技术支持组和认证申请国政府应确定进行最终核查访问的适当时间，或者是否需要重新设计或延长这一流程	如果决定重新设计或延长流程，则需要30天或更长的时间
6. 最终核查访问 （1）根据国际搜索与救援咨询团国家标准执行情况的核查表，以及国家级城市搜索与救援队认证程序的步骤和标准清单，进行最终核查。 （2）技术支持组和请求国需要事先商定详细的访问议程以及预期成果。 （3）访问持续时间不应超过 2 ~ 3 天。 （4）如果符合国家认证程序的标准、原则或步骤，则技术支持组与认证申请国商定实施时间表，以及实施环节的核查方法（如果可能的话，技术认证组不必再次对该国进行实地访问）	3 天
7. 采用标准模板，向请求国和国际搜索与救援咨询团秘书处提交最终报告 秘书处向区域主席团通报国际搜索与救援咨询团外部支持和认证流程的结果	15 天
8. 技术支持组起草情况报告，向区域名册专家分享相关经验	15 天

2. 评估 / 核查方法

技术认证组将采用一种评估方法，确定国际搜索与救援咨询团国家标准实施的进展情况，并根据以下颜色标注将进展情况分为四个级别：

- （1）绿色或"Y"（意为"完全合格"）表示认证申请国在某一方面完全达到或超过国际搜索与救援咨询团的最低标准。
- （2）黄色或"M"（意为"部分符合"）表示认证申请国在某一方面符合要求，但建议还要进行其他改进。如果某个方面被标记为黄色，则应在核查表的观察栏中给出原因。
- （3）橙色或"RT"（意为"需要时间"）表示某一方面仍未达到国际搜索与救援咨询团的最低标准，这取决于妨碍达标的具体原因（例如，相关文件已创建，但尚未得到主管部门的正式认可）。在这种情况下，针对实施时间表以及核查方法，技术支持组和认证申请国协商达成一致。

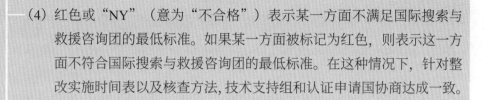

——（4）红色或"NY"（意为"不合格"）表示某一方面不满足国际搜索与救援咨询团的最低标准。如果某一方面被标记为红色，则表示这一方面不符合国际搜索与救援咨询团的最低标准。在这种情况下，针对整改实施时间表以及核查方法，技术支持组和认证申请国协商达成一致。

这种颜色标注方法将用于自评估（包括进度报告）的审查，目的是确定工作计划中需要特别关注领域的优先事项，以及最终核查国家认证程序的标准、原则和步骤的实现情况。

如果最终评估的所有方面达到了黄色或绿色，那么技术支持组就可以向国际搜索与救援咨询团秘书处建议向认证申请国颁发认证证书。

附件 F6 国家认证程序标准和步骤的核查表

本文件可作为请求国的指南，帮助其创建或调整其国家级城市搜索与救援队认证程序。本文件还可作为基础资料，帮助技术支持组对标准和步骤的实现情况进行评估。

通用标准	评估方法	评估结果	核查方法	颜色标注
1. 这一流程应由国家应急管理机构领导或由获得国家应急管理机构授权的主管部门领导	应发布一份正式文件，说明国家认证机构的授权。 按照通常的做法，国家应急管理机构可以授权的认证机构包括：大学，审计公司，国家消防研究院（在行政关系上应独立于其合作伙伴）			
2. 这一流程应构成国家应急/灾害管理框架的一部分	国家应急管理机构和已通过认证的城市搜索与救援队之间应建立一份协议，明确国家级城市搜索与救援响应周期的启动			
3. 应成立一个认证委员会，由城市搜索与救援专家和质量控制/审核专家组成	建立相关程序，明确国家认证委员会的职能、人员组成、组织架构、会议规则和会议议程			
4. 认证委员会应得到国家主管部门/相关规定的支持	国家应急管理机构应发布相应的文件，确认认证机构的成立。根据国家应急管理机构的授权，认证机构应发布关于创建国家认证委员会的文件			

（续）

通用标准	评估方法	评估结果	核查方法	颜色标注
5. 认证程序必须向所有城市搜索与救援响应机构公开和开放，并向所有相关方通报	如果认证程序要做到公开和开放，那么国家应急管理机构和已通过认证的城市搜索与救援队之间的协议是必不可少的。政府机构在与非政府组织队伍协作时，可能面临承担民事和刑事责任的情况 例如，非政府级城市搜索与救援队的不良做法、交通事故、行动成本的报销、装备的修复 认证程序是否要向所有城市搜索与救援队公开和开放？例如非政府组织、消防员、警察、军事力量、民防机构等，具体由每个国家决定。 常见的做法：认证程序应包括所有类型的组织，但应制定明确的认证程序协议			
6. 这些要求应向有意认证的所有利益相关方公开，包括关于所要实现标准的信息 　推荐的可选项：建议详细说明要提交的文件，并为其提供标准模板	申请认证的队伍报名须填写相应的表格，其中应包括队伍认证的所有要求。这些要求应遵循 2015 版的国际搜索与救援指南。这些表格应由认证机构提供，确保认证过程中所有申请队伍采用相同的评估指标。认证机构应提供所有标准认证申请表格			
7. 在认证程序开始之前，应将评估标准和规定提供给所有队伍	建立一个可以下载所有表格的网站或内联网			

步骤	评估方法	评估结果	核查方法	颜色标注
1. 认证程序开始前，队伍必须进行正式的请求/申请/注册，并出示带有相关文件的文件夹（相当于国际搜索与救援咨询团分级测评流程的证明文件集）	对于国家级队伍，最好是在"认证申请表格"中发送所有文件（见上文第 6 项）。这是因为国家认证程序原则上比国际搜索与救援咨询团分级测评流程更简短。至关重要的是，城市搜索与救援队的认证申请信或请求应包含一份签署的声明，说明成为已通过认证的队伍所要承担的责任			

（续）

步骤	评估方法	评估结果	核查方法	颜色标注
可选项：可能在认证程序开始时立即提交所有配套文件或者首先要求提供简化版，然后是完整版	—			
2. 应为每支队伍安排一名教练，陪同和指导队伍完成整个认证程序，这名教练由认证委员会指定 可选项：教练作为认证系统的工作人员	如果向教练提供报酬，则应由认证机构承担。根据智利的经验，教练由认证委员会指定。可能会涉及报酬问题，但这在智利不是问题，因为教练是一项义务工作			
3. 认证程序应包括队伍的自评估	当然，这是一个初步的自评估。提交所有认证申请表格本身就是一种自评估。在队伍申请进行认证时，要求提供所有必需文件，这其中也有自评估的考虑因素			
4. 认证程序应包括对所提交证明文件的行政审核	找出不符合项 第一次审核仅基于文件材料			
5. 认证程序应包括对证明文件中声明的队伍描述的能力进行现场审核	在现场审核过程中，队伍展示其救援能力的部署，但并不等同于演练。审查涉及行政部分、装备、作业程序、人员和后勤。 所有这些项目都与队伍在申请表格中提供的内容相符			
6. 认证程序应包括展示队伍的技能和能力的现场演练	应建立书面评估规则，对评分体系进行说明，并应事先告知队伍			
7. 认证程序的最终环节是结束认证，向队伍正式发出认证证明材料，并且队伍做出承诺成为国家应急响应资源的一部分	—			

（续）

步骤	评估方法	评估结果	核查方法	颜色标注
8. 所在国应有一个国家级城市搜索与救援队认证队伍名录，将认证后的队伍纳入其中并将其作为国家级城市搜索与救援队，纳入国际搜索与救援咨询团救援队名录	—			
9. 认证程序应包括定期的重新认证程序	建议认证周期为五年。智利曾经设定认证周期为三年，但经验已经表明认证周期应该更长			

附件 F7　国际搜索与救援咨询团国家标准执行情况的核查表

　　本文件将采用 Excel 格式，可在国际搜索与救援咨询团网站上查阅。技术支持组将使用这份清单进行最终评估，但这份清单也作为认证申请国的指南，将认证要求纳入国家级城市搜索与救援标准。本卷本册附件 F11 提及的内容如下表所示。

准备阶段					
序号	需要考虑的事项	解释	技术支持组评估	核查方法	颜色标注
1	国家灾害管理框架内的城市搜索与救援				
1.1	国家灾害管理框架是否涉及已查明的国家风险	社团组织和社区绘制风险地图，实施灾害管理政策和战略，并加强相关方的应对能力，从而减少自然灾害以及环境和技术灾害的影响			
1.2	是否确认了国家灾害管理能力	国家制定一份实施城市搜索与救援系统／程序现有能力的清单			
1.3	城市搜索与救援系统／程序是否已融入国家风险管理政策	城市搜索与救援系统／程序纳入国家灾害管理框架，将其作为国家政策的一部分			
1.4	城市搜索与救援系统／程序是否已融入国家风险管理计划	城市搜索与救援系统／程序是国家风险管理计划不可或缺的组成部分			

（续）

准备阶段					
序号	需要考虑的事项	解释	技术支持组评估	核查方法	颜色标注
1.5	战略计划是否已制定，以巩固城市搜索与救援系统/程序	针对城市搜索与救援系统/程序，制定一项五年战略计划			
1.6	城市搜索与救援系统/程序是否包括年度实施计划	城市搜索与救援系统/程序建立年度实施计划（年度行动计划，行动计划）			
1.7	城市搜索与救援系统/程序实施和持续运行所需资金是否到位	城市搜索与救援系统/程序建立年度筹资计划，保证实施和持续运作所需资金			
1.8	国家是否已设立相应的政府机构，在国家层面协调城市搜索与救援系统/程序	城市搜索与救援系统/程序得到政府的支持，并在国家层面进行协调			
1.9	国家是否已设立相应的政府机构，在国家层面认可城市搜索与救援系统/程序的国家级能力	城市搜索与救援系统/程序可以依靠国家系统和有关主管部门的协作，支持认证方法的信息公开和应用，并遵循国际搜索与救援咨询团或国家级的能力建立方法			
1.10	国家风险管理系统是否建立了相应的机制，确保城市搜索与救援系统/程序的质量控制和持续改进	城市搜索与救援系统/程序分配相应的资源，聘请外部机构实现质量控制和持续改进			
2	地方应急管理机构的需求				
2.1	针对城市搜索与救援系统/程序，是否设立了国家政策联络人	是否指定了国际搜索与救援咨询团国家政策联络人？ （1）提供所需的财务和行政资源。 （2）领导城市搜索与救援系统，并与国家级城市搜索与救援认证系统/程序和国家级城市搜索与救援队保持联系			

（续）

准备阶段					
序号	需要考虑的事项	解释	技术支持组评估	核查方法	颜色标注
2.2	针对城市搜索与救援系统／程序，是否设立了国家行动联络人	是否指定了国际搜索与救援咨询团国家行动联络人？ （1）提供所需的财务和行政资源。 （2）密切联系城市搜索与救援系统，并与国家级城市搜索与救援认证系统／程序和国家级城市搜索与救援队保持联系。始终与政策联络人共同行动			
2.3	政策联络人和行动联络人是否具有执行城市搜索与救援系统／程序职能所需的职权范围，并遵守了相应的规定	城市搜索与救援国家认证系统／程序应规定政策联络人和行动联络人的职权范围			
2.4	地方应急管理机构是否建立了负责国家级城市搜索与救援系统／程序的技术／行动机构	地方应急管理机构建立一个技术和行动机构，跟进并确保国家级城市搜索与救援认证系统／程序的可持续性			
2.5	国家是否建立了国家级城市搜索与救援系统／程序的组织架构	针对国家级城市搜索与救援认证系统／程序，国家设立了相应的组织架构，涉及国家机构的不同政府级别和行政级别，负责紧急事件和救灾准备和救灾响应系统			
2.6	技术／行动机构是否制定了相应的协议和程序，引导国家级和国际城市搜索与救援队的请求和援助	提供城市搜索与救援系统／程序，核查地方应急管理机构是否建立了技术／行动机构，这一机构与国家级城市搜索与救援队共同制定协议和程序，引导本国城市搜索与救援队的请求和援助			
2.7	国家是否设立了主管部门，制定相应协议和程序，引导国际城市搜索与救援队的请求和援助	外交部或类似部门建立一套协议和程序，用于指导城市搜索与救援队提出请求和提供国际援助的情况。提供这些协议和程序，规定国际搜索与救援咨询团政策联络人和行动联络人的协作			

（续）

准备阶段					
序号	需要考虑的事项	解释	技术支持组评估	核查方法	颜色标注
2.8	通过技术/行动机构，地方应急管理机构是否做出了人员和协调安排，从而通过现场行动协调中心和/或国家官方机制促进官方灾害应对信息的管理	地方应急管理机构和国际搜索与救援咨询团国家政策联络人和行动联络人相互配合，获取虚拟现场行动协调中心信息，提供官方实时信息，以及与外交部或类似部门共享信息			
2.9	地方应急管理机构是否拥有通过技术/行动机构在应急响应中接收和整合国际城市搜索与救援队的机制和能力	地方应急管理机构和城市搜索与救援系统具有相应的机制和能力，可以在需要时接收国际城市搜索与救援队，并将其与国家级城市搜索与救援队和其他国家应对工具整合在一起			
2.10	地方应急管理机构是否制定了结束城市搜索与救援行动的程序	地方应急管理机构与城市搜索与救援队一起制定结束城市搜索与救援行动的程序			
3	管理				
3.1	城市搜索与救援系统/程序是否需要制定年度计划，详细说明国家级城市搜索与救援队的工作、培训和能力更新	制定一项年度工作计划，详细说明城市搜索与救援队的工作、培训和能力更新。采用约定的表格和条件			
3.2	针对职能岗位以及行动和财务流程，城市搜索与救援系统/程序是否需要制定政策，程序和规章	针对职能岗位以及行动和财务流程，制定明确相关政策、程序和规章的文件			
3.3	城市搜索与救援系统/程序是否有正式协议或机制，推动与战略合作伙伴的协作	批准并签署相关文件，明确与战略合作伙伴协作的正式协议或机制			
3.4	城市搜索与救援系统/程序是否要求国家级城市搜索与救援队的所有队员都有个人防护和职业保护措施	制定配套文件，明确每位队员在各自岗位上所获得的个人防护和职业保护措施水平，防护和保护措施提供方包括国家或政府及其他机构			

（续）

准备阶段					
序号	需要考虑的事项	解释	技术支持组评估	核查方法	颜色标注
3.5	城市搜索与救援系统/程序是否需要制定装备采购和维护计划，并安排装备负责人	制定装备采购和维护计划的相关文件，其中包括装备负责人的准备和培训过程，并将成为城市搜索与救援行动的一部分			
3.6	城市搜索与救援系统/程序是否需要制定健康监测和部署前及部署后的健康筛查计划	制定配套文件，明确健康监测和部署前及部署后的健康筛查计划（包括疫苗接种），确保队伍在严峻的环境中能够在良好的身体和心理条件下开展行动			
3.7	城市搜索与救援系统/程序是否需要规定事故、健康和人寿保险和/或类似的福利和保险，以应对第三方进行损害赔偿的情况	制定相关文件，明确事故、健康和人寿保险和/或法定健康福利和保险，以应对第三方进行损害赔偿的情况			
4	决策				
4.1	城市搜索与救援系统/程序是否需要在国家级城市搜索与救援队与地方应急管理机构之间建立国家沟通系统，确保在队伍启动、部署、行动、撤离和补给方面及时做出决策	制定相关文件并安排相关人员，促进国家级城市搜索与救援队与地方应急管理机构之间有效沟通，确保在队伍启动、部署、行动、撤离和补给方面及时做出决策			
5	人员配置程序				
5.1	城市搜索与救援系统/程序是否需要建立适时启动队员的流程	制定相应程序和方法的文件，规定国家级城市搜索与救援队适时启动的流程			
5.2	城市搜索与救援系统/程序是否要求国家级城市搜索与救援队提供年度体检服务和医学筛检程序	国家级城市搜索与救援队的队员（包括搜救犬）应建立年度体检记录。此外，在每次部署之前，队员都要进行医学筛检，从而确保有能力开展救援行动。 轻型队只要求进行年度体检			

（续）

准备阶段					
序号	需要考虑的事项	解释	技术支持组评估	核查方法	颜色标注
5.3	城市搜索与救援系统/程序是否要求国家级城市搜索与救援队的搜救犬在每次部署之前接受主管部门的兽医筛查程序	在每次部署之前，国家级城市搜索与救援队的搜救犬应接受兽医筛查程序，由主管部门按照国家级城市搜索与救援队的书面程序进行兽医筛查。此程序仅适用于配备搜救犬的轻型和中型队伍			
6	城市搜索与救援队结构				
6.1	城市搜索与救援系统/程序是否要求国家级城市搜索与救援队按照国际搜索与救援指南的建议，包括管理、后勤、搜索、营救和医疗援助等组成部分	规定国家级城市搜索与救援队结构的文件表明，其结构符合国际搜索与救援指南针对以下组成部分的建议： （1）管理。 （2）后勤。 （3）搜索。 （4）救援。 （5）医疗援助——轻型队伍：只有基本的生命支持部分			
6.2	城市搜索与救援系统/程序是否要求国家级城市搜索与救援队具有明确定义的工作岗位及相关职责	编制相关手册，明确界定工作岗位和职责			
6.3	城市搜索与救援系统/程序是否要求国家级城市搜索与救援队在其组织结构中配置足够的人员，按照国际搜索与救援指南的建议在相应级别的救援行动中确保持续工作	建立相关文件和工作人员名单，明确在其组织结构中配置足够的人员，按照国际搜索与救援指南的建议在相应级别的救援行动中确保持续工作。 （1）重型城市搜索与救援队：24小时连续行动，同时在两个场地开展10天的行动。 （2）中型城市搜索与救援队：24小时连续行动，在一个场地开展7天的行动。 （3）轻型城市搜索与救援队：12小时连续行动，在一个场地开展3天的行动			

（续）

准备阶段					
序号	需要考虑的事项	解释	技术支持组评估	核查方法	颜色标注
6.4	城市搜索与救援系统 / 程序是否要求队伍在部署期间根据其级别和国际搜索与救援指南的建议具备自给自足的能力	制定相应的文件、程序和协议，确保队伍按照国际搜索与救援指南的建议在部署期间能够自给自足			
7	培训				
7.1	国家级城市搜索与救援系统 / 程序是否要求制定培训计划和持续的技能更新计划，确保人员为在城市搜索与救援环境中的行动做好准备，并配置所需装备	建立培训和持续技能更新计划的文档，这些计划确保人员为在城市搜索与救援环境中的行动做好准备，并配置所需装备			
7.2	国家级城市搜索与救援系统 / 程序是否要求队伍接受相关培训，并具备与参与应急响应的其他城市搜索与救援队进行协作的能力？其他队伍包括 7.2.1 至 7.2.4	编制培训文件，确定培训方法和国家级城市搜索与救援队的培训过程，其中包括紧急情况下城市搜索与救援队的互动			
	7.2.1 国家级或国际城市搜索与救援队	其他城市搜索与救援队，包括正在提供援助的国际城市搜索与救援队			
	7.2.2 请求支援 / 专业装备的国家级城市搜索与救援队	其他需要专业装备的城市搜索与救援队			
	7.2.3 国家级城市搜索与救援队要求部分队员帮助其他队伍，所以队伍需要拆分	其他城市搜索与救援队要求部分队员帮助其他队伍，所以队伍需要拆分，部分队员与其他队伍并肩工作。这种方式不适用于轻型队伍			
	7.2.4 在行动期间与其他应急响应服务部门进行整合与协作	在行动期间，队伍与其他应急响应服务部门进行整合与协作			

（续）

准备阶段					
序号	需要考虑的事项	解释	技术支持组评估	核查方法	颜色标注
7.3	国家级城市搜索与救援系统/程序是否要求队伍接受培训，从而根据当地紧急事件管理程序与地方应急管理机构进行协作	建立相应的程序手册，明确队伍人员接受相应培训，从而根据当地紧急事件管理程序与地方应急管理机构进行协作			
7.4	国家级城市搜索与救援系统/程序是否要求国家级城市搜索与救援队制定相应程序以建立并更新队员培训记录	建立城市搜索与救援队相应程序和注册表工具，将人事记录存储在托管数据库中，并根据队伍的程序进行定期更新			
7.5	国家级城市搜索与救援系统/程序是否要求制定相应培训计划以组建和装备分队搜救犬组	制定相应培训计划，组建和装备分队搜救犬组（如果适用） 轻型和中型队；此项仅适用于有搜救犬的队伍			
7.6	国家级城市搜索与救援系统/程序是否要求国家级城市搜索与救援队和地方应急管理机构制定救援演练计划	由队伍与地方应急管理机构共同制定和开展年度演练计划，包括与其他国家级城市搜索与救援队（如适用）的演练			
8	通信与技术				
8.1	国家级城市搜索与救援系统/程序是否要求国家级城市搜索与救援队建立具有信息传递能力的通信系统	具有信息传递能力的通信系统			
	8.1.1 内部	内部（在城市搜索与救援队队员之间）			
	8.1.2 外部	外部（与参与救援响应的其他城市搜索与救援队之间）			
	8.1.3 对外与协调机构和地方应急管理机构进行通信	外部（不仅限于受灾国/地区的城市搜索与救援队，还包括协调机构和地方应急管理机构）			

（续）

准备阶段					
序号	需要考虑的事项	解释	技术支持组评估	核查方法	颜色标注
8.2	国家级城市搜索与救援系统／程序是否要求国家级城市搜索与救援队拥有并使用全球定位系统技术	拥有相应的技术，并接受过使用全球定位系统技术的培训			
9	文档管理				
9.1	国家级城市搜索与救援系统／程序是否要求国家级城市搜索与救援队建立一个系统以确保成员拥有 9.1.1 至 9.1.4 的个人文件	建立一个收集、处理和更新文件的系统，确保国家级城市搜索与救援队所有队员都建立了以下个人档案			
	9.1.1 有效的国民身份证件	有效国民身份证件的记录以及纸质版和电子版副本			
	9.1.2 证明队伍中的医疗队员临床实践资质的有效文件	文件记录和经过确认的有效档案纸质版和电子版副本，以证明队伍中的医疗队员临床实践的资质（如果适用）			
	9.1.3 更新的接种（疫苗接种）记录	文件记录和接种（疫苗接种）记录纸质版和电子版副本			
	9.1.4 有效的搜救犬健康证／微芯片记录	文件记录和有效搜救犬健康证／微芯片记录（如果适用）纸质版和电子版副本 轻型和中型队伍；此项仅适用于有搜救犬的队伍			
9.2	国家级城市搜索与救援系统／程序是否要求国家级城市搜索与救援队管理层建立以下队伍文档	国家级城市搜索与救援队管理层建立以下队伍文件记录以及纸质版和电子版副本			
	9.2.1 城市搜索与救援队队员清单／组织架构图和队员列表	城市搜索与救援队队员清单／组织架构图和队员列表			

（续）

准备阶段					
序号	需要考虑的事项	解释	技术支持组评估	核查方法	颜色标注
9.2	9.2.2 城市搜索与救援队队伍概况表	城市搜索与救援队队伍概况表			
	9.2.3 队员的紧急联系人详细信息	队员的紧急联系人详细信息			
	9.2.4 装备的库存，包括通信装备及其工作频率	装备的库存，包括通信装备及其工作频率			
	9.2.5 危险物质清单，包括每种产品的安全说明书，如材料安全数据表（MSDS）	危险物质清单，包括每种产品的安全说明书，如材料安全数据表			
	9.2.6 受控物质（如药品）清单，附有主管部门签署的正式文件	受控物质（如药品）清单，附有主管部门签署的正式文件			
	9.2.7 队伍搜救犬名单（犬名、年龄、犬种、性别、证明文件等）	队伍搜救犬名单（犬名、年龄、犬种、性别、证明文件等） 　轻型和中型队伍；此项仅适用于有搜救犬的队伍			
9.3	国家级城市搜索与救援系统/程序是否要求国家级城市搜索与救援队针对 9.3.1～9.3.8 这几个方面制定标准作业程序	标准作业程序的纸质或电子版文档涵盖以下内容：			
	9.3.1 通信	通信			
	9.3.2 疏散	疏散			
	9.3.3 医疗后送	医疗后送			
	9.3.4 行动	行动			
	9.3.5 安全和安保	安全和安保			
	9.3.6 后勤	后勤			
	9.3.7 运输	运输			
	9.3.8 动员和撤离	动员和撤离			

（续）

准备阶段					
序号	需要考虑的事项	解释	技术支持组评估	核查方法	颜色标注
10	现场设施				
10.1	国家级城市搜索与救援系统/程序是否要求建立队伍各项活动所需的基础设施	队伍各组成部分各项活动所需的现场基础设施，满足最基本的人类安全条件			
	10.1.1 国家级城市搜索与救援系统/程序是否要求国家级城市搜索与救援队的行政/管理部分配置一个实体工作场所	行政/管理部分配置一个实体工作场所，其中保留队伍的所有文件，并执行所有行政任务			
	10.1.2 国家级城市搜索与救援系统/程序是否需要一个仓库区域	装备和工具的仓库区域,包括装卸区、工作区域、维护、燃料储存以及与行动相关的其他消耗品等。仓库区域应符合工作空间的建筑、工业安全和健康规范			
	10.1.3 国家级城市搜索与救援系统/程序是否要求国家级城市搜索与救援队设立公用空间	设立以下公用空间： （1）部署前准备。 （2）医疗活动。 （3）调养休整。 （4）情况通报。 （5）人员和装备的后勤准备			
	10.1.4 国家级城市搜索与救援系统/程序是否要求开展培训和能力建设活动	对于培训活动，国家级城市搜索与救援队应设立一个专用区域和/或根据协议利用某一区域。根据队伍的分类测评级别，这一区域应配置相应的资源和演练场景			
	10.1.5 国家级城市搜索与救援系统/程序是否要求国家级城市搜索与救援队设立适当的空间来安置和训练队伍的搜救犬组	为队伍的搜救犬组提供合适的安置和训练空间。 　这种方式不适用于轻型队伍			

（续）

准备阶段					
序号	需要考虑的事项	解释	技术支持组评估	核查方法	颜色标注
10.1	10.1.6 关于上述项目，国家级城市搜索与救援系统 / 程序是否要求国家级城市搜索与救援队提交与基础设施相关的文件	针对上述项目，国家级城市搜索与救援队建立与基础设施相关的所有文件（建筑计划，紧急情况和应急计划，已登记的产权证明，合同和 / 或协议）			

动员和抵达受灾地点					
序号	需要考虑的事项	解释	技术支持组评估	核查方法	颜色标注
11	启动和动员				
11.1	国家级城市搜索与救援系统 / 程序是否要求国家级城市搜索与救援队具备部署能力	能够在当地 / 国家紧急情况发生后的 4 ~ 6 个小时内启动部署。（1）轻型队伍：4 小时。（2）中型队伍：6 小时。（3）重型队伍：6 小时			
11.2	国家级城市搜索与救援系统 / 程序是否要求城市搜索与救援队利用国家规定的系统完成和更新队伍概况表	将国家级城市搜索与救援队的队伍概况表编制完成并不断更新，并制定一个说明更新方法的程序			
11.3	国家级城市搜索与救援系统 / 程序是否要求城市搜索与救援队管理层建立一个系统，在部署之前、期间和之后监控人员和装备并提供支持	管理层建立一个纸质文档和数字系统，并配置训练有素的员工，可在部署之前、期间和之后监控人员和装备并提供支持			
11.4	国家级城市搜索与救援系统 / 程序是否要求城市搜索与救援队管理层建立相应流程，收集与紧急情况有关的信息并向其队员简要介绍 11.4.1 ~ 11.4.6 的内容	管理层制定相应文件，说明流程、工具、指南和清单，收集与紧急情况有关的信息，并向其队员简要介绍以下内容			

（续）

动员和抵达受灾地点					
序号	需要考虑的事项	解释	技术支持组评估	核查方法	颜色标注
11.4	11.4.1 包括结构特征在内的现状	包括结构特征在内的现状			
	11.4.2 天气	天气			
	11.4.3 安全和安保，包括潜在危险，如危险物质	安全和安保，包括潜在危险（如危险物质）			
	11.4.4 紧急信号和自发疏散	紧急信号和自发疏散			
	11.4.5 健康和福利事项	健康和福利事项			
	11.4.6 特殊或重要的注意事项	特殊或重要的注意事项			
11.5	国家级城市搜索与救援系统/程序是否要求国家级城市搜索与救援队建立一个系统对出队队员进行医学筛检	建立相应的系统和程序，在出队之前对队员进行医学筛检			
11.6	国家级城市搜索与救援系统/程序是否要求国家级城市搜索与救援队在动员时建立救援物资清单	建立救援物资清单（详细说明队伍装备和个人物品的库存、体积和重量）以及出队队员名单			
12	行动基地（BoO）				
12.1	国家级城市搜索与救援系统/程序是否要求国家级城市搜索与救援队与地方应急管理机构一起建设行动基地	建立相应的程序，确定现场条件、地面条件和安全特征，与地方应急管理机构一起为行动基地选择合适的地点			
12.2	国家级城市搜索与救援系统/程序是否要求国家级城市搜索与救援队行动基地针对 12.2.1 ~ 12.2.10 的事项制定相应程序并采取所需措施	行动基地相应程序、工具、表格和指南，针对以下事项采取所需措施			

（续）

动员和抵达受灾地点					
序号	需要考虑的事项	解释	技术支持组评估	核查方法	颜色标注
12.2	12.2.1 行动基地管理	行动基地管理			
	12.2.2 人员和装备的安置场所	人员和装备的安置场所			
	12.2.3 安全和安保	安全和安保			
	12.2.4 通信	通信			
	12.2.5 为队员和搜救犬提供服务的医疗站	为队员和搜救犬提供服务的医疗站			
	12.2.6 食物和水	食物和水			
	12.2.7 环境卫生和个人卫生	环境卫生和个人卫生			
	12.2.8 搜救犬区（适用于重型队伍）	搜救犬区（适用于重型队伍）轻型和中型队伍；此项仅适用于有搜救犬的队伍			
	12.2.9 装备维护和维修区域	装备维护和维修区域			
	12.2.10 废物管理	废物管理			

城市搜索与救援行动					
序号	需要考虑的事项	解释	技术支持组评估	核查方法	颜色标注
13	行动协调和规划				
13.1	国家级城市搜索与救援系统／程序是否要求国家级城市搜索与救援队拥有训练有素的员工和专用装备，根据情况与地方应急管理机构、国际城市搜索与救援队或其他国际救援机构合作	建立相应程序、工具、表格并培训人员和提供装备，根据情况与地方应急管理机构、国际城市搜索与救援队或其他国际救援机构合作			

（续）

城市搜索与救援行动					
序号	需要考虑的事项	解释	技术支持组评估	核查方法	颜色标注
13.2	国家级城市搜索与救援系统/程序是否要求国家级城市搜索与救援队建立相应程序，对灾难影响进行初步评估，并将信息传播给地方应急管理机构	建立相应的程序、表格和协调机制，配置相关人员，对灾害影响进行初步评估，并将信息传播给地方应急管理机构			
13.3	国家级城市搜索与救援系统/程序是否要求国家级城市搜索与救援队的医疗管理人员与相关地方卫生部门开展协作	医疗管理部门已与相关地方卫生部门制定相应程序以及必要的协议，以开展协作，包括			
	13.3.1 提供当地医疗资源（包括兽医，如适用）支持城市搜索与救援队的医疗活动	提供当地医疗资源（包括兽医，如适用）支持城市搜索与救援队的医疗活动			
	13.3.2 伤亡人员移交和运送程序	伤亡人员移交和运送程序			
	13.3.3 由地方应急管理机构确定的死亡管理程序	由地方应急管理机构确定的死亡管理程序			
13.4	国家级城市搜索与救援系统/程序是否要求国家级城市搜索与救援队管理层针对所有行动场地建立一个无缝衔接的指挥和控制系统	针对所有行动场地，国家级城市搜索与救援队管理层建立一个无缝衔接的指挥和控制系统			
13.5	国家级城市搜索与救援系统/程序是否要求国家级城市搜索与救援队为可能的任务重新安排制定应急计划	建立相应程序，为可能的任务重新安排制定应急计划			

（续）

城市搜索与救援行动					
序号	需要考虑的事项	解释	技术支持组评估	核查方法	颜色标注
14	行动能力				
14.1	国家级城市搜索与救援系统／程序是否要求国家级城市搜索与救援队建立一个系统以随时报告、跟进和追踪队员	建立一个系统，以随时报告、跟进和追踪队员			
14.2	国家级城市搜索与救援系统／程序是否需要国家级城市搜索与救援队制定一个程序，以根据需要更新行动计划	建立相应程序和指南，以根据需要更新行动计划			
15	区域勘察				
15.1	国家级城市搜索与救援系统／程序是否需要国家级城市搜索与救援队进行协调并制定相关程序，收集受灾群体的信息	从受灾群体中收集信息			
15.2	国家级城市搜索与救援系统／程序是否要求国家级城市搜索与救援队具备进行建筑结构评估的能力	进行建筑结构评估 　不适用于轻型队伍，因为轻型队不一定具备有资质的人员或装备			
15.3	国家级城市搜索与救援系统／程序是否要求国家级城市搜索与救援队具有识别危险和评估风险的能力，并将结果告知地方应急管理机构	配置相应技术和专业能力，识别危险和评估风险，并将结果告知地方应急管理机构（健康问题、环境危害、电力、安全和次要威胁）			
15.4	国家级城市搜索与救援系统／程序是否要求国家级城市搜索与救援队做好准备并能够使用国际搜索与救援咨询团标记系统	所有工作人员做好准备，具备相应的资源和技术能力，可以使用国际搜索与救援咨询团标记系统			

（续）

城市搜索与救援行动					
序号	需要考虑的事项	解释	技术支持组评估	核查方法	颜色标注
15.5	国家级城市搜索与救援系统／程序是否要求国家级城市搜索与救援队确保部署的地区勘察组获得相应等级的医疗支持	制定相应规程并配置人员，确保部署地区勘察组获得相应等级的医疗支持			
16	搜索行动				
16.1	国家级城市搜索与救援系统／程序是否要求国家级城市搜索与救援队根据其等级应用搜索技术	根据可用信息，应用其现场行动级别的相应搜索技术			
16.2	国家级城市搜索与救援系统／程序是否要求国家级城市搜索与救援队具有在密闭空间安全地开展搜索行动的能力	配置人员并建立相应的队伍，可以在密闭空间内安全地开展搜索行动 　轻型队伍的可选项			
16.3	国家级城市搜索与救援系统／程序是否要求国家级城市搜索与救援队在受困人员搜寻阶段具备使用搜救犬（如果适用）的能力	在受困人员搜寻阶段具备使用搜救犬（如果适用） 　轻型队伍的可选项			
16.4	国家级城市搜索与救援系统／程序是否要求国家级城市搜索与救援队具备在废墟下搜寻受困人员的能力	无论采用何种方法（如果适用），配置搜救犬的队伍采用统一的做法，具备在废墟下搜寻受困人员的能力 　轻型队伍的可选项			
16.5	国家级城市搜索与救援系统／程序是否要求国家级城市搜索与救援队具备开展技术搜索行动的能力	做好准备并建立相应队伍，可以在受困人员搜寻阶段使用摄像头和监听装备开展技术搜索行动 　轻型队伍的可选项			
16.6	国家级城市搜索与救援系统／程序是否要求国家级城市搜索与救援队采用有效的协同搜索方法	做好准备并培养技术队伍能力以采用有效的协同搜索方法			

（续）

城市搜索与救援行动					
序号	需要考虑的事项	解释	技术支持组评估	核查方法	颜色标注
17	救援行动				
17.1	国家级城市搜索与救援系统／程序是否要求国家级城市搜索与救援队具备在密闭空间内安全开展救援行动的能力	做好准备并配置所需装备，可以在密闭空间内安全开展救援行动 　轻型队伍的可选项			
17.2	国家级城市搜索与救援系统／程序是否要求国家级城市搜索与救援队配置必要的装备和人员，将相应的救援设备从行动基地运至行动现场	根据已掌握的灾情信息，组织人力资源和装备，将相应的救援设备从行动基地运至行动现场			
17.3	国家级城市搜索与救援系统／程序是否要求国家级城市搜索与救援队具备建筑结构的切割和破拆能力	具备切割和破拆以下尺寸建筑构件的能力，包括混凝土墙，楼板，柱子和横梁，结构钢、钢筋、木材及其他			
	混凝土墙和楼板 （1）中型：150毫米。 （2）重型：300毫米	混凝土墙和楼板 　不适用于轻型队伍			
	混凝土柱和梁 （1）中型：300毫米。 （2）重型：450毫米	混凝土柱和梁 　不适用于轻型队伍			
	结构钢 （1）中型：4毫米。 （2）重型：6毫米	结构钢 　不适用于轻型队伍			
	钢筋 （1）中型：10毫米。 （2）重型：20毫米	钢筋 　不适用于轻型队伍			
	木材 （1）中型：450毫米。 （2）重型：600毫米	木材 　不适用于轻型队伍			

（续）

城市搜索与救援行动					
序号	需要考虑的事项	解释	技术支持组评估	核查方法	颜色标注
17.3	17.3.1 垂直穿透顶部至空隙空间	垂直穿透顶部至空隙空间 　轻型队伍的可选项			
	17.3.2 横向穿透至空隙空间	横向穿透至空隙空间 　轻型队伍的可选项			
	17.3.3 采用"快速"技术垂直穿透至下方空隙空间（允许碎片落入空隙空间）	采用"快速"技术垂直穿透至下方空隙空间（允许碎片落入空隙空间） 　不适用于没有这种能力的轻型队伍			
	17.3.4 采用"安全"技术垂直穿透至下方空隙空间（防止碎片落入空隙空间）	采用"安全"技术垂直穿透至下方空隙空间（防止碎片落入空隙空间） 　不适用于没有这种能力的轻型队伍			
17.4	国家级城市搜索与救援系统/程序是否要求国家级城市搜索与救援队具备索具、结构混凝土柱梁顶升和移动能力，作为利用以下装备进行分层救援行动的一部分	国家级城市搜索与救援队具备索具、结构混凝土柱梁顶升和移动能力，作为利用以下装备进行分层救援行动的一部分（尺寸规格详见下表）			
	17.4.1 气动顶升装备	气动顶升装备 　轻型队伍的可选项			
	17.4.2 液压顶升装备	液压顶升装备 　轻型队伍的可选项			
	17.4.3 绞车	绞车			
	17.4.4 其他手动工具	其他手动工具			
	17.4.5 起重机和/或其他重型机械	起重机和/或其他重型机械 　不适用于没有这种能力的轻型队伍			
	手动	手动 （1）轻型：不适用。 （2）中型：1公吨。 （3）重型：2.5公吨			

（续）

城市搜索与救援行动					
序号	需要考虑的事项	解释	技术支持组评估	核查方法	颜色标注
17.4	机械	机械 （1）轻型：不适用。 （2）中型：12公吨。 （3）重型：20公吨			
17.5	国家级城市搜索与救援系统／程序是否要求国家级城市搜索与救援队具备如下所示的建筑构件分析和进行加固的行动能力	配置相应人力和技术资源，具备如下所示的建筑构件分析和进行加固的行动能力			
	17.5.1 垛式支架和楔块	垛式支架和楔块			
	17.5.2 门窗支撑	门窗支撑 　轻型队伍的可选项			
	17.5.3 垂直支撑	垂直支撑 　轻型队伍的可选项			
	17.5.4 斜向支撑	斜向支撑 　轻型队伍的可选项			
	17.5.5 水平支撑	水平支撑 　轻型队伍的可选项			
17.6	国家级城市搜索与救援系统／程序是否要求国家级城市搜索与救援队具备以下绳索技术救援能力	配置技术资源及足够的队员，具备以下绳索技术救援能力			
	17.6.1 构建并利用垂直升降系统	构建并利用垂直升降系统			
	17.6.2 构建一个系统，可以将负载（包括受困人员）从高处横向移动到下面的安全处	构建一个系统，可以将负载（包括受困人员）从高处横向移动到下面的安全处			

（续）

城市搜索与救援行动					
序号	需要考虑的事项	解释	技术支持组评估	核查方法	颜色标注
18	医疗服务				
18.1	国家级城市搜索与救援系统/程序是否要求国家级城市搜索与救援队具备提供紧急医疗服务的能力	配置技术资源和适当装备，从接近受困人员到解救受困人员再到移交伤员期间，在倒塌的建筑结构（包括密闭空间）中提供医疗服务 不适用于轻型队伍，但基本生命支持能力除外			
18.2	国家级城市搜索与救援系统/程序是否要求国家级城市搜索与救援队具备相应资源和程序，保证所有城市搜索与救援队队员都能获得医疗服务	配置医疗资源和医疗装备，为城市搜索与救援队员提供服务 轻型队伍：本手册末尾的表格进一步规定了初级医疗服务和紧急医疗服务，描述了行动级别的培训要求			
	18.2.1 初级医疗服务	初级医疗服务			
	18.2.2 紧急医疗服务	紧急医疗服务			
	18.2.3 健康状况监视	健康状况监视			
	18.2.4 与搜救犬训导员合作，为搜救犬提供紧急兽医护理（如适用）	与搜救犬训导员合作，为搜救犬提供紧急兽医护理（如适用）			
18.3	国家级城市搜索与救援系统/程序是否要求国家级城市搜索与救援队制定相应程序，处理队员严重受伤或死亡的情况	制定相应程序，处理队员严重受伤或死亡的情况			
18.4	国家级城市搜索与救援系统/程序是否要求国家级城市搜索与救援队建立医疗救助事件日志	建立医疗救助事件和人员准备日志			
19	安全注意事项				
19.1	国家级城市搜索与救援系统/程序是否要求国家级城市搜索与救援队具备正确使用国际搜索与救援咨询团信号系统的能力	准备相应材料，并配置训练有素的人员，正确运用国际搜索与救援咨询团的信号系统			

（续）

城市搜索与救援行动					
序号	需要考虑的事项	解释	技术支持组评估	核查方法	颜色标注
19.2	国家级城市搜索与救援系统 / 程序是否要求国家级城市搜索与救援队队员根据情况要求穿戴适当的个人防护设备	对队员进行培训，能够根据情况要求穿戴适当的个人防护设备			
19.3	国家级城市搜索与救援系统 / 程序是否要求国家级城市搜索与救援队建立现场安全监控体系和安全文件	制定相应程序以建立现场安全监控体系和安全文件			
20	撤离和退出战略				
20.1	国家级城市搜索与救援系统 / 程序是否要求国家级城市搜索与救援队制定与地方应急管理机构协调撤离的程序	制定相应的程序和表格，与地方应急管理机构协调撤离事宜			
20.2	国家级城市搜索与救援系统 / 程序是否要求国家级城市搜索与救援队建立相关程序，指导具体城市搜索与救援队的撤离事宜	建立相关程序，指导具体城市搜索与救援队的撤离事宜			
20.3	国家级城市搜索与救援系统 / 程序是否要求国家级城市搜索与救援队制定相关程序和必要的文件，捐赠相关材料	制定相关程序和所需的官方文件，在捐赠相关材料时遵循指定流程。不适用于轻型队伍			
20.4	国家级城市搜索与救援系统 / 程序是否要求国家级城市搜索与救援队制定相应的程序和表格，在撤离后30天内向地方应急管理机构提交总结报告	制定相应的程序和表格，在撤离后30天内向地方应急管理机构提交总结报告			

附件 F8　技术支持组最终报告模板

国际搜索与救援咨询团外部支持和认证流程

［国家］

［报告日期］

1. 封面

2. 目录

3. 简介

4. 背景

1）请求的详细信息

2）商定的职权范围和执行日期

解释职权范围基于通用职权范围而进行改编的方式。

说明支持流程的日期／持续时间。

3）技术支持组的人员组成

姓名	国家	性质（成员／观察员）

4）国家层面的主要对应机构

姓名	机构	角色

5）采用的工作方式

解释技术支持组与认证申请国所采用的工作模式。

5. 支持流程的总结

6. 结果

记录向认证申请国提供的主要建议以及实施这些建议的方法。

1）流程可持续性的特别关注领域

2）值得宣传的优秀领域

7. 结论

8. [请求再认证的流程和日期]

9. 致谢

10. 技术支持组成员签名

11. 附件

1）请求文档

2）工作计划

3）所开展活动的详细情况（按时间顺序）

附件 F9 技术支持组情况报告模板

> **说明：** 本报告适用于技术支持组的区域名册，将通过秘书处进行传递，秘书处负责保存所有报告并与区域名册专家进行分享。建议通过虚拟现场行动协调中心中的"私人讨论"来共享信息，其中还应发布国际搜索与救援咨询团外部支持和认证流程的其他相关文件。

1. 概述

1）背景

　　请求、日期、国家、流程的简要说明以及咨询流程结束方式。

2）技术支持组的人员组成

姓名	国家	性质（成员/观察员）	电子邮件

2. 采用的方法

　　流程的优点、缺点、局限性和灵活性等。

3. SWOT 分析

（1）局限性。

（2）技术支持组的灵活性和适应性。

（3）与其他流程的比较。

（4）工作计划和时间表的执行情况。

（5）执行技术支持组的建议。

4. 向技术支持组提出的建议和改进机会

这些建议主要围绕技术支持组的改进机会。

1）一般性建议

2）关于技术支持组方法的建议

附件 F10 认证证书示例

INSARAG
（国际搜索与救援咨询团）

认证证书

国际搜索与救援咨询团秘书处特此证明

机构和国家名称

已经建立了国家认证程序，确保国家级城市搜索与救援队符合 2015 版《国际搜索与救援指南》所规定的国际搜索与救援咨询团标准。

国际搜索与救援咨询团秘书处代表国际搜索与救援咨询团，欢迎并祝贺 **机构和国家名称** 已将国际搜索与救援咨询团方法和程序纳入其国家标准。

秘书处还倡导其他国家采用同样的做法，并为国际搜索与救援咨询团关于国家级城市搜索与救援队认证程序的外部支持和认证流程做出贡献。

祝一切顺利

国际搜索与救援咨询团秘书书
Jesper Holmer Lund
联合国人道主义事务协调办公室（OCHA）一日内瓦

日期

附件 F11　国际搜索与救援咨询团国家标准执行情况的支持文档表

配套文件	定义	责任方	与修订版附件C中标准的联系	指南和推荐模板
1. 机构的战略计划	组织文件，解释并确立了具有长期规划远景的一般和具体目标、战略、举措、项目和相应资源。战略计划应包括任务说明、远景和指标	地方应急管理机构 / 城市搜索与救援队	所有部分	表格 1.1
2. 组织模型和架构（包含5 个组成部分）	文件描述队伍的组织模型，以及队伍组织的所有职能或岗位。应具体说明队伍情况和职责，以及每位队员所需的技能和能力	城市搜索与救援队规划人员	5, 6, 7, 9.2	表格 2.1
3. 年度行动计划，包括年度和中期财务计划 / 预算	文件包含关于短期内要实施行动的指南，并根据机构的战略计划描述队伍短期和中期可持续性预算和财务规划	地方应急管理机构和城市搜索与救援队管理人员	所有部分	表格 3.1
4. 年度培训和技能发展计划	培训计划包含所举办课程或研讨会的数据库，根据相应级别认证申请队伍的预期最基本培训，定义培训目的、目标、责任、资源、认证机构、时间表、工作量、课程、参与者人数。应包括持续学习 / 重新认证计划	城市搜索与救援队管理人员 / 行政人员	7, 16, 17 3.1, 6, 7, 8, 10, 13, 14, 16,17, 18（医疗）	表格 4.1
5. 安全、健康和保险和 / 或法定健康福利安排	计划、流程和工具旨在为队伍提供健康、职业安全、法定福利和 / 或保险；包括年度和任务执行后的体检	城市搜索与救援队	3.4, 3.6, 3.7, 5.2, 9.3.2, 9.3.3, 9.3.5, 11.4, 11.5, 12.2.3, 12.2.5, 12.2.7, 18, 19.2, 19.3	表格 5.1
6. 与服务和物资供应商的协议	包括每一份正式签署的有效协议，确保为队伍各项职能提供足够的支持并采购装备、工具、用品和服务	地方应急管理机构 / 城市搜索与救援队	3.3, 3.5, 8, 10.1, 13.3	表格 6.1
7. 人力资源管理	建立组织人力资源策略的文档（执照、许可证、处罚、休假等）	城市搜索与救援队	9.2	表格 7.1

（续）

配套文件	定义	责任方	与修订版附件C中标准的联系	指南和推荐模板
8. 队伍设施	队伍为其工作分配的每个现场区域（仓库、商店、宿舍、健身房、厨房等）的详细信息	城市搜索与救援队	10	表格 8.1
9. 工具、装备和配件	城市搜索与救援队相应行动级别所需的装备、工具和配件。这些装备、工具和配件应随时可用，技术状况良好，并具有操作登记/库存系统，以及预防性和纠正性维护服务	城市搜索与救援队	9.2.4	表格 9.1
10. 行动能力和自主权	建立行动程序以及相应时间表的文件，确保按照响应周期执行城市搜索与救援队的不同任务	城市搜索与救援队	6.3, 6.4, 9.3.4, 11.1, 11.3, 12, 13, 14, 15, 16, 17, 18, 19, 20	表格 10.1
11. 后勤	文件规定城市搜索与救援队正常运行的后勤需求（食物、住宿、交通等）	城市搜索与救援队	9.2, 9.3.6, 9.3.7, 12	表格 11.1
12. 信息和通信技术	描述城市搜索与救援队的信息和通信技术系统（如固定式、便携式和配件），根据城市搜索与救援队的级别、行动状态、通信计划、行动登记/库存系统以及预防性和纠正性维护进行定义	城市搜索与救援队	8, 9.2.4, 9.3.1	表格 12.1
13. 队伍启动、动员机制和协议	城市搜索与救援队的启动和动员程序	城市搜索与救援队/地方应急管理机构	3.6, 5.1, 9.3.8, 11.1, 11.3, 11.4, 11.5, 20	表格 13.1
14. 文档/信息管理	为城市搜索与救援行动提供文件支持的信息管理表格（建议使用国际搜索与救援咨询团表格）	城市搜索与救援队/地方应急管理机构	9, 11.2, 20.4	国际搜索与救援咨询团表格

说明： 模板可在国际搜索与救援咨询团网站上查询：http://www.insarag.org/capacity-building/national-guidelines。

国际搜索与救援咨询团外部支持和认证流程图

步骤	备注
请求 有意向的国家向国际搜索与救援咨询团秘书处提出正式请求。请求应附带以下内容： （1）对国际搜索与救援咨询团国家标准目前执行情况的自我评价。 （2）承诺遵守国际搜索与救援咨询团方法和国际搜索与救援指南的声明；为国际搜索与救援咨询团外部支持和认证流程提供资金；实施技术支持组建议；与技术支持组保持沟通	由国家灾害管理最高主管部门签署，送交国际搜索与救援咨询团秘书处/联合国人道主义事务协调办公室日内瓦总部，并抄送国际搜索与救援咨询团政策联络人、国际搜索与救援咨询团区域主席团和国内的联合国驻地协调员
技术支持组的选派 （1）国际搜索与救援咨询团秘书处向区域技术支持组名册专家发出请求。 （2）技术支持组专家在两周内给予回复。 （3）国际搜索与救援咨询团秘书处向请求国通报现有专家情况。 （4）请求国有两周时间选择技术支持组人员。 （5）国际搜索与救援咨询团秘书处向区域技术支持组名册专家通报选派情况	区域技术支持组名册包括两类专家： （1）**成员**：满足所有既定标准。 （2）**观察员**：经验丰富，但可能缺乏某一方面的才能。 请求国从所在地区的三个不同国家选择至少三名专家，并可选择增加/接受观察员作为技术支持组的组成人员
支持流程 技术支持组向请求国提供建议，涉及：在商定的期限内实施国家级城市搜索与救援队认证程序的标准和步骤，并核实国际搜索与救援指南和国际搜索与救援咨询团方法的执行情况	**工作模式** 技术支持组的工作模式和方法将由技术支持组和请求国商定，并取决于请求国在建立国家认证程序方面的进展程度。

支持流程中的关键步骤	最长持续时间
（1）审查自评估并达成共识	90 天
（2）调整技术支持组职权范围并达成共识，制定支持流程的工作计划并达成共识	30 天
（3）请求国提交关于国家级城市搜索与救援队认证程序实施的进展报告	30 ~ 180 天
（4）审查技术支助组的进展报告并提出意见	

核查/评价方法
步骤的进度和标准将按照以下颜色编码进行标注：
（1）绿色或"Y"（"完全合格"）：完全符合/超过最低标准。
（2）黄色或"M"（"部分符合"）：表示认证申请国在某一方面符合要求，但建议还要进行其他改进。

（续）

步骤		备注
（5）技术支持组和请求国对进展情况开展联合分析	30 天[1]	（3）橙色或 "RT"（"需要时间"）：表示某一方面仍未达到最低标准，这取决于妨碍达标的具体原因。
（6）进行最终核查访问	3 天	（4）红色或 "NY"（"不合格"）：表示某一方面不满足最低标准。这种颜色编码将用于自评估、进度报告和最终报告
（7）向请求国和搜索救援咨询小组秘书处提交最终报告	15 天	
（8）技术支持组起草情况报告，改进国际搜索与救援咨询团外部支持和认证流程	15 天	
认证 在收到技术支持组的最终报告后，国际搜索与救援咨询团秘书处向负责国家级城市搜索与救援队认证程序的国家应急管理主管部门颁发认证证书		对于那些证明已将国际搜索与救援咨询团方法纳入其本国标准和进程并实施的国家主管部门，国际搜索与救援咨询团体系应当提供某种方式的认可。这是国际搜索与救援咨询团体系推动国家能力加强进程的一种方式，也是承认在国家层面依据国际搜索与救援咨询团方法开展工作的一种方式

附件　国家认证程序

国家级城市搜索与救援队的认证完全由国家主管部门负责。然而，在城市搜索与救援响应的三个层面，国际搜索与救援咨询团体系可以发挥作用，推广其方法和国际搜索与救援指南。通过国际搜索与救援咨询团外部支持和认证流程，帮助请求国确保其国家级城市搜索与救援队认证程序与国际搜索与救援咨询团的方法保持一致。这确保了相关流程满足特定标准，以及国家层面和国际层面的城市搜索与救援响应框架之间的协作，最终挽救更多生命。

在提供支持的过程中，通过审查两个关键方面，技术支持组可以评估国家认证程序是否与国际搜索与救援咨询团的方法保持一致。

（1）是否符合国际搜索与救援咨询团国家标准；

（2）国家认证程序的标准和步骤。

---

1 如果决定重新制定计划，则需要更多时间。

国家标准

根据定义，国家标准应由主管部门在国家层面制定和颁布。但是，为了满足国际搜索与救援咨询团外部支持和认证流程，国家认证程序必须要求获得认证的队伍满足一套最低标准。目前版本的国际搜索与救援指南，已经规定了适用于国家队伍的最低标准（本卷本册附件 C）。相关清单已根据国际搜索与救援咨询团外部支持和认证流程手册（本卷本册附件 F7）进行了更新，针对国家响应措施的启动和协调程序，旨在提供更明确的指导，涉及国家轻型、中型和重型队伍的不同标准以及国家灾害管理系统的各项要求。在提供支持的过程中，技术支持组将使用附件 F7 作为核查表。

国家认证程序的标准和步骤

根据本卷本册的内容，技术支持组将核实国家认证程序是否符合一系列通用标准。

— （1）认证程序必须由国家应急管理机构或具有此类任务的主管机构领导，并成为国家紧急情况 / 灾害管理框架的一部分。

— （2）认证程序必须建立一个由城市搜索与救援队和质量控制 / 审核专家组成的认证委员会，并由国家主管部门提供支持。

— （3）认证程序必须向所有的城市搜索与救援响应机构公开和开放，并向所有相关方通报。必须向所有关注认证程序的利益相关方通告认证要求，并且必须在执行认证程序之前向所有相关方通告评估标准和法规。

为了获得国际搜索与救援咨询团的认证，国家认证程序还必须包括相应的关键步骤，所有这些都在附件 F6 中进行了介绍。

──（1）队伍的正式申请和相关文件（相当于证明文件集）的提交。

──（2）认证委员会指派一名认证程序教练。

──（3）队伍的自评估。

──（4）对所提交项目组合的行政审核。

──（5）如核查表所述，对队伍能力进行现场审核。

──（6）展示队伍的技能和能力的现场演练。

──（7）对队伍及其融入国家救灾响应系统的承诺的认证以及正式公开认可。

──（8）将队伍列入已通过认证的国家级城市搜索与救援队目录，并作为国家级城市搜索与救援队列入国际搜索与救援咨询团目录。

──（9）定期进行重新认证程序（建议周期为 5 年）。

第二卷　准备和响应

手册 B：救援行动

OCHA United Nations Office for the Coordination of Humanitarian Affairs

1 简 介

《国际搜索与救援指南》分为三卷：

1. 第一卷：政策

2. 第二卷：准备和响应

> **手册A：** 能力建设。
> **手册B：** 救援行动。
> **手册C：** 国际搜索与救援咨询团分级测评与复测（IEC/IER）。

3. 第三卷：现场行动指南

本手册的适用对象包括：国际搜索与救援咨询团行动联络人、城市搜索与救援（USAR）队管理层和联络人以及国际搜索与救援咨询团秘书处，针对国内和（或）国际救援行动，为城市搜索与救援队的培训、筹备和协调提供指导。本手册基于最低标准，描述了协调行动所需的各种能力。

策略和技术细节，请参见《第二卷　手册A：能力建设》《第二卷　手册C：国际搜索与救援咨询团分级测评与复测》《第三卷：现场行动指南》，以及指南说明。

> **说明：** 指南文件可以从 www.insarag.org 网站下载。英文版纸质文件以及译本（如果能提供），可通过电子邮件 insarag@un.org 向国际搜索与救援咨询团秘书处索取。

这份文件已得到国际搜索与救援咨询团指导委员会的认可。文件描述了国际城市搜索与救援响应周期、城市搜索与救援行动中主要利益相关方的作用和责任，如联合国（UN）、受灾国和援助国以及国际城市搜索与救援队。

本手册介绍了在响应周期的时间范围内，城市搜索与救援能力的五个组成部分（管理、搜索、营救、医疗和后勤）。本手册还介绍了城市搜索与救援队的协调架构和方法，包括国际搜索与救援咨询团的标记和信号系统，以及与现场行动协调中心（OSOCC）指南的链接。

关于城市搜索与救援协调的更多信息，请参见 www.insarag.org 网站指南说明中"*Manuals UCC*"选项卡下的城市搜索与救援协调手册。关于现场协调的更多信息，请参见 www.insarag.org 指南说明中"*Manuals—OSOCC*"选项卡下的虚拟现场行动协调中心指南。

2　国际城市搜索与救援响应周期

国际城市搜索与救援响应（图 1）分为以下五个阶段：准备、动员、行动、撤离和总结。

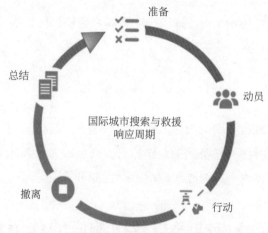

图 1　国际城市搜索与救援响应周期

2.1　准备阶段

准备阶段处于两次救灾响应之间的平静时期。在这一阶段，城市搜索与救援队采取准备措施，确保队伍处于尽可能高的部署准备状态。队伍将进行培训和演练，回顾从以前行动中吸取的经验教训，根据需要更新标准行动程序（SOP），并计划未来的应对措施。

2.2　动员阶段

动员阶段处于灾难发生后的最初时期。国际城市搜索与救援队准备做出响应，前往部署地区，并协助请求国际援助的受灾国。

2.3 行动阶段

行动阶段处于国际城市搜索与救援队在受灾国执行搜索与救援行动的时期。首先，城市搜索与救援队抵达受灾国的接待和撤离中心（RDC），在现场行动协调中心登记，向地方应急管理机构（LEMA）或国家灾害管理机构（NDMA）报告，并执行城市搜索与救援行动。如果城市搜索与救援接到停止行动的指示，这一阶段即告结束。

2.4 撤离阶段

撤离阶段处于国际城市搜索与救援队停止救援行动的时期，开始准备撤离，通过城市搜索与救援协调单元／现场行动协调中心协调队的离境，通过接待和撤离中心离开受灾国并回到原驻国。

2.5 总结阶段

总结阶段处于城市搜索与救援队返回原驻国后的时期。在此阶段，城市搜索与救援队需要完成并提交任务后的总结报告，开展经验教训总结，提高应对未来灾害的整体有效性和效率。总结阶段的后续为准备阶段。

3 国际城市搜索与救援响应的作用和责任

本章列出了参与国际城市搜索与救援响应周期的各类机构，以及对相关机构的期望，包括来自受灾国的相关机构。

3.1 联合国人道主义事务协调办公室

联合国人道主义事务协调办公室（OCHA）的任务是协调在灾害和人道主义危机超出受灾国能力情况下提供的国际援助。

各类组织，包括政府组织、非政府组织、联合国机构和个人，都会对灾难和人道主义危机做出响应。联合国人道主义事务协调办公室与所有救援参与方合作，应对灾害，协助受灾国政府努力确保最有效地利用所有国际救灾资源。

联合国人道主义事务协调办公室也是国际搜索与救援咨询团秘书处。国际搜索与救援咨询团秘书处设在联合国人道主义事务协调办公室瑞士日内瓦总部响应支持处。

关于联合国人道主义事务协调办公室及其提供的应急响应机制的更多信息，请访问 www.unocha.org 网站。

3.2　联合国灾害评估与协调队

联合国灾害评估与协调（UNDAC）队是联合国人道主义事务协调办公室的一项工具，用于突发紧急情况下的援助部署。根据受灾国政府或联合国驻地协调员的要求，联合国人道主义事务协调办公室向受灾国派遣联合国灾害评估与协调队。联合国灾害评估与协调队人员昼夜待命，能够在很短的时间内做出响应。联合国灾害评估与协调队是帮助受灾国的一支专家团队。

联合国灾害评估与协调队的队员，包括来自各国、国际组织和人道主义事务协调办公室的经过培训的应急管理人员。联合国灾害评估与协调队由响应支持处管理，该机构设在联合国人道主义事务协调办公室内，在驻地协调员的牵头领导下工作，支持地方应急管理机构并与之密切合作。联合国灾害评估与协调队，帮助地方应急管理机构协调国际应急响应，包括城市搜索与救援，优先需求的评估和信息管理，如果尚未建立现场行动协调中心，则建立这一机构，或是接管现场行动协调中心的控制权。

3.3　国际搜索与救援咨询团秘书处

国际搜索与救援咨询团秘书处设在联合国人道主义事务协调办公室瑞士日内瓦总部响应支持处的应急响应科。国际搜索与救援咨询团秘书处的任务是与东道国合作，帮助组织国际搜索与救援咨询团会议、研讨会、国际搜索与救援咨询团分级测评/复测和培训活动。

国际搜索与救援咨询团秘书处负责管理和维护国际搜索与救援咨询团网站（www.insarag.org）以及网站所载的城市搜索与救援队名录。

此外，国际搜索与救援咨询团秘书处负责贯彻和促进国际搜索与救援咨询团网络商定和发起的各类项目。

国际搜索与救援咨询团秘书处的主要职能如下。

1. 准备阶段

(1) 倡导和促进国际城市搜索与救援准备工作。

(2) 促进和协调国际公认的城市搜索与救援方法的发展，并规定国际城市搜索与救援行动的最低标准。

(3) 在联合国体系内，充当国际搜索与救援咨询团相关事务的联络人。

(4) 在国际搜索与救援咨询团网站上，维护国际城市搜索与救援队目录。

2. 动员阶段

(1) 启动虚拟现场行动协调中心。

(2) 提供相关情况的持续更新，包括人员伤亡和建筑物损坏情况、入境点和入境手续以及具体援助请求。

(3) 向所有国际救援参与方通报受灾国的背景信息，包括各种特殊文化、宗教或传统习俗、天气、安全和安保问题。

(4) 与受灾国密切合作，及时发出具体的国际援助请求。

(5) 与受灾国的联合国代表进行沟通。

(6) 在必要时，部署联合国灾害评估与协调队，并根据需要请求联合国灾害评估与协调队支持单元。

3. 行动阶段

(1) 管理虚拟现场行动协调中心，定期发布情况更新。

(2) 如果尚未建立接待和撤离中心以及城市搜索与救援协调单元，则倡导受灾国 / 城市搜索与救援队建立并管理此类机构。

(3) 根据需要向联合国灾害评估与协调队提供支持。

(4) 根据需要请求其他的救灾协调支持单元。

4. 撤离阶段

—(1) 管理虚拟现场行动协调中心, 并定期发布情况更新。
—(2) 根据需要向联合国灾害评估与协调队提供支持。

5. 总结阶段

—(1) 对城市搜索与救援队的行动进行分析, 同时考虑所有城市搜索与救援队的总结报告。
—(2) 如有必要, 与所有利益相关方召开一次经验教训总结会议。
—(3) 向所有利益相关方分发经验教训总结会议的报告, 并张贴在国际搜索与救援咨询团网站上。
—(4) 根据从各队伍汇集的经验教训和反馈 (分析、总结报告等), 向国际搜索与救援咨询团指导委员会建议最终更新的决策和/或创建新决策, 将相关决策融入准备阶段, 从而形成工作闭环。

3.4 联合国监测和灾害警报系统

3.4.1 全球灾害预警与协调系统

全球灾害预警与协调系统 (GDACS) 设置在 www.gdacs.org 网站, 为国际救灾机构提供了关于世界各地灾害的、近乎实时警报以及促进救灾响应协调的工具。

如果重大灾害造成受灾国的应对能力不堪重负, 并需要国际援助, 则会启动全球灾害预警与协调系统。

3.4.2 虚拟现场行动协调中心

虚拟现场行动协调中心是一个基于网络的信息管理工具, 其网站为 http://VOSOCC.unocha.org。这个中心是现场行动协调中心的线上版本。虚拟现场行动协调中心是灾后国际救灾响应机构与受灾国之间信息交流的门户。虚拟现场行动协调中心的访问仅限于政府和救灾响应组织的灾难管理人员 (需要密码)。虚拟现场行动协调中心由日内瓦响应支持处的协调平台单元管理。相应手册可在此链接查阅。

3.5　受灾国

受灾国是那些遭受突发灾害的国家。联合国大会第 57/150 号决议明确了受灾国在简化救灾流程中的重要性，可以确保国际应急响应机构的及时响应，以及救援队的安全。

3.5.1　2002 年 12 月 16 日联合国第 57/150 号决议

"敦请所有国家，在确保其公共安全和国家安全原则的前提下，遵循国际搜索与救援指南，酌情简化或减少国际城市搜索与救援队及其装备、材料在入境、运输、停留和出境方面的海关和行政手续，特别是有关救援人员的签证及动物检疫、领空使用、搜索救援通信装备、必备药品和其他相关材料入境的规定；敦请所有国家采取措施，保障国际城市搜索与救援队在其领土上开展救援行动的安全"。

受灾国的主要职能如下。

1. 准备阶段

- (1) 通过分析国内灾害风险和可能的资源缺口，确定可能需要国际援助的时间。
- (2) 培养开展实时灾情和需求评估的能力。确定优先事项并向国际社会报告。
- (3) 实施并管理及时请求国际援助的程序。
- (4) 实施和管理接收国际救援队入境的程序，包括：①建立接待和撤离中心；②提供签证援助，确保国际城市搜索与救援队能够快速入境，并在可能的情况下免除救灾人员的签证和入境检查要求；③针对以下项目发放出入境许可，免征关税、税款和其他费用：专用通信装备，搜索、救援和医疗装备，搜救犬，紧急医疗药品；④尽可能简化出入境、过境所需文件，并在可能的情况下简化或免除检查要求。
- (5) 为支持城市搜索与救援队的后勤需求做好准备，包括口译员、向导、燃料、运输、支撑木材、水、地图和可能的行动基地（BoO）场所。
- (6) 编制国家灾情简报和概况表，供即将抵达的城市搜索与救援队使用。

（7）明确相关责任问题。

（8）形成向虚拟现场行动协调中心发布定期的情况更新以及简报的能力。

2. 动员阶段

（1）根据灾情需要，尽快提出国际援助请求。可以通过各种渠道提出国际援助请求，包括：联合国驻地协调员办事处、联合国人道主义事务协调办公室国家区域办事处、直接联系国际搜索与救援咨询团秘书处、其他区域网络或利用双边援助机制。

（2）如果不需要其他国际城市搜索与救援队抵达灾区，应及时告知。

（3）如果条件允许，建立一个接待和撤离中心，或是促进并帮助首批到达的队伍建立接待和撤离中心。

（4）为入境救援队伍提供行动基地场所。

（5）开展实时的灾情和需求评估。应确定国际援助的优先需求，并通过联合国人道主义事务协调办公室和虚拟现场行动协调中心尽快向国际社会提供信息。向国际响应队伍强调限制事项（如不允许搜救犬入境）。

（6）定期在虚拟现场行动协调中心提供最新情况，包括人员伤亡和建筑物损坏情况、入境点和入境手续、具体的援助请求，并向所有国际救援参与方通报受灾国的背景信息，包括各种特殊文化、宗教或传统习惯、天气、安全和安保问题。

（7）向抵达的国际城市搜索与救援队提供相关简报，包括地方应急管理机构的组织架构、国内的情况和安全状况。

3. 行动阶段

（1）在接待和撤离中心以及城市搜索与救援协调单元/现场行动协调中心设立代表，确保协调响应并满足国内的救灾优先事项。

（2）利用各方提供的国际协调机制，包括联合国灾害评估与协调队、接待和撤离中心和城市搜索与救援协调单元等协调架构。

（3）建立相应机制，将国际城市搜索与救援队纳入正在进行的国家救援行动。

4. 撤离阶段

- —(1) 宣布城市搜索与救援行动阶段的结束。这是由受灾国政府做出的一项决定，原因是受灾国对灾区救援的影响可能受到各方高度关注。决定撤离的依据可以包括：气象条件，建筑物破坏程度，最后获救的幸存受困人员。
- —(2) 提供后勤支持，协助国际救援队伍撤离。
- —(3) 根据需要，协助城市搜索与救援队过渡到执行其他人道主义行动。
- —(4) 协助城市搜索与救援队，将留下的装备捐赠给受灾国政府。

3.6　地方应急管理机构

地方应急管理机构是全面指挥、协调和管理应急响应行动的最终责任机构。在抵达受灾国后，所有参与救援响应的（区域和国际）城市搜索与救援队都必须向地方应急管理机构报告。

这一过程应由接待和撤离中心协调。城市搜索与救援协调单元应向各队伍简要介绍情况，并将队伍部署到受灾现场。

3.7　援助国：双边响应机构

援助国是拥有城市搜索与救援队或其他技术能力的国家，这些国家正在向受灾国跨境部署救灾资源，提供城市搜索与救援能力或救援队伍具备的其他能力。这类援助主要是基于双边救援机制和／或（次区域）区域救灾合作机制。

提供城市搜索与救援能力的援助国的主要职能如下。

1. 准备阶段

- —(1) 根据国际搜索与救援指南，组建并更新国际城市搜索与救援队，并根据分级测评指南对队伍进行分级。
- —(2) 实施和更新相关程序，确保快速部署城市搜索与救援队的运输能力。

（3）承担与国际救灾部署有关的所有费用。

（4）如有必要，建立为国外城市搜索与救援队提供补给的能力。

（5）更新相关政策、行动和队伍联络人。

2. 动员阶段

（1）一旦决定部署国际城市搜索与救援队，进入虚拟现场行动协调中心，在"新增援助队伍"栏目中添加队伍概况表。

（2）在执行任务期间，于后勤办公室确定并设立一个行动协调人。将这一信息添加到队伍概况表中。

（3）通过虚拟现场行动协调中心，定期在行动的所有阶段提供信息更新。

（4）如有必要在另一个国家过境，则负责过境安排。过境国应为国际城市搜索与救援队的快速过境提供便利。

3. 行动阶段

（1）提供城市搜索与救援队在执行任务时可能需要的所有后勤和行政支持，并能够根据需要安排一名联络官。

（2）如果条件允许，则继续根据需要向受灾国提供援助（包括工程和医疗状况评估）。

4. 撤离阶段

（1）在虚拟现场行动协调中心，继续更新的相关信息。

（2）根据受灾国的建议，一旦不再需要城市搜索与救援队，向队伍提供回国的便利交通方式。

其他能力

适用于城市搜索与救援队的部署方法也可以用于提供其他救灾援助能力。鼓励拥有可部署队伍的国家调整其队伍能力建设方式，提高队伍进入其他人道主义援助领域的能力。如果队伍确实有其他能力，则鼓励队伍在部署之前尽早在虚拟现场行动协调中心对相关能力进行说明。

鼓励受灾国在虚拟现场行动协调中心对救援能力进行检查，并邀请经过分级测评的队伍提供相应的救援能力，以满足国内当前的救援需求。

在队伍主要人员撤离之后，如果部署的城市搜索与救援队将其部分能力留在受灾国，那么该队伍应在虚拟现场行动协调中心上注册新的部署任务，详细说明其所提供的救援能力。在虚拟现场行动协调中心，部署队伍负责输入所有新信息并建立一个部署管理小组，该小组将根据需要与受灾国进行联络。

3.8　国际城市搜索与救援队

国际城市搜索与救援队是救灾响应资源，用于在倒塌的建筑物中开展城市搜索与救援行动，以及其他救灾 / 人道主义支持行动。

国际城市搜索与救援队的主要职能如下。

1. 准备阶段

(1) 持续保持救灾准备状态，实现快速国际部署。

(2) 保持开展国际城市搜索与救援行动的能力。

(3) 确保城市搜索与救援队队员具有国家级城市搜索与救援经验和专业技能。

(4) 确保部署的响应人员在任务期间能够自给自足。

(5) 确保队员以及搜救犬接种了适当的疫苗。

(6) 确保所有城市搜索与救援队队员具备有效的旅行证件。

(7) 确保为联合国相关协调机制配置人员和提供支持的能力，包括建立或协助建立接待和撤离中心以及城市搜索与救援协调单元。

(8) 配置一名 24 小时提供服务的队伍联络人。

2. 动员阶段

(1) 在虚拟现场行动协调中心，说明城市搜索与救援队是否能够提供应急响应支持，并进行相关信息的更新。

（2）在国际搜索与救援咨询团协调管理系统上，填写城市搜索与救援队队伍概况表，并在抵达时向接待和撤离中心以及城市搜索与救援协调单元提供纸质相关文件。

（3）除了城市搜索与救援队，部署时还要考虑协调要素，建立、协助或维持接待和撤离中心以及城市搜索与救援协调单元。

（4）配置一名 24 小时提供服务的队伍联络人（可以部署在原驻国，作为后方支援能力和 / 或队伍总部的一部分）。

3. 行动阶段

（1）利用国际搜索与救援咨询团协调管理系统和虚拟现场行动协调中心，在队伍概况表中更新队伍状态。

（2）根据需要，建立、协助或维持接待和撤离中心以及城市搜索与救援协调单元。

（3）确保城市搜索与救援队队员行为得体，遵循国际搜索与救援咨询团规定的城市搜索与救援队职业规范。

（4）根据国际搜索与救援指南执行战术行动。

（5）通过城市搜索与救援协调单元，与地方应急管理机构协调，完成城市搜索与救援队的行动安排和情况简报（国际搜索与救援咨询团协调管理系统）。

（6）参加城市搜索与救援协调单元会议，商讨城市搜索与救援行动。

（7）在虚拟现场行动协调中心，定期提供最新情况。

（8）通过城市搜索与救援协调单元（国际搜索与救援咨询团协调管理系统），定期向地方应急管理机构提供活动情况的更新内容。

4. 撤离阶段

（1）利用国际搜索与救援咨询团协调管理系统和虚拟现场行动协调中心，在队伍概况表中更新队伍状态。

（2）在得到行动停止的建议后，向援助国的所有相关方报告这一情况。

（3）联系城市搜索与救援协调单元，帮助队伍撤离。

（4）在撤离前，向城市搜索与救援协调单元和 / 或接待和撤离中心提供完整的行动文件。

（5）根据需要，如果可能的话，开展"在废墟之外"的其他人道主义行动，例如：①在城市搜索与救援行动结束时，支持更大范围的人道主义救援行动；②支持结构工程的评估工作；③提供医疗支持。

（6）考虑向受灾国政府捐赠合适的城市搜索与救援队装备。

5. 总结阶段

（1）在结束任务后的 45 天内，确保向国际搜索与救援咨询团秘书处提供城市搜索与救援队的总结报告。

（2）分析部署行动的表现，并根据需要更新标准行动程序。

3.9 城市搜索与救援队在部署期间的各项职能

城市搜索与救援队在部署期间的各项职能如图 2 所示。

城市搜索与救援队管理
城市搜索与救援队的管理组负责整个响应周期中城市搜索与救援活动的各个方面，包括指挥和控制、行动、评估、协调、规划、媒体以及安全和安保

城市搜索与救援队医疗
城市搜索与救援队的医疗组必须确保城市搜索与救援队队员的健康、紧急护理和医疗福利，包括搜救犬和受困人员（在国家卫生主管部门允许的情况下）。为此，不需要在世界卫生组织的架构下进行单独的分级测评

城市搜索与救援队搜索
城市搜索与救援队的搜索组负责系统地应用技术和 / 或搜救犬的能力，定位因灾难而被困的人员

城市搜索与救援队后勤
城市搜索与救援队的后勤组需要在城市搜索与救援响应周期的所有方面支持和保障城市搜索与救援队，包括管理物资库存、行动基地、通信、过境事宜和交通运输

城市搜索与救援队营救
城市搜索与救援队的营救组负责应用全面的技能、技术和装备，包括破拆、切割、支护、绳索和索具能力，以应对复杂的救援情况

图 2　城市搜索与救援队在部署期间的各项职能

3.10　国际城市搜索与救援队的职业规范

国际搜索与救援咨询团承认并尊重世界各国的文化多样性。

国际搜索与救援咨询团按照人道主义原则开展行动，这些原则构成了人道主义行动的核心。

执行任务时的城市搜索与救援队队员的行为方式是国际搜索与救援咨询团、援助国和受灾国以及受灾国地方官员的主要关注点。

城市搜索与救援队应始终致力于成为一支组织良好、训练有素的专家团队，这些专家聚集在一起以帮助需要其援助的社区。在任务结束时，城市搜索与救援队应当已经做出积极的救灾响应，并且在工作环境和社交方面有令人难忘的出色表现。

职业伦理包括人权、法律、性别、道德和文化问题，也涉及城市搜索与救援队队员与受灾国社区之间的关系。城市搜索与救援队队员应当在工作方法中践行包容性原则。

国际搜索与救援咨询团城市搜索与救援队的所有成员都好像是其队伍和国家的大使，代表全球国际搜索与救援咨询团体系。如果队员违反相关原则或存在行为不当，均被视为违反职业伦理。任何不当行为都可能损害城市搜索与救援队的工作成效，并给整支队伍的表现抹黑，损害队伍所在国以及全球国际搜索与救援咨询团体系的形象。

在执行任务期间，城市搜索与救援队队员不应利用任何情况趁机为自身谋求利益，所有队员都有责任始终以专业的方式行事。

执行国际任务的城市搜索与救援队必须自给自足，确保队伍永远不会成为负担，因为接受援助的国家已经不堪重负。指南说明中列出了城市搜索与救援队职业规范的主要内容。

4 城市搜索与救援响应周期的具体行动

4.1 准备阶段

1. 城市搜索与救援队管理

(1) 在整个城市搜索与救援响应周期内，负责城市搜索与救援队的人员配备、培训和部署。

(2) 负责遵循国际搜索与救援咨询团的最低标准，并进行相关培训。

(3) 确保以合适的方式明确城市搜索与救援队的职能。

(4) 确保所有人员都接受过安全和安保培训。

(5) 确保将安全和安保职能分配给一名或多名队员。

(6) 负责与国家主管部门（队伍的管理机构）和国际利益相关方（国际搜索与救援咨询团）保持协作，并在虚拟现场行动协调中心保持可用状态。

(7) 确保城市搜索与救援队始终准备就绪，并确保动员机构建立一个通知系统，可以随时发出征召通知。

(8) 在国际搜索与救援咨询团城市搜索与救援队目录中，负责注册成为城市搜索与救援队。

2. 城市搜索与救援队搜索

(1) 负责制定人工搜索、搜救犬和 / 或技术搜索的任务安排和方法，以及定期培训并持续做好准备。

(2) 负责搜救犬训导员有可能与城市搜索与救援队的其他队员一起进行的训练（如技术搜索，营救和医疗服务）。

(3) 负责确保所有相应的搜救犬过境文件准备就绪（如微芯片、疫苗接种文件）。

3. 城市搜索与救援队营救

(1) 负责救援任务安排和方法准备到位, 定期培训并持续做好准备。

(2) 负责确保营救组有可能与城市搜索与救援队的其他队员一起进行的训练（如搜救犬、技术搜索和医疗服务）。

(3) 负责确保运用行业最佳做法, 执行新的救援方法和标准, 并配置新的技术装备。

4. 城市搜索与救援队医疗

(1) 时刻保持任务准备状态, 并遵守城市搜索与救援队政策规定的所有其他一般要求。

(2) 制定适当的免疫接种 / 疫苗接种计划并持续执行, 按照城市搜索与救援队国家卫生主管部门的建议, 在受灾国开展工作。

(3) 将医疗物资储存于贴有清晰标签的容器内并附上库存清单, 用于部署和过境时检查。

(4) 制定相应流程, 在国际部署时, 对所有人员进行有效的医学筛检。

5. 城市搜索与救援队后勤

(1) 确保培训、国际部署和装备 / 人员的后勤准备, 以及建立和维护行动基地（包括整个部署的技术装备和用品）。

(2) 为城市搜索与救援队的工作人员和装备提供相应的过境文件, 包括护照、签证、疫苗接种证书、装备标签、货物清单、托运人的危险货物申报。

(3) 为国际部署做好最新的交通运输安排。

(4) 确保通信装备随时为部署任务做好准备（信息交换畅通）。

(5) 在部署期间保持队伍系统自给自足（食物、水、燃料）。

4.2 动员阶段

1. 城市搜索与救援队管理

—(1) 收到援助请求后 10 小时内，确保可以启动部署。

—(2) 从队伍启动到返回原驻国，城市搜索与救援队队长全面负责队伍的人员、装备和行动。

—(3) 在虚拟现场行动协调中心和/或国际搜索与救援咨询团协调管理系统，收集和分析有关受灾国的灾害和实际情况信息。

—(4) 等待受灾国提出国际援助请求或通过外交渠道提供援助。

—(5) 通过队伍原驻国的指定渠道，收集相关灾害和受灾国信息，为部署城市搜索与救援队提供（其他）建议。

—(6) 通过队伍原驻国的指定渠道，从受灾国主管部门收集相关灾害和受灾国信息，了解受灾国的需求和要求，从而据此规划城市搜索与救援队的部署。

—(7) 在虚拟现场行动协调中心，获取国际搜索与救援咨询团协调管理系统的登录信息。

—(8) 提供并更新行动计划和部署详情以及队伍能力情况，通过虚拟现场行动协调中心和国际搜索与救援咨询团协调管理系统与国际各救援机构交流信息，与地方应急管理机构和其他队伍进行协调。

—(9) 在规划方面，如果受灾国需要某些支持，那么外交部从一开始就与受灾国进行联络。

—(10) 与接待和撤离中心/城市搜索与救援协调单元和地方应急管理机构一起，准备召开相应会议，明确队伍能力和地方主管部门所需支持等相关信息。

—(11) 向城市搜索与救援队简要介绍灾难，救灾行动以及受灾国的文化和政治敏感事项，并强化队员的职业伦理。

—(12) 准备建立和运作初步的接待和撤离中心以及城市搜索与救援协调单元，并根据需要支持联合国灾害评估与协调队。

2. 城市搜索与救援队搜索

确保做好人工搜索、技术搜索和/或搜救犬的国际部署准备（健康状况、适应能力、卫生、饮食等），包括所有专用器材和装备（包括微芯片），做好准备进行城市搜索与救援行动（遵守国际标准和程序）。

3. 城市搜索与救援队救援

确保将装备打包好，并准备好入境限制性物品的必要文件。

4. 城市搜索与救援队医疗

- （1）进行远程信息收集，了解受灾国具体的卫生、健康和医疗风险。
- （2）通过原驻国的指定渠道，核实持有执照的医务人员是否具有在受灾国城市搜索与救援行动范围内执业的相应许可。
- （3）评估当地医疗系统，确定其是否能够有效应对救灾需求，或者该系统是否已不堪重负。
- （4）对城市搜索与救援队工作人员和搜救犬进行体检，并对国际部署所需的文件进行审查。
- （5）与安全和危险物质（危险品）职能领域协调，澄清同时涉及医疗和安全的事项。
- （6）制定部署途中阶段的医疗计划，并准备好在途中根据需要进行调整。

5. 城市搜索与救援队后勤

- （1）确保交通运输能力，包括空中交通运输或地面交通运输、国际交通运输/国内交通运输。
- （2）提供队员名单和装备物资清单以及危险货物托运人申报单，为国际出入境管制流程做准备。
- （3）确保在部署期间自给自足（预先进行的专用装备打包，避免消耗国内救援能力）。
- （4）检查甚高频和特高频无线电装备与灾区当地系统的兼容性。
- （5）确定队伍所需的本地支持需求，并通过管理层将这些需求转发给城市搜索与救援协调单元。

4.3 行动阶段

1. 城市搜索与救援队管理

(1) 受灾国的地方应急管理机构是救灾的总负责机构：城市搜索与救援队必须遵守受灾国/地区有关救灾行动的政策和程序。

(2) 队伍管理层负责管理队伍行动的各个方面，确保队伍在所有职能领域采取协调行动。管理层还负责评估救灾行动进展。队伍管理层必须确保与其他响应实体之间进行持续的协调和沟通。

(3) 在整个行动过程中，与地方应急管理机构、接待和撤离中心和城市搜索与救援协调单元进行协调：所有规划都必须基于密切合作和信息交流，涉及城市搜索与救援协调单元和地方应急管理机构。

(4) 根据国际搜索与救援咨询团城市搜索与救援队的协调要求，确保所有国际搜索与救援咨询团协调管理系统信息和纸质文件都进行了处理和共享。

(5) 监督和核准从现场工作人员到外部各方收集的国际搜索与救援咨询团协调管理系统信息和纸质信息，进行质量控制。

(6) 确保将城市搜索与救援队的工作整合到当地的救援行动中。

(7) 如果第一支城市搜索与救援队已经抵达灾区，而接待和撤离中心以及城市搜索与救援协调单元尚未建立，则应建立并运作临时接待和撤离中心以及城市搜索与救援协调单元。

(8) 确保行动从优先事项（任务安排）开始，并同时建立行动基地。

(9) 根据国际搜索与救援咨询团的分类方法执行灾区勘察任务，明确任务场地。

(10) 建立轮换周期，确保工作场地的可持续工作和休息时间（保持储备）。

(11) 制定信息通报周期，定期向总部基地、城市搜索与救援队队员、城市搜索与救援协调单元和地方应急管理机构简要通报情况。

(12) 坚持记录详细的行动日志。

(13) 坚持评估安全和安保情况并遵守相关程序。

(14) 制定并执行工作场地与行动基地的安全和安保规则和规定。

（15）与地方应急管理机构/城市搜索与救援协调单元一起，管理并协调媒体工作。媒体关系管理指南可在指南说明中查阅。

（16）从行动一开始就制定应急预案，包括安全/安保、医疗后送（medevac）、撤离等。

2. 城市搜索与救援队搜索

（1）与城市搜索与救援队营救组密切协调，在倒塌或损坏的重型木质/钢筋砌体结构中进行人工搜索，技术搜索和/或搜救犬搜索。

（2）持续对城市搜索与救援队队员和搜救犬的指定工作区域进行风险/危险分析，并采取适当的风险缓解措施。

（3）坚持评估安全和安保情况并遵守相关程序。

3. 城市搜索与救援队营救

（1）与城市搜索与救援队搜索组和城市搜索与救援队医疗组密切合作，在倒塌或损坏的混凝土、重型木质/钢筋砌体的结构中进行救援（破拆，解救和转移）。

（2）评估倒塌的建筑结构及其局部损坏情况，确定潜在幸存受困人员的空隙空间大小、位置和结构，并确定接近受困人员的可能性。

（3）采访当地群众，以获取有关受困人员、建筑物布局和使用情况的信息。

（4）确定废墟进入点、逃生路线、紧急避险区和集结地点。

（5）建立工作人员追踪系统、建筑物监控系统和安全保障系统。

（6）执行切割、破拆、顶升、缓降、移动、支撑、索具和其他救援行动。

（7）持续对城市搜索与救援队队员的指定工作区域进行风险/危害分析，并采取适当的风险缓解措施。

（8）坚持评估安全和安保情况并遵守相关程序。

（9）建立任务现场周边控制程序。

4. 城市搜索与救援队医疗

(1) 与地方应急管理机构 / 现场行动协调中心 / 医疗组群协调：①提供本地医疗资源和国际医疗资源；②当地医疗服务程序，如：伤员移交、伤员转运、伤亡人员管理和医疗废弃物处理；③与当地卫生主管部门定期沟通的方法。

(2) 为城市搜索与救援队的决策 / 规划过程提供医疗信息。

(3) 与安全、危险品和后勤职能部门协调，促进安全的医疗卫生工作方法（行动基地和任务现场）。

(4) 为城市搜索与救援队队员(包括搜救犬)提供持续的健康监测和医疗服务。

(5) 评估废墟中受困人员的情况，提供护理并稳定受困人员的伤势；在某些情况下，在其他城市搜索与救援队专业人员采取措施让受困人员脱困的过程中，提供持续数小时的高级医疗支持。

(6) 城市搜索与救援队在执行勘察任务时，对需要救治的人员进行初步评估、护理、转运或转诊。

(7) 根据需要，在将伤员从现场运送到医疗机构的途中，提供医疗护理。

(8) 在倒塌建筑结构环境中，协助找寻遗骸时，应注意当地文化对其表现出的敏感性，在没有进一步对遗骸造成创伤的情况下取出遗骸，并在必要时管理工作人员面临的风险。

(9) 通过城市搜索与救援协调单元向地方应急管理机构提供决策建议时，作为多专业信息参考的一部分，针对倒塌结构事件应急响应转变为灾后恢复阶段的时机，提供决策建议，分析仍处于被困状态的人员幸存可能性的时限。

5. 城市搜索与救援队后勤

(1) 建立行动基地。在受灾国执行任务期间，行动基地是城市搜索与救援队的大本营和通信枢纽，也是提供睡眠、休息、饮食、医疗服务、装备存储和灾民临时安置的场所。

(2) 在整个行动期间，运作和管理行动基地，包括周边出入控制程序。

（3）支持任务现场的后勤需求（如运输、食物、装备）。

（4）确保所有队员都配置可靠的通信方式。

（5）协调运输要求。

（6）执行行动基地搬迁和撤离阶段的应急计划。

（7）支持管理层制定应急计划（如医疗后送的运输安排）。

4.4 撤离阶段

1. 城市搜索与救援队管理

（1）从行动一开始，就必须进行撤离工作的规划和协调。所有救援参与方，包括城市搜索与救援协调单元和地方应急管理机构在内，都必须从一开始就参与撤离规划。

（2）确保向接管撤离队伍任务的城市搜索与救援队进行适当的移交。

（3）在国际搜索与救援咨询团协调管理系统中，队伍需要更新其队伍概况表并通知城市搜索与救援协调单元，然后城市搜索与救援协调单元应根据队伍的要求向队伍提供预计的撤离日期和时间。

（4）队伍需要完成相关文档，并将其提交给城市搜索与救援协调单元。

（5）计划可能向地方应急管理机构和 / 或受灾社区提供的捐款，并做相应沟通。

（6）在离开灾区之前，预计城市搜索与救援队队长将根据需要与城市搜索与救援协调单元、地方应急管理机构和社区政府领导人会面，正式结束队伍的救援行动。

（7）根据情况，向媒体传达队伍工作已结束并准备撤离（与地方应急管理机构和城市搜索与救援协调单元协调）。

2. 城市搜索与救援队搜索

（1）停止搜索工作，并准备移交给接管搜索任务的机构。

（2）准备搜救犬和装备的回程运输。

3. 城市搜索与救援队营救

— （1）停止救援工作，并准备移交给接管救援任务的机构。
— （2）进行准备和撤离打包装备，离境出发。

4. 城市搜索与救援队医疗

— （1）与当地相关卫生主管部门协调撤离工作，包括城市搜索与救援协调单元 / 医疗组群，根据需要进行医疗基础设施评估（在灾害发生后的早期，城市搜索与救援队通常已部署到受灾国和 / 或可能具备抵达偏远灾区，以评估医疗基础设施的能力。如果需要，结构工程人员可能会陪同城市搜索与救援队医务人员进行评估，这样有助于救援工作的开展）。
— （2）如果需要，可以进行医疗需求评估（原因同上）。
— （3）提供有关卫生和医疗捐赠的建议或推动医疗捐赠。
— （4）向相关医疗机构提供移交工作。
— （5）通过城市搜索与救援协调单元 / 医疗组群确定相应的医疗库存物资捐赠。
— （6）评估潜在的风险敞口和后续医疗服务的需求。
— （7）确保队伍到原驻国基地途中的医疗护理。

5. 城市搜索与救援队后勤

— （1）行动基地的现场环境应尽可能恢复到其原来的状态。
— （2）准备行动基地装备的返程运输。
— （3）按照国际航空运输协会的规定，确保危险货物的妥善准备、打包和贴标。
— （4）提供相应资源，满足撤离期间的后勤需求，包括准备货运清单、打包和装载、托运人危险货物申报等。
— （5）制定运输计划并确保满足所需的运输需求。

4.5　总结阶段

1. 城市搜索与救援队管理

— (1) 救援总结的流程包括：编写一份总结报告，记录队伍管理问题和救援行动重要事项，应在返回原驻国后 45 天内提交给联合国人道主义事务协调办公室。
— (2) 在计划和训练中落实已总结的经验教训。

2. 城市搜索与救援队搜索

搜救犬小组应准备资料，并向其所属城市搜索与救援队提交任务报告。

3. 城市搜索与救援队营救

为队伍报告提供信息并总结经验教训。

4. 城市搜索与救援队医疗

— (1) 协助城市搜索与救援队管理层开展队员短期和长期医疗随访，包括检查心理健康状况。
— (2) 在城市搜索与救援队政策规定的期限内，恢复城市搜索与救援医疗物资的储备。
— (3) 为城市搜索与救援队的行动总结报告提供信息。

5. 城市搜索与救援队后勤

必须恢复和补充安全装备和用品，为下一次部署做好准备。

5　城市搜索与救援协调架构

5.1　核心协调要素

国际城市搜索与救援行动的协调架构，可能涉及许多不同的利益相关方，并且在每次救灾过程中存在很大差异。但是，核心结构、关键救援参与方及其规定的协作方式应该是相同的。

关于城市搜索与救援协调架构的更多信息，请参见 www.insarag.org 网站指南说明中"*Manuals UCC*"选项卡下的城市搜索与救援协调手册。

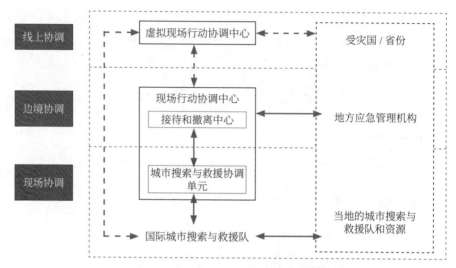

图 3　核心协调架构和主要信息流

在以下的章节中，将解释这些工具／元素促进相关机构协调过程的具体方式，包括国际城市搜索与救援队、现场行动协调中心（联合国灾害评估与协调队）和地方应急管理机构。图 3 中的虚线箭头表示线上信息流。普通箭头表示各种形式的信息流，包含线上信息流。除了在现场和边境或入境点进行协调外，还在虚拟现场行动协调中心开展协调工作。

5.2　接待和撤离中心

大规模的突发灾害通常会使得国际社会提供的援助资源迅速涌入受灾国。

救灾响应队伍和救援物资将在受灾国的一个或多个入境点汇合，然后再设法送至灾区。根据受灾国的地理情况和基础设施受损情况，入境点可能是机场、海港或陆地边界。根据需要，一次灾害事件可能设立多个接待和撤离中心。进入受灾国的第一支经过分级测评的城市搜索与救援队将与受灾国协商建立一个接待和撤离中心。

有关接待和撤离中心建立和管理流程的更多详细信息，请参见城市搜索与救援协调手册。关于城市搜索与救援协调单元的更多信息，请参见 www.insarag.org

网站指南说明中"*Manuals UCC*"选项卡下的城市搜索与救援协调手册。

第一支抵达的通过分级测评的队伍，还应预计到他们需要参与最初的城市搜索与救援队的协调工作，确保救援行动从一开始就得到妥善协调。第一支抵达的队伍应与地方应急管理机构建立联系，获取有关救灾响应的信息，并与下一支抵达的队伍建立联系，确保救灾行动的协调。在此过程中，首支抵达的队伍还应建立城市搜索与救援协调单元（UCC）。城市搜索与救援协调单元是现场行动协调中心的一个组成部分，通常在现场行动协调中心其他人员抵达之前成立。城市搜索与救援协调单元作为一个独立机构行使各项职能，直到并入整个现场行动协调中心架构中。如果可能，在整个救灾响应期间，最初参与协调过程的人员应留在城市搜索与救援协调单元，确保工作的连续性。城市搜索与救援协调单元可能与现场行动协调中心在同一地点联合办公，也可能在其他场地单独运作，具体取决于城市搜索与救援队到达城市搜索与救援协调单元的难易程度。

适当的规划是救灾事件管理的重要组成部分。通过战略和战术的适当选择，可以促进资源得到充分和安全的使用。规划过程的目标是根据队伍的能力将队伍分配或重新分配到优先任务现场，最大限度地提高拯救生命的可能性。

有关建立和管理城市搜索与救援协调单元的更多详细信息，请参见城市搜索与救援协调手册。更多相关信息，请参见 www.insarag.org 网站指南说明中"*Manuals UCC*"选项卡下的城市搜索与救援协调手册。

5.3　城市搜索与救援规划流程

适当的规划是救灾事件管理的重要组成部分；通过战略和战术的适当选择，可以促进资源得到充分和安全的使用。大规模的国际救灾事件也采用了同样的规划原则。因此，城市搜索与救援队的协调工作人员必须了解这些原则，并准备在队伍管理过程中采用这些原则。关于城市搜索与救援协调规划流程的更多相关信息，请参见 www.insarag.org 网站指南说明中"*Manuals UCC*"选项卡下的城市搜索与救援协调手册。

5.4　国际搜索与救援咨询团协调管理系统

国际搜索与救援咨询团协调管理系统（ICMS）是一个基于网络的国际搜索

与救援咨询团管理和协调系统。该系统由数字表单（Survey123 应用程序）和基于 ESRI 的数据图表组成，将表格中收集的数据显示为数字、图表和地图。国际搜索与救援咨询团的每一支队伍都在该系统上拥有一个账户，可以在培训期间使用，并在救灾行动开始时，通过虚拟现场行动协调中心账户获得有关灾害的具体信息。相关队伍将通过 Survey123 填写其队伍概况表，并在 Survey123 上更新其状态（包括动员、部署和撤离）。国际搜索与救援咨询团的所有纸质表格都已转入国际搜索与救援咨询团协调管理系统。但是，如果网络系统无法运行，那么纸质表格仍将在协调系统中继续使用。城市搜索与救援协调单元将管理数据图表，并将其作为帮助城市搜索与救援协调和进行队伍任务分配的工具。相关队伍将直接收到有关其任务分配的通知，这些队伍和城市搜索与救援协调单元可以通过数据图表查看任务分配和行动进度。关于国际搜索与救援咨询团协调管理系统的更多相关信息，请参见 www.insarag.org 网站指南说明中 *"Manuals, Information Management"* 选项卡下的国际搜索与救援咨询团协调管理系统文件。

5.5 城市搜索与救援协调方法

5.5.1 创建分区的原因

需要城市搜索与救援队做出国际响应的灾害，本质上都是大规模灾害事件。灾害破坏影响的规模可能只涉及一个城市，也可能涉及众多城市，甚至波及不止一个国家的广阔地区。可能需要对受灾地区进行地理分区处理，确保通过提高控制范围，更加有效地协调搜救工作。分区处理可以改善行动规划，更有效地分配城市搜索与救援队，更好地全面管理救灾事件。地理分区的规模和数量将取决于资源水平和受灾地区的需求、工作量、地理区域和特点、救灾响应规模等因素。如有必要，每个地理分区可由各自的分区协调员划分为子分区。

5.5.2 创建分区的时机和方法

应在救灾的最早阶段进行地理分区，确保其有效性。地方应急管理机构应当制定一项地理分区计划，国际城市搜索与救援队应当遵循这项计划。地方应急管理机构可能参考当地社区、教区等本地分区，因为当地政府将以这种分区方式管理相关信息。

但是，如果没有建立地理分区计划，则应在救灾的最早阶段制定这一计划，并与地方应急管理机构密切联系。地理分区工作可由联合国灾害评估与协调队完成，但通常由联合国灾害评估与协调队或来自城市搜索与救援队城市搜索与救援协调单元的工作人员完成。如果地方应急管理机构没有地理分区计划，则可能需要进行大范围评估（ASR 1 级），获取相关信息以设计地理分区计划。

5.5.3　地理分区的标识

国际搜索与救援咨询团默认的地理分区标识系统，采用简单的字母对每个地理分区进行编码：A、B、C、D，以此类推。这一标识系统不使用字母 I 和 O，以避免与数字 1 和 0 产生可能的混淆。还可以添加本地名称或描述，确保定义清晰，如巴东市北 A 区。

如果地方应急管理机构有自己的编码地理分区标识系统，如地理分区 1、2、3 或红色、蓝色、绿色等，则应在相关文件或标记中采用并遵循这种分区标识系统。

图 4 ~ 图 6 简单说明了进行地理分区的方法。

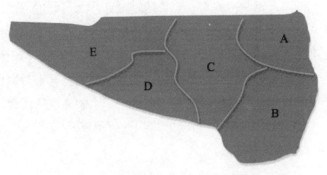

图 4　将受灾地区划分为较小的管理区域

图 5　基于街道和城市街区布局对受灾区域进行分区

图6 基于显著地理特征对受灾区域进行分区（如河流北部 A 区，河流南部 B 区）

5.5.4 工作场地及其定义

为了进行有效的协调，必须对进行城市搜索与救援重大行动的每个场地提供唯一标识。每一种含有这类标识的救援场地都将被称为一个工作场地。

工作场地可能具有不同的含义，但最简单的定义是"进行城市搜索与救援重大行动的各类场地"。通常，只有在工作场地被评估为可能进行现场救援时，才进行城市搜索与救援行动。但是，为了避免将队伍分配到只有确认死亡受困人员的场地，可能会为这些场地提供一个场地编码用于文档管理。由于可能需要现场救援，工作场地通常是城市搜索与救援队或搜救小组正在开展救援行动的一栋建筑物，但工作场地可能比一栋建筑物更大或更小。大型建筑物或建筑物群，如医院，可以确定为一个工作场地。另一种情况下，面积仅数平方米的单次救援现场也可以被视为一个工作场地。

5.5.5 工作场地编码

如果决定某个场地需要开展城市搜索与救援行动，通常是救援工作，那么应当给予这个场地一个编码（工作场地编码），工作场地编码是对现有街道名称和建筑物编号的补充。这可以在 ASR 2 级评估期间完成工作场地标识，但也可以由地方应急管理机构进行工作场地标识。在任何情况下，都应使用以下原则为每个工作场地分配独一无二的工作场地编码：

——（1）第一部分是分配给救援场地所在区域的地理分区字母，如 A。
——（2）在确定工作场地后，按顺序为每个工作场地分配一个数字，如 1、2、3 等。

地理分区字母和分配的顺序编号，构成唯一的工作场地编码，如 A-1、A-2、A-3 等。如果多支队伍在同一地理分区，那么城市搜索与救援协调单元将规定某支队伍所使用的具体数字，如队伍 1 使用 1~20，队伍 2 使用 21~40 等。

如果地方应急管理机构使用不同的地理分区代码，如数字，则应将其用作工作场地编码的第一部分，如 1-1 而非 A-1。无论哪种情况，地理分区代码都必须用连字符与工作场地的编号进行分隔，防止可能造成混淆。

> **注释**：如果地理分区尚未完成，建议采用纯数字作为标识；地理分区一旦建立，这些数字就可以集成到完整的工作场地编码系统中。为此，需要控制号码的使用，例如：向搜索队伍提供编号 1~19、20~39、40~59 等。

图 7、图 8 说明了分区代码标识的过程。

图 7　通过为每个区域分配一个字母以进行地理分区

图 8　确定潜在救援地点后，会对其进行编号并添加到地理分区字母中，从而为每个场地生成唯一的工作场地编码

5.5.6　工作场地内的分场地

对于一个相对较大的工作场地，如医院，最初被确定为单一工作场地，如B-2，但最终可能会针对不同的地点划分多个救援工作场地。

出于协调目的，对其中的每一个工作场地分别进行标识，这样会有帮助。为此，应为每个工作场地保留原来的单一工作场地但添加后缀字母，如B-2a，B-2b，B-2c等，从而为每个子任务现场提供唯一的"标识"。大型初始单一工作场地中的分场地示例如图9所示。

整个场地最初被确定为具有潜在现场救援的工作场地（B-2），但当队伍进行仔细搜索时，他们在不同的位置发现了三个独立的救援工作场地。出于协调目的，如了解确切位置、后勤支持、报告等，每个工作场地都需要有自己的"标识"，这一点非常重要。

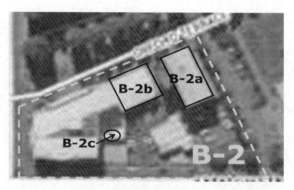

图 9　大型初始单一工作场地中的分场地示例

> **注释**：部署国际城市搜索与救援队是为了支持地方应急管理机构。国际队伍可能调整正在使用的各种现有机制，更好地增强已经部署的国家资源，用于救援工作。

5.6　城市搜索与救援队标识代码

为了标准化协调系统中所有城市搜索与救援队的标识，每支队伍需要一个队伍编码。队伍编码由两部分组成：队伍所在国或地区的三字母奥林匹克代码，以及一个两位数的数字，以区分来自同一国家或地区的队伍。

多国队伍（如非政府组织）不会使用三字母奥林匹克国家代码，而是使用字母"SAR"进行标识。

数字 01~09 用于国际搜索与救援咨询团分级测评 / 分级复测队伍，数字 10~99 用于未经过分级测评的队伍。国际搜索与救援咨询团的行动联络人管理国家队伍的标识代码，并通过秘书处更新 www.insarag.org 网站上的城市搜索与救援队名录。

更多相关信息，可以查询城市搜索与救援协调手册。

5.7 评估、搜索和营救级别

简介

国际搜索与救援咨询团协调的一个关键事项是确定在城市搜索与救援重大行动期间通常需要明确的关键工作类型。工作类型可能涉及对受灾区域的初步评估，也可能是破拆建筑物以找到最后一名遇难者。

明确定义所有可能的行动级别，确保协调人员能够具体说明规划、任务分配、所需的城市搜索与救援具体行动和取得的进展。用于促进协调的信息管理工具，包括模板、表格、报告、标记系统、虚拟现场行动协调中心等，也与正在开展的城市搜索与救援行动的级别有关。国际搜索与救援咨询团的协调管理系统（ICMS）用于促进协调，涉及所需的城市搜索与救援行动级别。

5.7.1 级别

在下表中，城市搜索与救援行动分为五个级别。这些级别是按照救援行动的顺序定义的，但实际上，队伍可以按任何顺序接收任务安排。特别是在大规模救灾行动中，地方应急管理机构在队伍到达之前对各种工作场地进行标识。或者，在整个响应过程中，开辟新的行动区域。因此，在同一时期，救灾事件的不同区域正在开展不同级别的救援行动。

> **注释**：这五个级别的定义如下：① ASR 级别 1：大范围评估（表 1）；② ASR 级别 2：工作场地优先级评估（表 2）；③ ASR 级别 3：快速搜索与营救（表 3）；④ ASR 级别 4：全面搜索与营救（表 4）；⑤ ASR 级别 5：全覆盖搜索和恢复（表 5）。

后文中的表格对每个级别进行了更为详细的定义和解释。

表 1　ASR 级别 1：大范围评估

定义和解释	
定义和目的	（1）大范围评估是对受灾区域或指定区域进行初步的快速目视检查。 （2）该级别应实现以下目的：①确定灾害事件的范围和严重程度；②确定建筑物受损的范围、位置和类型；③评估紧急资源需求；④制定地理分区计划；⑤确定优先事项；⑥明确各种常见危险；⑦明确基础设施问题；⑧明确可能建立行动基地的位置。 （3）大范围评估通常采用以下方式完成：乘坐车辆、直升机、船只或依靠步行在灾区进行评估或利用其他机构的报告，如地方应急管理机构。 执行这一级别评估任务的队伍必须保持机动性，不参与救援行动，并尽快报告评估结果
执行时机和执行人	（1）通常，在救援队伍抵达之前，地方应急管理机构执行此项评估，并提供全部或部分评估信息。 　如果评估不完整，那么重新评估可能是有益的。 （2）在抵达现场时，现场行动协调中心 / 联合国灾害评估与协调队的成员可以完成这项评估。 （3）城市搜索与救援队
国际搜索与救援咨询团工具	（1）虚拟现场行动协调中心的信息。 （2）接待和撤离中心 / 现场行动协调中心的简报。 （3）上述资料可能基于以下信息：地方应急管理机构简报、地图、全球定位系统坐标数据、现场照片和视频
产出	（1）得到现场行动协调中心 / 接待和撤离中心 / 城市搜索与救援协调单元简报。 （2）得到分区计划。 （3）建立行动基地的可能位置。 （4）建立并确定初步优先事项和计划。 （5）确定资源需求，如更多队伍。 （6）在虚拟现场行动协调中心发布信息。 （7）得到在国际搜索与救援咨询团协调管理系统上更新的数据图表

表 2　ASR 级别 2：工作场地优先级评估

定义和解释	
定义和目的	（1）该级别的主要目的：在分配的区域内确定具体和可行的幸存者救援地点，从而确定任务的优先级，并制定行动计划。 （2）该级别下的评估必须是快节奏而有条不紊的。 （3）旨在及时评估整个分区。

表 2（续）

	定义和解释
定义和目的	（4）在此阶段，应采用工作场地优先选择表来收集基本信息。 （5）来自当地居民和当地救灾人员的信息通常很有价值，应在评估期间搜集这类信息。 （6）在进行该级别的评估时，通常不进行救援工作，除非出现意外情况。 （7）如果找到幸存的受困人员，评估小组是留下来开始救援还是继续到其他位置做评估，这取决于具体情况和评估小组收到的简报，可能有如下一些选项：①需要其他的资源以执行救援；②评估小组留下来，但必须确保由其他人员尽快完成所在地理分区的评估；③采取另一种策略：派遣一个组合级别的队伍，能够同时进行 ASR 2 级工作场地优先级评估和 ASR 3 级快速搜索与营救。 （8）如果认为有必要，可以在后期重复 ASR 2 级评估，如进行夜间评估或利用其他搜救犬进行评估，这可能会产生不同的评估结果
执行时机和执行人	（1）在完成 ASR 1 级大范围评估后，最好立即进行 ASR 2 级工作场地优先级评估，并确认分区。 （2）在援助资源到达之前，地方应急管理机构可能已经完成地理分区，并开始工作场地优先级评估。如果评估不完整，那么城市搜索与救援队的重新评估可能是有益的。 （3）如果地方应急管理机构没有完成地理分区并开始工作场地优先级评估，那么最初进入一个地理分区时，城市搜索与救援队应首先完成此项评估。 （4）该级别的执行人是城市搜索与救援队。 （5）搜救犬或技术搜索装备是可选项，可根据需要使用。搜救犬或技术搜索装备可以提供更详细的评估结果，但会减慢评估过程，因此需要综合考虑
国际搜索与救援咨询团工具	（1）工作场地优先选择表。 （2）城市搜索与救援协调单元简报。 （3）绘制一份正在评估的地理分区地图，这很有必要，并将其应用于澄清已评估区域和已搜索区域。 评估工具还可能包括以下信息：地方应急管理机构简报、当地队伍的信息、全球定位系统坐标数据、现场照片等
产出	（1）得到完整的工作场地优先选择表，确定需要队伍开展救援行动的现场。 （2）确定已完成的工作场地编码。 （3）得到经过分类的带有正确标识的工作场地。 （4）显示评估所覆盖区域的地理分区地图。 （5）使城市搜索与救援协调单元明确地理分区行动计划和优先事项。 （6）将城市搜索与救援队部署到工作场地。 （7）确定明确的其他资源需求。

表 2（续）

定义和解释	
产出	（8）获取国际搜索与救援咨询团协调管理系统数据图表中的已批准数据。 （9）得到最新的国际搜索与救援咨询团协调管理系统上的数据图表

表 3　ASR 级别 3：快速搜索与营救

定义和解释	
定义和目的	（1）该级别通常适用于大规模救援行动的早期阶段，与需要搜索和救援的工作场地数量相比，可用的队伍数量相对较少。 （2）需要相当快的工作速度来确保相对快速地搜索分配的建筑结构，最大限度地增加挽救生命的可能。 （3）对每个场地的救援投入相对有限，包括：①使用人工搜索、搜救犬或技术搜索技术；②采用碎片清除和有限支撑、破拆等方法开展救援行动；③对结构 / 废墟的进入深度有限。 （4）搜索和 / 或营救通常可以在一个行动周期内完成，如几个小时。 （5）ASR 3 级队伍通常不会进行长期行动（超过一个行动周期）以深入建筑结构，除非有显著迹象表明有幸存的受困人员。 （6）该级别的行动可能无法找到深理的受困人员。 （7）在该级别，队伍应确定可能需要进行 ASR 4 级搜索的建筑结构或工作场地。 （8）如果确定困在已确认深度的幸存受困人员，如果任务执行条件允许或是已获得分区协调机构的许可，ASR 3 队伍可以升级执行 ASR 4 级行动。但是，队伍必须确保其自身已完成对其余工作场地的 ASR 3 级工作。如果队伍无法完成或未完成救援，则应当请求其他资源。 （9）如果确认了其他需要救援的场地，则应随时创建新的工作场地编码。 （10）地理分区协调中心 / 城市搜索与救援协调单元，必须跟踪所有 ASR 3 级任务并重新分配 ASR 4 级工作场地，但报告确认不需要 ASR 4 级行动的场地除外
执行时机和执行人	（1）通常，在城市搜索与救援队最初被部署到相应区域时，完成 ASR 3 级行动。 （2）在确定的工作场地，务必完成 ASR 3 级行动。 （3）由轻型、中型和重型城市搜索与救援队完成 ASR 3 级行动。 （4）地方应急管理机构的国家级队伍也可以完成 ASR 3 级行动。 （5）由于所需的投入资源有限，一个城市搜索与救援队可能能够在多个工作场地同时行动
国际搜索与救援咨询团工具	（1）工作场地优先选择表。 （2）工作场地报告表。 （3）埋压人员解救情况表。 （4）工作场地标记系统

表 3（续）

定义和解释	
产出	（1）完成工作场地报告。 （2）确认工作场地的标记。 （3）得到完整的埋压人员解救情况表

表 4　ASR 级别 4：全面搜索与营救

定义和解释	
定义和目的	（1）ASR 4 级搜救工作应当对其进行确认、定位和营救，在以当地救援人员、第一响应人、地方应急管理机构的资源或 ASR 3 级行动未能将这些少数处于受困或掩埋险境的幸存者救出的情形下。 （2）ASR 4 级队伍能够设法进入大部分或全部可能存在幸存者的空隙。 （3）这类行动可能需要长期（多个行动周期）行动，运用各种城市搜索与救援技能，例如：①所有可能的搜索技术和装备，并经常重复使用这些技术和装备，以进入可能存在幸存者的空隙；②可能采用大面积结构支护措施，以确保结构或通道安全；③对各种重型建筑构件进行反复破拆；④进行顶升和 / 或移动大型建筑构件；⑤如果需要接近已确定的位置以救援可能的幸存者，则可能会在该级别进行局部分层破拆；⑥在密闭空间工作，有时需要深入结构内部。 （4）同一工作场地可能涉及多支队伍合作。 （5）需要对工作场地进行全面的指挥和控制
执行时机和执行人	（1）ASR 4 级行动通常在 ASR 3 级快速搜索和救援之后进行，或与 ASR 3 级快速搜索和营救一起进行。 （2）如果地方应急管理机构已经确定了具体的场地，则救援队伍的首要任务便是可以直接开始 ASR 4 级行动。 （3）ASR 4 级行动由中型和重型城市搜索与救援队实施
国际搜索与救援咨询团工具	（1）工作场地优先选择表。 （2）工作场地报告表。 （3）工作场地标记系统。 （4）埋压人员解救情况表
产出	（1）完成工作场地报告。 （2）确定工作场地的标记。 （3）得到完整的埋压人员解救情况表

表 5　ASR 级别 5：全覆盖搜索与恢复

定义和解释	
定义和目的	（1）ASR 5 级行动通常意味着在工作场地开展行动，找回已故受困人员的遗体。

表5（续）

	定义和解释
定义和目的	（2）如果协调主管部门认为有必要开展这类行动，那么这仍然是救援阶段的工作内容。 （3）在建筑结构被逐层破拆时，可能会发现"奇迹"，找到幸存的受困人员。 （4）如果开展救援的工作场地涉及倒塌的建筑物或废墟，那么此项工作可能包括：①搜索或进入每一个可能存在幸存者的空隙；②ASR 4级行动涉及的所有城市搜索与救援技能；③大型构件的被逐层破拆，确保进入结构内部或废墟的所有位置；④使用重型机械，如起重机和拆除装备，以接近救援位置；⑤对工作场地进行全面指挥和控制，这一点至关重要
执行时机和执行人	（1）ASR 5级行动通常在救援阶段之后进行。 （2）国际城市搜索与救援队通常不会执行这一级别的行动。 （3）通常，ASR 5级行动由地方应急管理机构的救援力量完成，旨在完成遗体寻回。 （4）可以要求国际城市搜索与救援队承担这项任务，其中区域清理和遗体寻回是重要优先事项。 （5）有些国际队伍可能会执行这项行动，另外一些可能不会，每支队伍都有权做出自己的决定
国际搜索与救援咨询团工具	（1）工作场地优先选择表。 （2）工作场地报告表。 （3）工作场地标记系统。 （4）埋压人员解救情况表
产出	（1）完成工作场地报告。 （2）确定工作场地标记。 （3）得到完整的埋压人员解救情况表
ASR 5级区域清理	（1）这一级别的行动也适用于建筑物倒塌较少或未发生建筑物倒塌的区域，但需要应用城市搜索与救援技能才能进入或确保安全，从而全面清理现场以找到所有可能的受困人员。在这种情况下，救援行动将包括：①系统地搜索指定行动区域内每个建筑结构的每个房间；②此项行动应快速清理相对广阔的区域；③如有必要，采用强行方式进入所有区域；④有时可能需要重型机械以清理较小的废墟。 （2）这项工作可能专门用于遇难者的定位／遗体寻回。 （3）任务规则（任务简介）必须详细说明队伍寻找幸存或遇难者时所采用的方式，如召集其他队伍援助或留下来自己处理。 （4）行动需要全面的控制和协调，由队伍详细记录其已清理的具体区域
执行时机和执行人	（1）地方应急管理机构的救援力量通常执行此项行动，但在某些情况下，可能会要求国际城市搜索与救援队执行此项行动。

表 5（续）

定义和解释	
执行时机 和执行人	（2）城市搜索与救援队可能会也可能不会决定进入这一工作阶段，取决于各种因素，如执行其他救援任务的可能性、队伍在救援过程中的能力、队伍的政策、赞助方的授权等
产出	（1）得到救援工作报告，需要与城市搜索与救援协调单元 / 现场行动协调中心 / 地方应急管理机构达成共识。 （2）得到已清理区域的地图，作为报告成果的一部分

5.8　工作场地优先级分类

ASR 2 级工作场地优先级评估的目标是评估倒塌的结构并确定可行的现场救援位置。利用这一评估信息，城市搜索与救援协调单元将按优先级顺序列出救援位置，并决定将不同的队伍部署到不同的救援位置。工作场地优先级的考虑因素之一是分类的类别。

分类过程的目标是评估分类要素，比较所有倒塌的结构，并确定优先级顺序。分类的关键是分类要素比较过程中的一致性。

5.8.1　第一优先级排序：按受困人员信息分类

工作场地的优先级取决于受困人员信息：确认幸存的受困人员数量，受困人员的幸存概率，以及结构中是否只有遇难者。所有确认存在幸存受困人员的工作场地应首先进行救援，其次是可能存在幸存受困人员的结构区域。幸存受困人员人数最多的工作场地具有最高优先级。只有遇难者的建筑物可以作为 ASR 5 级行动的一部分，交由城市搜索与救援队负责。

为了帮助决定不同的队伍所负责的具体救援位置，要求分类人员评估行动所需要的持续时间。只有评估人员知道受困人员的位置，才能估算持续时间。持续时间将取决于建筑结构，如建筑材料和尺寸，以及所需救援装备和专业技能。持续时间估算应基于队伍的总体能力，并且始终只是粗略的估算。通过持续时间估算，确保城市搜索与救援协调单元将较大规模的队伍部署到建筑构件移动困难的救援位置，或需要更长时间才能完成行动的较大面积位置。城市搜索与救援协调单元收集所有幸存受困人员的信息，包括已确认的和可能的幸存受困人员。其中不包括所有已故受困人员的信息，只收集幸存受困人员相关的信息。

上述分类策略会得出四个类别，详见表6。

表6　工作场地类别

优先级分类	幸存者情况	工作时长预期
A	确定有幸存者	少于12小时
B	确定有幸存者	超过12小时
C	可能有幸存者	未评估
D	只有遇难者	未评估

- （1）**确定有幸存者**：意味着城市搜索与救援队的评估人员知道倒塌结构中的受困人员还活着。
- （2）**可能有幸存者**：意味着建筑结构中的受困人员可能活着，但评估小组无法确认受困人员是否活着，甚至无法确认结构中是否有受困人员。可能存在幸存受困人员的例子是社区人员报告有人失踪，或者正在上课期间的学校建筑发生倒塌。
- （3）**只有遇难者**：意味着建筑结构中没有活着的受困人员，但地方应急管理机构可能希望派遣队伍到现场寻回遗体。

工作场地优先分类流程如图10所示。

5.8.2　第二优先级排序：建筑信息和行动限制

如果城市搜索与救援协调单元需要利用其他信息，以按优先级顺序排列工作场地，则可以利用与建筑和行动相关的信息。下面列出了有用信息的示例。这部分内容不会放在工作场地分类中，避免工作场地分类变得复杂。

建筑相关信息包括：

- （1）**用途**：住宅、办公室、学校、医院等地，将提供可能存在受困人员的信息。
- （2）**现场大小（占地面积和楼层数量）**：建筑物规模越大，行动所需持续时间就越长。
- （3）**结构类型**：建筑材料越重，行动所需持续时间就越长。

（4）**建筑物倒塌类别**：①倾斜（单一、部分或全部柱子和墙壁倒塌，致使楼层倾斜倒塌）；②倾覆（部分或全部建筑物倒向一侧）；③饼式塌陷（单一、部分或全部楼层已完全垮塌）；④完全倒塌（单一、部分或全部楼层、柱子和墙壁倒塌，导致出现一堆废墟）；⑤悬垂（建筑物的下部已经倒塌，致使建筑物的较高部分在较低部分上方悬垂）。

（5）**根据建筑物倒塌类别中的信息，空隙空间信息也可能是需要考虑的一个因素**：①大空隙（大空隙大到足够一个人爬行。相比于小空隙，大空隙中受困人员的生存机会更大）。"大"是一个相对术语，对孩子而言的大空隙将比对成人而言的大空隙小得多；②小空隙（小空隙是指一个人在等待援助时几乎无法移动的空间，受困人员只能在其中躺着不动。在小空隙中，受伤的概率更高，因为被困在其中的人没有什么空间来避开掉落的物体和倒塌的结构元件）。

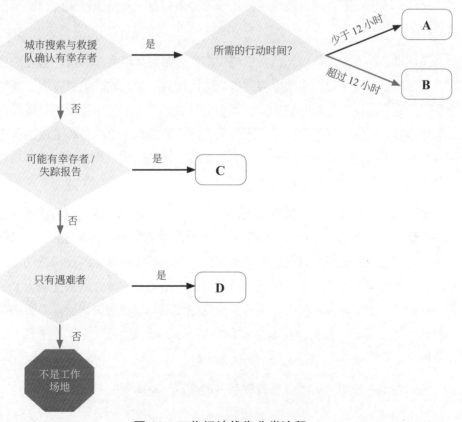

图 10 工作场地优先分类流程

5.8.3 与行动相关的考虑因素

——（1）资源可用性（资源越有限，行动所需的持续时间就越长）。
——（2）救援现场和队伍的位置（队伍离救援现场越远，行动所需的持续时间就越长）。

5.9 信息管理

大规模复杂的城市搜索与救援行动造成国内和国际救援队伍任务繁重。如果人员对于收集的信息管理不当，那么这些人员无法掌握灾情的可能性会变得很高。为了确保多支国际城市搜索与救援队的协调响应，对于整个城市搜索与救援队的协调机制和响应周期的所有阶段，信息管理成为一个关键因素。需要建立一个城市搜索与救援信息管理系统，确保在城市搜索与救援行动中进行妥善的现场协调。这种系统可以富有成效地收集、处理和传播信息，也是执行大规模协调任务的基础。

在信息管理方面，救援队伍希望减少消耗的时间和精力。队伍在管理信息方面的要求，必须限于对城市搜索与救援队的协调有重大影响的信息。出于各种其他目的，通常需要更全面的信息，但本手册仅涵盖基本的城市搜索与救援协调所要求的信息。国际搜索与救援咨询团体系的所有利益相关方。都需要成为城市搜索与救援信息管理系统的一部分，因此需要采取标准化和系统化的办法，从而在各个层面收集和报告相关信息。

多年来，国际搜索与救援咨询团已经制定了一套管理系统，并仍在继续寻求改进。最初，国际搜索与救援咨询团和联合国采纳了协调中心的想法，现场行动协调中心现已发展成为带有明确定义城市搜索与救援协调单元的现场行动协调中心，城市搜索与救援协调单元是现场行动协调中心的一部分。后来，引入了纸质表格的开发，用于收集和传播任务信息。国际搜索与救援咨询团管理系统的最新开发项目是一套数字化的数据收集和信息显示工具，计划于 2020 年 1 月 1 日投入使用。

国际搜索与救援咨询团信息管理系统遵循以下基本原则：

（1）**以现场为导向**：易于在现场使用，考虑到在现场环境中人员对于遇到的各种信息存在管理困难。

（2）**可靠性**：收集和储存在系统中的信息必须可靠，即使在不利条件和资源有限的情况下，也随时可供协调架构使用。

（3）**可扩展性**：系统必须适应不同的救灾响应规模。

（4）**适应性强**：灾害响应信息系统需要适应不同类型的灾害和环境。

（5）**可追踪性**：人员所管理的信息都必须具有可追踪性，以促进信息管理监督和决策流程。

（6）**整体性**：信息管理系统必须尽可能多地涵盖城市搜索与救援响应的不同方面，以实现信息管理标准化。

管理是为一个或多个目标进行资源分配的过程。由于城市搜索与救援协调单元对各救援队伍没有指挥和控制权，城市搜索与救援协调单元在地方应急管理机构的指导下与各队伍进行协调。因此，国际搜索与救援咨询团协调管理系统（ICMS）是指分配资源以在倒塌结构中拯救更多受困人员而进行的协调活动。

国际搜索与救援咨询团协调管理系统既是一个基于网络的工具，也是一个基于纸质版本的工具，用于网络在线版本不起作用的情况。这两个版本都基于一组表格（网络版本或纸质版本），用以指导从现场到城市搜索与救援协调单元的信息收集，以掌握总体情况并给队伍分配任务。国际搜索与救援咨询团协调管理系统由信息管理工作组维护，该工作组提供用户指南和培训材料，包括基于网络的版本和纸质表格的电子版本，相关资料参见 www.insarag.org。这些表格附有关于填写每个字段具体方法的说明。基于网络的表格是通过 Survey123 创建的，这类表格显示为基于网络的数据图表。所有队伍都可以访问 Survey123 表格（表7）和数据图表，它们既可以用于培训目的，也可以用于执行现场任务。每次任务都分配一个唯一的登录用户名和密码，在任务开始时将通过虚拟现场行动协调中心提供给各队伍，并要求各队伍下载与本次任务有关的表格。Survey123 表格中的所有信息都会立即自动显示在数据图表上，供城市搜索与救援协调单元、队伍管理层、现场行动协调中心和后勤办公室查询。通过电子邮件、电话和现场沟通，城市搜索与救援协调单元直接给各队伍分配任务，并将任务分配信息上传到数据图表上。相关更多信息，请参见指南说明中的国际搜索与救援咨询团协调管理系统文件，以及城市搜索与救援协调手册。

下文概述了国际搜索与救援咨询团协调管理系统的主要组成部分，城市搜索与救援协调手册提供了相关管理流程的更多详细信息。

队伍概况表：队伍概况表提供有关队伍能力、联系信息、支持需求和队伍状态的信息。需要注意的是，队伍动员表格将不再作为单独设置的表格，而是成为队伍概况表的一部分。

表 7　Survey123 表格和纸质表格

机构	Survey123 表格	纸质表格
后勤办公室	将队伍信息填写在 Survey123 的队伍概况表中。将队伍的状态标记为"已部署"。 在队伍启程前，根据虚拟现场行动协调中心上的数据字段，将队伍信息上传到虚拟现场行动协调中心（这些信息只是整个队伍概况表的一部分）	填写队伍需要随身携带的纸质表格，以及电子版表格
队伍抵达灾区	队伍将其状态更新为"在受灾国/地区"	
接待和撤离中心	与抵达的队伍核实信息是否正确，并提醒队伍更新状态	接受队伍抵达后提交的纸质（或电子）版本资料
城市搜索与救援协调单元	可以在国际搜索与救援咨询团协调管理系统的数据图表上查询队伍信息	队伍抵达后，城市搜索与救援协调单元可能会从虚拟现场行动协调中心、接待和撤离中心或队伍收到队伍概况表，具体取决于互联网的可用性
队伍撤离	队伍撤离时，会将其状态更新为"正在撤离"	根据情况，填写队伍概况表的最后一部分，并提供给城市搜索与救援协调单元或接待和撤离中心

ASR 级别 1 至级别 5 的表格（表 8）：在执行任务期间，队伍填写以下表格，具体取决于 ASR 级别。

表 8　ASR 级别和相关表格

表格	ASR 级别	说明
大范围评估表	1	用于收集整体灾区信息并用于分区
工作场地优先选择表	2	用于从已确定的具有救援机会的工作场地收集信息

表 8（续）

表格	ASR 级别	说明
工作场地报告表	3，4，5	报告特定行动期间在工作场地的活动或移交任务现场
埋压人员解救情况表	3，4	用于收集已解救受困人员基本信息的表格
伤员医疗救治表	3，4	用于收集已解救受困人员医疗信息的表格。这份表格与伤员一起移交。所有收集到的与受困人员有关的信息都应保密
人道主义需求确认表	所有级别	如果城市搜索与救援队发现需要报告的尚未受到关注的人道主义需求，队伍可以通过人道主义通告表格进行报告

任务简报包（表 9）：在部署队伍任务时，城市搜索与救援协调单元将填写任务简报包，其中包括一张表格和相关附件。

表 9　任务简报包

机构	Survey123 表格	说明
主要表格	任务简报表	提供与任务执行队伍、任务执行时间和任务执行地点有关的信息，以及任务安排信息和附件清单
附件 A	大范围评估表	相关内容
附件 B	工作场地优先选择表	相关内容
附件 C	之前的工作场地报告表	相关内容
附件 D	图片	相关内容

在 www.insarag.org 网站上也可以查阅其他表格，例如：①受灾区域信息；②接待和撤离中心简报宣传材料；③现场行动协调中心、地方应急管理机构简报；④灾害事件 / 地理分区情况报告。

预计每六个月将进行一次表格更新，并向国际搜索与救援咨询团网络公布。在执行任务期间，队伍应下载最新的表格。表格可能会出现变化。

　　注释：对于所有国际城市搜索与救援队来说，必须与城市搜索与救援协调单元保持经常联系，确保双向信息共享。特别建议队伍监控国际搜索与救援咨询团协调管理系统的数据图表，通过各种表格（图 11）提供相关信息，并参加城市搜索与救援协调单元的会议。

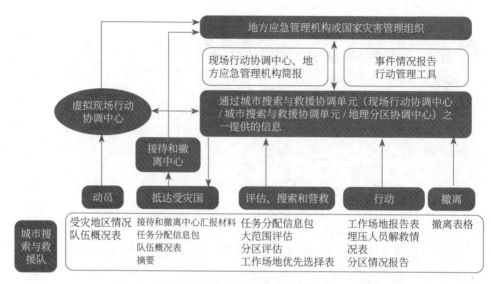

图 11 　行动信息流和国际搜索与救援咨询团表格

6 　国际搜索与救援咨询团标记和信号系统

6.1 　国际搜索与救援咨询团标记系统

在城市搜索与救援行动过程中，标记系统是一种重要工具，用于在救援队和其他现场人员之间显示和共享关键信息。标记系统还应成为一种机制，以加强协调并尽量减少重复工作。为了最大限度地提高在救援行动中使用标记系统的价值，有必要确定并使成员普遍接受这种通用方法。为了确保这种方法有效，所有救援机构都必须使用这种方法，易于应用、理解，可促进资源和时间的高效利用，有效地传达信息，并持续得到应用。

国际搜索与救援咨询团的标记系统旨在实现这些目标，由三个主要的标记要素组成，包括：分类标记、受困人员标记和快速清理标记（RCM）。这些要素提供一套全面的可视化展示，可捕获关键信息，为掌握灾情提供信息，并支持规划和协调。

在开展救援行动的国家没有任何标记系统的情况下，救援队伍应将国际搜索与救援咨询团标记系统作为默认的标记系统。地方应急管理机构与城市搜索与救援协调中心取得联系后，确定标记系统的使用。

建议各国使用国际搜索与救援咨询团标记系统作为其国家标准，这将有助于应对需要部署国际队伍的危机。国际搜索与救援咨询团的标记系统旨在补充国家标记系统，而不是与其产生冲突。

> **注释**：定义以下标记内容：①常规区域标记（可选）；②结构定位（可选）；③警戒标记（可选）；④工作场地分类标记（必选）；⑤受困人员标记（必选）；⑥快速清理标记（可选）。

6.1.1 常规区域标记

有时需要应用一些常规标记用于现场导航和协调。这种标记应仅限于基本信息，并尽可能简明扼要。

> （1）常规区域标记可以使用自喷漆、建筑用蜡笔、贴纸、防水卡等工具，由队伍确定。颜色应高度醒目，并与背景形成对比。
>
> （2）标记信息可能包括：①地址或实际位置；②地标或编号（例如，糖厂1号楼）。
>
> （3）分配的区域或工作场地应单独标记（参见6.2工作场地分类标记）。
>
> （4）如果没有可用的地图，可以制作草图并提交给城市搜索与救援协调单元/地方应急管理机构。
>
> （5）在制作地图时，主要地理标记应尽可能采用现有的街道名称和建筑物编号。如果无法得知这些信息，则应使用地标作为参考，并应确保所有救援机构普遍使用。

6.1.2 结构定位

结构定位是一种可选的标记方式。包括外部标识和内部标识。

（1）**外部标记**：建筑结构的街道地址侧（正面）应定义为"1"。建筑结构的其他侧面应从"1"开始按顺时针方向进行数字编号（图12）。

（2）**内部标记**：建筑结构的内部将被分为多个象限。象限应从前部1（正面）和侧面2相交的拐角处开始，以顺时针方向按字母顺序标记。象限E（中央大厅、电梯、楼梯等）适用于多层建筑（图13）。

必须清楚地标识多层结构的每层楼。如果标识不明显，楼层应标记可以从外部看见的编号。底层将被指定为"地面层"，向上的一层将被指定为"第1层"，依此类推。相反，地面下一层是"地下1层"，再下一层是"地下2层"，依此类推（图14）。

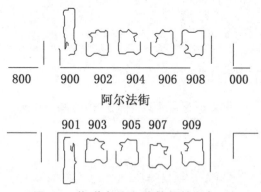

图12　街道名称和建筑物编号标记

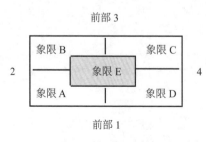

图13　内部标记

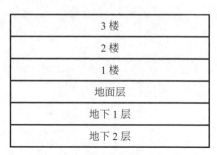

图14　多层结构的楼层标记

6.1.3　警戒标记

警戒标记可用于标识行动作业区（图15）和禁止禁入区（图16），限制人员进入并警告危险。

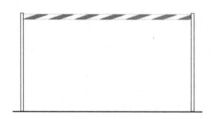

图15　行动作业区标记

图16　禁止进入区标记

6.2　工作场地分类标记

工作场地分类标记最初是为了确保队伍能够与其他队伍沟通，告知其已经完成搜救行动的建筑物，从而避免重复工作。此后，标记系统可以通过两步沟通方式完成。首先是与分类小组的沟通，以标记其已确定为可行工作场地的结构；其次，沟通旨在澄清已完成建筑物搜救行动的具体队伍。

由于队伍之间协调和沟通的改善，大幅改进的国际搜索与救援咨询团的协调管理系统减少了对建筑标记系统的需求，但该标记系统仍然被认为是协调系统的重要组成部分，因为该标记系统显示关键信息，易于理解和应用，并确保任务现场易于标识。

标记应设置在倒塌结构外部的入口附近，位于结构前部（或尽可能靠近）或工作场地的主要入口处，实现最醒目的效果。除了关键信息必不可少，队伍还可以根据环境情况自主使用场地标记，并适应这些区域的环境状况，同时仍然保持通用、高效和一致的标记系统。这一标记系统应作为地方应急管理机构/国家系统的补充，并可根据需要进行调整，与这些系统一起发挥作用。

标记可以采用各种颜色，与结构表面形成鲜明对比，确保其始终清晰可见，如图 17 所示。

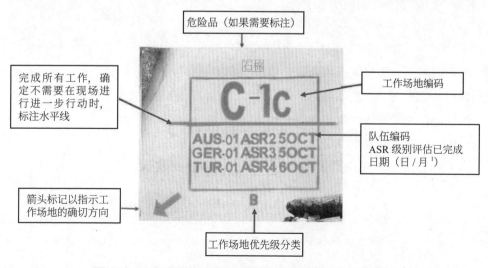

图 17　已完成所有必需工作的工作场地标记系统示例

1 月份的英文缩写。

标记方法

某一救援场地经过分类成为工作场地后，应在初始 ASR 2 级地理分区评估期间应用工作场地标记。标记应设置在工作场地的前部（或尽可能靠近）或主要入口处。在设置工作场地标记时，应采用以下方法。

(1) 可以绘制方向箭头，以指示工作场地的确切位置 / 工作场地入口。

(2) 方框内应标示：①工作场地编码（字体尺寸约为 40 厘米）；②队伍编码（字体尺寸约为 10 厘米）；③已完成的 ASR 级别（字体尺寸约为 10 厘米）；④日期。

(3) 方框外应标示：①需要标识的各种危险，如石棉（标识于顶部）；②工作场地类别（标识于底部）；③箭头指向工作场地（入口）的确切位置。

(4) 更新了队伍编码、已完成的 ASR 级别以及完成更高 ASR 级别的日期。

(5) 标记所用材料包括自喷漆、建筑用蜡笔、贴纸、防水卡等，由队伍确定。

(6) 工作场地编码的字符尺寸大约为 40 厘米。

(7) 在彩绘文字周围画一个框（尺寸为 1.0 ~ 1.2 米）。

(8) 如果工作场地上的所有工作已完成并确定不需要进一步的工作，则在整个工作场地标记的中心画一条水平线。

根据需要，如果队伍认为有必要在工作场地留下重要的附加信息，则可以使用通俗易懂的文字将其添加到工作场地标记中。这些信息和所有其他的相关详细信息应记录在工作场地优先选择表或工作场地报告表中，并通过国际搜索与救援咨询团的协调管理系统提交。

6.2.1　工作场地分类标记渐进变化示例

图 18 ~ 图 20 是工作场地分类标记渐进变化示例。

图 18　污水废物标记示例[1]

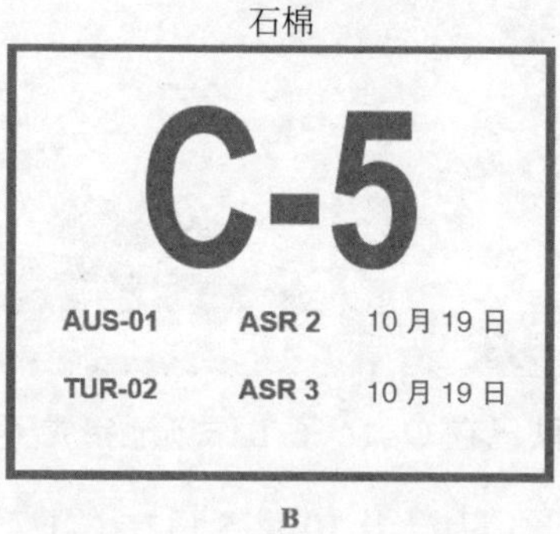

图 19　石棉标记示例[2]

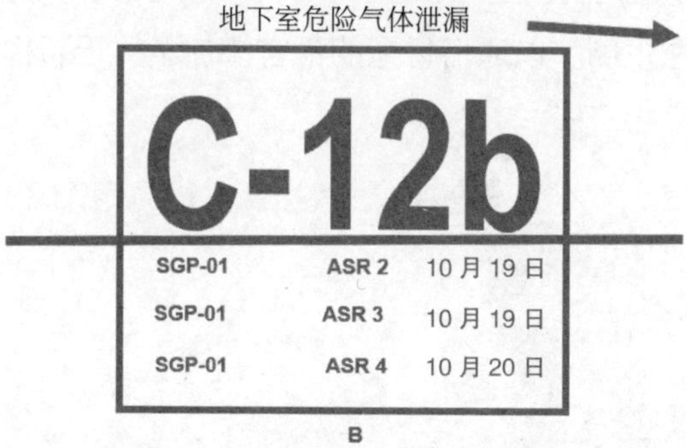

图 20　地下室危险气体泄漏[3]

---

1 澳大利亚 1 队于 10 月 19 日完成了 C 区 5 号任务现场的 ASR 2 级分区评估。工作场地优先级确定为"B"。

2 澳大利亚 1 队完成分区评估后，土耳其 2 队部署到 C-5 执行救援行动。土耳其 2 队于 10 月 19 日完成 ASR 3 级快速搜救行动。

3 新加坡 1 队已经在 C-12 内的 C-12b 完成工作。

图 20 显示，新加坡 1 队已经在 C-12 工作场地内的 C-12b 子工作场地完成工作。标记上增加了一个箭头，以清楚地表明 C-12b 子工作场地在标记的右侧。采用通俗易懂的语言添加了危险警告：地下室存在危险气体泄漏。工作场地优先级确定为"B"。

ASR 2 级和 ASR 3 级行动于 10 月 19 日完成。ASR 4 级全面搜索与营救行动于 10 月 20 日完成。此任务现场无须其他行动。

现场标识示例如图 21 ~ 图 23 所示。

图 21　澳大利亚 1 队已在 C-1c 子工作场地完成了 ASR 2 级分区评估

图 21 显示，澳大利亚 1 队已于 10 月 5 日在 C-1 工作场地内的 C-1c 子工作场地完成了 ASR 2 级分区评估。标记上增加了一个箭头，以清楚地表明 C-1c 子工作场地在标记的左下侧。以通俗易懂的语言添加了关于石棉的危险警告标识。工作场地优先级确定为"B"。

图 22　土耳其 1 队部署到 C-1c 子工作场地完成 ASR 4 级行动

图 22 显示，在德国 1 队完成 ASR 3 级快速搜救行动之后，土耳其 1 队部署到 C-1c 子工作场地完成 ASR 4 级行动。土耳其 1 队于 10 月 6 日完成 ASR 4 级全面搜索与营救行动。

图 23　土耳其 1 队在工作场地上已完成 ASR 4 级全面搜索与营救行动

图 23 显示，土耳其 1 队在工作场地已完成 ASR 4 级全面搜索与营救行动，已确定此工作场地无须进行其他行动。标记已更新，在标记中心画了一条水平线。

6.3　受困人员标记

受困人员标记用于标识可能存在或已确认伤亡人员（幸存或遇难）的位置，这些位置对救援人员而言并非显而易见，如在废墟下方 / 被掩埋位置。

6.3.1　方法

在设置受困人员标记时，应遵循以下原则：

—（1）如果队伍（如搜救组）没有留在现场立即开始行动，则应做好受困人员标记。
—（2）如果救援活动涉及多起伤亡灾害事件或者搜索行动可能对确认受困人员的位置造成混淆，则应做好受困人员标记。
—（3）现场标记应尽可能接近被确定为伤亡人员地点的现场位置。
—（4）标记所用材料包括自喷漆、建筑用蜡笔、贴纸、防水卡等，由队伍确定。
—（5）标记尺寸约为 50 厘米。

（6）颜色应高度醒目，并与背景形成对比。

（7）救援行动结束后，不必设置标记。

（8）在有工作场地编码标记的建筑结构前部，不再设置受困人员标记，除非该位置为伤亡人员所在的位置。

6.3.2 受困人员标记渐进变化示例（表10）

表10 受困人员标记渐进变化示例

描述	示例	实例
大尺寸的"V"形标记适用于所有可能存在受困人员的位置，包括幸存受困人员或遇难者		
如果需要，"V"形标记旁可设置箭头，以标示位置		
在"V"形标记下方："L"表示已确认的幸存受困人员，后跟一个数字（如"2"）表示该地点的幸存受困人员人数，如"L-2""L-3"等。"D"表示已确认的遇难者，后跟一个数字（如"3"）表示该地点遇难者人数，如"D-3""D-4"等		
如果伤亡人员救援已执行，则下方的相关标记将划掉并更新（如果需要）；例如，"L-2"可能被划掉，并标记"L-1"，表示只剩一名幸存受困人员未被救出		

表 10（续）

描述	示例	实例
如果所有的"L"和/或"D"标记都已被划掉，那么说明所有已知的受困人员均被转移	V L‑1 D‑1	

6.4 快速清理标记系统（RCM）

工作场地分类和标记系统主要用于可能的幸存者救援地点，但也可以设置工作场地分类 D，分类人员以此标识队伍确信建筑物中只有遇难者并且无法进行救援的建筑物。这项工作适用于 ASR 2 级行动。但是，在完成 ASR 5 级行动之后，队伍已经确定没有幸存受困人员或只有遇难者，并在场地进行相应地标记，这样做是有益的。留下清晰的"已清理"标记，可以避免重复工作，并带来其他好处。

这种类型的标记称为快速清理标记（RCM）。

6.4.1 方法

设置快速清理标记的过程如下：

——（1）地方应急管理机构必须做出相关决定，才能设置这一级别的标记。

——（2）只有在可以快速完全搜索工作场地或有确切证据证实不可能进行场地救援时，才能使用快速清理标记系统。

——（3）有两种快速清理标记选项，包括"已清理"和"只有遇难者"，见表 11。

表 11 两种快速清理标记选项

说明	示例	实例
已清理：相当于 ASR 5 级搜索行动已完成，表明该区域/结构中所有幸存受困人员和遇难者已被救出/移送	C	

表 11（续）

说明	示例	实例
只有遇难者: 表示已完成 ASR 5 级全面搜索，但只有遇难者留在原地。 注意：当遇难者已被移送，应在原有标记旁添加"已清理"标记		

— (1) 可应用于能够快速完成搜索的结构，或有确切证据证实没有幸存受困人员或只有遇难者遗骸的结构。

— (2) 可应用于已按照上述标准完成了搜索的非结构性区域，如汽车 / 物体 / 附属建筑 / 废墟等。

— (3) 可应用于物体 / 区域上最明显 / 最合理的位置，实现最显著的视觉效果。

— (4) 菱形方框，里面有一个大尺寸的"C"表示"已清理"，或者里面有一个大尺寸的"D"表示"只有遇难者"。紧邻的下方标记以下内容：①队伍编码：＿＿-＿，如 AUS-01；②搜索日期：＿＿/＿＿，如 10 月 19 日（19 OCT）；③所用的材料可能包括自喷漆、建筑用蜡笔、贴纸、防水卡等，由队伍自行决定；④标记尺寸约为 20 厘米 ×20 厘米；⑤颜色应采用明亮且与背景对比鲜明的颜色。

6.4.2 快速清理标记渐进变化示例（表 12）

表 12 快速清理标记渐进变化示例

描述	实例
在汽车上设置的快速清理标记，表示仅在此辆汽车上完成了 ASR 5 级搜索。 由新加坡狮心行动特遣队（SGP-01）于 10 月 12 日完成	

表 12（续）

描述	实例
在设置快速清理标记的区域，标记显示 ASR 5 级行动在明确标记范围内的区域已完成，区域边缘采用油漆或以其他方式划定。 由澳大利亚 1 队于 10 月 12 日完成。 注释：这堆废墟已利用机械进行了翻查搜索，确认达到 ASR 5 级行动标准	
快速清理标记显示在此物体 / 区域上已完成全面搜索。只有遇难者仍留在原地。 由新加坡狮心行动特遣队（SGP-01）于 10 月 12 日完成	

6.5　国际搜索与救援咨询团信号系统

有效的沟通是确保现场行动安全的基础，特别是在多机构行动的环境中。在语言和文化存在差异的国际环境中，有效沟通尤为重要。在救灾现场，有效的紧急信号传送对于行动安全至关重要。采用普遍约定的紧急信号系统，可确保在工作场地上行动的所有人员知道对现场信号做出反应的方式和时机，确保救援人员的安全有效行动，也能更好地保护受困人员的安全。必须考虑以下注意事项：

——（1）应向所有城市搜索与救援队队员介绍紧急信号的使用方法。

> （2）紧急信号应适用于所有城市搜索与救援队。
>
> （3）如果多支队伍在一个工作场地开展行动，则必须加强所有相关人员对紧急信号系统的共识。
>
> （4）信号必须简洁明了。
>
> （5）队员必须能够对所有的紧急信号做出快速响应。
>
> （6）应使用气喇叭或其他适当的声学警告装置发出以下适当的信号，并应将这些装置放在可以随时取用的地方。

疏散、停止行动—保持静默、恢复行动这三种不同含义的信号发送方式如图24 ~ 图26 所示。

图 24　疏散[1]

图 25　停止行动—保持静默[2]

图 26　恢复行动[3]

7　危险品处置

7.1　简介

建筑结构倒塌灾害发生后，有些人员受困其中，国际城市搜索与救援队寻找、解救受困人员，并对其提供紧急医疗救治。通常，倒塌建筑物中的救援行动涉及某种形式的危险物质成分，例如：破损的取暖油管、家用或工业制冷剂、破损的下水道管道、伤员的体液等。作为搜救行动的常规组成部分，城市搜索与救援队应有能力处理这些情况。

---

1 三声短信号，每声信号持续 1 秒，重复发出信号，直到现场清理完成。

2 一声长信号，持续 3 秒。

3 一声长信号加一声短信号。

在某些情况下，结构倒塌可能会导致一些物质发生重大泄漏，可能造成人员伤亡及严重的环境污染。这些物质可能包括核工业材料、生物制剂或工业化学污染物。危险品泄漏事件也可能与爆炸物或燃烧装置事故一起发生。在这些情况下，如果能与地方应急管理机构和/或当地第一响应人加强联系，救援行动会更加富有成效。

轻型、中型和重型城市搜索与救援队必须具备检测和隔离危险品的基本能力，并向城市搜索与救援协调单元报告相关情况。寻找危险品泄漏源的队伍必须封锁该泄漏区域并进行相应标记，以提醒其他救援人员注意危险。如果怀疑存在污染物，则应将该现场视为受污染区域，除非有其他可以得出相反结论的证据。

7.2　战略层面的注意事项

轻型、中型和重型国际城市搜索与救援队，需要具备识别危险环境的技能，从而最大限度减少对队员、受灾人群和环境造成危害及伤亡的风险。各队伍还应将有关污染的调查结果告知其他队伍。如前文所述，国际城市搜索与救援队应具备以下能力：

— (1) 能够识别可能怀疑有污染物的情况。
— (2) 拥有提供合理建议的专业技能，帮助地方应急管理机构、城市搜索与救援协调单元和其他救援参与方。
— (3) 通过进行环境检测和监控，具备为队员提供基本保护的能力。
— (4) 实施基本的洗消程序。
— (5) 在复杂危险物质处理行动方面，能够认识到队伍能力的局限性。

7.3　行动层面的注意事项

如果确定某一场地受到污染或怀疑某一场地受到污染，则在进行适当评估之前，不应进行城市搜索与救援行动。如果针对污染区的处理工作超出队伍的能力范围，则应隔离污染源。如果针对污染源的隔离工作超出队伍的能力范围，则应封锁该区域，对该区域进行相应标记，并立即通知城市搜索与救援协调单元。

有关任务现场行动层面的注意事项，请参见《第三卷：现场行动指南》。

8　废墟之外

8.1　环境

需要城市搜索与救援队做出响应的大规模突发灾害将不可避免地对社区造成中长期影响。就队伍能力而言，城市搜索与救援队通常具备相关知识技能和经验，可以在搜救工作以外为受灾社区提供帮助。

这类援助被称为"废墟之外"的援助。"废墟之外"这一术语是指城市搜索与救援队利用现有能力向社区提供有限的其他援助。在从城市搜索与救援行动到早期恢复/救助行动的过渡阶段，部署在现场的城市搜索与救援队可以利用其现有能力、专业知识和对救灾行动情况的掌握，协助地方应急管理机构，平稳地从搜救行动响应阶段过渡到灾后恢复阶段，并促进其对受灾群体的持续支持。

8.2　背景

"废墟之外"的救援是通过在地震或其他突发灾害发生后部署的城市搜索与救援队执行/开展的救援活动，促进城市搜索与救援阶段与早期恢复/救助阶段之间的过渡。

这些援助任务是由地方应急管理机构确定的社区需求驱动的。未经地方应急管理机构请求或批准，城市搜索与救援队不得开始任何"废墟之外"的救援活动。所有救援活动都应有明确定义的目标，由地方应急管理机构确定，救援活动的结束时间与队伍的撤离时间相匹配。在提供此类援助时，队伍应考虑能够以与其主要任务级别相同的专业水平提供援助。

在与地方应急管理机构协商后，如果确定队伍所需的行动持续时间超过原部署计划的撤离时间，则应将其行动视为人道主义响应，而不是额外的城市搜索与救援响应。

如果城市搜索与救援队具备以下能力，则可能会有所帮助：

— (1) 向地方应急管理机构和/或联合国协调机制提供管理、协调和沟通支持。

— (2) 提供评估支持。

— (3) 提供后勤支持。

— (4) 提供技术支持，包括提供结构工程支持。

— (5) 提供卫生和医疗支持，包括对净水、公共卫生和个人卫生提供支持。

值得注意的是，参与"废墟之外"的救援活动是自愿进行的，这取决于部署的城市搜索与救援队的现有能力。并非所有的城市搜索与救援队都会开展"废墟之外"的救援活动，并且不能强迫队伍构建其队伍能力以满足预期的扩展行动。"废墟之外"的救援活动不需要进行评估，并非分级测评/复测流程的一部分。

在国际援助任务部署之前，如果城市搜索与救援队可以在虚拟现场行动协调中心上公布其"废墟之外"的能力，则有利于行动的开展。

附件 A　国际搜索与救援指南修订表（2015—2020）

序号	修订的主题
1	执行了国际搜索与救援咨询团指导委员会 2018 年年会上的相关决定，涉及城市搜索与救援协调单元和轻型队。 　添加了反映会议决定的信息（例如：从临时现场行动协调中心过渡到城市搜索与救援协调单元）
2	执行了国际搜索与救援咨询团指导委员会 2018 年会关于"废墟之外"救援行动的决定
3	执行了医疗指南说明中的相关规定： 　在第 4 章的城市搜索与救援队具体行动下添加了相关信息
4	内容的主要变化： （1）保持格式一致并更新内容。 （2）更改了缩略词。 （3）说明虚拟现场行动协调中心由联合国人道主义事务协调办公室的响应支持处进行管理。 （4）删除关于使用虚拟现场行动协调中心的大量文本。 （5）在国际搜索与救援咨询团的协调管理系统上进行了更新。 （6）在国际搜索与救援咨询团的工具中采用工作场地优先级分类方法。

（续）

序号	修订的主题
4	（7）调整了快速清理标记以说明非工作场地位置的死亡人数，并向地方应急管理机构报告。 （8）在城市搜索与救援队的搜索方法中加入了物理搜索。 （9）说明了必备的标记系统，以及可选的标记系统
5	信息图表 　　更新了手册中的大部分插图和照片
6	附件 （1）引入"国际搜索与救援指南修订表（2015—2020）"作为附件 A，介绍了从 2015 版指南至今的最新变化。 （2）原 2015 版指南的内容： 　①"附件 A　城市搜索与救援队的职业规范"已移至指南附件《第二卷　手册 B：救援行动》选项卡，参见 www.insarag.org 网站上的指南说明。 　②"附件 B　媒体管理指南"已移至指南附件《第二卷　手册 B：救援行动》选项卡，参见 www.insarag.org 网站上的指南说明。 　③"附件 C　飞机运载能力"已移至动员　后勤选项卡，参见 www.insarag.org 网站上的技术参考资料库。 　④"附件 D　救灾行动中常用的直升机类型"已移至行动　后勤选项卡，参见 www.insarag.org 网站上的技术参考资料库。 　⑤"附件 E　工具和指南说明"已移至表格《第二卷　手册 B：救援行动》选项卡，参见 www.insarag.org 网站上的指南说明，并且内容分拆为以下表格 / 说明：城市搜索与救援队队伍概况表和撤离信息、工作场地优先选择表、工作场地报告表、埋压人员解救情况表、灾害事件 / 分区情况报告、人道主义需求确认表、伤员治疗表

附件 B　附件载于网站 www.insarag.org

附件 B1　城市搜索与救援队的职业规范 *

*"城市搜索与救援队的职业规范"位于"*Guidelines Annex—Volume II, Man B*"，参见 www.insarag.org 网站上的指南说明。

附件 B2　媒体管理指南 *

*"媒体管理指南"位于"*Guidelines Annex—Volume II, Man B*"，参见 www.insarag.org 网站上的指南说明。

附件 B3　飞机运载能力 **

** "飞机运载能力"位于"*Mobilisation—Logistics—TECHNICAL REFERENCE LIBRARY*"，参见 www.insarag.org 网站上的技术参考资料库。

附件 B4　救灾行动中常用的直升机类型 **

** "救灾行动中常用的直升机类型"位于行动后勤相应章节，参见 www.insarag.org 网站上的技术参考资料库。

附件 B5　工具和指南说明 *

* 以下表格位于"*Forms—Volume II, Man B*"，参见 www.insarag.org 网站上的指南说明。

- （1）城市搜索与救援队队伍概况表和撤离信息。
- （2）工作场地优先选择表。
- （3）工作场地报告表。
- （4）埋压人员解救情况表。
- （5）灾害事件 / 分区情况报告。
- （6）人道主义需求确认表。
- （7）伤员治疗表。

附件 B1　城市搜索与救援队的职业规范

- （1）执行任务时的城市搜索与救援队队员的行为方式是国际搜索与救援咨询团、援助国和受灾国以及受灾国地方官员的主要关注点。
- （2）城市搜索与救援队应始终致力于成为一个组织良好、训练有素的专家团队的代表，这些专家聚集在一起以帮助需要专家援助的社区。在任务结束时，城市搜索与救援队应当已经做出积极的救灾响应，并且在工作环境和社交方面有令人难忘的出色表现。
- （3）职业伦理包括人权、法律、道德和文化问题，也涉及城市搜索与救援队队员与受灾国社区之间的关系。

（4）国际搜索与救援咨询团城市搜索与救援队的所有成员都好像是其队伍和国家的大使，代表全球国际搜索与救援咨询团体系。如果队员违反相关原则或存在行为不当，均被视为违反职业伦理。任何不当行为都可能损害城市搜索与救援队的工作成效，并给整支队伍的表现抹黑，损害队伍所在国以及全球国际搜索与救援咨询团体系的形象。

（5）在执行任务期间，城市搜索与救援队队员不应利用任何情况趁机为自身谋求利益，所有队员都有责任始终以专业的方式行事。

（6）执行国际任务的城市搜索与救援队必须自给自足，确保队伍永远不会成为负担，因为接受援助的国家已经不堪重负。

国际搜索与救援咨询团按照人道主义原则开展行动，这些原则构成了人道主义行动的核心。

需要考虑的敏感事项有如下几点：

（1）当地社区对生命的重视。

（2）文化意识，包括种族、宗教和国籍。

（3）谈话期间，戴太阳镜可能被认为是不合礼仪的。

（4）由于语言差异而导致的沟通障碍。

（5）职业伦理和价值观的差异。

（6）不同的地方服饰。

（7）关于食物和礼仪的当地习俗。

（8）当地执法惯例。

（9）当地关于武器的政策。

（10）当地的生活条件，以及当地的驾驶习惯和约定。

（11）关于使用各种药物的地方政策。

（12）酒类和非法药物的法规。

（13）对于敏感信息的处理。

（14）对于搜救犬的使用。

（15）照顾和处理伤员和 / 或遇难者。

（16）着装要求或标准。

（17）性别限制。

（18）娱乐限制。

（19）本地通信限制和可接受的使用方法。

（20）拍摄并展示受困人员或建筑物的照片。

（21）收集纪念物（建筑部件等）。

（22）在设置建筑标记系统时引起的表面污损。

（23）进入禁区（军事、宗教等）。

（24）道德标准。

（25）其他队伍能力和行动方法的考虑事项。

（26）利用小费促进合作。

（27）政治问题。

（28）可能加剧压力情况的各种行动或行为。

（29）对于吸烟场合的规定。

（30）社交媒体和网络的规范使用方式。

附件 B2　媒体管理指南

1. 媒体采访时应遵循的原则

（1）执行任务时的城市搜索与救援队队员的行为方式是国际搜索与救援咨询团、援助国和受灾国以及受灾国地方官员的主要关注点。

（2）询问记者的姓名，然后在您的回复中称呼对方的姓名。

（3）告知对方您的全名。采访场合不适合使用昵称。

（4）选择采访地点（如果可能），确保您对采访地点感到满意，适当考虑一下背景信息。

（5）选择时间（如果可能）。如果您愿意5分钟后再采访，请询问记者是否可以。但是，您应当记住，记者采访有时间限制。

（6）保持冷静。您的举止和对采访显而易见的把控对于决定采访的进展和节奏非常重要。

(7) 讲述事实。

(8) 保持合作态度。您有责任向公众解释情况。大多数问题都有答案，如果您现在不知道答案，请告知记者您将努力去了解问题所涉及的实际情况。

(9) 保持专业精神。不要让您对媒体或记者的个人感受影响您的回应。

(10) 保持耐心。您可能会遇到愚蠢的问题，不要因那些用心不良或缺乏礼数的问题而生气。如果再次遇到同样的问题，请重复您的回答，而不要生气。

(11) 不要着急，慢慢回答。如果您在录音采访或非广播采访中犯了错误，请说明您想重新开始您的回答。如果是现场采访，只需重新回答。

(12) 使用信息完整、逻辑连贯的句子。这意味着用您的答案复述这个问题，以获得完整的"采访片段"。

2. 媒体采访时应避免的错误

(1) 不得歧视任何类型的媒体或任何特定的新闻机构。您应当欢迎所有媒体的采访，如电视或广播、全国报纸或本地报纸以及外国或国内的其他媒体。

(2) 不要使用"无可奉告"这类辞令。

(3) 不要发表您的个人意见。坚持实事求是。

(4) 不要讲一些不希望公开报道的内容。您所说的任何内容都可能会对您造成影响。

(5) 不要撒谎。无心的谎言也是不应当说的。故意说谎是愚蠢的行为。

(6) 不要夸大其词。真相迟早会大白于天下。

(7) 不要有防备心态。媒体及其受众可以识别出被采访者的防备心态，并倾向于认为其在隐瞒某些内容。

(8) 不要有畏惧心理。恐惧使人畏首畏尾，不是您想要展示的面貌。

(9) 不要顾左右而言他。坦率地说明您对情况的了解，以及您计划采取的用以减轻灾害的具体措施。

(10) 不要使用生僻的专业术语。公众不熟悉专业领域所用的大部分术语。

——（11）不要抱有抵触情绪。现在不是告诉记者您对媒体印象不佳的时候。

——（12）不要试图对救灾行动进行评判或指手画脚，换成您来指挥也同样并非易事。

——（13）面对采访记者，不要戴墨镜。

——（14）不要吸烟。

——（15）不要承诺任何结果或进行无端猜测。

——（16）不要回应谣言。

——（17）不要重复诱导式提问的内容。

——（18）不要诋毁受灾国或任何其他组织的救灾努力。

——（19）不要将对某次灾难的响应与对另一次灾难的响应进行比较。

附件 B3　飞机运载能力

表中所列的载货量和巡航速度均为相应类型飞机的平均值。实际载货量将根据海拔高度、环境气温和飞机实际燃油量而变化。

飞机类型	巡航速度（节）	最大货物重量（公吨）（2200磅）	货舱尺寸 长×宽×高（厘米）	舱门尺寸 宽×高（厘米）	可用货物体积（立方米）	货盘数量 224×318（厘米）	所需跑道长度（米）
AN-12	361	15	1,300 × 350 × 250	310 × 240	100	6	1,230
AN-22	302	60	3,300 × 440 × 440	300 × 390	630	20	1,300
AN-26	243	5.5	1,060 × 230 × 170	200 × 160	50	3	1,160
AN-32	243	6.7	1,000 × 250 × 110	240 × 120	30	3	800
AN-72/74	295 ~ 325	10	1,000 × 210 × 220	240 × 150	45	3	1,200 ~ 1,800
AN-124	450	120	3,300 × 640 × 440	600 × 740	850	29	3,000
A300F4-100	450	40	3,300 × 450 × 250	360 × 260	320	20	2,500

（续）

飞机类型	巡航速度（节）	最大货物重量（公吨）（2200磅）	货舱尺寸长×宽×高（厘米）	舱门尺寸宽×高（厘米）	可用货物体积（立方米）	货盘数量224×318（厘米）	所需跑道长度（米）
A300F4-200	502	42	3,300×450×250	360×260	320	20	2,500
A310-200F	458	38	2,600×450×250	360×260	260	16	2,042
A310-300F	458	39	2,600×450×250	360×260	260	16	2,042
B727-100F	460	16	2,000×350×210	340×220	112	9	2,134
B737 200F	522	12	1,800×330×190	350×210	90	7	2,134
B737 300F	429	16	1,800×330×210	350×230	90	8	2,134
B747 100F	490	99	5,100×500×300	340×310	525	37	2,743
B747-200F	490	109	5,100×500×300	340×310	525	37	3,261
B747 400F	490	113	5,100×500×300	340×310	535	37	3,250
B757 200F	460	39	3,400×330×210	340×220	190	15	1,768
B767 300F	460	55	3,900×330×240	340×260	300	17	1,981
DC-10 10F	490	56	4,100×450×250	350×260	380	23	2,438
DC-10 30F	498	70	4,100×450×250	350×260	380	23	2,438
IL-76	430	40	2,500×330×340	330×550	180	11	853
L-100	275	22	1,780×310×260	300×280	120	6	903
L-100-20	275	20	1,780×310×260	300×280	120	6	1,573
C130/L-100-30	300	23	1,780×310×260	300×280	120	6	1,890

（续）

飞机类型	巡航速度（节）	最大货物重量（公吨）（2200磅）	货舱尺寸长×宽×高（厘米）	舱门尺寸宽×高（厘米）	可用货物体积（立方米）	货盘数量224×318（厘米）	所需跑道长度（米）
MD-11F	473	90	3,800×500×250	350×260	365	26	3,100

附件 B4　救灾行动中常用的直升机类型

直升机类型	燃料类型	巡航速度（节）	地效悬停典型容许有效载荷[（千克/磅）/人][1]	无地效悬停典型容许有效载荷[（千克/磅）/人][2]	乘客座位数量（人）
法国宇航公司 SA 315B Lama	喷气燃料	80	420/925	420/925	4
法国宇航公司 SA-316B Allouette III	喷气燃料	80	526/1,160	479/1,055	6
法国宇航公司 SA 318C Allouette II	喷气燃料	95	420/926	256/564	4
法国宇航公司 AS-332L Super Puma	喷气燃料	120	2,177/4,800	1,769/3,900	26
贝尔公司 204B	喷气燃料	120	599/1.20	417/920	11
贝尔公司 206B-3 Jet Ranger	喷气燃料	97	429/945	324/715	4
贝尔公司 206L Long Ranger	喷气燃料	110	522/1150	431/950	6
贝尔公司 412 Huey	喷气燃料	110	862/1900	862/1,900	13
贝尔公司 G-47	航空汽油	66	272/600	227/500	1
贝尔公司 47 Soloy	喷气燃料	75	354/780	318/700	2
波音公司 H 46 Chinook	喷气燃料				

---

1 适用于起飞和着陆区域相对平坦且负载不可投弃的情况。实际有效载荷将根据海拔、气温、燃油量和其他因素而变化。

2 适用于吊索装载任务（货物放置在网中或悬挂在吊索上，由直升机使用吊钩提起和移动），以及不利地形（陡峭山脊顶部或悬崖附近的着陆区）或天气。实际有效载荷将根据海拔、气温、燃油量和其他因素而变化。

（续）

直升机类型	燃料类型	巡航速度（节）	地效悬停典型容许有效载荷 [（千克/磅）/人][1]	无地效悬停典型容许有效载荷 [（千克/磅）/人][2]	乘客座位数量（人）
波音公司 H 47 Chinook	喷气燃料	130	12,210/26,918	12,210/26,918	33
欧洲直升机公司（MBB）BO-105 CB	喷气燃料	110	635/1,400	445/980	4
欧洲直升机公司 BK-117A-4	喷气燃料	120	599/1,320	417/920	11
MI-8 MI-17	喷气燃料	110	3,000/6.6139	3,000/6.6139	20～30
西科斯基公司 S-58T	喷气燃料	90	1,486/3,275	1,168/2,575	12～18
西科斯基公司 S-61N	喷气燃料	120	2,005/4,420	2,005/4,420	不适用
西科斯基公司 S-64 Skycrane	喷气燃料	80	7,439/16,400	7,439/16,400	不适用
西科斯基公司 S-70（UH-60）Black Hawk	喷气燃料	145	2,404/5,300	1,814/4,000	14～17

附件 B5　工具和指南说明

城市搜索与救援队队伍概况表						INSARAG Preparedness – Response
队伍信息将上传到虚拟现场行动协调中心，并提交给接待和撤离中心/现场行动协调中心						
A0. 队伍编码				A1. 国籍		
A2. 队伍名称						
A3. 人数		人		A4. 搜救犬数量		只
A5. 队伍响应类型		重型	×	中型 ×	轻型 ×	其他
A6. 国际搜索与救援咨询团分级		是	×	否 ×		
响应能力						
A7. 技术搜索		是	×	否 ×		
A8. 搜救犬搜救		是	×	否 ×		
A9. 营救		是	×	否 ×		

（续）

A10. 医疗	是	×	否	×		
A11. 危险品侦检	是	×	否	×		
A12. 结构工程师	是	×	否	×	数量	人
A13. 接待和撤离中心 / 现场行动协调中心支持	是	×	否			
A14. 城市搜索与救援协调支持	是	×	否	×		
A15. 其他能力						

预计抵达信息	
A16. 预计抵达日期	日 / 月 / 年
A17. 预计抵达时间	小时：分钟
A18. 抵达地点	A19. 飞机类型

保障需求				
自给自足	B1. 水	天数	B2. 食物	天数
是否需要寻求支援	B3. 地面运输	是 × 否 ×		
	B4. 物资需求	是 × 否 ×		

运输（仅在 B3 选择"是"时填写）			
B5. 人数	人	B6. 搜救犬数量	只
B7. 装备	吨	B8. 装备	立方米

物资（仅在 B4 选择"是"时填写）			
B9. 汽油	（升 / 天）	B11. 氧气（切割用）	
B10. 柴油	（升 / 天）	B12. 丙烷（切割用）	
B5. 人数	人	B13. 医用氧气	
B14. 行动基地面积需求	平方米		
B15. 其他后勤需求			

联系方式					
队伍联系方式		国际搜索与救援咨询团行动联络人		国际搜索与救援咨询团政策协调人	
C1. 姓名		C5. 姓名		C8. 姓名	
C2. 移动电话		C6. 移动电话		C9. 移动电话	
C3. 卫星电话		C7. 电子邮件		C10. 电子邮件	
C4. 电子邮件					

（续）

行动基地	
C11. 地址（如已知）	
C12. 无线电频率	
C13. GPS 坐标（如已知）	

填表人姓名		职务 / 岗位	

城市搜索与救援队撤离信息

进入撤离阶段后队伍需要填写的信息

预计离开信息				
D1. 预计离开日期			日 / 月 / 年	
D2. 预计离开时间			小时 : 分钟	
D3. 离开地点				
D4. 交通运输 / 航班信息				
是否需要支援	D5. 地面运输	是	×	否	×
	D6. 特殊需求	是	×	否	×

运输（仅在 D5 选择"是"时填写）			
D7. 人数	人	D8. 搜救犬的数量	只
D9. 装备	吨	D10. 装备	立方米

特殊需求（仅在 D6 选择"是"时填写）				
D11. 装卸需求		是	×	否	×
D12. 在离境点的住宿需求		是	×	否	×
D13. 其他后勤需求				

城市搜索与救援队队伍概况表

填写说明

![INSARAG Preparedness – Response]

A. 队伍信息	
A0	三个字母的奥林匹克国家代码，代码列表在单独的工作表上；后接国家队伍编码，01、02、03 等为已通过分级测评队伍，10、11、12 等为未通过分级测评队伍
A1	队伍所属国

（续）

A2	队伍在国际或国内使用的名称
A3	出队总人数
A4	出队搜救犬总数
A5	根据国际搜索与救援指南，队伍的响应类型
A6	队伍分级测评的状态
A7	响应队伍是否具备技术搜索能力
A8	响应队伍是否具备犬搜索能力
A9	响应队伍是否具备营救能力
A10	响应队伍是否具备医疗能力
A11	响应队伍是否具备危险品侦检能力
A12	响应队伍是否配备结构工程师？如有，填写工程师数量
A13	响应队伍是否有能力建立临时现场行动协调中心/接待和撤离中心
A14	响应队伍是否有能力支持城市搜索与救援协调
A15	描述其他能力，如：自我运输保障，水域乘船救援能力等
A16	预计到达受灾区域的日期，日期格式为 日/月/年
A17	预计到达受灾区域的时间，使用24小时制的当地时间填写
A18	到达受灾区域的地点（机场、城市、港口等）
A19	飞机类型（型号，大小）
B. 支持需求	
B1	自备水可持续天数
B2	自备食物可持续天数
B3	确认是否需要地面运输支持
B4	确认是否需要物资支持
B5	需要运输支持的人员总数
B6	需要运输支持的搜救犬总数
B7	需要运输支持的装备总重量，以吨为单位
B8	需要运输支持的装备总体积，以立方米为单位
B9	每日所需汽油量，以升为单位
B10	每日所需柴油量，以升为单位
B11	确认是否需要切割用氧气
B12	确认是否需要切割用丙烷

（续）

B13	确认是否需要医用氧气补给
B14	行动基地所需用地面积，以平方米为单位
B15	其他后勤需求
C. 联系方式	
C1	队伍联络人的姓名或职务
C2	队伍联络人的移动手机号码
C3	队伍联络人的卫星电话号码
C4	队伍联络人的电子邮箱地址
C5	行动联络人的姓名或头衔
C6	行动联络人的移动手机号码
C7	行动联络人的电子邮箱地址
C8	政策联络人的姓名或头衔
C9	政策联络人的移动手机号码
C10	政策联络人的电子邮箱地址
C11	行动基地的位置或地址，如知道需填写
C12	行动基地无线电频率，以兆赫兹为单位
C13	行动基地 GPS 坐标，标准 GPS 格式为地图数据 WGS84。如有可能，请使用十进制坐标系，如 Lat ± dd.dddd° Long ± ddd.dddd°
D. 撤离信息（如知晓，请填写）	
D1	预计从受灾区域撤离的日期，日期格式为 日 / 月 / 年
D2	预计从受灾区域撤离的时间，使用 24 小时制的当地时间填写
D3	撤离受灾区域的地点（机场、城市、港口等）
D4	离开受灾区域的运输情况，如航班信息
D5	确认是否需要地面运输支持
D6	确认是否需要物资支持
D7	需要运输支持的人员总数
D8	需要运输支持的搜救犬总数
D9	需要运输支持的装备总重量，以吨为单位
D10	需要运输支持的装备总体积，以立方米为单位
D11	装卸协助需求，如叉车等
D12	在撤离地点的临时住宿需求
D13	其他信息或者后勤需求

工作场地优先选择表

本表用于场地信息收集和优先级评估

建筑物信息				
E1. 工作场地代码		E2. GPS 坐标 十进制	± dd.dddd°	± ddd.dddd°
E3. 地址				
E4. 工作场地范围描述				
E5. 建筑物用途				
F9. 建筑材料				
F10. 楼层面积	米 × 米	F11. 楼层数量　层	F12. 地下室数量	层

幸存者情况		F8. 优先级分类		
F4. 由队伍确认废墟中被压埋幸存者数量	人		<12 小时	>12 小时
F5. 营救幸存者的工作时长是否将少于 12 小时	是 / 否	确认有存活的幸存者	A	B
F6. 被报告的总体失踪人数（只有可能存活的）。如果没有，填 0。如果不知道，请不要填写	人	可能有活的幸存者	C	
F7. 有没有遇难者? 如果有，估计有多少? 如果没有，填 0。如果不知道，请不要填写	人	只有遇难者	D	

F13. 建筑物倒塌情况

F15. 在此工作场地上可能需要开展的主要城市搜索与救援行动	
类型	人员数量，装备，装备需求等
A: 搜救犬 / 技术搜索	详细信息:
B: 支撑	
C: 破拆	
D: 抬升和移除	
E: 绳索 / 高空作业	
F: 医疗需求	

F16. 风险 / 危险 / 其他信息:

F1. 队伍编码	AAA	00	F2. 日期	日	月	F3. 时间	小时	分钟
填表人姓名				职称 / 岗位				

（续）

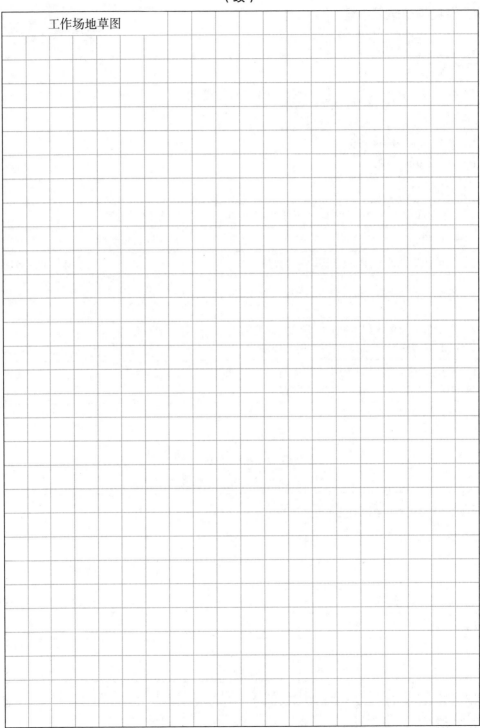

工作场地草图

工作场地优先选择表

填写说明

E1	工作场地代码：第一部分填写工作区域字母代码，第二部分填写工作区域数字代码，如 C-6。如果没有区域字母代码，则只填写数字代码。如有可能，随后补充。使用软件收集时，工作场地区域和数字代码分别在不同位置填写
E2	工作场地的 GPS 坐标，用作工作场地标记 标准 GPS 格式：地图数据 WGS84 或者地方应急管理机构要求的其他格式 如有可能尽量使用十进制坐标，如 Lat ± dd.dddd°　Long ± ddd.dddd°
E3	街道地址或工作场地的当地名称
E4	如果工作场地代码不能明确说明工作区域范围，则需要额外对工作场地区域范围进行描述。例如，一家医院可能是一个工作场地，但它可能包括几栋相关联的建筑，这种情况应在此处说明，如有必要请在表格后附上草图以说明情况
E5	描述建筑物的主要用途，如医院、工厂、办公楼、寺庙、居民楼、学校、带地下车库的公寓等
F1	执行评估任务的队伍编码。格式是三个字母的奥林匹克代码加国家救援队数字代码
F2	日期指的是完成优先选择评估的日期。日期用数字表示，月份用三个字母表示，如 13APR
F3	时间指的是完成优先选择评估的时间，使用 24 小时制的当地时间
F4	城市搜索与救援队确认的幸存者人数
F5	估算营救幸存者所需时间是否少于 12 小时。这将很难做到，但即使是一个大概的估算也将对工作场地优先级排序，以及派遣哪支队伍很有帮助。城市搜索与救援行动设定可以写在 F15
F6	估计并填写在工作场地失踪人员的数量。这个数字不包括 F4 和 F7 的数量。此数字表示的是在建筑物内额外可以被找到的幸存者人数。如果没有，请填 0。如果不知道，请不要填写数字
F7	如果工作场地内有遇难者，请填写估计的数量。如果没有，请填 0。如果不清楚，请不要填写
F8	使用优先等级方法图，确定优先等级字母
F9	描述主要的建筑物类型，如钢筋混凝土、钢结构、砖石结构、石造建筑、木质结构等
F10	给出建筑物 / 废墟的占地面积，用"米 × 米"表示，如 25 米 × 40 米
F11	给出建筑物地面以上的层数

（续）

F12	给出地下室的数量（如果有）
F13	描述建筑物倒塌类型，如倾斜、馅饼状、完全倒塌、翻倒和/或悬垂。此处提供的是关于受困空间和建筑物稳定性的信息。如果有关联，请描述局部受损情况，如承重部分倾斜、开裂或失效
F14	简要描述工作场地存在的可能影响城市搜索与救援行动的危险或风险
F15	对所需的城市搜索与救援行动进行简要评估： 在勾选格中标记可能需要执行的城市搜索与救援工作类型； 使用文本框描述执行行动所需人员、装备和时间的初步估计
F16	风险/危险/其他信息，如结构稳定性

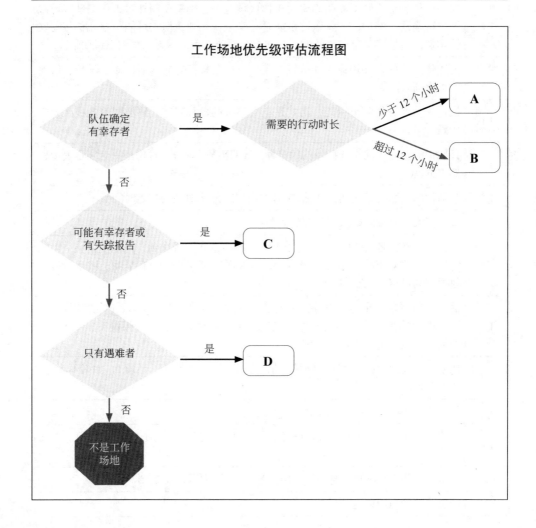

工作场地报告表

本表用于报告工作场地在某个特定工作阶段的任务完成情况或用于场地移交

E1. 工作场地代码		E2. GPS 坐标 十进制			± dd.dddd°	± ddd.dddd°
E3. 地址						
E4. 工作场地范围描述：						

工作场地情况报告

行动报告时间段		G1. 开始日期	日	月	G2. 开始时间	小时	分钟
G3. 行动持续时间							
队伍情况	G4. 队伍编码	AAA	00	G5. 第二支队伍编码		AAA	00
G6. 正在实施中的 ASR 级别							
G7. 工作场地的其他行动：							
G8. 可从工作场地中撤出的资源							
G9. 工作场地存在的危险和风险：							
G10. 工作场地相关行动联系人：							
G11. 报告编号			G12. 任务是否完成			是 / 否	

工作场地计划信息

G13. 工作场地仍未找到的失踪人员数量	人
G14. 确定存活或正在被施救的幸存者数量	人
G15. 是否已提交所有的埋压人员解救表	是 / 否 / 无
G16. 下一个工作阶段的任务计划概要：	
G17. 后勤需求和其他信息：	

任务预计完成时间		G18. 日期	日	月	G19. 时间	小时	分钟
填表人姓名			职称 / 岗位				

（续）

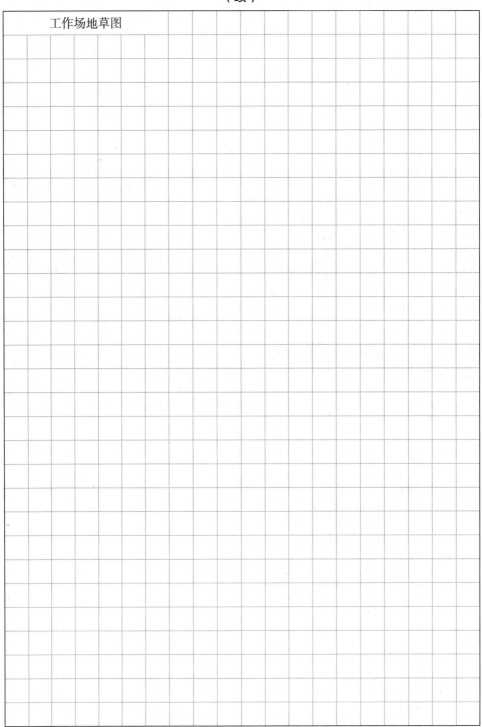

工作场地草图

工作场地报告表

填写说明

E1	工作场地代码：第一部分填写工作区域字母代码，第二部分填写工作区域数字代码，如 C-6。如果没有区域字母代码，则只填写数字代码
E2	工作场地的 GPS 坐标，用作工作场地标记 标准 GPS 格式：地图数据 WGS84 或者地方应急管理机构要求的其他格式 如有可能尽量使用十进制坐标，如 Lat ± dd.dddd°　Long ± ddd.dddd°
E3	街道地址或工作场地的当地名称
E4	如果工作场地代码不能明确说明工作区域范围，则需要额外对工作场地区域范围进行描述。例如，一家医院可能是一个工作场地，但它可能包括几栋相关联的建筑，这种情况应在此处说明，如有必要请在表格后附上草图以说明情况
G1	本行动报告时间段开始日期。日期用数字表示，月份用三个字母表示，如 12NOV
G2	本行动报告时间段开始时间。使用 24 小时制的当地时间
G3	行动的持续时间
G4	被指派到工作场地执行城市搜索与救援行动的队伍编码。格式是三个字母的奥林匹克国家代码加上国家队伍数字代码
G5	被指派到工作场地执行城市搜索与救援行动的第二支队伍编码。格式是三个字母的奥林匹克国家代码加上国家队伍数字代码
G6	说明 ASR 级别。在格子内填写 3、4 或 5
G7	列出工作场地其他行动，如大规模支撑作业，由当地起重机操作员辅助开展的重型抬升工作
G8	列举可从工作场地撤离的资源，如不再需要起重机
G9	简要描述工作场地存在的可能影响城市搜索与救援行动的危险或风险
G10	列出在工作场地的当地相关联系人，如：建筑所有人、当地救援队队长、当地起重机操作员
G11	如长时间救援行动需要填写多张报告单，同一工作场地报告单应按序号标出
G12	标出工作场地任务是否完成（是或否）
G13	为制定工作计划，说明工作场地尚被认为失踪的人数
G14	工作场地尚存活或正在被施救的人员数量
G15	明确是否所有的压埋人员解救情况表已完成（提醒用）
G16	工作场地下一个工作时间段行动计划纲要
G17	列出工作场地当前救援行动的后勤需求及其他相关信息，包括所附照片、场地中已知的遇难者人数等
G18	预计工作场地任务完成日期
G19	预计工作场地任务完成时间

埋压人员解救情况表

本表用于收集被解救的埋压人员基本信息，并按指示交给城市搜索与救援协调单元或者是地方应急管理机构。

E1. 工作场地代码		V1. 埋压人员编码		

工作场地代码及埋压人员编号组合起来是记录和追踪埋压人员的唯一编码

E2. 埋压人员详细地点的 GPS 坐标（十进制）

E3. 地址

G3. 队伍编码

V2. 解救日期

V3. 解救时间

V4. 埋压人员其他信息；仅当地方应急管理机构或城市搜索与救援协调单元要求时记录，如姓名、国籍、性别、年龄等

埋压人员位置：

V5. 楼层		V6. 在建筑物中的位置	

V7. 解救埋压人员需要的工作级别（画 ×）

仅帮助		清除少量瓦砾		ASR 3 级		ASR 4 级		ASR 5 级	

V8. 解救所用时间总计			小时				分钟	

V9. 埋压人员状况		幸存			遇难		

V10. 埋压人员受伤情况		无		稳定		危重	

V11. 将埋压人员移交至：

当地居民 / 家庭		救护车		医疗队		野战医院	
直升飞机		医院		太平间		其他	

V12. 埋压人员接收人的姓名和联系方式：

V13. 其他信息（如参与解救工作的其他队伍）

填表人姓名		职称 / 岗位	

埋压人员解救情况表

填写说明

E1	工作场地代码：第一部分填写工作区域字母代码，第二部分填写工作区域数字代码，如 C-6。如果没有区域字母代码，则只填写数字代码。如有可能，随后补充
V1	埋压人员编码：每一个从工作场地解救出的埋压人员都应分配一个编码，如简单地使用 1 代表第一个被解救出的埋压人员，2 代表第二个等。由工作场地代码和埋压人员编码组成，为每位被解救的埋压人员提供一个唯一的号码，使得对每位被解救埋压人员的记录最终得以成为可能
E2	埋压人员详细地点的 GPS 坐标 标准 GPS 格式：地图数据 WGS84 或者地方应急管理机构要求的其他格式 如有可能尽量使用十进制坐标，如 Lat ± dd.dddd° Long ± ddd.dddd°
E3	街道地址或工作场地的地名
G3	被指派到工作场地执行城市搜索与救援行动的队伍编码。格式是三个字母的奥林匹克代码加上国家队伍数字代码，如 GER01
V2	解救日期：日期用数字表示，月份用三个字母表示，如：JAN、FEB、MAR
V3	解救时间：使用 24 小时制当地时间
V4	出于受灾国或地区对埋压人员信息保密的限制，只有在城市搜索与救援协调单元或地方应急管理机构下达命令后才可收集埋压人员的个人信息。 埋压人员姓名：若已知或有身份信息识别。 埋压人员国籍：若已知或有身份信息识别。 埋压人员年龄：可根据需要估计。 埋压人员性别：男或女
V5	埋压人员位置，楼层：说明或估计埋压人员被解救时的楼层
V6	埋压人员位置，在建筑物中的位置：指明埋压人员被解救时处在将建筑物中的位置，如厨房、东南角
V7	USAR 队伍解救埋压人员需要的工作级别，推荐填写 ASR 级别
V8	解救所用时间总计：小时与分钟
V9	埋压人员状况：在相应的方框内标记"幸存或遇难"
V10	埋压人员受伤情况：在相应的方框内标记
V11	将埋压人员移交至：在相应的方框内标记已将被解救的埋压人员移交至什么人 / 组织
V12	埋压人员接收人的详细姓名和联系方式
V13	其他信息：本框内可补充一些其他信息，如参与解救行动的其他队伍

灾害事件 / 分区情况报告

本表用于总结某一灾害事件或分区内的行动情况

本表格用途：		如果是分区报告，请填写以下信息：	
1 事件报告		3 分区编号	
2 分区报告		4 分区名称	
报告时间段	5 开始日期	6 开始时间	
	7 结束日期	8 结束时间	

本报告时间段情况

9 城市搜索与救援队数量	重型	个	中型	个	其他	个
10 已确定的工作场地总数						

11 工作场地情况	总数	ASR 3 级	ASR 4 级	ASR 5 级
12 目前正在执行任务的工作场地数量	个	个	个	个
13 目前正在等待开始的工作场地数量	个	个	个	个
14 目前已完成任务的工作场地数量	个	个	个	个
15 埋压人员信息	本阶段	总计		
16 被解救的幸存者数量	人	人		
17 遇难者遗体被移除的数量	人	人		

18 其他行动：

19 安全事宜：

20 安保情况：

计划编制

下一个行动 / 报告时间段	21 开始日期	22 开始时间	
	23 结束日期	24 结束时间	

25 下一个行动阶段的目标：

26 是否需要额外的救援队伍	重型	中型

27 是否需要其他资源：

28 是否有可供再调遣的队伍或其他资源：

29 其他计划问题：

填表人姓名		职称 / 岗位	

目前灾害事件／分区内的城市搜索与救援队

序号	队伍编码		队伍名称	说明
1	AAA	00		
2	AAA	00		
3	AAA	00		
4	AAA	00		
5	AAA	00		
6	AAA	00		
7	AAA	00		
8	AAA	00		
9	AAA	00		
10	AAA	00		
11	AAA	00		
12	AAA	00		
13	AAA	00		
14	AAA	00		
15	AAA	00		
16	AAA	00		

灾害事件／分区内的其他队伍和资源

序号	名称	类型	说明
1			
2			
3			
4			
5			
6			
7			
8			
9			

灾害事件 / 分区情况报告 填写说明		
1	如果本表目的是提供整体灾害事件的情况说明，请在格子内画"×"	
2	如果本表目的是提供某一特定分区的情况说明，请在格子内画"×"	
3	如果本表目的是提供某一特定分区的情况说明，请填写分区代码（如字母）	
4	如果本表目的是提供某一特定分区的情况说明，请填写分区名称（如果有）	
5	本报告时间段开始日期。日期用数字表示，月份用三个字母表示，如 12NOV	
6	本报告时间段开始时间。使用 24 小时制的当地时间	
7	本报告时间段结束日期。日期用数字表示，月份用三个字母表示，如 12NOV	
8	本报告时间段结束时间。使用 24 小时制的当地时间	
9	根据国际搜索与救援指南填写灾害事件 / 分区内的城市搜索与救援队数量	
10	本报告时间段在灾害事件 / 分区内已确定的工作场地总数，含已开始或未开始行动的	
11	本栏是总结当前灾害事件 / 分区内工作场地的情况。总数是指灾害事件 / 分区内各种工作场地（包括正在执行任务、等待和已完成任务）的总数。ASR 3 级、ASR 4 级、ASR 5 级：在工作场地开展的评估、搜索和营救级别依照国际搜索与救援咨询团协调手册确定	
12	本报告时间段正在开展城市搜索与救援行动的工作场地数量，详细列出执行每一个 ASR 级别任务的工作场地数量	
13	本报告时间段正在等待开展城市搜索与救援行动的工作场地数量，详细列出每一个 ASR 级别任务的工作场地数量	
14	本报告时间段已经完成城市搜索与救援行动的工作场地数量。必须只记录在工作场地上已完成的最终 ASR 任务级别	
15	灾害事件 / 分区的被困人员信息 —本阶段：指当前报告时间段记录的被困人员数量 —总计：指自救援行动开始所累积记录的被困人员总数	
16	灾害事件 / 分区内已被解救的幸存者人数	
17	灾害事件 / 分区内已被清理的遇难者数量	
18	灾害事件 / 分区内正在进行的其他行动（如分区内关键基础设施结构评估）	
19	灾害事件 / 分区内需要被上报的安全问题	
20	灾害事件 / 分区内需要被上报的安保情况	
21	下一个行动 / 报告时间段开始日期。日期用数字表示，月份用三个字母表示，如 12NOV	
22	下一个行动 / 报告时间段开始时间。使用 24 小时制的当地时间	

（续）

23	下一个行动 / 报告时间段结束日期。日期用数字表示，月份用三个字母表示，如 12NOV
24	下一个行动 / 报告时间段结束时间。使用 24 小时制的当地时间
25	下一个行动阶段需要实现的目标
26	如需要其他救援队伍，请按照队伍类型详细列出
27	灾害事件 / 分区内需要的额外资源
28	列出灾害事件 / 分区内可供再调遣的队伍和资源
29	列出在下一个行动阶段必须被解决的计划问题

人道主义需求确认表

响应期间人道主义需求报告

H1. GPS 坐标十位制		± dd.dddd°		± ddd.dddd°	
H2. 队伍编码		H3. 日期	日 / 月 / 年	H4. 时间	小时：分钟
H5. 地址					
H6. 问题的类型（如健康，庇护所，食物和营养，水和卫生，后勤，其他）：					
H7. 其他信息：					
填表人姓名		职称 / 岗位			

人道主义需求确认表

填写说明

H1	工作场地的 GPS 坐标，用作工作场地标记 标准 GPS 格式：地图数据 WGS84 或者地方应急管理机构要求的其他格式 如有可能尽量使用十进制坐标，如 Lat ± dd.dddd° Long ± ddd.dddd°
H2	被指派到工作场地执行城市搜索与救援行动的队伍编码。格式是三个字母的奥林匹克代码加上国家队伍数字代码，如 GER 01
H3	日期使用格式为日 / 月 / 年
H4	时间使用格式为 24 小时制的当地时间
H5	需求的街道地址或地名
H6	看到的问题类型（如健康，庇护所，食物和营养，水和卫生，后勤，其他）
H7	其他信息

伤员治疗表

日期		INSARAG Preparedness – Response	队伍		
			分区		
时间			GPS 坐标	Lat:	
				Long:	

施救人：　　　　　　　联系方式：　　　　　　　　电话：

医疗资质：　　　　　　　　　　　　　　　　　　　电子邮件：

伤员信息

姓名：　　　　　　　　　　　　　　　　国籍：

年龄：　　　　　　　　　　　　　　　　性别：男 / 女

移送至：

当地居民 / 家庭	☐ _____	医疗队	☐ _____
救护车	☐ _____	直升机	☐ _____
医院	☐ _____	野战医院	☐ _____
太平间	☐ _____	其他	☐ _____

送医 / 事故类别		日期	时间
	初查		
	初次城市搜索与救援接触		
	初次身体接触		
	解救		

伤情信息				其他细节：
穿透性创伤	☐	钝挫伤	☐	
截肢	☐	脱水	☐	
烧伤	☐	骨折	☐	
压伤	☐	爆炸伤	☐	
头部伤	☐	其他	☐	

生命特征(如果可行)	时间 / 日期	时间 / 日期	时间 / 日期	时间 / 日期	时间 / 日期	时间 / 日期	时间 / 日期	时间 / 日期	时间 / 日期
呼吸频率									
脉搏									
血压									

（续）

AVPU/GCS									
血糖									
SpO$_2$									
EtCO$_2$									
体温									
尿量									
其他									
实施的救治									
处置	时间/日期	时间/日期	时间/日期	时间/日期	时间/日期	时间/日期	时间/日期	时间/日期	时间/日期
液体	时间/日期	时间/日期	时间/日期	时间/日期	时间/日期	时间/日期	时间/日期	时间/日期	总计
药物	时间/日期	时间/日期	时间/日期	时间/日期	时间/日期	时间/日期	时间/日期	时间/日期	总计

其他信息：

姓名：　　　　　　　职称：　　　　　　　　签名：

第二卷　准备和响应

手册 C：国际搜索与救援咨询团分级测评与复测

1　简　介

2002 年 12 月 16 日，联合国大会通过了关于"加强国际城市搜索与救援援助效能和协调"的第 57/150 号决议，确认了国际搜索与救援指南作为协调国际城市搜索与救援响应的主要参考。国际搜索与救援指南，确定了受突发灾害影响的国家可以从国际搜索与救援咨询团城市搜索与救援响应体系获取援助的方法。这种方法包含了培训和实践环节，由国际城市搜索与救援响应机构实施，从而在国际城市搜索与救援响应行动期间提供帮助。

本手册旨在明确国际城市搜索与救援的最低行动标准。国际搜索与救援咨询团指导委员会（ISG）要求国际搜索与救援咨询团网络中的所有城市搜索与救援队利用这一最低标准，以指导在准备、响应和灾后恢复阶段的行动。国际搜索与救援咨询团网络中的所有城市搜索与救援队也应与开始发展国家级或国际城市搜索与救援能力的其他机构分享这一标准。为了实现这一目标，国际搜索与救援咨询团网络制定了两套自愿参加的独立同行审查程序：国际搜索与救援咨询团分级测评（IEC）和国际搜索与救援咨询团分级复测（IER）。本手册旨在确保准备接受分级测评 / 复测的城市搜索与救援队深入了解相关要求，包括即将进行的规划、准备和实施环节。通过遵循这些原则，城市搜索与救援队将可以做好准备，以提供专业服务，开展救灾行动协作，并为受灾群众提供及时的生命拯救援助。

分级测评 / 复测是一个要求很高的认证流程，需要对其进行高度重视。队伍主管部门、城市搜索与救援队，其教练以及其他多个利益相关方，必须在全面管理、财务和运作方面狠下功夫，才能确保认证成功。城市搜索与救援队及其教练必须熟悉国际搜索与救援指南和本手册的内容。另外，分级测评 / 复测专家必须同时使用国际搜索与救援指南和本手册，作为参考资料来源。

有关本手册内容的任何问题，根据具体情况，请直接向国际搜索与救援咨询团秘书处和队伍指定教练提出。

2 分级测评/复测概述

2.1 分级测评/复测的目标

国际搜索与救援咨询团进行分级测评/复测的城市搜索与救援队必须实现以下六个目标：

（1）按照国际搜索与救援指南规定的方法和最低标准开展行动。

（2）能够在灾难发生后的极短时间内快速部署，最大限度地发挥其对灾区的积极作用。

（3）了解并遵循相关机构设立、运行和人员配置的作用和职责，包括接待和撤离中心、城市搜索与救援协调单元和/或分区协调单元。

（4）了解有关地方应急管理机构的作用和职责，并能够有效地利用其配合救灾响应行动，从而实现协调和连贯的救援行动，支持地方应急管理机构。

（5）了解国际城市搜索与救援援助补充国家灾害应急工作的方式。

（6）认证申请国的政府将了解已通过分级测评城市搜索与救援队所提供的增值支持类型。

2.2 分级测评/复测的目的

分级测评/复测的主要目的是向受灾国政府提供一个进行独立分级测评的国际搜索与救援咨询团的轻型、中型或重型城市搜索与救援队数据库，这些队伍能够实现以下八个目的：

（1）快速动员。

（2）自给自足。

（3）专业、安全地开展生命拯救行动。

（4）根据地方应急管理机构（LEMA）或国家灾害管理机构（NDMA）确定的优先事项，协调救灾行动。

（5）通过城市搜索与救援协调单元（UCC）、分区协调单元（SCC）、接待和撤离中心（RDC），协助联合国救灾工作，并在现场开展救援行动。

（6）与其他国际救灾响应机构协调救灾工作，并增强受灾国的资源。

（7）不会给受灾国带来负担。

（8）采用国际公认的现场协调机制。确保在灾害事件早期救援阶段及时启动，支持更广泛的人道主义救灾响应工作。

2.3 安排分级复测演练

通过分级测评之后，在第五年的某阶段必须进行分级复测。国际搜索与救援咨询团秘书处将与相关队伍确认复测演练的确切日期。在城市搜索与救援队 5 年周期届满之前或之后，进行分级复测演练，复测申请必须提交国际搜索与救援咨询团秘书处进行审议。

2.4 城市搜索与救援队的能力

建设城市搜索与救援能力的队伍必须参考国际搜索与救援指南《第二卷 手册 A：能力建设》，以指导队伍建设工作。针对轻型、中型和重型城市搜索与救援队，本手册提供了所需的关键要素和资源构成信息。

需要部署的最少人员数量：轻型队 17 人，中型队 40 人，重型队 59 人。为确保部署的最少工作人员数量得到满足，队员需要冗余配置，计划为每个岗位提供两倍数量的人员配置。

国际搜索与救援咨询团城市搜索与救援队必须由五个关键部分组成，即管理、搜索、营救、后勤和医疗。国际搜索与救援指南提到三个能力级别，即轻型、中型和重型，见表 1。

表 1　已通过分级测评的城市搜索与救援队能力级别

队伍类型	行动持续时间 /（小时 / 天）	任务现场数量 / 个	技术能力	医疗能力
轻型	12 小时 /5 天	1	搜救犬和 / 或技术搜索、索具和顶升技术能力	队员、搜救犬和受困人员的医疗救治能力

表 1（续）

队伍类型	行动持续时间/ （小时/天）	任务现场 数量/个	技术能力	医疗能力
中型	24 小时/7 天	1	搜救犬和/或技术搜索、索具和顶升技术能力，以及切割钢结构的能力	队员、搜救犬和受困人员的医疗救治能力
重型	24 小时/10 天	2（同时）	搜救犬和技术搜索、索具和顶升技术能力，以及切割钢结构的能力	队员、搜救犬和受困人员的医疗救治能力

2.4.1　轻型城市搜索与救援队

根据国际搜索与救援指南的要求，轻型城市搜索与救援队由五个部分组成：管理、后勤、搜索、营救和医疗。在倒塌或损毁的木质建筑结构和 / 或未加固的砖石建筑结构中，包括用钢网加固的结构，通过测评的轻型城市搜索与救援队有能力在这些结构中进行搜索与救援行动。轻型城市搜索与救援队还必须能够进行索具作业和顶升操作。轻型城市搜索与救援队的要求如下：

——（1）需要有能力在单一场地开展救援工作。
——（2）需要具备开展搜救犬救援和 / 或进行技术搜索的能力。应配置足够的人员和资源，确保能够在某个场地（不一定在同一场地；地点可能会发生变化）每天开展最长 12 小时的救援行动，持续期最长为 5 天。
——（3）必须具备实施医疗救助的能力，对象包括队员（含搜救犬，如果已配置）以及发现的受困人员（在受灾国政府允许的情况下）。

2.4.2　中型城市搜索与救援队

根据国际搜索与救援指南的要求，中型城市搜索与救援队由五个部分组成：管理、后勤、搜索、救援和医疗。在倒塌或损毁的木质建筑结构和 / 或未经加固的砖石建筑结构中，包括用结构钢加固的结构，通过测评的中型城市搜索与救援队有能力在这些结构中进行技术搜索和救援行动。中型城市搜索与救援队还必须能够进行索具和起重作业。中型队和轻型队之间的主要区别体现在以下方面：

（1）需要有能力在单一场地开展救援工作。

（2）需要具备开展搜救犬救援和 / 或进行技术搜索的能力。应配置足够的人员，确保能够在某个场地（地点可能会发生变化）每天开展最长 24 小时的救援行动，持续期最长为 7 天。

（3）必须具备实施医疗救助的能力，对象包括队员（含搜救犬，如果已配置）以及发现的受困人员（在受灾国政府允许的情况下）。

2.4.3　重型城市搜索与救援队

根据国际搜索与救援指南的要求，重型城市搜索与救援队由五个部分组成：管理、后勤、搜索、营救和医疗。重型城市搜索与救援队具有在倒塌或失效建筑结构中进行复杂技术搜索和救援行动的能力，这些行动需要切割、破拆钢筋混凝土结构，以及使用顶升和索具技术延迟这些结构的倒塌。重型队和中型队之间的主要区别体现在以下方面：

（1）需要拥有足够的装备和人力，能够同时在两个不同的场地开展具备重型技术能力的救援工作。所谓的不同场地，是指城市搜索与救援队需要将人员和装备重新部署到其他地点的各种救援现场，所有这些行动都需要单独的后勤支持。通常，此类任务将持续超过 24 小时。

（2）需要同时具备搜救犬救援和技术搜索能力。

（3）需要具备切割结构钢的技术能力，这种结构钢通常用于多层结构的施工和加固。

（4）重型城市搜索与救援队必须拥有足够的人员和后勤保障，以确保有能力在两个不同的场地进行长达 10 天 24 小时的持续行动。

（5）必须具备实施医疗救助的能力，对象包括队员（含搜救犬，如果已配置）以及发现的受困人员（在受灾国政府允许的情况下）。

2.4.4　提名城市搜索与救援队参加分级测评 / 复测

通过国际搜索与救援咨询团的相关政策联络人，政府或主管部门可以考虑提名其城市搜索与救援队，申请接受国际搜索与救援咨询团的分级测评。

2.5　分级测评 / 复测评估

国际城市搜索与救援行动的两个关键组成部分即响应能力和技术能力，可通过分级测评 / 复测进行评估和分级。

2.5.1　响应能力

响应能力评估包括主管部门或政府的决策作用，将评估城市搜索与救援队的以下能力：监测突发灾害、接收突发紧急情况通知、调动队伍资源和及时做出国际救援响应。此外，还将评估城市搜索与救援队建立接待和撤离中心 / 城市搜索与救援协调单元的能力，如果队伍是首支抵达灾区的国际城市搜索与救援队，需要协助地方应急管理机构接受国际援助。更多相关信息，请参见 www.insarag.org 网站指南说明中"*Manuals—UCC*"选项卡下的城市搜索与救援协调手册。

如果单支城市搜索与救援队已抽调其能够提供的全部人员以支持各种协调职能，那么就没有义务提供额外的人员。额外人员的投入将视具体情况而定，并且只有在队伍向相应城市搜索与救援协调（UC）机构提供额外支持的情况下才会出现。

在部署期间，城市搜索与救援队需要做到完全自给自足，而不会成为受灾国或其他国际响应组织的负担。然而，队伍将在以下方面需要协助，采购燃料和木材以及用以建立行动基地（BoO）的安全场地。在抵达受灾国后，大多数队伍还需要交通工具。城市搜索与救援队负责与其部署有关的所有费用，包括现场补给。

在分级测评 / 复测期间，对中型、重型或轻型城市搜索与救援队的响应能力的评估几乎没有差异，因为这些要求同样适用于所有级别的队伍。

2.5.2　技术能力

在分级测评 / 复测期间，将评估城市搜索与救援队的技术能力，了解其执行城市搜索与救援行动的情况。根据轻型、中型或重型级别，此项评估对队伍有不同的要求。

在持续 36 小时的、不断发展的实际建筑结构倒塌演练中，城市搜索与救援队需要使用其全部城市搜索与救援技术能力（技能和装备），证明队伍的熟练程度。通过模拟"实际行动"任务和所需分类测评级别规定的时间表，此项评估旨在考验城市搜索与救援队有效行动的能力。

对于响应能力和技术能力，指定的分级测评 / 复测专家通过分级测评 / 复测核查表进行评估。更多相关信息，请参见 www.insarag.org 网站指南说明中"*Checklists—IEC/R*"选项卡下的分级测评 / 复测核查表。

2.6 分级复测的原因

2.6.1 分级测评的有效期

国际搜索与救援咨询团指导委员会已确定，分级测评五年后需要进行复测。如果城市搜索与救援队在五年到期时无法进行分级复测，则需由相应的国际搜索与救援咨询团国家联络人对正当理由进行说明，国际搜索与救援咨询团指导委员会可以根据具体情况批准延期一年。延期一年后，不可再次延期。

2.6.2 城市搜索与救援队结构的变化

分级测评认证适用于其所评估的城市搜索与救援队结构。如果队伍的人员配置发生任何结构变化，那么国际搜索与救援咨询团行动联络人有责任立即通知国际搜索与救援咨询团秘书处。

国际搜索与救援咨询团秘书处将协助审查队伍结构变化，确定是否影响城市搜索与救援队的分级测评级别。如果确认队伍结构变化对分类产生了负面影响，国际搜索与救援咨询团秘书处将通知城市搜索与救援队及其主管部门，需要重新进行分级测评。国际搜索与救援咨询团秘书处将与国际搜索与救援咨询团全球主席协商，并就城市搜索与救援队在分级复测之前是否可以保留其现有级别提出建议。

2.6.3 分级测评级别的变化

如果队伍从一个分类测评级别向另一个级别调整，就会发生这种情况，如从轻型到中型，从中型到重型，反之亦然。理想情况下，在五年期满时，城市搜索与救援队应当接受这种分级复测。但是，如果城市搜索与救援队希望在五年内从一个级别转为另一个级别，则必须向国际搜索与救援咨询团秘书处提交书面申请。希望更改其原始分类级别的任何城市搜索与救援队，都需要经过完整的分级测评流程。

2.6.4 不当的国际响应行为

通过国际搜索与救援咨询团分级测评的所有城市搜索与救援队，都应坚持最高标准的职业操守和专业精神，并作为国际搜索与救援咨询团的代表以执行所有救灾行动。在国际部署或国际搜索与救援咨询团活动期间，国际搜索与救援咨询团秘书处收到的关于已通过分级测评的城市搜索与救援队行为的任何正式投诉，将由国际搜索与救援咨询团指导委员会进行审查。国际搜索与救援咨询团指导委员会可以选择成立一个特设专家小组，审查投诉事件，并提出适当的解决措施。

国际搜索与救援咨询团指导委员会可以决定对相应队伍发出警告，或者在严重的情况下，撤销队伍的分级测评级别。

2.7　分级测评 / 复测费用

由于队伍预计将进行年度城市搜索与救援演练，此次演练应包含在与其主管部门商定的年度预算计划中，因此实施分级测评 / 复测流程将产生额外费用 [请参见《第一卷：政策》]。

分级测评 / 复测专家代表的费用，由其相应的主管部门或政府承担，而国际搜索与救援咨询团秘书处则自行承担费用。

分级测评 / 复测主办方将决定是否邀请观察员参加分级测评 / 复测。分级测评 / 复测主办方提供的各类费用和服务，将在测评前的公告中予以说明。公告应载有观察员访问演练现场的时间表。

2.8　已通过分级测评的城市搜索与救援队目录

队伍成功通过分级测评 / 复测后，按照通过的测评级别，收录进已通过分级测评的城市搜索与救援队目录，参见 www.insarag.org 网站。此目录由国际搜索与救援咨询团秘书处管理。

2.9　国际搜索与救援咨询团秘书处的联系方式

国际搜索与救援咨询团秘书处的职能，由联合国人道主义事务协调办公室（OCHA）响应支持处（RSB）提供。通过以下方式，可以联系国际搜索与救援咨询团秘书处：

联合国人道主义事务协调办公室响应支持处（RSB）

联合国人道主义事务协调办公室应急响应科（ERS）

国际搜索与救援咨询团秘书处 万国宫

CH-1211，日内瓦 10 号，瑞士

电子邮件：insarag@un.org

3　分级测评／复测利益相关方

为了城市搜索与救援队能够顺利进行分级测评／复测，以下各利益相关方都是不可或缺的（图 1）。

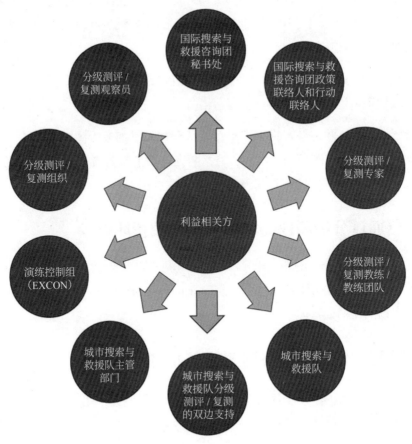

图 1　顺利进行分级测评／复测中的利益相关方

3.1　国际搜索与救援咨询团秘书处

在分级测评 / 复测期间，国际搜索与救援咨询团秘书处充当一个中立的协调机构。国际搜索与救援咨询团秘书处的代表，可能是联合国人道主义事务协调办公室响应支持处的雇员，也可能是国际搜索与救援咨询团秘书处授权的人员。

在预期的分级测评 / 复测日期确定前两年，国际搜索与救援咨询团秘书处将与城市搜索与救援队建立联系。设置此时间表是为了确保按时完成所有重要事项，并且可以轻松识别和积极解决存在的差距。这一监控系统将包括三个部分：认证申请和教练分配，审查，最终确定。

从认证流程一开始，秘书处就与所有利益相关方开展合作，促进及时的讨论和磋商，并对城市搜索与救援队在分级测评 / 复测筹备过程中所需的相关支持提出建议。

队伍一旦完成了所有筹备任务和目标，并且主要利益相关方（如分级测评 / 复测专家、教练和国际搜索与救援咨询团秘书处）完全满意，那么秘书处将确认在指定日期举行分级测评 / 复测。

在分级测评 / 复测期间，国际搜索与救援咨询团秘书处的主要职责如下：

——（1）确保认证流程满足本卷本册确定的最低要求。
——（2）确保分级测评 / 复测专家遵循指南的要求，不会试图利用分级测评 / 复测这个机会推广其本国方法作为首选行动方式。
——（3）如果需要，在分级测评 / 复测专家、城市搜索与救援队及其分级测评 / 复测教练或其联络人之间扮演调解员 / 仲裁员的角色。

关于国际搜索与救援咨询团秘书处的职权范围（ToR），见本卷本册附件 A。

3.2　国际搜索与救援咨询团政策联络人、行动联络人和城市搜索与救援队联络人

国际搜索与救援咨询团政策联络人，通常是政府部门负责管理国际应急响应的高级官员。国际搜索与救援咨询团政策联络人，是国际搜索与救援咨询团秘书

处、国际应急响应机构和受灾国政府的主要联络人，负责协调国际搜索与救援咨询团秘书处在政策方面的事项。因此，政策联络人必须批准城市搜索与救援队提出的进行分级测评／复测的各种请求，无论是政府队伍还是非政府组织（NGO）队伍。

国际搜索与救援咨询团行动联络人，是国际搜索与救援咨询团秘书处、国际应急响应机构和受灾国政府的主要联络人，负责协调城市搜索与救援队在技术行动方面的事项。

城市搜索与救援队联络人，是政策联络人和行动联络人之间的联络人，通常是已通过分级测评的城市搜索与救援队的队长。

关于国际搜索与救援咨询团政策联络人和行动联络人的进一步详情，参见《第一卷：政策》。

3.3　分级测评／复测专家

国际搜索与救援咨询团秘书处，负责维护合适的分级测评／复测专家数据库，其中的专家由其主管部门提供支持。利用这一分级测评／复测专家库，国际搜索与救援咨询团秘书处为具体的分级测评／复测流程选择专家小组。

在作为分级测评／复测预备专家之前，分级测评／复测专家岗位的人选必须参加培训。

分级测评／复测专家组长或副组长岗位的候选人，必须参加国际搜索与救援咨询团分级测评／复测组长课程。

分级测评／复测专家组，由城市搜索与救援队专家组成，经国际搜索与救援咨询团秘书处遴选并经分级测评／复测专家行动联络人批准。分级测评／复测专家组成员，提供评估城市搜索与救援队各组成部分所需的技术专业知识（图2）。在大多数情况下，分级测评／复测专家组成员可能会提供多个职能领域的技术专业知识。

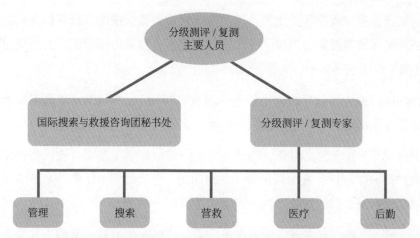

图 2　分级测评 / 复测主要人员在评估城市搜索与救援队方面的技术专长

分级测评 / 复测所需的分级测评 / 复测专家的最低数量如下。

- （1）轻型队测评（4 名分级测评 / 复测专家）：①组长 / 管理人员 1 名；②后勤人员 1 名；③搜索和营救人员 1 名；④医疗人员 1 名。
- （2）中型队测评（7 名分级测评 / 复测专家）：①组长 1 名；②管理人员 1 名；③后勤人员 1 名；④搜索人员 1 名；⑤营救人员 2 名；⑥医疗人员 1 名。
- （3）重型队测评（8 名分级测评 / 复测专家）：①组长 1 名；②管理人员 1 名；③后勤人员 1 名；④搜索人员 1 名；⑤营救人员 3 名；⑥医疗人员 1 名。

　　但是，最终的分级测评 / 复测专家组成，将在与指定的分级测评 / 复测专家组长协商后决定。

　　在可能的情况下，国际搜索与救援咨询团秘书处将包括 1 名分级测评 / 复测副组长，接受指导以准备未来担任分级测评 / 复测专家组长。分级测评 / 复测专家组中，必须至少有 1 名成员具有城市搜索与救援协调资格（参加过国际搜索与救援咨询团城市搜索与救援协调课程）。通过培训中有限数量的分级测评 / 复测专家，可以加强上述人员的力量。

　　分级测评 / 复测主要人员的任务是确保以公平公正的方式评估正在进行认证

流程的城市搜索与救援队。此外，按照国际搜索与救援指南（最低标准），测评人员必须确保城市搜索与救援队令人满意地展示各种能力和技能，并达到分级测评 / 复测相应级别的要求。

作为国际搜索与救援咨询团体系中的救灾同行，分级测评 / 复测专家应坚持国际搜索与救援咨询团制定的原则和标准。

分级测评 / 复测专家需要做到公正客观，并根据国际搜索与救援咨询团的最低标准进行分级测评。在分级测评 / 复测期间，分级测评 / 复测专家不要试图推广或强制执行其本国的方法，这一点务必注意。

分级测评 / 复测专家组将认可城市搜索与救援队使用其国家标准开展救援行动，实现分级测评 / 复测核查表中得到一致认可的目标。然而，城市搜索与救援队和分级测评 / 复测专家组，必须遵守国际搜索与救援指南中所述的国际部署标准。

分级测评 / 复测专家必须确保城市搜索与救援队安全地开展行动，因此不能无视或者忽视任何公认的不安全行为。如果出现安全问题，那么分级测评 / 复测专家将暂时停止测评活动，与分级测评 / 复测教练、现场控制员 / 安全官和 / 或城市搜索与救援队联络人讨论安全事宜，直到确保能够以安全的方式继续进行测评。分级测评 / 复测专家不应随意停止测评活动，除非存在人身伤害或更严重的威胁。

在城市搜索与救援队的演练完成之前，分级测评 / 复测专家组可以完成其分级测评 / 复测的评估工作。由于测评演练是城市搜索与救援队的年度演练，分级测评 / 复测专家组此时无法停止演练，因为这会干扰城市搜索与救援队的训练目标。

3.4 分级测评 / 复测专家的遴选与评估

符合标准的候选专家，必须获得其国际搜索与救援咨询团政策联络人 / 行动联络人的批准，才能担任分级测评 / 复测专家，由国际搜索与救援咨询团秘书处进行部署。这种预先批准很重要，因为与分级测评 / 复测专家相关的所有费用均由其主管部门负责。

获得批准后，候选专家必须填写分级测评 / 复测专家申请表，并将其交回国际搜索与救援咨询团秘书处。

　　然后，国际搜索与救援咨询团秘书处将审查提交的申请。如果获得接受，候选专家和行动联络人将收到书面通知，相应专家将被添加到分级测评 / 复测专家名册中。分级测评 / 复测专家的选择，基于以下考虑因素：

　　（1）持续承诺能够参与国际搜索与救援咨询团的活动，并服从部署安排。国际搜索与救援咨询团行动联络人，必须承诺支持其分级测评 / 复测专家服从部署安排。

　　（2）主管部门确认为分级测评 / 复测流程提供财务支持。

　　（3）充分满足并维持相应的职权范围要求。

　　（4）参加相关的分级测评 / 复测培训，以及国际搜索与救援咨询团的其他活动。

　　分级测评 / 复测专家主管部门和分级测评 / 复测的每一位专家，必须意识到作为分级测评 / 复测专家必须积极开展工作，通过参加会议、演练和其他与国际搜索与救援咨询团相关的城市搜索与救援活动，与国际搜索与救援咨询团网络保持密切联系。

　　分级测评 / 复测主要人员涉及以下岗位：

　　（1）分级测评 / 复测专家组长（必须曾担任分级测评 / 复测副组长，并且曾参与三次或更多分级测评 / 复测）。

　　（2）分级测评 / 复测专家副组长（必须曾担任分级测评 / 复测专家管理人员，并且曾参与两次或更多分级测评 / 复测）。

　　（3）分级测评 / 复测专家管理人员（必须曾担任城市搜索与救援队队长，是演练控制组（EXCON）的成员，并且曾参与两次或更多分级测评 / 复测）。

　　（4）搜索、后勤、医疗和营救领域的分级测评 / 复测专家（必须是指定职能领域的相关主题专家，是演练控制组的成员，并且作为预备专家曾参与一次分级测评 / 复测）。

（5）分级测评／复测预备专家（必须满足这一岗位的相关要求）。

（6）国际搜索与救援咨询团秘书处代表（必须是响应支持处的工作人员，或者曾担任分级测评／复测专家组长，并且曾参与四次或更多分级测评／复测）。

需要注意的是，国际搜索与救援咨询团提供的培训，只针对分级测评／复测组长／副组长和教练。主管部门有责任确保分级测评／复测专家人选为测评任务做好充分准备。还应当注意，分级测评／复测组长有责任评估其分级测评／复测专家的表现，并向国际搜索与救援咨询团秘书处报告结果。接受分级测评／复测的城市搜索与救援队，也可以评估相应分级测评／复测专家组的表现。那些违反岗位职权范围规定的分级测评／复测专家，将从分级测评／复测专家名册中删除，并且在国际搜索与救援咨询团政策联络人／行动联络人以书面形式提交个人表现改进的具体情况之前，不会重新添加相应的专家。如果从名册中删除，相关人员将返回到分级测评／复测预备专家的状态，并重新接受评估。

3.5 分级测评／复测教练和教练组

在尝试通过分级测评／复测时，为了减少城市搜索与救援队认证失败的可能性，国际搜索与救援咨询团指导委员会一致认为，希望接受分级测评／复测的城市搜索与救援队必须聘请教练或教练组。要求教练不得来自执行分级测评／复测的机构。通过这种安排，可以提供从不同角度学习的机会，进而增加教练对其他城市搜索与救援队行动方式的了解（同行学习）。针对城市搜索与救援队和国际搜索与救援咨询团秘书处，教练有责任提出独立的公正建议，说明分级测评／复测演练是否应按计划进行或推迟。

关于教练职权范围的详细信息，参见附件 A。有意成为教练的个人必须填写分级测评／复测教练申请表，并将其提交给国际搜索与救援咨询团秘书处进行审议。更多相关信息，请参见 www.insarag.org 网站指南说明中“*Guidelines Annex—Volume II, Man C*”选项卡下的分级测评／复测核查表。

关于分级测评／复测教练的聘请，城市搜索与救援队基本上通过两种途径：城市搜索与救援队双边支持和／或寻求外部顾问。在某些情况下，城市搜索与救援队可能会选择同时利用这两种途径。

根据队伍的要求，国际搜索与救援咨询团秘书处可以提供教练的联系方式，这些教练曾经指导其他城市搜索与救援队成功完成分级测评和／或已提交担任教练的申请。队伍与相应教练的关系是由双方协商安排的。

3.6　城市搜索与救援队分级测评／复测的双边支持

如果城市搜索与救援队寻求已通过分级测评的城市搜索与救援队提供协助，那么就会出现这种情况。然而，提供指导的已成功通过分级测评的城市搜索与救援队的级别，必须与正在接受测评的队伍所寻求认证的级别相同，这是一个先决条件。通过重型分级测评的城市搜索与救援队，可以指导另一个寻求重型、中型或轻型测评的城市搜索与救援队，这也是可以接受的。然而，已通过中型分级测评的城市搜索与救援队，不能指导寻求重型分级测评的队伍。

如果城市搜索与救援队选择利用这种支持机制，则已通过分级测评的城市搜索与救援队应指定一名人员作为教练，同时了解队伍其他工作人员和资源在教练过程中的作用。设定一名联络人，可以确保与相关方进行可靠的联系和对话，包括国际搜索与救援咨询团秘书处，以及寻求分级测评的城市搜索与救援队。

这种支持机制涉及的费用和时间安排，将由相关方共同商定。国际搜索与救援咨询团秘书处不参与这些事项的讨论和决定。

3.7　分级测评／复测的外部顾问支持

如果城市搜索与救援队聘请外部顾问提供协助，那么就会出现这种情况。外部顾问可以是个人或组织，具备适合指定任务的国际搜索与救援咨询团相关知识和技能。必须注意的是，要想找到一名具备专门知识的外部顾问，就城市搜索与救援队所有五个主要组成部分提供充分的深入建议，这可能并不容易。如果存在这样的外部教练，那么这位教练应当能够寻求填补队伍能力差距所需的帮助。

外部顾问支持涉及的费用和时间安排，将由城市搜索与救援队和这名顾问共同商定。国际搜索与救援咨询团秘书处不参与这些事项的讨论和决定。

3.8 教练职责

在提供教练服务时，教练承担着重大责任（参见本卷本册附件 A）。不应低估教练所需的付出，根据有关城市搜索与救援队的准备情况，教练的付出可能至关重要。教练将发挥重要作用，向国际搜索与救援咨询团秘书处提供相关信息，说明城市搜索与救援队的状况及其满足国际搜索与救援咨询团分级测评 / 复测要求的能力。

教练支持城市搜索与救援队的分级测评 / 复测项目负责人 / 协调人，并负责评估城市搜索与救援队的响应能力和技术能力。

在分级测评 / 复测的过程中，通过支持分级测评 / 复测专家组、演练控制组和城市搜索与救援队，教练岗位将发挥关键作用。

在分级测评 / 复测演练之前，教练与分级复测专家组长和城市搜索与救援队联络人一起，负责分级复测的预评估过程。

3.9 分级测评 / 复测观察员

鼓励正在进行分级测评 / 复测演练的队伍接受观察员，这些观察员来自准备接受分级测评 / 复测的城市搜索与救援队。针对接受观察员这一事项，国际搜索与救援咨询团秘书处可向城市搜索与救援队提出建议。

接受分级测评 / 复测的城市搜索与救援队 / 主管部门，有责任确定是否将在分级测评 / 复测演练期间支持观察员计划。在说明分级测评 / 复测演练时，应在虚拟现场行动协调中心以及行动和管理说明中解释观察员计划，帮助潜在的观察员了解其可以期待的演练参与 / 观察情况。

城市搜索与救援队 / 主管部门，还将决定其可以支持的观察员人数。鼓励城市搜索与救援队 / 主管部门发出具体邀请，优先考虑那些准备接受分级测评 / 复测的队伍。如果需要翻译服务，则由观察员负责。

选择设立观察员计划的国家，必须任命一名专职观察员协调人 / 联络官（LO），在分级测评 / 复测活动开始时进行观察员简报，并在分级测评期间监督观察员。

观察员应注意，自己是被邀请观察分级测评，而不是对测评流程及其结果发表评论，也不能干扰正在接受分级测评的城市搜索与救援队或分级测评／复测专家。所有与观察员相关的协调工作都必须通过观察员协调人进行。

在整个演练过程中，测评主办机构（而非分级测评／复测专家组长）有责任管理观察员代表团。

4　城市搜索与救援队主管部门

城市搜索与救援队的主管部门负责确保城市搜索与救援队完全了解国际搜索与救援咨询团的方法，并确保城市搜索与救援队满足国际搜索与救援咨询团城市搜索与救援行动最低标准。

主管部门负责的一些关键事项包括：

— (1) 如果城市搜索与救援队由多个组织的人员构成，则确保各组织间已取得相关共识。
— (2) 确保提供资金用于队伍准备（人员培训和装备购置），提供为期36小时的年度现场训练演练，持续的技能培训，参加国际搜索与救援咨询团的区域和全球活动，为城市搜索与救援协调机制提供训练有素的工作人员，确保进行疫苗接种，并做好国际部署的准备。
— (3) 确保与（地面和空中）运输供应商达成协议，确保队伍能够快速出发。
— (4) 确保队员所需的所有保险单（包括医疗后送保险）准备就绪，除非主管部门具有相关设施、能力或协议，可以在城市搜索与救援队队员需要时进行紧急医疗后送。

5　城市搜索与救援队

5.1　政府城市搜索与救援队

政府城市搜索与救援队完全由政府机构人员组成。在来自多个机构的人员组成的城市搜索与救援队中，通常指定一个具体机构作为牵头机构。这些救援队构成一个国家的国家级或地方级城市搜索与救援响应能力。

只有得到国际搜索与救援咨询团政策联络人 / 行动联络人的批准，政府城市搜索与救援队才能进行分级测评 / 复测。

5.2　非政府组织城市搜索与救援队

非政府组织城市搜索与救援队可以自主进行救灾响应，不需要政府批准即可部署。但是，如果非政府组织城市搜索与救援队正在规划进行分级测评 / 复测，则需要得到相应国家的国际搜索与救援咨询团政策联络人的同意。然而，非政府组织城市搜索与救援队一旦通过国际搜索与救援咨询团分级测评，则应当按照要求进行部署，而不是自主进行部署。

5.3　政府 / 非政府组织联合城市搜索与救援队

这些城市搜索与救援队，既包括政府机构（单个或多个机构）人员，也包括非政府组织人员。只有得到国际搜索与救援咨询团政策联络人的批准，政府 / 非政府组织联合城市搜索与救援队才能进行分级测评 / 复测。

5.4　多个机构组成的城市搜索与救援队

取得的国际搜索与救援咨询团分级测评资质，仅适用于相应的城市搜索与救援队，包括其所有参加分级测评的成员组织。如果城市搜索与救援队由多个独立机构组成，例如，政府和非政府组织都安排人员组建一支联合队伍，共同进行救灾响应，则取得的分级测评资质仅适用于多机构联合队伍。如果这支已通过分级测评的队伍其中的任何一个组成部分没有与队伍其他成员一起进行救灾响应，则分级测评 / 复测资质不适用，此时队伍在部署期间不得使用国际搜索与救援咨询团的分级测评标识。

如果联合队伍的任何一个组成部分打算独立进行救灾响应，并希望在独立响应期间展示分级测评标识，则需要作为单独的队伍进行分级测评。

国际搜索与救援咨询团的分级测评资质不得转让。作为联合队伍的一部分而获得国际搜索与救援咨询团分级测评资质后，如果随后离开联合队伍，这样的独立机构不得宣称自己通过了国际搜索与救援咨询团分级测评。

6 演练控制组

在确保城市搜索与救援队顺利通过分级测评／复测方面，演练控制组发挥着重要作用。演练控制组由来自其所属机构中训练有素的成员组成。演练控制组成员必须专门负责演练控制职能，并且在分级测评／复测演练期间不得接受其他的责任角色。演练控制组负责管理所有需要的演练情景设定，管理任务现场和其他相关信息。在演练的各个阶段，还必须向虚拟现场行动协调中心输入信息。

演练控制组负责设计实战现场 36 小时演练，确保演练场景在至少连续 36 小时的时间内不断发展，并且这些场景将确保分级测评／复测专家能够评估分级测评／复测核查表所有行动和管理要求的执行情况。这种现场演练需要模拟国际救援响应的各个方面，从突发紧急情况到撤离和返回原驻国基地。

这些场景应尽可能准确地反映队伍可能遇到的"真实"情况，队伍能力的建设方式应确保队伍行动和管理专业知识、技能及装备达到与所认证级别相称的水平，这一点至关重要。另外必须澄清一点，这种演练不是技能组合的展示；也就是说，静态展示是不符合要求的，如钢材切割、混凝土破碎、支护、重物顶升。

演练控制组旨在避免城市搜索与救援队了解场景的细节，以及分级测评／复测演练的具体场景进展，以保持真实感和出其不意的效果，就像在真实灾害情况下一样。然而，随着演练场景的开始和继续，向城市搜索与救援队提供信息非常重要，这样队伍就有足够的信息来制定和实施行动计划。

演练控制组的负责人必须与城市搜索与救援队的利益相关方（行动联络人，城市搜索与救援队联络人）保持联系，确保后者满足分级测评／复测的所有要求，并确保分级测评／复测工作遵循规定的时间表。

如果需要重复开展救援行动，演练控制组负责确保准备足够的技术和战术任务以及应急预案，完全控制演练场地并推动现场演练的完成。

演练控制组由城市搜索与救援队队员组成，城市搜索与救援队的成败取决于演练控制组的专业知识。演练控制组的每位成员都必须对队伍内部政策有深入的了解，并接受过国际搜索与救援咨询团方法的培训。队员需要愿意接受演练控制组的任务，了解要求的复杂性，并具有设计演练计划所需的经验，在 36 小时的演练时间内，满足分级测评／复测核查表上每个项目的要求。

联合队伍的分级测评／复测演练活动，将由分别来自相应成员机构的联合演练控制组成员共同负责，并具有足够的影响力，根据分级测评要求指导演练活动。

7 分级测评／复测申请流程

在考虑分级测评／复测申请之前，城市搜索与救援队必须证明其参与国际搜索与救援咨询团活动的情况。在队伍能力建设的过程中，这就要求规划分级测评／复测的潜在城市搜索与救援队参加国际搜索与救援咨询团年度区域会议、地震应急演练／模拟演练以及国际搜索与救援咨询团的其他活动，包括在已通过分级测评的城市搜索与救援队目录中进行注册。针对分级测评／复测教练的遴选问题，也需要与国际搜索与救援咨询团秘书处讨论。

遴选一旦完成，分级测评／复测教练将对城市搜索与救援队的能力进行预评估，以确保其准备好启动分级测评／复测流程。分级测评／复测两年规划时间表（参见本卷本册附件 B），概述了城市搜索与救援队在分级测评／复测准备过程中必须遵守的时间框架。

如果城市搜索与救援队及其主管部门同意接受分级测评／复测，则必须利用分级测评／复测申请第一阶段向国际搜索与救援咨询团秘书处提出申请。更多相关信息，请参见 www.insarag.org 网站指南说明中 "*Guidelines Annex—Volume II, Man C*" 选项卡下的附件 D5。

分级测评／复测申请流程的要求如下：

— (1) 申请国政府的国际搜索与救援咨询团政策联络人，必须向国际搜索与救援咨询团秘书处提交书面申请，说明城市搜索与救援队自愿接受分级测评／复测。

— (2) 根据预期评估日期，这项申请必须至少提前两年提交给国际搜索与救援咨询团秘书处。需要特别注意的是，两年准备期的这项规定没有例外，因为历史记录表明队伍至少需要两年的时间才能做好进行分级测评／复测的准备。

（3）申请必须用英文撰写。

（4）无论城市搜索与救援队是官方政府队伍、非政府组织队伍还是政府 / 非政府组织联合队伍，都需要得到申请国的国际搜索与救援咨询团政策联络人的正式许可，才准许进行分级测评 / 复测。

（5）申请表应在申请时提交（比分级测评时间提前 24 个月），申请表包括了对简明证明文件集（A-POE）的要求。

（6）申请表将包括分级测评 / 复测教练提交的初步报告，确认队伍准备活动的时间表可以确保城市搜索与救援队在两年内做好管理和行动层面的准备。更多相关信息，请参见 www.insarag.org 网站指南说明中"*Guidelines Annex—Volume II, Man C*"选项卡下的附件 D6。

在收到分级测评 / 复测申请材料（书面申请、简明证明文件集和分级测评 / 复测教练的报告）后，国际搜索与救援咨询团秘书处将评估城市搜索与救援队是否能够在规定时限内达到分级测评 / 复测所要求的标准。如果国际搜索与救援咨询团秘书处认为分级测评 / 复测申请材料合格，则会做出以下安排：

（1）以书面形式通知国际搜索与救援咨询团政策联络人：队伍的申请材料已被接受。

（2）指定预期的分级测评 / 复测演练日期。

（3）将分级测评 / 复测这项工作加入到即将执行的分级测评 / 复测的时间表中。

如果分级测评 / 复测申请材料不符合国际搜索与救援咨询团的最低标准，国际搜索与救援咨询团秘书处将以书面形式通知已确定需要改进的方面，将其告知国际搜索与救援咨询团政策联络人、城市搜索与救援队联络人和分级测评 / 复测教练。

已确定需要改进的方面一旦得到解决，通过提交修订后的分级测评 / 复测简明证明文件集和分级测评 / 复测教练评估报告，城市搜索与救援队将能够重新申请分级测评 / 复测。更多相关信息，请参见 www.insarag.org 网站指南说明中"*Guidelines Annex—Volume II, Man C*"选项卡下的附件 D5 和附件 D6。

7.1 简明证明文件集

简明证明文件集的内容，应在分级测评／复测申请的第一阶段进行提交。简明证明文件集应以英文撰写，必须提供文件材料，证明城市搜索与救援队已根据国际搜索与救援指南开展能力建设，并采用了国际搜索与救援咨询团的方法。同时期的分级测评／复测教练评估报告应包含在简明证明文件集中。

8 分级测评／复测评估流程

城市搜索与救援队需要与其教练协商，制定战略计划，以弥补教练评估期间发现的各类管理或行动能力短板。这项战略计划的执行，需要遵循预期安排的时间表。

在分级测评／复测过程中，如果在某个时间判定无法遵循时间表，那么城市搜索与救援队的政策联络人／行动联络人在与教练进行协商后，将立即以书面形式通知国际搜索与救援咨询团秘书处。教练还将向国际搜索与救援咨询团秘书处提交一份书面报告，说明无法遵循时间表的具体原因。与城市搜索与救援队及其教练协商后，国际搜索与救援咨询团秘书处将确定新的分级测评／复测日期。

8.1 综合证明文件集

8.1.1 综合证明文件集的提交

在分级测评／复测申请的第二阶段，应提交综合证明文件集，必须在两年时限内的第 12 个月将其提交给国际搜索与救援咨询团秘书处。同时期的分级测评／复测教练评估报告应包含在综合证明文件集中。在提交综合证明文件集时，应遵循如下相关要求：

——(1) 在综合证明文件集被提交之前，必须由行动联络人和教练进行审查和批准。
——(2) 申请必须用英文撰写。无法翻译成英文的各类文件（如培训计划）应附有英文版的内容摘要。以下文件必须提交英文版：①年度培训计划的说明；②用于救灾响应的城市搜索与救援队组织架构图；③用于履行管理职责的城市搜索与救援队项目管理组织架构图；④演练计划和场景；⑤城市搜索与救援队人员清单；⑥后勤清单；⑦托运人危险货物申报；⑧启动分级测评程序的详细证明材料；⑨救灾后有关撤离程序的证明文件。

在审查综合证明文件集期间，国际搜索与救援咨询团秘书处和（或）分级测评/复测专家组提出的各种问题，将直接提交给城市搜索与救援队及其行动联络人和教练。收到提出的问题后，应明确答复的截止日期。如果需要，城市搜索与救援队可以联系国际搜索与救援咨询团秘书处，了解综合证明文件集的示例。更多相关信息，请参见 www.insarag.org 网站指南说明中 "*Guidelines Annex—Volume II, Man C*" 选项卡下的附件 D7。

8.1.2 综合证明文件集的内容

有关综合证明文件集内容的详细列表，请参考分级测评/复测申请的第二阶段。必须注意的是，国际搜索与救援咨询团秘书处和/或分级测评/复测专家组长可能会要求提供更多信息。

8.1.3 综合证明文件集的审查

国际搜索与救援咨询团秘书处将把综合证明文件集转发给选定的分级测评/复测专家组组长。在收到证明文件集后的 45 天内，分级测评/复测专家组长将协调分级测评/复测专家组对证明文件集进行详细审查。如有需要，分级测评/复测专家组组长将与城市搜索与救援队的相关成员、教练和国际搜索与救援咨询团行动联络人进行面谈，可能会要求后者提供支持综合证明文件集的其他文件或是将某些文件翻译成英文。

根据综合证明文件集中的文件，分级测评/复测专家将建议是继续还是推迟分级测评/复测演练，这项决定应至少在分级测评/复测演练的预期执行日期前六个月做出（涉及分级测评/复测清单和咨询说明草案）。

如果需要做出澄清，那么分级测评/复测专家组长可以与教练和行动联络人沟通。

8.1.4　分级复测的预审

预审被称为分级复测之前的流程，分级测评/复测专家组长、城市搜索与救援队联络人和教练讨论并达成共识，确定将在分级复测演练期间评估和分级测评的相关核查表（1～6）具体要素，或者在分级测评/复测演练之前需要展示/呈现/解释的内容。这项工作是教练的一项主要职责。

8.2　分级测评/复测演练（实战场地 36 小时演练）

演练控制组需要设计和开发一个场地，作为演练活动的平台。在组织实战场地 36 小时演练时，需要考虑以下三个关键因素：

（1）在实战场地 36 小时演练期间，城市搜索与救援队将作为第一支抵达灾区的城市搜索与救援队进行部署。

（2）在不间断的 36 小时分级测评/复测演练中，分级测评/复测专家组需要评估城市搜索与救援队的表现。

（3）分级测评/复测演练将按以下方式进行：前六小时用于响应能力评估，其中包括：①警报和启动，在演练期间应展示整个警报和启动过程，不能采用 PowerPoint 演示文稿来替换此项展示；②召集城市搜索与救援队；③进行部署前的医学筛检；④进行部署前的后勤检查；⑤进行部署前的个人装备配置；⑥编制部署前的灾情简报；⑦离境海关和入境海关；⑧城市搜索与救援队到达准备"登机"的集结点。

在某些情况下，城市搜索与救援队要利用邻国或邻近辖区的训练场地，则需要相当长的行程时间。需要注意的是，这段行程时间不是实战场地 36 小时演练的一部分，所以实际上应"停止计时"。如果城市搜索与救援队到达模拟过境点，则重新开始计时，城市搜索与救援队需要在一个小时内完成过境行动。无论路上行程时间有多长，城市搜索与救援队都必须立即继续开展演练，不得进行技术休整。

剩余的 30 小时用于行动能力评估，其中包括：

（1）在海关办理入境手续。

（2）与机场管理部门会面以建立接待和撤离中心。

（3）接待和撤离中心的建立和运行。接待和撤离中心将模拟运行至少两个小时：①利用虚拟现场行动协调中心，公告接待和撤离中心的位置；②与城市搜索与救援协调单元和 / 或地方应急管理机构建立联系（中型队预期不会同时建立接待和撤离中心和城市搜索与救援协调单元）；③接待尚未登记的入境队伍，并进行初步的情况通报。

（4）与地方应急管理机构会面，以了解最新情况，其中应包括城市搜索与救援协调单元和行动基地的位置以及后续任务。

（5）根据城市搜索与救援协调手册建立城市搜索与救援协调单元，并在整个实战现场 36 小时演练期间维持运行：①利用虚拟现场行动协调中心，公告城市搜索与救援协调单元的位置；②与地方应急管理机构会面，了解当地救灾目标；③与接待和撤离中心建立联系；④对入境的国际城市搜索与救援队的分级测评情况 / 任务能力进行分析，实现地方应急管理机构的救灾目标；⑤至少召开两次城市搜索与救援协调会议；⑥与地方应急管理机构举行两次会议。

（6）建立行动基地并开始队伍管理：①进行城市搜索与救援队管理行动；②制定行动计划（将在演练期间不断完善）；③制定安全计划（将在演练期间不断完善）；④制定补给计划（将在演练期间不断完善）；⑤制定运输计划（将在演练期间不断完善）；⑥确认集结地点；⑦制定医疗后送程序；⑧确认撤离计划流程，制定撤离计划。

（7）开始城市搜索与救援行动：①执行评估、搜索与营救行动；②在与地方应急管理机构的第一次会议期间，城市搜索与救援队将收到在两个不同场地开展救援的任务；演练期间，两个工作场地需要连续开展行动；③两个工作场地设定为相隔距离较远，需要单独的后勤服务和人员配置；④对于轻型队的分级测评 / 复测，在第一段行动期（持续 12 ~ 16 小时）结束时，将加入一段暂停期。然后，队伍将在第二段行动期重新开始演练行动（图 3）。

图 3　队伍正在进行 36 小时的分级测评演练

(8) 演练的技术阶段必须在适当的场地进行，提供与所认证分级测评级别相称的接近实际情况的模拟设定。

(9) 技术场景设定应类似于实际紧急情况下可能遇到的场景。

(10) 技术复杂程度必须与所认证分级测评的级别相称。

(11) 技术场景设定应适当，确保城市搜索与救援队能够应用分级测评／复测核查表要求的所有技术能力。

(12) 如果城市搜索与救援队正在进行重型分级测评，演练控制组需要确保有两个独立的工作场地，其场景设定应与技术要求相称。单独的工作场地应设定为需要单独的后勤支持。

(13) 演练控制组需要引入"演练情景设定"，考验城市搜索与救援队冗余配置的人员（行动队员轮班）和装备。

(14) 为了确保自给自足，演练控制组需要确保城市搜索与救援队仅能使用其国际部署的装备库存。在分级测评演练期间，除了起重机外，不得使用其他外部来源的装备，以展示队伍具备所要求的索具救援和重物顶升能力。

(15) 在可能的情况下，演练控制组应指导演练队员说英语，这样分级测评／复测专家组可以相应评估城市搜索与救援队与演练队员之间的互动；如果这很难做到，则需要城市搜索与救援队为分级测评／复测专家组提供翻译。在接待和撤离中心及城市搜索与救援协调单元需要使用英语，与地方应急管理机构互动时也要使用英语。

(16) 在演练期间应展示整个警报和启动过程。不得采用 PowerPoint 演示文稿来替换此项展示。

队伍演练高空救援行动如图 4 所示。

图 4　队伍演练高空救援行动

演练的设计应利用不断变化的实际建筑结构倒塌场景，而不能变成展示个人技术能力的演练（使用预先设置的技能展示场地进行演练）。模拟灾害演练应涵盖国际救灾的所有关键阶段。

对于实战现场 36 小时演练，城市搜索与救援队很可能会将公路交通部署到演练场地。然而，如果空运是用于国际部署的交通方式，那么分级测评 / 复测专家组仍将评估综合证明文件集中提出的空运计划。分级测评 / 复测演练中的公路交通展示将不符合要求。

注释：作为演练筹备过程的一部分，在早期阶段，针对演练场景和预期的城市搜索与救援行动，包括分级测评 / 复测演练现场的挑战类型，必须由教练、演练控制组、分级测评 / 复测专家组组长和城市搜索与救援队联络人共同商定。通过这种方式，为改进演练设定留出时间，并确保队伍在满足分级测评 / 复测程序的要求方面遭遇到足够的挑战。

8.2.1　动员

这一环节包括虚拟现场行动协调中心的使用：

—（1）通知突发紧急情况。
—（2）监控灾情发展。
—（3）能够召集城市搜索与救援队处于待命状态。

（4）请求国际援助。

（5）批准国际部署。

（6）启动城市搜索与救援队。

启动环节包括但不限于：

（1）队伍成员到达指定的集合地点。

（2）对人员和搜救犬进行部署前的体检：①编制部署前的灾情简报；②进行部署前的后勤检查；③将装备打包待运输。

（3）城市搜索与救援队抵达指定出发地点：①进行离境海关货物检查；②明确空运的装载要求，包括托运人的危险货物申报；③办理离境海关手续。

图 5　分级复测演练期间成立接待和撤离中心及现场行动协调中心

8.2.2　抵达受灾国

这一环节包括但不限于：

（1）抵达受灾国：①办理入境海关手续；②进行入境海关货物检查；③与机场主管部门会面；④建立并运行接待和撤离中心（图 5），以及后期的城市搜索与救援协调单元；⑤与地方应急管理机构会面；⑥建立行动基地。

（2）城市搜索与救援队还应考虑其行动基地（图 6）面积的大小，以接待后期抵达的其他城市搜索与救援队。

注释：分级测评 / 复测专家将评估的一项关键要素是城市搜索与救援队在行动基地和工作场地之间的通信能力，以及队伍协调行动基地和工作场地之间装备部署的能力。因此，对于实战现场 36 小时演练，行动基地不得建立在一个处于工作场地步行距离范围之内的位置。

图 6　队伍的行动基地

8.2.3　城市搜索与救援行动

这一环节包括相关核查表上明确规定的演练活动，包括但不限于：

——（1）ASR 2 级工作场地优先级评估。

——（2）工作场地优先级。

——（3）利用国际搜索与救援咨询团标记和信号系统。

——（4）ASR 3 级、ASR 4 级、救援行动协调，以及与所认证分级测评级别相称的医疗救助活动。

8.2.4　撤离

这一环节包括但不限于：

——（1）地方应急管理机构宣布救援阶段结束。

——（2）编制救援工作移交文件。

——（3）撤离，包括规划过程和制定撤离计划。

9 分级测评 / 复测方案

9.1 分级测评 / 复测方案

分级测评 / 复测是有关城市搜索与救援从业人员之间的同行评审，以使城市搜索与救援队和分级测评 / 复测专家相互学习、共同受益。分级测评 / 复测流程对城市搜索与救援队进行评估，以确保其符合国际搜索与救援指南要求的所有标准，并且城市搜索与救援队应符合当前的国际搜索与救援咨询团城市搜索与救援行动的最低标准。

根据国际搜索与救援指南，经与国际搜索与救援咨询团体系协商后，由国际搜索与救援咨询团秘书处编制了分级测评 / 复测核查表（轻型、中型、重型），并已获国际搜索与救援咨询团指导委员会批准使用。分级测评 / 复测专家在分级测评 / 复测期间使用这些核查表，其主要目的是确保以客观的方式进行分级测评。分级测评 / 复测核查表是"持续更新的文件"，每年由国际搜索与救援咨询团培训工作组进行审查和修订，以体现区域会议、国际搜索与救援咨询团队长、国际搜索与救援咨询团其他工作组和国际搜索与救援咨询团秘书处的反馈意见。该核查表所做的任何变更都需要在国际搜索与救援咨询团指导委员会年度会议上获得批准，这些变更将通过区域三方领导架构和 www.insarag.org 网站传达给计划即将参加分级测评 / 复测的所有城市搜索与救援队。在规划和实施所需的年度实战现场 36 小时演练时，城市搜索与救援队必须充分利用本卷本册。

技术性变更可由国际搜索与救援咨询团队长批准，而影响政策和具有财务影响的变更则需要得到国际搜索与救援咨询团指导委员会的批准。

国际搜索与救援咨询团指导委员会已经批准并期望：申请分级测评 / 复测的每支队伍每年开展实战现场 36 小时演练。这是一项质量控制措施，用于确保城市搜索与救援队定期进行培训，为应急响应做好准备。队伍一旦为其分级测评 / 复测选择了教练，教练必须参加至少两次实战现场 36 小时演练，才能提供完整的分析（教练报告），说明城市搜索与救援队已为其分级测评 / 复测做好准备。城市搜索与救援队还必须提交简明证明文件集，以及分级测评 / 复测前的自评估，一起提交给国际搜索与救援咨询团秘书处；否则可能会延迟或拒绝进行分级测评 / 复测。更多相关信息，请参见 www.insarag.org 网站指南说明中 "*Guidelines*

Annex—Volume II, Man C"选项卡下的附件 D5 和 D9。

对于分级测评 / 复测，城市搜索与救援队预期将使用分级测评 / 复测核查表作为规划辅助手段，进行实战现场 36 小时演练；核查表上的每个项目都将纳入演练场景。

城市搜索与救援队必须成功实施分级测评 / 复测核查表上的每个项目。分级测评 / 复测专家组将记录其所使用的具体评估方法，包括文档、观察和 / 或访谈，并在分级测评 / 复测活动结束时提供详尽的咨询说明。

至少在分级复测中，分级测评 / 复测专家组将密切关注先前咨询说明的结果，确保以前的问题得到妥善解决。分级测评 / 复测专家组预期还将抽查分级测评 / 复测核查表中的其他项目。

成功通过分级测评 / 复测的必要条件

在分级测评 / 复测流程中，城市搜索与救援队需要实施、编制或提交以下内容：

队伍管理

(1) 保持对城市搜索与救援队的指挥和控制。

(2) 通过书面形式编制以下内容：①行动计划；②安全计划；③运输计划；④情况报告；⑤环境卫生和个人卫生状况；⑥国际搜索与救援咨询团所需的信息和文件。

(3) 支持和 / 或建立接待和撤离中心、城市搜索与救援协调单元和 / 或分区协调单元。

(4) 参加城市搜索与救援协调单元 / 分区协调单元简报会。

搜索

(1) 保持对搜索人员和装备的指挥和控制。

(2) 确保队员了解安全计划。

(3) 为行动计划提供材料和建议。

（4）针对指定区域开展 ASR 评估；向队伍管理层报告结果。

（5）选择并正确使用搜索工具：①人工搜索，所有级别的分级测评／复测都有此项要求；②搜救犬搜索，轻型队或中型队的可选配置；重型队的必选配置；③技术搜索，所有级别的分级测评／复测都有此项要求。

营救

（1）保持对救援人员和装备的指挥和控制。

（2）确保队员了解安全计划。

（3）为行动计划提供材料和建议。

（4）开展以下救援行动：①破拆和切割：快速破拆（允许碎片掉落）；安全破拆（不允许碎片掉落）；切割结构钢；切割木材；切割金属板。②架设支护：叠木支撑；门窗支撑；垂直支撑；斜向支撑；水平支撑；连续监控支护／垛式支架系统。③绳索救援行动：在绳索救援行动开始之前，城市搜索与救援队是否进行评估以制定行动计划；进行垂直升降救援行动；建立转运系统，将受困人员从高处平移至安全的低处。④密闭空间救援：在密闭空间内安全地开展搜救行动。⑤顶升和搬运。

医疗

城市搜索与救援队必须有能力提供医疗服务，救治队员（包括搜救犬）和在执行任务时发现的受困人员，这包括对所有成员（包括搜救犬）进行部署前的医学筛检，以及执行任务期间的日常医疗保健和福利体检项目。

（1）保持对医疗人员和设施的指挥和控制。

（2）确保队员了解安全计划。

（3）为行动计划提供材料和建议。

（4）进行伤员情况评估和监测。

（5）城市搜索与救援队：①必须评估和监测每位伤员，控制其伤势；②为埋压人员解救情况表提供信息；③填写伤员治疗表。

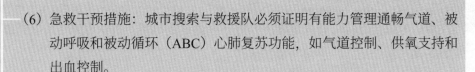

(6) 急救干预措施：城市搜索与救援队必须证明有能力管理通畅气道、被动呼吸和被动循环（ABC）心肺复苏功能，如气道控制、供氧支持和出血控制。

(7) 伤员管理方面，城市搜索与救援队必须证明其具备有以下能力：提供血管通路、输液治疗、有效镇痛和抗生素给药以及保护伤员免受环境影响，包括对挤压综合征和烧伤的护理。

(8) 伤员固定：城市搜索与救援队必须证明其具备固定伤员，为伤员上夹板并救治疑似骨折的伤员的能力。

(9) 伤员解救：城市搜索与救援队必须展示其解救计划和伤员固定救护方式，包括对临床和环境条件的模拟。

(10) 城市搜索与救援队必须进行现场截肢和肢解＊（＊可能不适用于轻型城市搜索与救援队）。建议使用牛、羊或猪的肩部或后四分之一肢体进行演示。在截肢和肢解演示开始之前，不应暴露相关部位的骨骼架构。

后勤

(1) 保持对后勤人员和设施的指挥和控制。

(2) 确保队员了解安全计划。

(3) 为行动计划提供材料和建议。

(4) 行动基地管理：①制定医疗后送计划；②制定固体废弃物处置计划；③洗消通道；④维修卫生间及淋浴设施；⑤预置和维修工具和装备；⑥建立燃料存储地点和指定吸烟地点；⑦制定消耗物资补给计划；⑧配置灭火器和烟雾探测器。

(5) 供电。

(6) 供水。

第 0 天（测评正式开始前一天）

所有分级测评／复测专家组成员应在第 0 天到达指定城市，最晚不应迟于17:00。测评主办方应充分考虑到部分工作人员需要经过长途旅行。因此，应当选择能够容纳大多数航空公司的机场，以降低旅行成本并提供更好的换乘条件。直飞航班是最佳选择，建议测评主办方选择合适的机场，确保专家组最多只需一次转机即可抵达。

分级测评／复测专家组长将在第 0 天晚上安排一次简短的会议，介绍情况并简要概述分级测评／复测的管理方式。由于这是一次非正式会议，测评主办方不需要安排正式的会议场地，除非会议场地是免费的。

以下是分级测评／复测专家和利益相关方会议的示例（议程）：

—(1) **自我介绍**：对分级测评／复测专家组主要人员的能力、部署经验、国际搜索与救援咨询团的培训经历，及其在所属城市搜索与救援队中的角色和职责。

—(2) **分级测评／复测专家的期望**：①国际搜索与救援指南（国际搜索与救援咨询团的最低标准），客观意见／同行评审；②本分级测评／复测任务的目的和目标。

—(3) **参与规则**：①与各方的互动：城市搜索与救援队，包括演练控制组在内的利益相关方，观察员，明确冲突解决方式；②在分级测评／复测演练期间，应理解分级测评／复测专家组将始终在场；③了解现场演练是队伍年度演练的一部分。

—(4) **测评方式**：①制定工作时间表和轮班方式；②建立搭档制度／工作班次；③查看分级测评／复测核查表并验证每项职能职责；④定期召开分级测评／复测专家组会议，讨论进度；⑤定期与城市搜索与救援队利益相关方（特别是教练）举行会议；⑥如果需要重复某些事项，则应确定步骤；⑦制定安全计划。

—(5) **形成最终测评结果**，并向城市搜索与救援队联络人和国际搜索与救援咨询团秘书处报告：确定报告时间、受众和提交方式。

—(6) **后勤**：①住宿设施和通信册，以及用餐时间表；②向城市搜索与救援队联络人或教练索取所需材料的纸质文件；③确保交通车辆已准备好，并且知道驾驶员的联系方式。

（7）**利益相关方会议**：①确保将分级测评 / 复测专家组介绍给利益相关方；②如有必要，复核分级测评 / 复测核查表；③核实是否有非常重要的人物和 / 或媒体到访；④分级测评 / 复测专家组的注意事项（应遵循的原则和应避免的错误）。

第 1 天

测评主办方需要出资在第 1 天为分级测评 / 复测专家组安排一个会议场地，这个场地将在整个分级测评 / 复测过程中使用。例如，会议场地可以位于主办方酒店，或正在进行分级测评 / 复测流程的城市搜索与救援队总部。会议场地应与测评流程的其他工作事项分开，因此分级测评 / 复测专家组拥有公开讨论问题、完成报告和记录文档的隐私。会议场地的要求如下：

（1）分级测评 / 复测专家组的桌椅，以及教练和城市搜索与救援队联络人的附加设备，确保其在需要时可以提供使用。

（2）提供无线上网设施。

（3）提供点心和饮料（咖啡、茶、水）。

（4）提供卫生间设施。

（5）提供 LED 投影仪，配备有足够长的连接线，可以将线移动到多个位置。如果没有空白墙，则需要架设投影屏幕。

（6）提供电源插线板和延长线，确保所有分级测评 / 复测队员都有电源可以取用。

（7）提供三套白板支架，带有画板纸、适当的马克笔，以及用于将纸张贴到墙上的胶带。

（8）提供能够进行双面打印的打印机，以及复印机。

（9）提供笔记本、钢笔、订书机和其他办公用品。

（10）提供至少一辆专车（最好是两辆），专用于分级测评 / 复测专家组，配置司机，7 天 24 小时全天候可用。

（11）提供四套通信装备，带充电器和备用电池。

（12）提供至少两套综合证明文件集副本。

通常，接受分级测评的城市搜索与救援队会提供有关其队伍的展示文稿，解释其综合证明文件集中的详细信息。在这种情况下，提醒城市搜索与救援队的展示应侧重于其在国外部署城市搜索与救援队的能力和实力，而不是其在国内的救灾作用或可能作为救灾资源的其他模块（水净化、医疗等）。这并不是说这些因素不是国家层面的救灾资源或是说其重要性较低，而是说分级测评/复测流程重点针对国际城市搜索与救援部署。

同样，接受分级复测的城市搜索与救援队只需关注自其分级测评/复测以来的五年中开展的救灾活动，注意以前评估报告中记录的纠正措施。因此，分级复测队伍就没有必要在介绍中"从头开始陈述"。

应当注意的是，由于分级测评/复测专家组至少有六个月的时间来审查综合证明材料，因此在本次展示中，专家组的问题应当尽量精简。

在第1天10:00之前，是分级测评/复测专家组的自由时间，处理其内部事务。由于在分级测评/复测前可以举行电话会议，并且分级测评/复测专家组需要提前组建，因此第1天的大部分安排现已简化，从而有更多时间进行讨论和检查。

从10:00开始，需要安排以下内容。

1. 管理简报和检查

- (1) 通过讨论（提出/回答问题）、观察（提交的综合证明文件集或现场行动）和检查（如仓储设施、培训记录和维护报告），旨在让分级测评内容涵盖核查表的第1项~第9项。对于分级复测，教练和分级测评/复测专家组组长现在负责分级复测核查表上的第1项~第6项。这些项目已从分级复测核查表的后期检查项目中删除。
- (2) 对于分级测评，将与政策联络人/行动联络人进行面谈，审查政府的履行责任和做出承诺的情况。对于分级复测，城市搜索与救援队将明确有关政府责任和承诺的变更或改进。这类面谈也可能不需要，具体将在分级测评/复测主要人员到达之前做出决定。
- (3) 对于分级测评/复测，需要对队员和搜救犬的医学筛检程序进行审查，这将需要城市搜索与救援队的医疗主管和首席兽医在场。对于分级复测，城市搜索与救援队将明确有关综合证明文件集中队员和搜救犬医学筛检程序的变更或改进。可能不需要与城市搜索与救援队的医疗主管和首席兽医面谈，具体将在分级测评 / 复测主要人员到达之前做出决定。

（4）对于分级测评 / 复测，面谈涉及所有城市搜索与救援队队员（包括搜救犬）开展职能训练（初始训练和持续训练）的情况。

（5）讨论关于招募和保留城市搜索与救援队队员（包括搜救犬）的情况。对于分级复测，这些内容将记录在综合证明文件集中。

（6）讨论关于城市搜索与救援队自发购买食物、水、医疗用品和管制药物的方式。

（7）对于分级测评 / 复测，将与分级测评 / 复测专家组、行动联络人、教练、演练控制组负责人和城市搜索与救援队代表以及国际搜索与救援咨询团秘书处代表一起审查核查表，确保所有人员都了解演练的举行方式。

2. 现场检查

（1）对于分级测评，对城市搜索与救援队的仓库进行检查，包括空中和地面运输的装载计划，以及满足国际航空运输协会要求的情况。对于分级复测，如果城市搜索与救援队在其综合证明文件集中提供了充分的材料，并在预审前获得了认可，则此项检查只作为可选项。

（2）对于分级测评 / 复测，分级测评 / 复测专家组将检查分级测评 / 复测演练现场，确保其满足所申请的分级测评 / 复测要求。如果需要，分级测评 / 复测专家组组长将对一些必要的更改做出解释。演练现场一旦经过重新检查和批准，分级测评 / 复测专家组将不得建议其他的更改。对于分级测评 / 复测专家组要求城市搜索与救援队展示的战术行动，如果不符合国际搜索与救援咨询团现行的城市搜索与救援行动最低标准，那么仍然可以重置和 / 或重复部分演练场景。

（3）对于分级测评 / 复测，城市搜索与救援队联络人将需要提供前往各个待检查地点的交通运输服务。在此过程中，可能需要分批运送分级测评 / 复测专家组成员；测评主办方将确保每批专家都有专门的交通工具。

（4）分级测评／复测专家组与观察员组的互动通常有限，因为专家组的重点是演练活动。建议在演练时间表中划出一段时间，在演练开始之前和结束时，分级测评／复测专家组、城市搜索与救援队联络人和教练能够与观察员组会面。利用这样的机会，首先解释城市搜索与救援队为演练准备所做的工作，以及分级测评／复测专家组的工作方式。在演练结束会议期间，分级测评／复测专家组和城市搜索与救援队联络人回答观察员组提出的问题，这将有助于后者为以后的分级测评做好准备。

（5）在 36 个小时的演练中，分级测评／复测专家组组长将与多次城市搜索与救援队联络人和教练进行会面，讨论演练进展的状态。会面的目的，是通知城市搜索与救援队代表已经评估的具体项目，以及有可能需要重复进行的项目。

（6）如果在演练过程中出现模棱两可或存在疑虑的项目，分级测评／复测专家组组长将立即与国际搜索与救援咨询团秘书处代表协商。国际搜索与救援咨询团秘书处代表将决定是否需要召开正式会议以解决相关问题。

注释：分级测评／复测专家组组长将咨询所属分级测评／复测专家组成员，并根据情况灵活地委派合适的成员同时参与上述活动。

第 2 天 ~ 第 4 天

演练安排现场部分的实际天数可能会出现变化，如果得到国际搜索与救援咨询团秘书处代表与分级测评／复测专家组组长协商后批准，则实际天数可以进行调整。应当注意，在大多数情况下，分级测评／复测专家组的行程可能跨越了多个时区。考虑到这一点，建议在条件允许的情况下，不要在第 1 天结束后即开始分级测评／复测演练，从而确保分级测评／复测专家组有时间适应时差和环境的变化。

关于分级测评／复测的场景／演练模式被明确定义为：基于场景的为期 36 个小时（最少）持续进行的城市搜索与救援演练。这意味着分级测评／复测专家组希望评估正在进行的初步搜索行动，基于需求分析，在必要时立即请求救援支持，包括危险环境评估，建筑结构分类和在医疗支持下对受困人员的解救。"持续进行"要求在最后一个受困人员被移送完毕之前，工作场地必须始终有人看管；这意味着需要一种同步展示的方法，包括从最开始的发现受困人员到最后的移送受困人员。这样安排的目的，是确保分级测评/复测专家组有机会评估正在进行演练的城市搜索与救援队的队伍运作能力，而不是单纯评估个人职能。通过战术行动的同步展示方法，城市搜索与救援队能够充分证明其响应能力和实力。

分级测评/复测专家组必须在城市搜索与救援队之前到达指定演练地点；这是为了确保在演练展开时评估演练的初始部分。应当注意的是，在分级复测期间，分级复测专家组可能不会完整地评估所有行动，这意味着专家组不会像在分级测评/复测预审期间那样观察队伍每个成员进行动员登记或部署前的医学筛检。

在战术行动期间也是如此，这意味着如果需要采取支护措施，分级测评/复测专家组可能会评估支护措施的架设情况。专家组将每隔一段时间返回支护措施现场评估行动，直至支护措施完成。分级测评/复测专家组必须确保掌握演练时间表，并且在大多数情况下不会干涉时间安排。也就是说，分级测评/复测专家组有责任确保置身演练现场，观察演练的关键部分，如索具运用和顶升操作、技术搜索和复杂的医疗救治程序。分级测评/复测专家组必须了解：如果演练进行时没有分级测评/复测专家组人员在场，那么城市搜索与救援队需要重新设置演练场景，这样会影响演练进展。分级测评/复测专家组组长和教练将密切协调时间安排，确保分级测评/复测专家组在恰当的时间到达恰当的地点。

实战演练的前六个小时用于响应能力评估。当该注意的是，分级测评/复测专家组应要求队伍像实际部署一样执行相应的行动。分级测评/复测专家组还应理解，在演练行动的某些部分，允许城市搜索与救援队使用母语，而不是英语。分级测评/复测专家组需要一份英文版的概要，而不是直接翻译所有材料。

到这一阶段，分级测评/复测专家组应当熟悉城市搜索与救援队的救援物资装载计划。这意味着，根据实际条件，城市搜索与救援队的车辆数量将受到限制，只能用有限的车辆将队伍及其装备运往"受灾国"。城市搜索与救援队一旦抵达，地方应急管理机构可以为队伍提供额外的车辆供其使用，但在上述用途的车辆协调完成之前，不得使用这些车辆。这样的安排，是为了确保城市搜索与救援队能够按照综合证明文件集中的描述运输其人员和装备。

分级测评 / 复测专家组应理解：压缩后勤需求以满足 36 个小时演练的规定是非常困难的。在此阶段将接受某些调整以留余地，包括：

— (1) 虽然不是首选，但允许行动基地使用便携式马桶和其他简易型淋浴设施。城市搜索与救援队仍需在行动基地内建造其厕所区和淋浴设施（包括为淋浴和洗手站供水），供分级测评 / 复测专家组检查。对于分级测评 / 复测演练，城市搜索与救援队需要制备饮用水，确保在洗消通道（清洁区—脏污区）优先使用。

— (2) 由于费用和某些国家要求，城市搜索与救援队不需要将其所有的医疗药品带到现场。在第 1 天的活动期间，分级测评 / 复测专家组将检查整个医疗物资储备情况（包括备用药品）。如果城市搜索与救援队在其综合证明文件集中提供了足够的证明材料，则对于分级复测来说，此项检查只作为可选项。

— (3) 接受分级测评 / 复测的城市搜索与救援队需要有足够的药物和医疗用品，以应对现实中的紧急情况。城市搜索与救援队还需要有足够的药物和医疗用品，"救治"演练期间的伤员。因此，除了必要的伤口包扎、上夹板等操作外，根据治疗的需要，分级测评 / 复测专家组将期望看到给伤员使用氧气面罩。同样，如有治疗需要，则可以运用静脉导管（Ⅳ），并制备静脉注射所需药液。分级测评 / 复测专家组不接受医疗救治的口头陈述；专家组必须看到实际行动。

— (4) 由于食物长期存储后会变质并且存在补给费用，城市搜索与救援队不需要将其所有的食物和水部署到现场。分级测评 / 复测专家组在第 1 天活动中检查此项目，确保城市搜索与救援队有足够的资源能力进行相应的分级测评。

— (5) 城市搜索与救援队必须携带足够的食物和水，确保演练期间城市搜索与救援队所有队员的供给充足。

— (6) 在分级测评 / 复测专家组进行第 1 天检查后，城市搜索与救援队可以装载其库存工具和装备，为第 2 天的运输做准备。

— (7) 对于分级测评 / 复测来说，起重机的运用是必选项。起重机的负载能力应达到或超过相应分级测评的顶升能力要求。

第 4 天结束

随着演练在第 4 天接近尾声，对于城市搜索与救援队是否成功通过测评，分级测评／复测专家组应将结果通知国际搜索与救援咨询团秘书处代表。

虽然测评流程不鼓励预先计划庆祝活动或仪式，但国际搜索与救援咨询团秘书处代表可以通过非正式方式通知测评主办方：城市搜索与救援队已成功（或未成功）通过或维持其分级测评。

此时，分级测评／复测专家组必须重新召开会议，准备向城市搜索与救援队通报情况（分级测评／复测核查表和专家意见草案）并编写报告。这个环节的工作量不小，必须至少分配 5 个小时。在分级测评／复测演练规划中，必须遵循这一时间安排。

如果时间允许，分级测评／复测专家组组长可以安排向城市搜索与救援队管理层通报情况（分级测评／复测核查表和专家意见草案），审查其测评结果。如果没有足够的时间，这个测评结果通报必须安排在第 5 天；分级测评／复测专家组组长应确定具体的时间。

第 5 天

如果测评结果通报在第 4 天结束时未完成，则必须安排在第 5 天，即分级测评／复测专家组离开之前。

确认返程安排后，分级测评／复测专家组成员可以在第 5 天晚上或第 6 天自行返回其原驻国。

大多数城市搜索与救援队都希望安排一个闭幕式，由政府官员和当地媒体参加。在这种仪式中，国际搜索与救援咨询团秘书处和分级测评／复测专家组无须发言，也不一定能参加。

10　分级测评／复测报告

在完成分级测评／复测后，分级测评／复测专家组组长及成员将向城市搜索与救援队提供测评结果的书面汇报（包括分级测评／复测核查表和专家意见），国际搜索与救援咨询团秘书处可以宣布城市搜索与救援队取得的总体成果。详细的调查结果将记录在分级测评／复测报告中，内容格式可以参考分级测评／复测报告模板。如果分级测评 / 复测专家组最终意见中的某些问题有待商榷，则应在分级测评 / 复测专家组离开之前解决这些问题并达成共识。完成测评后的 14 天内，分级测评 / 复测专家组组长应向国际搜索与救援咨询团秘书处提供已签署的最后报告，包括专家意见草案。更多相关信息，请参见 www.insarag.org 网站指南说明中 "*Guidelines Annex—Volume II, Man C*" 选项卡下的附件 D8。

在分级测评 / 复测报告完成后的 14 天内，国际搜索与救援咨询团秘书处应向城市搜索与救援队及其主管部门提供最终报告。如果城市搜索与救援队通过认证，则国际搜索与救援咨询团秘书处将更新已通过分级测评的城市搜索与救援队目录，将已通过分级测评 / 复测的队伍加入其中。

分级测评 / 复测报告应视为"保密"文件。因此，国际搜索与救援咨询团秘书处将仅向城市搜索与救援队管理层、分级测评 / 复测教练及队伍主管部门提供这些报告。本报告是否可以与任何第三方共享，由城市搜索与救援队自行决定。然而，在国际搜索与救援咨询团活动期间，如区域会议和国际搜索与救援咨询团队长会议，国际搜索与救援咨询团秘书处鼓励城市搜索与救援队分享经验教训。对于国际搜索与救援咨询团体系而言，这些最佳做法可以提供宝贵的学习机会。

分级测评 / 复测提供了独特途径，城市搜索与救援队借此接触国际城市搜索与救援队专家。这些专家也许能够向队伍提供有价值的指导和建议。通过分级测评 / 复测报告这一机制，分级测评 / 复测专家组可以提供意见和建议，帮助城市搜索与救援队进一步优化队伍表现。这是通过分级测评 / 复测报告中的专家意见部分实现的。

10.1　分级测评 / 复测核查表（2020 版）

分级测评 / 复测核查表包括分级测评和分级复测两类，并指定为队伍的分级测评级别为：轻型、中型、重型。

分级测评核查表	分级复测核查表
轻型	轻型
中型	中型
重型	重型

这些分级测评 / 复测核查表可通过 www.insarag.org 网站的指南说明进行下载，详情见本卷本册附件 D1。

10.1.1　颜色代码

为了更好地展示和告知队伍的分级测评 / 复测演练结果，颜色代码是一种重要的工具，其中：

(1) 绿色表示一支队伍的能力高于国际搜索与救援咨询团的城市搜索与救援行动最低标准。

(2) 黄色表示一支队伍的能力已达到国际搜索与救援咨询团的城市搜索与救援行动最低标准。标记为黄色的项目代表队伍可以改进的建议措施，涉及管理、培训和装备流程及程序。

(3) 红色表示一支队伍的能力没有达到国际搜索与救援咨询团的城市搜索与救援行动最低标准。①标记为红色的项目代表队伍必须制定具体改进措施，涉及管理、培训和装备流程及程序；②如果针对分级测评，则代表队伍没有通过分级测评，并须遵循以下条目的规定；③如果针对分级复测，则代表队伍的当前分级测评级别将暂停，并须遵循以下条目的规定；④如果队伍在分级测评 / 复测期间获得红色结果，则教练和国家行动联络人将继续发挥其作用并履行其职责；⑤改进计划包括将采取的行动，旨在将红色结果提升为黄色结果，必须在分级复测结束后 30 天内提交给国际搜索与救援咨询团秘书处和分级复测专家组组长进行审议；⑥队伍将在 180 天内实施其改进计划；⑦队伍教练和国家行动联络人将向国际搜索与救援咨询团秘书处和分级复测专家组组长提交一份报告，说明实现改进的方式；⑧如果国际搜索与救援咨询团秘书处和分级复测专家组组长达成共识，认为队伍所实施的改进已满足国际搜索与救援咨询团的城市搜索与救援行动最低标准，则该队伍将视为已通过分级测评 / 复测；⑨如果国际搜索与救援咨询团秘书处和分级测评 / 复测专家组长，认为队伍所实施的改进未满足国际搜索与救援咨询团的城市搜索与救援行动最低标准，则该队伍将视为未通过分级测评 / 复测。

10.2　分级测评 / 复测申诉流程

国际搜索与救援咨询团秘书处努力确保分级测评 / 复测流程的客观和公正。如果城市搜索与救援队认为受到不公平对待，那么队伍可以向国际搜索与救援咨询团秘书处提出申诉。应注意的是，申述可能出现在分级测评 / 复测流程三个阶段中的任何一个阶段。

如果城市搜索与救援队有材料和理由证明队伍受到了不公平对待，其国际搜索与救援咨询团政策联络人应立即与国际搜索与救援咨询团秘书处联系。如果无法在这一级别解决问题，国际搜索与救援咨询团秘书处将把问题提交给国际搜索与救援咨询团全球主席解决。

如果出现任何争议，则国际搜索与救援咨询团秘书处将充当相关方之间的调解人，协调分级测评 / 复测专家、城市搜索与救援队、分级测评 / 复测教练和 / 或国际搜索与救援咨询团联络人。

11　已通过分级测评的城市搜索与救援队响应报告要求

11.1　分级测评 / 复测证书

在成功通过分级测评 / 复测之后，城市搜索与救援队将获得国际搜索与救援咨询团颁发的证书。

11.2　分级测评 / 复测标识

在成功通过分级测评 / 复测之后，国际搜索与救援咨询团秘书处将向城市搜索与救援队提供分级测评 / 复测标识贴花的电子副本。执行以下规定：

——（1）白色背景配黑色文字，联合国徽标和周边为联合国浅蓝色 [Pantone（PMS 279）]。如有需要，国际搜索与救援咨询团秘书处可向城市搜索与救援队提供标识供应商的联系方式。

（2）建议队伍将标识缝在魔术贴上，置于左肩位置。如果队伍机构标识已经位于该位置，则分级测评／复测标识可以放置在其上方或左胸袋上方。

（3）允许使用符合标识设计指南的头盔贴纸／贴花。

（4）不得以任何方式修改标识的设计。

（5）标识的大小应为 75 毫米 ×55 毫米。

11.3 已通过分级测评的城市搜索与救援队目录

城市搜索与救援队发生变化时，特别是国际搜索与救援咨询团联络人发生变化，必须向国际搜索与救援咨询团秘书处提交一份更新后的已通过分级测评的城市搜索与救援队目录。然后，国际搜索与救援咨询团秘书处将相应更新目录。更多相关信息，请参见 www.insarag.org 网站指南说明中"*Guidelines Annex—Volume II, Man C*"选项卡下的附件 D2。

11.4 接待和撤离中心及城市搜索与救援协调单元旗帜

如果满足国际搜索与救援咨询团现行的最低标准，则将向城市搜索与救援队颁发接待和撤离中心及城市搜索与救援协调单元的联合国官方旗帜。

应仔细规划城市搜索与救援协调单元，其位置必须醒目，便于服务对象前往，并应有足够的空间来满足当前的需要和预计的行动扩展。

城市搜索与救援协调单元的场地，应使用联合国城市搜索与救援协调单元旗帜明确标识。

12 已通过分级测评的城市搜索与救援队的义务

如果某支城市搜索与救援队已认证为重型队，如果需要，它可以作为中型队或轻型队开展救援响应。但是，已通过分级测评的中型队不能作为重型队进行响应。

如果重型队作为中型队或轻型队进行响应（或中型队作为轻型队进行响应），则必须在虚拟现场行动协调中心的城市搜索与救援队队伍概况表以及各种其他相关文件或表格上明确声明。

在分级测评／复测成功之后，为了在五年的分级测评周期内保持队伍的状态，已通过分级测评的城市搜索与救援队应履行某些义务，包括但不限于以下内容：

(1) 至少参加一次国际救援部署，或定期参加国际搜索与救援咨询团区域地震模拟演练。

(2) 城市搜索与救援队预期将以分级测评认证的级别配置做出响应。根据受灾国的要求，也有例外情况，即重型队选择作为中型队或轻型队进行响应（或中型队作为轻型队进行响应）。如果队伍所用响应能力低于其分级测评级别，则执行以下规定：①在虚拟现场行动协调中心，城市搜索与救援队管理层有责任明确声明其响应能力，并相应地修改其城市搜索与救援队队伍概况表；②城市搜索与救援队需要移除或覆盖其分级测评／复测标识，避免在受灾国／地区造成混淆（除非重型队采用中型队配置进行响应）。如果城市搜索与救援队作为非城市搜索与救援队进行部署，这种情况意味着仅部署其队伍的一部分（如搜索、医疗或通信），同样需要移除或覆盖其分级测评／复测标识；③国际搜索与救援咨询团秘书处将要求国际搜索与救援咨询团政策联络人／行动联络人提交书面报告，说明队伍没有按照其分级测评级别进行响应的原因（除非重型队采用中型队配置进行响应）。在下一次国际搜索与救援咨询团指导委员会的会议期间，将提交这份报告进行审查。

(3) 在国际救灾响应期间，确保城市搜索与救援队采用国际搜索与救援咨询团的方法。

(4) 进行模拟城市搜索与救援队响应的年度实战现场 36 小时演练。

(5) 城市搜索与救援队、其联络人和（或）其主管部门的代表，必须积极参与国际搜索与救援咨询团的年度活动：①城市搜索与救援队队长会议；②国际搜索与救援咨询团区域组会议；③地震模拟（SIMEX）响应演练。

(6) 支持分级测评／复测流程。国际搜索与救援咨询团指导委员会要求城市搜索与救援队：①提供至少三到五名城市搜索与救援队专家作为分

级测评 / 复测专家；②主动与正在发展响应能力的其他城市搜索与救援队共享信息；③为其他需要教练的队伍提供双边支持；④主动与正在准备分级测评的其他国际搜索与救援咨询团城市搜索与救援队共享信息；⑤提名队员参见联合国灾害评估与协调队、现场行动协调中心和其他相关培训；⑥对于城市搜索与救援队及其支持框架内部可能从根本上影响其分级测评级别能力的任何变化，国际搜索与救援咨询团政策联络人 / 行动联络人，必须立即向国际搜索与救援咨询团秘书处通报。

基于城市搜索与救援队内部结构变化的审查，国际搜索与救援咨询团指导委员会可能会决定队伍需要进行重新分级测评。

如果城市搜索与救援队没有遵守上述规定，那么国际搜索与救援咨询团秘书处将要求国际搜索与救援咨询团政策联络人提供书面文件，解释队伍未遵守规定的原因。根据情况，此项决定可能会转交给国际搜索与救援咨询团指导委员会进行裁决，其中可能包括取消队伍的分级测评级别。

如果已通过分级测评的城市搜索与救援队不履行相应义务，那么也将对城市搜索与救援队的分级复测产生负面影响，这意味着可能不会为队伍安排分级复测。

为促进队伍能力建设，大力鼓励已通过分级测评的城市搜索与救援队协助本国队伍和非政府组织队伍以及其他国家的队伍，在国家层面按照国际搜索与救援咨询团的标准建设城市搜索与救援能力。

13　联合分级测评 / 复测

如果两支城市搜索与救援队选择进行分级测评 / 复测联合演练，则必须向国际搜索与救援咨询团秘书处提交书面申请，寻求批准。如果获得批准，两支城市搜索与救援队需要单独准备并提交材料，包括演练计划和演练时间表。对于城市搜索与救援队（及其教练）来说，应尽早开始与分级测评 / 复测专家组组长和国际搜索与救援咨询团秘书处进行讨论，这一点非常重要。

进行联合演练需要明确的规划和文件，应考虑以下问题：

（1）演练地点是否能够容纳两支城市搜索与救援队？

（2）接待和撤离中心将如何配置人员和维持运作？

（3）城市搜索与救援协调单元将如何配置人员和维持运行？

（4）是否有一个演练控制组？

（5）是否有一组角色扮演人员？

（6）是否有足够的支持人员以确保这两个演练顺利进行？

（7）两支城市搜索与救援队是否有相同的主管部门？

14　结束语

国际搜索与救援咨询团的分级测评／复测是"高效专业国际援助的保证"。

自2005年分级测评／复测流程建立以来，许多成员国和成员组织已成功通过了分级测评／复测，而许多其他成员国和成员组织则表现出浓厚的兴趣，或正在为即将进行的分级测评／复测做准备。自流程建立以来，这一流程促进了救援能力建设，确保了最低标准以及救援能力与援助需要和优先事项的匹配。已通过测评的城市搜索与救援队，国际搜索与救援咨询团为其发放了徽章标识，并且最近的救援行动证明：在灾害发生后，这些队伍是受地震影响国家的重要救灾资源。

时至今日，分级测评／复测仍然是一个无法替代的流程，确立了可核查的行动标准，并体现了独立的同行评审帮助改进救灾准备和救灾响应的人道主义方式。分级测评／复测专家和接受分级测评／复测的城市搜索与救援队相互学习，这种互动确实非常有益，因为在地震救援的过程中，同样是这些人将密切合作，帮助拯救更多生命。

当今世界，灾害响应愈加复杂，国际搜索与救援咨询团向人道主义体系中其他机构提供了一个值得称赞的模式，展示了分级测评／复测继续提供全球层面救灾战略方法的途径，确保世界各地每个区域都有合格的专业队伍，特别是灾害频发地区，随时准备做出救灾响应，并按照全球公认的标准开展行动。

受灾国现在将能够知道其有望获得的具体援助类型，已通过国际搜索与救援咨询团分级测评的城市搜索与救援队在并肩作战时也能够知道彼此可以提供的救灾能力。这种响应符合国际搜索与救援指南中规定标准的专业救援响应，这样的队伍是采用全球通用城市搜索与救援队术语的队伍，将在灾难的生命拯救阶段发挥关键作用。

本卷本册中的分级测评/复测（IEC/R）描述了分级测评/复测流程，依托经验丰富的分级测评/复测专家、教练和已通过分级测评的城市搜索与救援队的经验和反馈，仔细列出政府、城市搜索与救援队、非政府组织、分级测评/复测教练和分级测评/复测专家的要求和期望，旨在为全球所有城市搜索与救援队提供有益的指南。

这本手册由国际搜索与救援咨询团体系共同编制，是所有准备接受分级测评/复测的城市搜索与救援队的参考指南。我们有理由相信，通过利用本手册的信息，城市搜索与救援队将提高其成功通过分级测评/复测的机会。分级测评/复测手册还用于明确国际搜索与救援咨询团现行的城市搜索与救援最低行动标准。

许多不同的利益相关方在财务和时间方面做出了很大的投入，确保队伍分级测评/复测的成功，国际搜索与救援咨询团指导委员会对此表示感谢。

有关分级测评/复测活动的最新信息，可在虚拟现场行动协调中心或国际搜索与救援咨询团 www.insarag.org 网站上查阅。如果对本分级测评/复测手册有任何疑问或意见，请您通过电邮 insarag@un.org 联系国际搜索与救援咨询团秘书处。

附件 A　分级测评/复测主要人员的职权范围

国际搜索与救援咨询团秘书处及其代表		
任务		
1.1	主要任务	（1）国际搜索与救援咨询团秘书处代表响应支持处，牵头分级测评/复测相关方的工作，包括正在进行分级测评/复测的城市搜索与救援队、队伍教练、国际搜索与救援咨询团联络人、分级测评/复测专家组和国际搜索与救援咨询团指导委员会。 （2）为了确保分级测评/复测的客观性，国际搜索与救援咨询团秘书处作为一个独立机构，不属于分级测评/复测专家组。国际搜索与救援咨询团秘书处负责协调所有相关活动，包括那些准备进行分级测评的活动，分级测评/复测期间的活动，以及分级测评/复测后队伍责任的规定，包括必要的纠正措施。 （3）万一发生争议，国际搜索与救援咨询团秘书处将进行仲裁/促进谈判，尽力解决争议。如果争议未得到解决，国际搜索与救援咨询团秘书处将收集所有相关事实和信息，提交进行重新评估

（续）

国际搜索与救援咨询团秘书处及其代表	
1.2 任务详解	第一阶段： （1）城市搜索与救援队的政策联络人与国际搜索与救援咨询团秘书处联系，告知其申请进行分级测评／复测的意图。 （2）国际搜索与救援咨询团秘书处将与请求进行分级测评的国家进行对话，以便评估分级测评是否是促进其队伍能力建设的最有效途径。 （3）国际搜索与救援咨询团秘书处向城市搜索与救援队提供一份可能的教练名单。 （4）审查简明证明文件集（A-POE）。根据简明证明文件集审查的结果，国际搜索与救援咨询团秘书处给出"通过／不通过"的建议。如果"通过"，国际搜索与救援咨询团秘书处将分配一个暂定测评日期。 （5）定期与城市搜索与救援队的教练联络，监控计划执行和准备进展情况，确保队伍做好充分准备。 （6）密切监视队伍批准时间表的执行情况。 第二阶段： （1）在分级测评／复测暂定日期前12个月，确定分级测评／复测专家组组长。 （2）在分级测评／复测暂定日期前12个月，接收城市搜索与救援队提交的综合证明文件集。 （3）确保分级测评／复测专家组组长收到综合证明文件集的副本。 （4）确保分级测评／复测专家组组长收到城市搜索与救援队及其教练的联系方式。 （5）分级测评／复测专家组组长有45天的时间审查综合证明文件集，并向国际搜索与救援咨询团秘书处提交意见。审查后，分级测评／复测专家组组长向国际搜索与救援咨询团秘书处提出"通过／不通过"的建议。 （6）如果分级测评／复测专家组组长提出"通过"的建议，则最终确定测评日期。如果分级测评／复测专家组组长提出"不通过"的建议，则国际搜索与救援咨询团秘书处将推迟分级测评／复测暂定日期，确保城市搜索与救援队做好充分准备工作。 （7）如果同意城市搜索与救援队可以继续进行测评准备，则分级测评／复测专家组的其他成员将在分级测评／复测日期前9个月确定。 （8）定期与城市搜索与救援队的教练联络，监控计划执行和准备进展情况，确保队伍做好充分准备。 第三阶段： （1）与分级测评／复测主办方协调管理和后勤需求。 （2）确保分级测评／复测专家组了解所有管理和后勤安排。

（续）

国际搜索与救援咨询团秘书处及其代表		
1.2	任务详解	（3）确保按照本卷本册执行分级测评/复测。 （4）确保按照国际搜索与救援指南确定的最低标准执行分级测评/复测。 （5）根据需要，在分级测评/复测专家与城市搜索与救援队或其主管部门之间担任仲裁人/协调人的角色。 （6）根据需要，代表国际搜索与救援咨询团秘书处提供意见。 （7）确保分级测评/复测专家组在分级测评/复测完成后14天内完成所需的最终报告。 （8）在完成分级测评/复测后的30天内，为成功通过认证的城市搜索与救援队颁发证书和徽章标识。 （9）如果队伍认证不成功，则与分级测评/复测专家组，城市搜索与救援队和主办国讨论相应的后续工作。 （10）根据联合国人道主义事务协调办公室的要求，履行其他各种职责
资格		
2.1	要求 （必备项）	（1）国际搜索与救援咨询团秘书处可能包括响应支持处的雇员，也可能包括响应支持处负责人认可的代表国际搜索与救援秘书处提供服务的人员。 （2）全面和详尽地了解联合国系统、国际搜索与救援咨询团、联合国灾害评估与协调队、城市搜索与救援队的部署和常规人道主义援助。 （3）为分级测评/复测安排时间。 （4）具备跨文化交际能力。 （5）英语：具备良好的口语表达和书写能力
2.2	要求 （建议项）	不适用
角色和职责		
3.1	能力	秘书处有以下权限： （1）在分级测评/复测之前和/或期间停止认证流程（出于安全安保原因，或因故中断）。 （2）如果某位专家出现行为不当或能力欠缺等情况，将其从专家组中剔除
3.2	义务	（1）国际搜索与救援咨询团秘书处必须保持中立和客观。 （2）代表国际搜索与救援咨询团指导委员会和国际搜索与救援咨询团体系，确保国际搜索与救援咨询团的最低标准和方法得到遵循
备注		
—	—	不适用

		（进行分级测评 / 复测的队伍）教练
		任务
1.1	主要任务	（1）目标是最大限度地提高城市搜索与救援队通过分级测评 / 复测的成功概率。 （2）分级测评 / 复测教练有责任向国际搜索与救援咨询团秘书处建议分级测评是否应按计划进行或推迟。 （3）教练的作用是"指导"队伍为分级测评 / 复测做好准备
1.2	任务详解	第一阶段 + 第二阶段： （1）接受担任教练这一角色。 （2）对城市搜索与救援队的准备状态进行独立、公正的评估，将其与分级测评 / 复测要求进行对比，并指出需要采取纠正措施的各种差距。 （3）根据上述评估结果，与城市搜索与救援队管理层一起制定一项策略，确保城市搜索与救援队能够在规定的时限内弥补发现的各种差距。 （4）根据需要与城市搜索与救援队合作，根据可接受的时间表，实施准备策略。 （5）根据需要提供有关标准行动程序、资源配置、装备要求和行动技能的技术指导。 （6）提供与国际搜索与救援咨询团秘书处的联系，确保其及时了解队伍的进展和状况。 （7）如果队伍似乎不能通过测评，分级测评 / 复测教练有责任尽快通知城市搜索与救援队管理层、其主管部门和国际搜索与救援咨询团秘书处，确定适当的行动方案。 （8）根据需要，与国际搜索与救援咨询团秘书处和分级测评 / 复测专家组组长进行联络。 （9）根据需要，与城市搜索与救援队的主管部门进行联络。 （10）与分级测评 / 复测演练控制组（EXCON）的负责人进行持续联络。 （11）为简明证明文件集和综合证明文件集的准备提供指导。 （12）与秘书处确认需要翻译成英文的其他文件（培训记录、培训方案和后勤数据库）。确定是否可以只提供各种方案摘要的英文版，而不是整个文件的英文版。 （13）在将两类证明文件集提交给国际搜索与救援咨询团秘书处之前，对其进行审查，确保满足所有要求。如果存在某些不足，请与城市搜索与救援队合作解决发现的各种问题。 （14）提供有关分级测评 / 复测模拟演练设计的指导，确保演练在至少 36 小时内持续进行，并且这些演练场景将确保专家能够评估分级测评 / 复测核查表所有技术要求的执行情况。

（续）

	（进行分级测评／复测的队伍）教练
1.2	任务详解	（15）与分级测评／复测专家组组长和城市搜索与救援队一起讨论预审流程。 （16）分级测评／复测期间始终在演练现场。 第三阶段： （1）根据需要，向国际搜索与救援咨询团秘书处、分级测评／复测专家组组长、演练控制组和城市搜索与救援队提供支持和说明。 （2）确保参加分级测评／复测期间可能需要的各种会议或讨论。 （3）理解教练的职责可能会延长至分级测评／复测演练结束后，包括协助确定的改进措施
	资格
2.1	要求 （必备项）	（1）深刻理解国际搜索与救援指南和国际搜索与救援咨询团的方法。 （2）通过参加会议、演练和其他活动，与国际搜索与救援咨询团体系保持密切关系。 （3）保证上级管理者将支持分级测评／复测准备所需的时间投入。 （4）充分了解联合国灾害评估与协调队系统。 （5）具有较强的沟通能力和良好的谈判技巧。 （6）具有高超的组织能力。 （7）能够组建和指导一支队伍。 （8）具备跨文化交际能力。 （9）掌握语言技能：①英语：具备良好的口语表达和书写能力；②最好也懂得其他语言。 （10）在培训方法上有丰富经验或知识。 （11）具有国际城市搜索与救援行动经验。 （12）了解城市搜索与救援队的各个方面（管理，搜索，营救，医疗，后勤），包括培训设施、行动基地、行动日志。 （13）具有政治敏感性。 （14）熟悉人道主义援助原则。 （15）必须参加过国际搜索与救援咨询团分级测评／复测专家组组长和教练培训课程
2.2	要求 （建议项）	该人员是已通过分级测评的城市搜索与救援队队员
	角色和职责
3.1	能力／权利	不适用
3.2	义务	请参见第 1 项—任务

（续）

		（进行分级测评 / 复测的队伍）教练
		备注
—	—	（1）由准备进行分级测评 / 复测的城市搜索与救援队与国际搜索与救援咨询团秘书处协商后任命教练。 （2）分级测评/复测教练角色也可以由已通过分级测评的队伍担任，而不是由个人担任。 （3）在提供服务时，分级测评 / 复测教练承担着重大责任。不应低估教练所做的付出，因为教练的作用可能至关重要，可以决定城市搜索与救援队的测评准备程度

		分级测评 / 复测专家组组长
		任务
1.1	主要任务	（1）通过与分级测评 / 复测队伍、分级测评 / 复测教练和分级测评 / 复测专家的及时沟通和协调，为成功的分级测评 / 复测创造良好的条件。 （2）确保为正在执行测评流程的队伍提供公平公正的分级测评/复测。 （3）评估执行测评流程队伍的整体能力和实力，确保其符合国际搜索与救援指南和分级测评 / 复测核查表中规定的最低标准。 （4）在测评流程之前、期间和之后，领导分级测评/复测专家组成员。 （5）在协商一致的基础上，最终确定同行评审结果，客观地证明评审结果的合理性
1.2	任务详解	第一阶段：不适用 第二阶段： （1）接受提名担任分级测评 / 复测专家组组长。 （2）与国际搜索与救援咨询团秘书处联络，包括定期更新城市搜索与救援队的准备状态，确保在相应级别成功完成分级测评/复测。 （3）与主办国分级测评 / 复测联络人保持联系。 （4）与分级测评 / 复测教练保持联系。 （5）根据秘书处提出的要求，对简明证明文件集进行审查。 （6）为选定的分级测评 / 复测专家提供指导。 （7）在收到综合证明材料后 45 天内对其进行审查。 （8）在综合证明文件集准备就绪后，确保将其分发给分级测评 / 复测专家组。 （9）与主办国分级测评 / 复测联络人和分级测评 / 复测教练一起，协调对证明文件集审查期间出现的各种问题进行审查和 / 或讨论。 （10）通知国际搜索与救援咨询团秘书处：分级测评 / 复测专家已同意继续或推迟分级测评 / 复测。协调分级测评 / 复测专家抵达主办国，确保所有成员都按时抵达以开启测评程序。

（续）

		分级测评 / 复测专家组组长
1.2	任务详解	（11）与分级测评 / 复测专家组组长和城市搜索与救援队一起讨论预审流程。 （12）同意分级测评 / 复测计划、时间表和具体演练计划。 第三阶段： （1）在所有正式会议和活动期间，领导分级测评 / 复测专家组。 （2）根据需要，为分级测评 / 复测专家提供指导和支持。 （3）与国际搜索与救援咨询团秘书处、教练和正在进行分级测评的城市搜索与救援队进行联络，协调各项活动。 （4）确保所有分级测评 / 复测专家都熟悉被分配的任务，以及所应用的分级测评 / 复测核查表。 （5）在分级测评 / 复测开始之前，召开分级测评 / 复测专家简报会。 （6）对演练现场进行实地考察并查看模拟演练场景，确保分级测评 / 复测专家能够评估分级测评 / 复测核查表要求的所有技术方面。 （7）确保分级测评 / 复测专家保持客观，并坚持国际搜索与救援咨询团要求的最低标准。 （8）确保分级测评 / 复测专家遵循指南的要求，不会试图利用分级测评 / 复测这个机会推广其本国方法作为首选行动方式。 （9）制定工作日程表，确保覆盖演练全过程，并确保分级测评 / 复测专家能够评估其所负责的关键行动区域。 （10）协调和促进分级测评 / 复测期间可能需要进行的各种会议或讨论。 （11）定期与演练控制组负责人和分级测评 / 复测教练会面，简要介绍当前情况并回答问题。 （12）每天进行一次分级测评 / 复测专家简报。 （13）协调分级测评 / 复测报告和专家意见的撰写。 （14）在分级测评 / 复测演练后，直接向城市搜索与救援队提交临时报告（分级测评 / 复测核查表和专家意见），并在 14 天内向国际搜索与救援咨询团秘书处提交最终报告。 （15）随时准备回答在分级测评 / 复测流程中可能出现的质量保证问题。 （16）理解在某些情况下教练的职责可能会延长至分级测评 / 复测演练结束后，包括协助确定的改进措施
		资格
2.1	要求 （必备项）	（1）深刻理解国际搜索与救援指南和国际搜索与救援咨询团的方法。 （2）通过参加会议、演练和其他活动，与国际搜索与救援咨询团体系保持密切关系。

（续）

		分级测评／复测专家组组长
2.1	要求（必备项）	（3）确保您的主管部门了解此岗位所需的时间投入，并且提供与分级测评／复测相关的经费支持。 （4）具备领导技能——能够建立和领导队伍。 （5）具备较强的沟通能力和良好的谈判技巧。 （6）具备解决问题的能力。 （7）具备组织能力。 （8）具备政策和跨文化敏感性和能力。 （9）深入了解联合国灾害评估与协调系统。 （10）掌握语言技能：①英语，具备良好的口语表达和书写能力；②最好也懂得其他语言。 （11）具有良好的身体条件。 （12）了解城市搜索与救援队的各个方面（管理，搜索，营救，医疗，后勤）。 （13）必须具有已通过分级测评的城市搜索与救援队的管理经验（优先考虑：已通过分级测评的城市搜索与救援队队长／副队长）。 （14）具有国际城市搜索与救援行动经验。 （15）至少曾经参加过两次分级测评／复测。 （16）必须参加过国际搜索与救援咨询团分级测评／复测专家组组长和教练培训课程
2.2	要求（建议项）	（1）该人员是已通过分级测评的城市搜索与救援队队员。 （2）对联合国系统和人道主义援助总体上有很好的了解。 （3）具有国际救援行动经验。 （4）掌握基本的信息通信技能，以及全球定位系统和无线电的操作
		角色和职责
3.1	能力／权利	分级测评／复测专家组组长有以下权限： （1）暂时停止分级测评／复测流程（出于安全安保原因或因故中断），直到问题得到纠正。 （2）如果某位专家出现行为不当或能力欠缺等情况，将其从专家组中剔除。 （3）与演练控制组和分级测评／复测教练一起修改演练安排，完成所有核查表项目。 （4）确保演练有助于分级测评／复测流程。 （5）如果出现分歧／误解，则向国际搜索与救援咨询团秘书处寻求指导
3.2	义务	请参见第1项—任务
		备注
—	—	—

分级测评 / 复测管理专家		
任务		
1.1	主要任务	评估正在测评的队伍的管理能力和实力，以确保其符合国际搜索与救援咨询团指南和分级测评 / 复测核查表中规定的最低标准
1.2	任务详解	在分级测评 / 复测之前： （1）熟悉国际搜索与救援指南中关于管理的详细规定。 （2）熟悉国际搜索与救援指南本卷本册分级测评 / 复测中关于管理的详细规定。 （3）积极更新专业领域的装备、技术和程序知识。 （4）参加分级测评 / 复测培训（如果有）。 （5）查看证明文件集，并就管理问题给出意见建议。 （6）查看分级测评 / 复测报告，特别是专家意见。 （7）询问分级测评 / 复测专家组组长，澄清相关问题。 在分级测评 / 复测期间： （1）在演练之前，了解与管理行动相关的演练参数和目标。 （2）检查演练地点和时间表，确保演练将为正在测评的队伍提供足够的机会以证明其符合分级测评 / 复测核查表的要求。 （3）评估管理流程的所有组成部分，并根据分级测评 / 复测核查表中列出的要求进行检查。 （4）与正在测评的队员互动，根据分级测评 / 复测核查表所列要求，检查队伍的能力和合规性。 （5）对自己所知以外的技术和程序持开放态度来询问以下问题：①这项技术和程序是否能及时有效地完成任务？②这项技术和程序是否遵循安全原则？ （6）持续检查演练参与人员的安全，并准备好要求演练控制人员暂时停止或限制演练行动，直到问题得到纠正。 （7）记录所有评估结果，并将其反馈给分级测评 / 复测专家组组长。 （8）撰写中期报告并参与提交。 在分级测评 / 复测之后：撰写最终报告
资格		
2.1	要求 （必备项）	通用要求： （1）通过参加会议、演练和其他活动，与国际搜索与救援咨询团体系保持密切关系。 （2）赞助国或主管部门的赞助，准备支持分级测评 / 复测流程。 （3）安排时间准备进行分级测评。 （4）为至少持续 5 ~ 6 天的部署做好准备。 （5）充分理解国际搜索与救援指南和国际搜索与救援咨询团的方法及其应用。 （6）成为其特定专业领域的行业专家（SME）。 （7）英语：具备良好的口语表达和书写能力。

（续）

	分级测评 / 复测管理专家	
2.1	要求 （必备项）	（8）身体健康：能够在艰苦条件下（如在瓦砾堆或艰难环境中）持续工作。 （9）了解城市搜索与救援环境的危险和风险以及所需的人身安全和减灾措施。 特别要求： （1）知晓和理解：①在整个救援过程中，经过分级测评的城市搜索与救援队架构内的管理原则；②信息管理过程，包括虚拟现场行动协调中心的应用；③队伍行动计划的持续更新。 （2）有能力与相关方的管理结构进行互动，包括已通过分级测评的城市搜索与救援队、城市搜索与救援协调单元和地方应急管理机构
2.2	要求 （建议项）	（1）该人员是已通过分级测评的城市搜索与救援队的队员或前队员。 （2）具有国际救援行动经验。 （3）掌握基本的信息通信技能，以及全球定位系统和无线电的操作。 （4）有能力在队伍中发挥作用，并表现出较强的人际交往能力。具体包括：①具备沟通能力；②具备合作能力；③掌握谈判技巧；④能够解决冲突；⑤做事公平；⑥客观中立；⑦具有敏感的政治和文化意识
	角色和职责	
3.1	能力	—
3.2	义务	向秘书处提交一份全面和最新简历或自我介绍
	备注	
—	—	—

	分级测评 / 复测后勤专家	
	任务	
1.1	主要任务	评估正在测评的队伍的后勤能力和实力，确保其符合国际搜索与救援指南和分级测评 / 复测核查表中规定的最低标准
1.2	任务详解	在分级测评 / 复测之前： （1）熟悉国际搜索与救援指南本卷本册分级测评 / 复测中关于后勤的详细规定。 （2）积极更新专业领域的城市搜索与救援装备、技术和程序知识。 （3）查看证明文件集，并向分级测评 / 复测专家组组长提供与后勤相关的意见。 （4）查看分级测评 / 复测报告，特别是专家意见。 （5）询问分级测评 / 复测专家组组长，澄清相关问题。 在分级测评 / 复测期间： （1）在演练之前，了解与后勤行动相关的演练的参数和目标。

（续）

		分级测评／复测后勤专家
1.2	任务详解	（2）检查演练地点和时间表，确保演练将为正在测评的队伍提供足够的机会以证明其符合分级测评／复测核查表的要求。 （3）评估后勤流程的所有组成部分，并根据分级测评／复测核查表中列出的要求进行检查。 （4）与正在测评的队员互动，根据分级测评／复测核查表所列要求，检查队伍的能力和合规性。 （5）对自己所知以外的技术和程序持开放态度来询问以下问题：①这项技术和程序是否能及时有效地完成任务？②这项技术和程序是否遵循安全原则？ （6）持续检查演练参与人员的安全，并准备好要求演练控制人员暂时停止或限制演练行动，直到问题得到纠正。 （7）记录所有评估结果，并将其反馈给分级测评／复测专家组组长。 （8）支持并参与中期报告的提交。 在分级测评／复测之后：撰写最终报告
		资格
2.1	要求 （必备项）	通用要求： （1）充分理解国际搜索与救援指南和国际搜索与救援咨询团的方法及其应用。 （2）通过参加会议、演练和其他活动，与国际搜索与救援咨询团体系保持密切关系。 （3）赞助国或主管部门的赞助，准备支持分级测评／复测流程。 （4）安排时间准备进行分级测评。 （5）为至少持续 5～6 天的部署做好准备。 （6）成为其特定专业领域的行业专家（SME）。 （7）英语：具备良好的口语表达和书写能力。 （8）身体健康：能够在艰苦条件下（如在瓦砾堆或艰难环境中）持续工作。 （9）了解城市搜索与救援环境的危险和风险以及所需的人身安全和减灾措施。 特别要求： 经验丰富的后勤管理人员或后勤技术人员，具备以下相关知识： （1）用于装备管理的后勤文件和数据库，包括：①危险品的货物舱单、装载计划和申报；②海关和入境程序；③国际航空运输协会关于托运人危险货物申报的政策和程序。 （2）出发前救灾物资的储存／维护／运输。 （3）城市搜索与救援队（人员和装备）从原驻国基地到行动地区的所有运输安排，以及返程安排。 （4）与后勤相关的行动基地管理的各方面工作

（续）

		分级测评 / 复测后勤专家
2.2	要求 （建议项）	（1）该人员是已通过分级测评的城市搜索与救援队的队员或前队员。 （2）具有国际救援行动经验。 （3）掌握基本的信息通信技能，以及全球定位系统和无线电的操作。 （4）有能力在队伍中发挥作用，并表现出较强的人际交往能力。具体包括：①具备沟通能力；②具备合作能力；③掌握谈判技巧；④能够解决冲突；⑤做事公平；⑥客观中立；⑦具备敏感的政治和文化意识
		角色和职责
3.1	能力	—
3.2	义务	向秘书处提交一份全面和最新简历或自我介绍
		备注
—	—	

		分级测评 / 复测搜索专家
		任务
1.1	主要任务	评估正在测评的队伍的搜索能力和实力，确保其符合国际搜索与救援指南和分级测评 / 复测核查表中规定的最低标准
1.2	任务详解	在分级测评 / 复测之前： （1）熟悉国际搜索与救援指南本卷本册分级测评 / 复测中关于搜索的详细规定。 （2）积极更新专业领域的城市搜索与救援装备、技术和程序知识。 （3）查看证明文件集，并向分级测评 / 复测专家组组长提供与搜索相关的意见。 （4）查看分级测评 / 复测报告，特别是专家意见。 （5）询问分级测评 / 复测专家组组长，澄清相关问题。 在分级测评 / 复测期间： （1）在演练之前，了解与搜索行动相关的演练的参数和目标。 （2）检查演练地点和时间表，确保演练将为正在测评的队伍提供足够的机会以证明其符合分级测评 / 复测核查表的要求。 （3）评估搜索流程的所有组成部分，并根据分级测评 / 复测核查表中列出的要求进行检查。 （4）与正在测评的队员互动，根据分级测评 / 复测核查表所列要求，检查队伍的能力和合规性。 （5）对自己所知以外的技术和程序持开放态度来询问以下问题：①这项技术和程序是否能及时有效地完成任务？②这项技术和程序是否遵循安全原则？

（续）

		分级测评／复测搜索专家
1.2	任务详解	（6）持续检查演练参与人员的安全，并准备好要求演练控制人员暂时停止或限制演练行动，直到问题得到纠正。 （7）记录所有评估结果，并将其反馈给分级测评／复测专家组组长。 （8）支持并参与中期报告的提交。 在分级测评／复测之后：撰写最终报告
		资格
2.1	要求 （必备项）	通用要求： （1）充分理解国际搜索与救援指南和国际搜索与救援咨询团的方法及其应用。 （2）通过参加会议、演练和其他活动，与国际搜索与救援咨询团体系保持密切关系。 （3）赞助国或主管部门的赞助，准备支持分级测评／复测流程。 （4）安排时间准备进行分级测评。 （5）为至少持续 5 ~ 6 天的部署做好准备。 （6）成为其特定专业领域的行业专家（SME）。 （7）英语：具备良好的口语表达和书写能力。 （8）身体健康：能够在艰苦条件下（如在瓦砾堆或艰难环境中）持续工作。 （9）了解城市搜索与救援环境的危险和风险以及所需的人身安全和减灾措施。 特别要求： 经验丰富的搜索管理人员或技术人员，具备以下能力： （1）详细了解搜索行动、策略和安全注意事项。 （2）知晓并理解各种搜索装备、技术及其安全使用和维护。 （3）知晓并理解搜救犬行动及其相关的交通、训养等事宜。 （4）知晓并理解搜索管理的技能，包括：现场评估技术，制图／全球定位系统和与搜索行动相关的信息管理。 （5）知晓并理解国际搜索与救援咨询团标记系统和所有相关的搜索文件。 （6）全面了解城市搜索与救援行动、策略和安全注意事项
2.2	要求 （建议项）	（1）是已通过分级测评的城市搜索与救援队的队员或前队员。 （2）具有国际救援行动经验。 （3）掌握基本的信息通信技能，以及全球定位系统和无线电的操作。 （4）有能力在队伍中发挥作用，并表现出较强的人际交往能力。具体包括：①具备沟通能力；②具备合作能力；③掌握谈判技巧；④能够解决冲突；⑤做事公平；⑥客观中立；⑦具备敏感的政治和文化意识

（续）

分级测评 / 复测搜索专家		
角色和职责		
3.1	能力	—
3.2	义务	向秘书处提交一份全面和最新简历或自我介绍
备注		
—	—	—

分级测评 / 复测营救专家		
任务		
1.1	主要任务	评估正在测评的队伍的救援能力和实力，确保其符合国际搜索与救援咨询团指南和分级测评 / 复测核查表中规定的最低标准
1.2	任务详解	在分级测评 / 复测之前： （1）熟悉国际搜索与救援指南本卷本册分级测评 / 复测中关于救援的详细规定。 （2）积极更新专业领域的城市搜索与救援装备、技术和程序知识。 （3）查看证明文件集，并向分级测评 / 复测专家组组长提供与救援相关的意见。 （4）查看分级测评 / 复测报告，特别是专家意见。 （5）询问分级测评 / 复测专家组组长，澄清相关问题。 在分级测评 / 复测期间： （1）在演练之前，了解救援行动相关的演练的参数和目标。 （2）检查演练地点和时间表，确保演练将为正在测评的队伍提供足够的机会以证明其符合分级测评 / 复测核查表的要求。 （3）评估救援流程的所有组成部分，并根据分级测评 / 复测核查表中列出的要求进行检查。 （4）与正在测评的队员互动，根据分级测评 / 复测核查表所列要求，检查队伍的能力和合规性。 （5）对自己所知以外的技术和程序持开放态度来询问以下问题：①这项技术和程序是否能及时有效地完成任务？②这项技术和程序是否遵循安全原则？ （6）持续检查演练参与人员的安全，并准备好要求演练控制人员暂时停止或限制演练行动，直到问题得到纠正。 （7）记录所有评估结果，并将其反馈给分级测评 / 复测专家组组长。 （8）支持并参与中期报告的提交 在分级测评 / 复测之后：撰写最终报告
资格		
2.1	要求 （必备项）	通用要求： （1）通过参加会议、演练和其他活动，与国际搜索与救援咨询团体系保持密切关系。

（续）

		分级测评 / 复测营救专家
2.1	要求 （必备项）	（2）赞助国或主管部门的赞助，准备支持分级测评 / 复测流程。 （3）安排时间准备进行分级测评。 （4）为至少持续 5 ~ 6 天的部署做好准备。 （5）充分理解国际搜索与救援指南和国际搜索与救援咨询团的方法及其应用。 （6）成为其特定专业领域的行业专家（SME）。 （7）英语：具备良好的口语表达和书写能力。 （8）身体健康：能够在艰苦条件下（如在瓦砾堆或艰难环境中）持续工作。 （9）了解城市搜索与救援环境的危险和风险以及所需的人身安全和减灾措施。 特别要求： 经验丰富的救援管理人员或技术人员，具备以下能力： （1）详细了解救援行动、策略和安全注意事项。 （2）知晓并理解各种救援工具、技术及其安全使用和维护。 （3）知晓并理解快速破拆和安全破拆技术的运用，从而有效破拆和移除钢筋混凝土楼板、墙体和梁柱。 （4）知晓并理解构建机械和木材支护系统的方式。 （5）知晓并理解利用各种垛式支架和楔形物稳定建筑构件的方法。 （6）知晓并理解热切割技术的应用，能够切割不同类型的金属、结构钢和钢筋。 （7）知晓并理解密闭空间救援行动方法。 （8）知晓并理解运用人工和机械方法提升、捆绑和移动重物。 （9）知晓并理解绳索救援技术和作业方法。 （10）理解与救援相关的所有队伍职能
2.2	要求 （建议项）	（1）该人员是已通过分级测评的城市搜索与救援队的队员或前队员。 （2）具有国际救援行动经验。 （3）掌握基本的信息通信技能，以及全球定位系统和无线电的操作。 （4）有能力在队伍中发挥作用，并表现出较强的人际交往能力。具体包括：①具备沟通能力；②具备合作能力；③掌握谈判技巧；④能够解决冲突；⑤做事公平；⑥客观中立；⑦具备敏感的政治和文化意识
		角色和职责
3.1	能力	—
3.2	义务	向秘书处提交一份全面和最新简历或自我介绍
		备注
—	—	—

分级测评 / 复测医疗专家		
任务		
1.1	主要任务	评估正在测评的队伍的医疗能力和实力，确保其符合国际搜索与救援咨询团指南和分级测评 / 复测核查表中规定的最低标准
1.2	任务详解	在分级测评 / 复测之前： （1）熟悉国际搜索与救援指南本卷本册分级测评 / 复测中关于医疗的详细规定。 （2）积极更新专业领域的城市搜索与救援装备、技术和程序知识。 （3）查看证明文件集，并向分级测评 / 复测专家组组长提供与医疗相关的意见。 （4）查看分级测评 / 复测报告，特别是专家意见。 （5）询问分级测评 / 复测专家组组长，澄清相关问题。 在分级测评 / 复测期间： （1）在演练之前，了解与医疗行动相关的演练的参数和目标。 （2）检查演练地点和时间表，确保演练将为正在测评的队伍提供足够的机会以证明其符合分级测评 / 复测核查表的要求。 （3）评估医疗流程的所有组成部分，并根据分级测评 / 复测核查表中列出的要求进行检查。 （4）与正在测评的队员互动，根据分级测评 / 复测核查表所列要求，检查队伍的能力和合规性。 （5）对自己所知以外的技术和程序持开放态度来询问以下问题：①这项技术和程序是否能及时有效地完成任务？②这项技术和程序是否遵循安全原则？ （6）持续检查演练参与人员的安全，并准备好要求演练控制人员暂时停止或限制演练行动，直到问题得到纠正。 （7）记录所有评估结果，并将其反馈给分级测评 / 复测专家组组长。 （8）支持并参与中期报告的提交。 在分级测评 / 复测之后：撰写最终报告
资格		
2.1	要求 （必备项）	通用要求： （1）充分理解国际搜索与救援指南和国际搜索与救援咨询团的方法及其应用。 （2）通过参加会议、演练和其他活动，与国际搜索与救援咨询团体系保持密切关系。 （3）赞助国或主管部门的赞助，准备支持分级测评 / 复测流程。 （4）安排时间准备进行分级测评。 （5）为至少持续 5 ~ 6 天的部署做好准备。 （6）成为其特定专业领域的行业专家（SME）。 （7）英语：具备良好的口语表达和书写能力。

（续）

分级测评 / 复测医疗专家		
2.1	要求 （必备项）	（8）身体健康：能够在艰苦条件下（如在瓦砾堆或艰难环境中）持续工作。 （9）了解城市搜索与救援环境的危险和风险以及所需的人身安全和减灾措施。 特别要求： （1）目前已获得主管机构的许可或已注册，可以临床执业。 （2）在急诊科和 / 或院前急救环境中至少有五年的工作经验。 （3）经过培训，能够在倒塌建筑结构内和周围进行手术
2.2	要求 （建议项）	（1）该人员是已通过分级测评的城市搜索与救援队的队员或前队员。 （2）具有国际救援行动经验。 （3）掌握基本的信息通信技能，以及全球定位系统和无线电的操作。 （4）有能力在队伍中发挥作用，并表现出较强的人际交往能力。 具体包括：①具备沟通能力；②具备合作能力；③掌握谈判技巧；④能够解决冲突；⑤做事公平；⑥客观中立；⑦具备敏感的政治和文化意识
角色和职责		
3.1	能力	（1）制定紧急医疗后送和遣返计划和程序。 （2）执行部署前的医学筛检程序。 （3）从接近、解救受困人员到移交受困人员期间，在倒塌结构（包括密闭空间）中进行紧急医疗护理。 （4）开展医疗救援的各方面工作，包括与救援技术人员协调进行伤员包扎和解救。 （5）初级护理。 （6）对队员和行动基地进行健康监控。 （7）与搜救犬训导员一起开展紧急兽医治疗。 （8）掌握队员心理健康的监测方法。 （9）掌握队员重伤或死亡处理程序和流程
3.2	义务	向秘书处提交一份全面和最新简历或自我介绍
备注		
—	—	

附件 B　分级测评／复测两年规划时间表

序号	活动	24	23	22	21	20	19	18	17	16	15	14	13	12	11	10	9	8	7	6	5	4	3	2	1	0	<30天
1	应在分级测评／复测之前的24个月比确认分级测评／复测教练	■																									
2	城市搜索与救援队向国际搜索与救援咨询团秘书处提交分级测评／复测申请（至少比预定日期提前两年）		■																								
3	由分级测评／复测教练持续向国际搜索与救援咨询团秘书处报告最新情况			■	■	■	■	■	■	■	■	■	■	■	■	■	■	■	■	■	■	■	■	■	■	■	■
4	国际搜索与救援咨询团秘书处完成对简明证明文件集的审查			■																							
5	基于简明证明文件集，国际搜索与救援咨询团秘书处／教练提出"通过／不通过"的建议。如果"通过"，则国际搜索与救援咨询团秘书处分配暂定测评日期			■																							
6	如果"不通过"，则国际搜索与救援咨询团秘书处与城市搜索与救援队确认这一结果并讨论替代计划			■																							

（续）

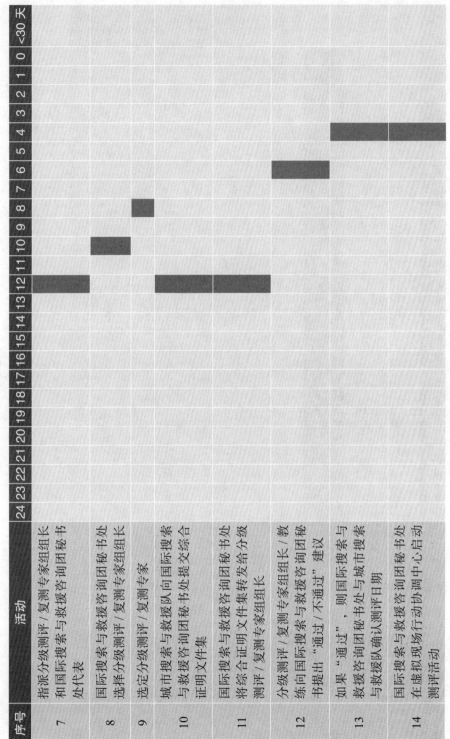

序号	活动	24	23	22	21	20	19	18	17	16	15	14	13	12	11	10	9	8	7	6	5	4	3	2	1	0	<30 天
7	指派分级测评/复测专家组组长和国际搜索与救援咨询团秘书处代表												■	■													
8	国际搜索与救援咨询团秘书处选择分级测评/复测专家组组长															■											
9	选定分级测评/复测专家																	■									
10	城市搜索与救援队向国际搜索与救援咨询团秘书处提交综合证明文件集												■	■													
11	国际搜索与救援咨询团秘书处将综合证明文件集转发给分级测评/复测专家组组长												■	■													
12	分级测评/复测专家组组长/教练向国际搜索与救援咨询团秘书处提出"通过/不通过"建议																			■							
13	如果"通过"，则国际搜索与救援咨询团秘书处与城市搜索与救援队确认测评日期																					■					
14	国际搜索与救援咨询团秘书处在虚拟现场行动协调中心启动测评活动																				■	■					

（续）

序号	活动	24	23	22	21	20	19	18	17	16	15	14	13	12	11	10	9	8	7	6	5	4	3	2	1	0	<30天
15	如果"不通过"，则国际搜索与救援咨询团秘书处及其教练与城市搜索与救援队讨论这一结果并讨论替代计划																				■	■					
16	与分级测评/复测教练一起进行持续的最终规划和准备	■	■	■	■	■	■	■	■	■	■	■	■	■	■	■	■	■	■	■	■	■	■	■	■	■	
17	分级测评/复测专家组审查演练计划和时间表，并接收演练现场的最新信息																										
18	分级测评/复测专家组在 14 天内完成报告，并提交给国际搜索与救援咨询团秘书处																										■
19	国际搜索与救援咨询团秘书处在 30 天内将分级测评/复测报告提交给城市搜索与救援队																										■
20	与分级测评/复测专家组长/教练一起跟进后续活动—待定																										■

附件 C　国际搜索与救援指南修订表（2015—2020）

序号	修订的主题
1	**分级测评 / 复测核查表** 将所有核查表移至 www.insarag.org 网站上的指南说明
2	**内容的主要变化** （1）增加了对本卷手册 A 中轻型队、中型队和重型队的建议人员编制数量表的引用。 （2）更改了缩略词。 （3）在专家选择中增加了职权范围 / 人员要求说明。 （4）增加了一张图表，显示分级测评和分级复测要求之间的差异；特别是关于简明证明文件集的差异。 （5）删除了时间表上重复的部分。 （6）更新了显示分级测评 / 复测时间表的甘特图。 （7）增加了第 10.1 节，关于 2020 版分级测评 / 复测核查表和颜色编码。 （8）恢复预审和教练角色
3	**信息图表** （1）更新了表格，以确保技术能力的一致性。 （2）更新了图 2，关于分级测评 / 复测主要人员和专家
4	**附件** （1）增加了题为"国际搜索与救援指南修订表（2015—2020）"的附件 C，介绍了从 2015 版指南至今的最新变化。 （2）源自 2015 版指南的内容 　①"附件 A　分级测评 / 复测核查表"已移至 www.insarag.org 网站指南说明部分的"*Checklists—IEC/R*"选项卡。 　②"附件 B　已通过分级测评的城市搜索与救援队队伍目录"已移至 www.insarag.org 网站指南说明部分的"*Guidelines Annex—Volume II, Man C*"选项卡。 　③"附件 C　分级测评 / 复测主要人员的职权范围（ToRPS）"已移至附件 A。 　④"附件 D　分级测评 / 复测专家申请表"已移至 www.insarag.org 网站上指南说明部分的"*Guidelines Annex—Volume II, Man C*"选项卡。 　⑤"附件 E　分级测评 / 复测教练申请表"已移至 www.insarag.org 网站上指南说明部分的"*Guidelines Annex—Volume II, Man C*"选项卡。 　⑥"附件 F　分级测评 / 复测两年规划时间表"已移至附件 B。 　⑦"附件 G　分级测评申请第一阶段"已移至 www.insarag.org 网站上指南说明部分的"*Guidelines Annex—Volume II, Man C*"选项卡。 　⑧"附件 H　分级测评 / 复测教练评估报告"已移至 www.insarag.org 网站上指南说明部分的"*Guidelines Annex—Volume II, Man C*"选项卡。

（续）

序号	修订的主题
4	⑨ "附件 I　分级测评 / 复测申请第二阶段"已移至 www.insarag.org 网站上指南说明部分的 "*Guidelines Annex—Volume II, Man C*" 选项卡。 ⑩ "附件 J　分级测评 / 复测报告模板"已移至 www.insarag.org 网站上指南说明部分的 "*Guidelines Annex—Volume II, Man C*" 选项卡。 ⑪ "附件 K　分级测评 / 复测前自评估核查表"已移至 www.insarag.org 网站上指南说明部分的 "*Guidelines Annex—Volume II, Man C*" 选项卡

附件 D　附件载于网站 www.insarag.org

附件 D1　分级测评 / 复测核查表（2020 版）*

*"分级测评 / 复测核查表（2020 版）"载于 www.insarag.org 网站上指南说明部分的 "*Checklists—IEC/R*" 小节。

附件 D2　已通过分级测评的城市搜索与救援队目录 *

"已通过分级测评的城市搜索与救援队目录"载于 www.insarag.org 网站指南说明部分的 "*Guidelines Annex—Volume II, Man C*" 小节。

附件 D3　分级测评 / 复测专家申请表 *

*"分级测评 / 复测专家申请表"载于 www.insarag.org 网站指南说明部分的 "*Guidelines Annex—Volume II, Man C*" 小节。

附件 D4　分级测评 / 复测教练申请表 *

*"分级测评 / 复测教练申请表"载于 www.insarag.org 网站指南说明部分的 "*Guidelines Annex—Volume II, Man C*" 小节。

附件 D5　分级测评申请第一阶段 *

*"分级测评申请第一阶段"载于 www.insarag.org 网站指南说明部分的 "*Guidelines Annex—Volume II, Man C*" 小节。

附件 D6　分级测评 / 复测教练评估报告 *

*"分级测评 / 复测教练评估报告"载于 www.insarag.org 网站指南说明部分

的"*Guidelines Annex—Volume II, Man C*"小节。

附件 D7　分级测评 / 复测申请第二阶段 *

*"分级测评 / 复测申请第二阶段"载于 www.insarag.org 网站指南说明部分的"*Guidelines Annex—Volume II, Man C*"小节。

附件 D8　分级测评 / 复测报告模板 *

*"分级测评 / 复测报告模板"载于 www.insarag.org 网站指南说明部分的"*Guidelines Annex—Volume II, Man C*"小节。

附件 D9　分级测评 / 复测前自评估核查表 *

*"分级测评 / 复测前自评估核查表"载于 www.insarag.org 网站指南说明部分的"*Guidelines Annex—Volume II, Man C*"小节。

附件 D1　分级测评 / 复测核查表（2020 版）

分级测评专家注意事项

分级测评 / 复测核查表每行的项目都会被授予一个颜色代码。如果存在子行，例如第 4.1 节有第 4.1.1 到 4.1.5 子行；只对这些子行进行评分，而第 4.1 行将留空。这种评级系统的解释说明如下：

— (1) 带有"Y"（意为"完全合格"）的绿色框，表示队伍在此项目上达到或超过最低标准。

— (2) 带有"Y"的黄色框表示队伍在此项目上符合最低标准；但是，分级测评 / 复测专家组已确定队伍需要进一步改进。评定黄色框的原因将在分级测评报告的专家意见（第 4 节）中提供。

— (3) 带有"NY"（意为"不合格"）的红色框表示队伍在此项目上尚未达到最低标准。只要评定有红色框，无论数量多少，城市搜索与救援队都被视为未达到国际搜索与救援咨询团的最低标准。对于任何标记为红色的项目，都要求分级测评 / 复测专家组与城市搜索与救援队及其分级测评 / 复测教练合作，制定改进计划（CAP）（与专家意见分开），并提交给国际搜索与救援咨询团秘书处审议。

虽然队伍会利用一切机会在演练期间重复演进，但其是否已经充分满足国际搜索与救援咨询团针对特定分级测评要求的当前最低标准，分级测评／复测专家将最终做出判定。

如果城市搜索与救援队未能达到国际搜索与救援咨询团的最低标准，国际搜索与救援咨询团秘书处将与分级测评／复测专家组组长、城市搜索与救援队及其分级测评／复测教练协商，确定重新评估需要纠正措施问题的最适当方法；应考虑让城市搜索与救援队的国际搜索与救援咨询团联络人参与这些讨论。这将包括制定和实施基于可行时间表的改进计划。在顺利完成改进计划后，国际搜索与救援咨询团秘书处将协调相关方共同商定分级测评／复测重新测评日期。

分级测评／复测核查表是由国际搜索与救援咨询团秘书处与国际搜索与救援咨询团体系协商后编制的，旨在促进城市搜索与救援行动期间的质量保证。这些核查表已由国际搜索与救援咨询团指导委员会批准使用，并由培训工作组（TWG）每年进行审查。通过这种方式，确保来自国际搜索与救援咨询团体系的反馈得到体现，并确保核查表反映各种改进，提高救援成功概率、城市搜索与救援队的安全性，并纳入前一年总结的最佳做法。

培训工作组对核查表所做的各种修改，均转交国际搜索与救援咨询团指导委员会，在其年度会议审核批准。如果获得批准，修订后的核查表将传达给所有计划参加分级测评／复测的队伍，并张贴在国际搜索与救援咨询团网站上。

分级测评／复测核查表是分级测评／复测专家组的一种工具，用来衡量城市搜索与救援队是否满足当前国际搜索与救援咨询团的最低标准。分级测评／复测核查表不包括在分级测评／复测报告中。如果在汇报期间要求提供核查表副本，分级测评／复测专家组将基于核查表提供必要的反馈。分级测评／复测专家组的工作重点，是准备并向城市搜索与救援队提供详细的专家意见报告，以供未来队伍建设参考。

重要提示：测评专家需要评估灰色框中的所有项目，并将灰色更改为"绿色，黄色或红色"。

国际搜索与救援咨询团秘书处

联合国人道主义事务协调办公室日内瓦总部—版本1　2020年10月

若要查询核查表，请通过以下电子邮箱联系：insarag@un.org。

分级测评/复测手册国际搜索与救援咨询团分级测评核查表

	准备	可隐藏不需要的列 轻型	可隐藏不需要的列 中型	可隐藏不需要的列 重型	评估方法	备注	颜色代码
1	国际搜索与救援咨询团联络人	解释说明					
1.1	城市搜索与救援队在政府中是否有国际搜索与救援咨询团政策联络人	政策联络人是秘书处与全球层面国际搜索与救援咨询团体系之间的核心联络人。政策联络人认可和/或承认城市搜索与救援队的国际部署任务	轻型	中型	重型			
1.2	城市搜索与救援队是否有国际搜索与救援咨询团行动联络人	行动联络人参与国家相关的行动问题。行动联络人主要代表成员国，参加国际联络团会议（队长会议和区域会议），研讨会和相关活动，确定城市搜索与救援行动事宜。行动联络人还负责核实队伍提出的任何信息。上传到技术参考资料库						
1.3	城市搜索与救援队是否有国际搜索与救援咨询团城市搜索与救援队联络人	城市搜索与救援队联络人负责搜索与救援队的联络工作，确保执行国际搜索与救援咨询团的方法和最低标准，包括准备和响应（如参加分级测评/复测）						
2	决策制定	解释说明	轻型	中型	重型	评估方法	备注	颜色代码
2.1	城市搜索与救援队与其主管部门之间是否有高效的沟通系统，确保及时做出有关部署的决策	主管部门是授权城市搜索与救援队进行部署和资助其部署的机构						

（续）

	准备	可隐藏不需要的列	可隐藏不需要的列	可隐藏不需要的列	
2.2	在部署决策过程中是否同城市搜索与救援队管理层进行沟通	针对响应的适当性，队伍主管部门/政策联络人是否与队伍进行了商议？考虑以下因素： —双边请求？ —来自受灾国的援助请求声明？ —已经部署了足够的资源？ —抵达受灾国的距离/时间？ —安全状态？ —极端环境条件				
2.3	城市搜索与救援队是否有基于本国的支持系统，用于在部署后协助沟通相关决策					
2.4	如果需要，城市搜索与救援队是否有能力提供部署前及时为队伍提供预防性疫苗接种（如针对疟疾）					
2.5	城市搜索与救援队是否有申请在受灾国/地区行医许可证的流程	请参见网站 www.insarag.org 上提供的"城市搜索与救援行医执业许可"文件				

（续）

	准备	可隐藏不需要的列 轻型	可隐藏不需要的列 中型	可隐藏不需要的列 重型	评估方法	备注	颜色代码
2.6	队伍在部署前是否联系国际代表、其他国际救灾响应机构和领导机构（如果有）						
3	www.insarag.org/虚拟现场行动协调中心/国际搜索与救援咨询团团协调管理系统（ICMS）	解释说明	轻型	中型	重型	评估方法	备注	颜色代码
3.1	此队伍是否在国际搜索与救援咨询团目录中注册	城市搜索与救援队必须在网站 www.insarag.org 的国际城市搜索与救援队目录中注册					
3.2	是否有经过培训的指定人员来接收和发布有关虚拟现场行动协调中心的信息并使用国际搜索与救援咨询团团协调管理系统	城市搜索与救援队应当让队员接受相关培训，确保可以访问和使用虚拟现场行动协调中心和国际搜索与救援咨询团团协调管理系统					
4	队伍结构	解释说明	轻型	中型	重型	评估方法	备注	颜色代码
4.1	城市搜索与救援队的组织架构是否遵循国际搜索与救援指南的内容（见本表4.1.1～4.1.5）						

（续）

	准备	可隐藏不需要的列	可隐藏不需要的列	可隐藏不需要的列	
4.1.1	管理				
4.1.2	搜索				
4.1.3	营救				
4.1.4	后勤				
4.1.5	医疗				
4.2	城市搜索与救援队的组织架构中是否有足够的人员按照国际搜索与救援指南持续工作	轻型城市搜索与救援队需要在一个工作场地每天开展12小时的行动，持续5天（基于ASR 3级行动）	中型城市搜索与救援队需要在一个工作场地每天开展24小时的行动，持续7天	重型城市搜索与救援队需要同时在两个工作场地每天开展24小时的行动，持续10天	

（续）

	准备	解释说明	可隐藏不需要的列 轻型	可隐藏不需要的列 中型	可隐藏不需要的列 重型	评估方法	备注	颜色代码
4.3	城市搜索与救援队对于每个部署的队伍岗位（包括部署的搜救犬）的最低冗余配置率是否为2:1	部署的队伍结构中的每个岗位都需要1名冗余人员。例如，如果部署的队伍中有1名工程师，如果总共需要2名工程师。如果总共需要4条搜救犬，则整支队伍中总共需要8条搜救犬	搜救犬（如适用）	搜救犬（如适用）	必备项			
5	后勤		轻型	中型	重型			
5.1	在部署期间，城市搜索与救援队是否能够自给自足	"自给自足"被定义为为自己提供足够的饮用水和卫生设施，食物和药品。水和药品充足的证据。在查看仓库期间，必须看到足够到到足够食物，只允许将演练所需的物资数量带到现场。但是，						
5.2	在部署期间，城市搜索与救援队是否能够实现财务自给自足	城市搜索与救援队救援说明其管理部署所需财务的方式。例如，队伍支付受灾国的燃料、运输、木材和其他救灾物资的方式						
5.3	城市搜索与救援队管理层是否有适当的系统，以监控和维护部署前和部署期间的装备库存	根据需要，提供相关装备的有效校准/检验证书						

（续）

	培训	解释说明	可隐藏不需要的列 轻型	可隐藏不需要的列 中型	可隐藏不需要的列 重型	评估方法	备注	颜色代码
6								
6.1	城市搜索与救援队是否接受过相应培训，确保所有人员做好准备行动，包括本表6.1.1～6.1.4的内容	需要概述培训类型、频率和国家标准。如果没有英文撰写，则需要英文书面摘要。城市搜索与救援策略和实施方案。分级测评专家组应评估城市搜索与救援队是否接受过相应培训，确保城市搜索与救援队做好准备。这一规定应包括在所有国际部署中开展救援行动的人员，能够在全国际部署中开展救援行动的队员，包括来自外部组织的队员，如搜救犬训导员、医务人员和工程师						
6.1.1	国际搜索与救援咨询团认知、文化意识、职业伦理、行为准则（如红十字会与红新月会国际联合会）、联合国人道主义事务协调办公室人道主义原则	分级测评专家必须审查针对联合国人道主义原则的具体培训方案						
6.1.2	安全与保—联合国安全和安保部BSAFE课程	首选内容是联合国安全和安保部的在线培训；如果未使用联合国安全和安保部的课程，那么秘书处将在早期将城市搜索与救援队联络人、教练和分级测评/复测专家组长进行讨论，以商定培训内容						

（续）

	准备	可隐藏不需要的列	可隐藏不需要的列	可隐藏不需要的列
6.1.3	城市搜索与救援队是否有足够数量的能够说、读和写英语的人员来执行城市搜索与救援协调活动	所有城市搜索与救援协调队员（在接待和撤离中心及城市搜索与救援协调单元工作）能够读、写和说实用性英语		
6.1.4	是否有足够的接受过城市搜索与救援协调方法培训的人员	城市搜索与救援协调人员将接受培训，能够使用国际搜索与救援咨询团协调管理系统，并了解为行动周期收集信息的重要性	轻型城市搜索与救援队将部署一名城市搜索与救援协调工作人员	中型城市搜索与救援队将部署至少两名城市搜索与救援协调工作人员	重型城市搜索与救援队将部署至少四名城市搜索与救援协调工作人员
6.2	是否有针对相应分级测评级别的持续技能更新计划	城市搜索与救援队将提供培训方案的证据，其中包括基于部署行动、年度演练和以前分级测评/复测报告中确定的经验教训的技能获取、更新和复习培训。 无需翻译整个培训成套材料，但应提供英文版的培训课程摘要			
6.3	城市搜索与救援队是否提供了积极参与国际搜索与救援咨询团相关活动的证据	参与形式将包括出席国际搜索与救援咨询团的会议和演练。参与国际搜索与救援咨询团相关活动的证据将列入证明文件集一起提交			

（续）

		可隐藏不需要的列 轻型	可隐藏不需要的列 中型	可隐藏不需要的列 重型	评估方法	备注	颜色代码
6.4	城市搜索与救援队队员培训记录是否已更新和维护						
7	通信与技术	解释说明					
7.1	城市搜索与救援队是否有通信能力（内容见本表 7.1.1～7.1.3）	这是指具有通信装备和操作通信装备的能力。在分级测试评/复测演练的前三个小时内，队伍的通信将不仅依赖于基于移动电话的技术手段					
7.1.1	内部	队员之间的沟通。在抵达受灾国后，城市搜索与救援队应能够设置无线电相应频率进行通信					
7.1.2	外部	与接待和撤离中心及城市搜索与救援协调单元/分区协调单元和当地应急管理机构进行沟通					
7.1.3	国际	与国内部署支持队伍进行沟通					
7.2	城市搜索与救援队是否使用全球定位系统技术	需要全球定位系统软件，根据队伍行动生成地图					

（续）

	准备	解释说明	可隐藏不需要的列 轻型	可隐藏不需要的列 中型	可隐藏不需要的列 重型	评估方法	备注	颜色代码
8	文档管理							
8.1	城市搜索与救援队员清单	队员清单中应至少包括以下信息：姓名，出生日期，护照号码，有效期（英文）。在演练之前就编制队员清单，这样的做法不符合要求						
8.2	城市搜索与救援队伍概况表	完整的城市搜索与救援队伍概况表将提供两份纸质版文件和一份电子版文件						
8.3	城市搜索与救援队紧急联系人详细信息	通过国内部署支持队伍或在受灾国/地区相应机构，城市搜索与救援队应能访问已部署队员的个人详细信息						
8.4	包括通信装备在内的装备清单	救援队将提供完整的部署装备清单包括： 一包装箱标签，包括编码、重量和体积。 一库存。 一装载计划。 装备清单将按功能进行分类（通信，后勤，搜索，营救，医疗，搜救犬）。装备清单将以英文版提供。将提供至少两份原始质版纸质副本和一份电子副本						
8.5	根据《危险物品条例》（DGR）对危险物品提交托运人声明	针对商业航班，或根据军用航班所遵循的国家军事标准，国际航空运输协会（IATA）的申报文件以英文填写						

（续）

	准备	可隐藏不需要的列	可隐藏不需要的列	可隐藏不需要的列
8.6	受管制物品清单（如药物）	所有受管制药物（如硫酸吗啡）将记录在单独的列表中。这份清单由医疗队药品负责人签字，以英文版提供。将提供至少两份原始纸质质副本和一份电子副本		
8.7	信息通信技术/通信装备数据库	装备清单中应包括以下信息： —无线电装备品牌、型号、序列号、频率范围。 —移动电话品牌、型号、序列号。 —卫星通信装备品牌、型号、序列号。装备清单将此类信息应记录在单独的列表中。将提供至少两份原始纸质质副本和一份电子副本		
8.8	是否有相应的系统确保城市搜索与救援队拥有以下文档（内容见本表8.8.1~8.8.8）			
8.8.1	护照	城市搜索与救援队队员护照要求如下： —有效期至少为6个月。 —有两页空白页。 将提供护照的两份纸质质副本和一份电子副本		
8.8.2	签证	城市搜索与救援队将可以查询所有队员的护照照片。评估城市搜索与救援队所遵循的流程，在部署前确定签证要求		

（续）

	准备	可隐藏不需要的列	可隐藏不需要的列	可隐藏不需要的列
8.8.3 城市搜索与救援队是否有所有接种疫苗员都必须接种疫苗的核查表	所需接种疫苗的核查表。由城市搜索与救援队医疗管理人员与队伍所在国的卫生主管部门共同确定			
8.8.4 城市搜索与救援队是否有所有队员都已接种所需疫苗的记录	城市搜索与救援队核查表显示所有队员都已按照疫苗接种表接种疫苗。疫苗接种记录依据世界卫生组织（WHO）疫苗接种或预防措施国际证书或国家级同类证书			
8.8.5 支持队伍中所有医务人员在全国内行医权的有效文件副本	此类文件将显示医疗专业人员持有当前执业执照，以在其资质范围内行医。如果医疗执业执照不是英文的，则需要附有英文版摘要说明			
8.8.6 用于出入境的搜救犬有效健康证明复印件	所有相关的兽医和旅行文件都应准备好并进行检查，确保搜救犬能够进行国际部署		搜救犬（如适用）	必备项
8.8.7 搜救犬芯片/皮肤标记	芯片阅读器将由其中一名训犬员随身携带，确保随时可用，在需要时可以轻松读取芯片内容，如在海关办理手续		搜救犬（如适用）	必备项
8.8.8 城市搜索与救援队是否有为国际响应提供的保险的机制	政府队伍不需要提供外部保险公司的证据，因为政府队伍为队员提供全面的保障			

（续）

动员和抵达受灾国			可隐藏不需要的列	可隐藏不需要的列	可隐藏不需要的列			
	启动和动员	解释说明	轻型	中型	重型	评估方法	备注	颜色代码
9	启动和动员	解释说明						
9.1	是否建立了相应系统可以动员足够的城市搜索与救援队队员进行部署	城市搜索与救援必须为其队伍结构中的所有岗位配置人员						
9.2	城市搜索与救援队是否有适当的系统来填补人员配置短缺	如果队员和搜救犬均采用2：1的配置比例，那么队员是否有足够的人员和搜救犬立即填补配置缺口	搜救犬（如适用）	搜救犬（如适用）	必备项			
9.3	城市搜索与救援队是否有能力在启动后10小时内到达指定的出发点	考虑到分级测评／复测演练计划，这一过程须压缩到6小时内						
9.4	城市搜索与救援队伍概况表是否已完成并上传到虚拟现场行动协调中心和国际搜索与救援咨询团协调管理系统上							
9.5	国内部署支助小组是否收集和分析信息，从而向城市搜索与救援队队员提供部署前简报（内容见本表9.5.1～9.5.7）	国际搜索与救援咨询团受影响地区模板强调了部署前简报中应包含的内容						

（续）

	动员和抵达受灾国	可隐藏不需要的列	可隐藏不需要的列	可隐藏不需要的列
9.5.1	灾区当前形势，包括建筑结构特征			
9.5.2	灾区社会文化背景			
9.5.3	天气和海拔高度			
9.5.4	灾区安全和治安状况，包括潜在危险，如危险物质			
9.5.5	紧急撤离计划			
9.5.6	队伍和搜救犬的健康风险和健康考虑因素			
9.5.7	特殊或非常规情况			
9.6	城市搜索与救援队队员在出发前是否接受医学筛检	部署前的医学筛检的目标是确保队员在医学指标上满足部署条件，已接种所有必需的疫苗并且为队员配备了足够的药物。部署前进行。医学筛检将记录在每位队员的单独标准化模板中	搜救犬（如适用）	搜救犬（如适用）
9.7	城市搜索与救援队的搜救犬在出发前是否经过兽医筛查	医学筛检将在启动后，部署前由经过培训的专业人员进行。部署前的医学筛检包括扫描搜救犬芯片	搜救犬（如适用）	必备项

（续）

	动员和抵达受灾国	解释说明	可隐藏不需要的列 轻型	可隐藏不需要的列 中型	可隐藏不需要的列 重型	评估方法	备注	颜色代码
9.8	对于受限药物，城市搜索与救援控制链	受限药物应始终受到严格控制，并由城市搜索与救援队医疗组负责安全储存。城市搜索与救援队医疗组将准确记录库存控制、分配、废弃和利用药情况，并保存好相关记录						
9.9	在前往受灾国途中，城市搜索与救援队是否监测并接收最新灾情信息	"途中"定义为队伍前往灾区的行程中。如果城市搜索与救援队在途中暂时停下来，例如，为飞机加油，队伍是否能够查询最新信息，包括灾情简报、首批抵达的队伍、接待和撤离中心位置、联络点、地方应急管理机构、行动基地的位置						
10	行动基地（BoO）	解释说明	轻型	中型	重型	评估方法	备注	颜色代码
10.1	城市搜索与救援队是否与当地应急管理机构一起为行动基地选择合适的地点	演练模拟要求城市搜索与救援队是首支抵达灾区的队伍，因此需要直接与当地应急管理机构沟通以确定搭建行动基地的具体位置。城市搜索与救援队是否针对不同布置点选项的灵活性？城市搜索与救援队将考虑其行动基地位置占地面积的规模，预计更多选项所共享的城市搜索与救援队必须共享所分配的区域						

（续）

序号	动员和抵达受灾国		可隐藏不需要的列	可隐藏不需要的列	可隐藏不需要的列
10.2	城市搜索与救援队行动基地是否提供工作空间（内容见本表10.2.1～10.2.13）				
10.2.1	城市搜索与救援管理				
10.2.2	人员和装备的临时安置场所				
10.2.3	安全和安保	包括预防、探测和消防相关规定。评估燃料储存和吸烟区适当的位置。评估行动基地进入控制和人员数量追踪情况			
10.2.4	通信				
10.2.5	专用医疗救治区	城市搜索与救援队需要为人员和搜救犬提供治疗区域	搜救犬（如适用）		
10.2.6	专用医疗隔离区	提供一个单独的区域，用于隔离可能患有传染病的伤员			
10.2.7	食物和水	评估用餐区以及食物和水储存区的适当性和卫生条件			
10.2.8	水净化用于日常用水和洗消	队伍需要有净水装备生产足够的水，满足饮用、个人卫生（淋浴/洗手）和洗消使用。在分级测评/复测期间，城市搜索与救援队需要设置和操作净水装备。但是，由于产水时间和紧凑的演练时间表，城市搜索与救援队能够在演练期间补充供水			必备项

（续）

		动员和抵达受灾国	可隐藏不需要的列	可隐藏不需要的列	可隐藏不需要的列
10.2.9	环境卫生和个人卫生	根据队员数量，评估淋浴、厕所和洗手设施的比例和标准是否足够。在分级测评/复测演练期间，必须向淋浴和洗手台提供热自来水。评估行动基地的一般维护和卫生标准。每个工作场地都应提供一个现场厕所			
10.2.10	搜救犬区	包括用于搜救犬休息和锻炼的区域。此区域可以设置在行动基地之外	搜救犬（如适用）	搜救犬（如适用）	必备项
10.2.11	装备维护和维修区域				
10.2.12	废弃物管理	城市搜索与救援队必须展示其与地方应急管理机构共同制定的废弃物处理计划，包括： —普通废弃物。 —灰水废弃物。 —生物危害性废弃物。			
10.2.13	洗消	行动基地入口外应设置一个洗靴站。 行动基地中应设置一个脏污区/清洁区的过渡区域。 评估是否有"脏污"区域来存放脏衣服和装备，并在进入行动基地常规区域之前为队员提供清洗身体并更换衣物和装备的区域			

（续）

规划	城市搜索与救援行动		可隐藏不需要的列 轻型	可隐藏不需要的列 中型	可隐藏不需要的列 重型	评估方法	备注	颜色代码
		解释说明						
11	城市搜索与救援队必须编写行动计划	需要持续进行规划，包括行动、简报和会议组成的书面记录。规划可能由几个部分分组成（战术行动计划、运输计划、通信计划）；随着演练的进行，根据收到的信息，其目的是编制并更新这些行动计划						
11.1	城市搜索与救援行动计划							
11.2	通信	资料包括联系人姓名、无线电频率、电话列表、电子邮件作通信组列表						
11.3	医疗后送	队伍应展示相应的规划流程，涉及将重病、受伤或遇难的队员从工作场地/行动基地疏散到当地医院/紧急医疗队						
11.4	医疗遣返回国	队伍应展示相应的规划流程，涉及将重病、受伤或遇难的队员遣返回国，对受灾国的影响可以忽略不计						
11.5	行动	工作周期内的工作场地分配和战术计划						
11.6	安全和安保	包括行动基地和工作场地的紧急疏散						
11.7	后勤	为行动基地和工作场地地震提供后勤支持						
11.8	交通行程	往返受灾国的交通行程，以及受灾国国境内的交通行程						

（续）

	城市搜索与救援行动	解释说明	可隐藏不需要列的 轻型	可隐藏不需要列的 中型	可隐藏不需要列的 重型	评估方法	备注	颜色代码
12	城市搜索与救援协调							
12.1	城市搜索与救援队是否拥有训练有素的队员和相应装备以运行接待和撤离中心、城市搜索与救援协调单元或分区协调中心	应模拟多支城市搜索与救援队抵达现场的接待场景，并将此信息提交给城市搜索与救援协调单元和地方应急管理机构	展示接待和撤离中心/城市搜索与救援协调单元的设立和提供的支持（一人）	展示接待和撤离中心/城市搜索与救援协调单元的设立和提供的支持（两人）	展示接待和撤离中心/城市搜索与救援协调单元的设立和提供的支持（四人）			
12.2	在进行城市搜索与救援行动时，城市搜索与救援队是否正确使用了国际搜索与救援咨询团所规定的表格							
12.3	接待和撤离中心是否正确使用国际搜索与救援咨询团模板来管理本部门	除了使用国际搜索与救援咨询团协调管理系统之外，接待和撤离中心还必须使用纸质模板来记录和显示信息，从而在互联网连接时起到备份作用						

（续）

	城市搜索与救援行动		可隐藏不需要的列	可隐藏不需要的列	可隐藏不需要的列
12.4	城市搜索与救援协调单元/分区协调单元是否正确利用国际搜索与救援咨询团模板来管理城市搜索与救援协调单元/分区协调单元	除了使用国际搜索与救援咨询团协调管理系统之外，城市搜索与救援协调单元还必须使用纸质模板来记录和显示信息，从而在互联网连接故障时起到备份作用			
12.5	城市搜索与救援协调单元的代表是否与地方应急管理机构举行了初步会议	地方应急管理机构会议应在"地方应急管理机构办公室"进行，而非在机场			
12.6	城市搜索与救援协调单元/分区协调单元是否计划和发布城市搜索与救援协调简报	根据从ASR 2级结果和工作场地报告表中收到的信息，分析城市搜索与救援队，确定任务优先级并分配城市搜索与救援任务			
12.7	城市搜索与救援队是否有能力利用国际搜索与救援咨询团协调管理系统（ICMS）向城市搜索与救援协调单元提交数据	队伍应使用纸质表格或电子表格收集信息，以提交给国际搜索与救援咨询团协调管理系统			
12.8	城市搜索与救援队是否参加城市搜索与救援协调单元召开的协调简报会	城市搜索与救援队应确保安排一名代表参加城市搜索与救援协调单元召开的所有简报会，并将分配的任务纳入队伍行动计划			

（续）

城市搜索与救援行动	解释说明	可隐藏不需要的列 轻型	可隐藏不需要的列 中型	可隐藏不需要的列 重型	评估方法	备注	颜色代码
12.9 城市搜索与救援队是否遵循城市搜索与救援协调单元的报告规定							
13 评估、搜索和营救方法	解释说明						
13.1 城市搜索与救援队是否有成熟的灾情评估小组和装备	评估小组的工作人员将完成以下任务： —进行 ASR 2 级评估。 —识别风险（电气风险，煤气泄漏）。 —为评估小组提供医疗支持。 —建议在 ASR 2 级评估期间使用搜救犬，但只作为可选项。 评估小组必须配置以下相应装备：通信、国际搜索与救援咨询团协调管理系统、安全、医疗、个人口粮（水、食物），评估人员应收到城市搜索与救援与救援队管理层的简报						
13.2 城市搜索与救援队是否进行 ASR 2 级评估，并通过一系列来源收集有关其指定分区的信息	例如，采访当地居民						

（续）

	城市搜索与救援行动		可隐藏不需要的列	可隐藏不需要的列	可隐藏不需要的列
13.3	城市搜索与救援队是否具备相应的结构工程工作专业知识进行结构评估	此项评估通常由结构/土木工程师完成。如果队伍没有结构/土木工程师，则需要配置接受过结构评估培训的人员			
13.4	城市搜索与救援队是否进行危险/风险评估（健康问题，环境危险，安全和安保）并将其结果通报给地方应急管理机构	评估任务的重点，是确保通过城市搜索与救援协调单元将已识别的风险通报给地方应急管理机构			
13.5	在 ASR 2 级评估期间，城市搜索与救援队是否正确运用了国际搜索与救援咨询团标记记系统				
13.6	城市搜索与救援队是否收集 ASR 2 级评估结果，并将其发送给城市搜索与救援协调单元/地方应急管理机构				

（续）

城市搜索与救援行动

	行动	解释说明	可隐藏不需要的列 轻型	可隐藏不需要的列 中型	可隐藏不需要的列 重型	评估方法	备注	颜色代码
14	重型城市搜索与救援队需要在两个工作场地同时开展行动，这两个工作场地相隔一段合理的距离，要求队伍合理用单独配置的装备和现场后勤支持开展行动。轻型和中型城市搜索与救援队必须能够集中在一个工作场地开展行动。在行动基地和工作场地之间，或在不同的工作场地之间，城市搜索与救援队员不得随意行走	所有演练要点都必须基于实战场景展开，整合到可以有效、安全和及时的方式进行的演练中，而不是进行独立的技能演示						
14.1	城市搜索与救援队是否与其他城市搜索与救援队合作	队伍需要展示与其他队伍合作的方式。如果演练中有第二支队伍或在情景中包含了相应的设定，那么就需要进行此项评估						

（续）

	城市搜索与救援行动	可隐藏不需要的列	可隐藏不需要的列	可隐藏不需要的列
14.2	城市搜索与救援队是否根据现有信息将搜索装备带到工作场地			
14.3	城市搜索与救援队是否根据现有信息将营救装备带到工作场地			
14.4	城市搜索与救援队是否根据现有信息将医疗和伤员解救装备带到工作场地			
14.5	工作场地管理			
14.5.1	在城市搜索与救援队开始行动之前，该支队伍是否实施了现场安全计划 城市搜索与救援队应设立现场警戒线、装备集结区、紧急集合点和人员数量追踪系统			
14.5.2	每个行动工作场地是否有工作场地的总体洗消设施 在返回行动基地之前，城市搜索与救援队应有能力刷洗和/或清洗衣服、靴子和装备上的污染物（如混凝土灰尘、混凝土浆料）			
14.5.3	工作场地上是否有供城市搜索与救援队队员使用的现场厕所 城市搜索与救援队应确保在工作场地提供现场厕所			

（续）

	城市搜索与救援行动		可隐藏不需要的列	可隐藏不需要的列	可隐藏不需要的列
14.5.4	城市搜索与救援队是否已建立装备管理系统	队伍应演示在工作场地对所有装备的持续管理，包括安全、使用后恢复、现场清洁、基本现场维护和维修			
14.6	安全性				
14.6.1	城市搜索与救援队是否始终利用相应系统跟踪队员	此系统是指人员数量检查制度（如人数记录板），追踪人员在行动基地以及工作场地或其他指定地点的流动情况			
14.6.2	城市搜索与救援队是否在指定的集合点进行疏散和集合，执行检查人员数量的流程	这一项将在演练控制组适当设定后进行评估。疏散地点应包括工作场地和行动基地。两类地点不必同时进行，但必须评估行动基地和工作场地的疏散情况			
14.6.3	城市搜索与救援队员是否按要求根据现场情况佩戴个人防护装备（PPE）	最基本的个人防护装备要求包括：头盔、手套、眼睛和听力保护装置，任务所需的适当呼吸防护装置和安全靴。其他各类个人防护装备要求都基于分级测评国家的安全标准，或使用工具时需要佩戴其他个人防护装备，如热金属切割，电锯操作			

（续）

	城市搜索与救援行动		可隐藏不需要的列	可隐藏不需要的列	可隐藏不需要的列	INSARAG Preparedness-Response
14.6.4	在城市搜索与救援行动期间是否指派了安全官	这一岗位不一定是营救小组中的专门岗位。但是，在城市搜索与救援行动期间，应指派一名队员履行安全官的责任。在城市搜索与救援行动期间，安全官这一岗位可以由不同的人员轮换				
14.6.5	城市搜索与救援队是否正确使用了国际搜索与救援咨询团的信号系统					
14.6.6	城市搜索与救援队是否有建筑监控系统	城市搜索与救援队预期将建立一个系统来监控建筑结构的变化情况。系统将包括电子和/或非电子监测和传感装置的运用				
14.7	国际搜索与救援咨询团标记系统					
14.7.1	城市搜索与救援队在完成现场工作后，是否正确更新了国际搜索与救援咨询团标记系统					
14.8	搜索					
14.8.1	城市搜索与救援队是否采用高效协调的搜索方法	策略和方法将与指挥和救援要素进行协调和整合				

（续）

	城市搜索与救援行动		可隐藏不需要的列	可隐藏不需要的列	可隐藏不需要的列
14.8.2	人工搜索：列队搜索和呼叫搜索	重型队将使用搜救犬、人工搜索和技术搜索方法开展搜救行动。轻型队和中型队将进行人工搜索，并可以选择开展搜救犬行动	必备项	必备项	必备项
14.8.3	技术搜索：摄像装置		必备项	必备项	必备项
14.8.4	技术搜索：地震和声学测量装置		必备项	必备项	必备项
14.8.5	搜救犬搜索：搜救犬训导员和搜救犬能否在在废墟下找到受困人员	在演练开始前，测评专家和演练控制组将就受困人员的位置设定达成一致。在不同条件下（白天/黑夜）至少需要进行4次搜救犬搜索	搜救犬（如适用）	搜救犬（如适用）	必备项
14.9	切割、破拆				
14.9.1	垂直向上穿透钢筋混凝土，进入到顶部有限空间		厚度：200毫米	厚度：200毫米	厚度：200毫米
14.9.2	横向穿透钢筋混凝土，进入到旁边的有限空间		厚度：200毫米	厚度：200毫米	厚度：200毫米
14.9.3	运用"快速破拆"技术，垂直向下穿透钢筋混凝土，进入到下方有限空间		厚度：200毫米	厚度：200毫米	厚度：200毫米
14.9.4	运用"安全破拆"技术，垂直向下穿透钢筋混凝土，进入到下方有限空间		不适用	厚度：200毫米	厚度：200毫米

（续）

	城市搜索与救援行动	可隐藏不需要的列	可隐藏不需要的列	可隐藏不需要的列
14.9.5 切割钢筋混凝土柱或梁	此项要求应融入到演练场景中。针对此项要求，不应进行孤立的切割能力展示	不适用	300毫米，带12毫米钢筋	450毫米，带18毫米钢筋
14.9.6 切割实木材料	此项要求应融入到演练场景中。针对此项要求，不应进行孤立的切割能力展示	厚度：200毫米	厚度：300毫米	厚度：300毫米
14.9.7 切割金属板	此项要求应融入到演练场景中。针对此项要求，不应进行孤立的切割能力展示	厚度：3毫米	厚度：10毫米	厚度：20毫米
14.9.8 切割结构钢梁	此项要求应融入到演练场景中。针对此项要求，不应进行孤立的切割能力展示。必须是结构元件，如工字钢，也称为H形钢，W形钢，通用梁（UB），轧制钢托梁（RSJ）或双T形梁—具有I形或H形横截面的梁。城市搜索与救援队将执行两次结构钢梁切割操作，其中至少一次将在狭小空间环境中进行：①待切割的梁设置为斜向布置（大于45°）；②待切割的梁设置为水平布置。城市搜索与救援队应运用热金属切割技术进行至少一次结构钢梁切割操作	不适用	尺寸：127毫米；宽度：76毫米；金属薄条：4毫米；翼缘：7.6毫米	尺寸：260毫米；宽度：102毫米；金属薄条：6.5毫米；翼缘：10毫米

（续）

		城市搜索与救援行动	可隐藏不需要的列	可隐藏不需要的列	可隐藏不需要的列
14.10	顶升和牵引	钢筋结构构混凝土柱和梁的索具固定、顶升和移除，作为分层移除行动的一部分。顶升和移除重物负载，接近受困人员			
14.10.1	气动装备	在顶升作业期间，在顶升重物负载时，将采取逐步加固和隐定重物的措施	不适用	1公吨（公吨）	2.5公吨
14.10.2	液压装备	在顶升作业期间，在顶升重物负载时，将采取逐步加固和隐定重物的措施	1公吨（液压或机械）	1公吨	2.5公吨
14.10.3	绞车	城市搜索与救援队需要用吊索或链条来拉动负载。不得使用预制牵引/提升点	1公吨	1公吨	2.5公吨
14.10.4	起重机操作：负载为5公吨	重点是评估队伍吊装负载的能力，以及与起重机操作员的有效互动。不得使用预制提升点。城市搜索与救援队必须与起重机操作员协调使用具体信号。最少应将两台起重升降机纳入作业的练场景。既可以是在不同地点进行独立作业的两部起重升降机，也可以在一个地点进行协同作业的两部起重升降机	5公吨	5公吨	5公吨

（续）

	城市搜索与救援行动	可隐藏不需要的列	可隐藏不需要的列	可隐藏不需要的列
14.11	支撑和加固 支撑结构应按照以下原则建造： 一获取负载。 一转移负载。 一分配负载。 一固定连接部位。 一用于二维和三维支撑结构的交叉支撑			
14.11.1	城市搜索与救援队是否进行了风险评估，从而在开始支撑作业之前制定计划	所有支撑结构都应适合具体的负载。这些支撑结构应纳入正在进行的演练场景，而非作为孤立的支撑作业进行展示。城市搜索与救援队应具备将支撑结构固定在原建筑结构上的知识和装备。		
14.11.2	在危险区域之外，城市搜索与救援队是否建立了一个切割站，并配备了适当的装备	在第一天的现场评估期间，演练控制组将通知分级测评专家是否将支撑结构采用物理方式固定在演练道具上。		
14.11.3	在危险区域之外，城市搜索与救援结构，从而只将组装支撑结构留在危险区域	如果演练道具不允许将支撑结构用螺栓/销钉固定在建筑结构上，则需要支撑组通知分级测评专家：如果现实条件允许，则会采取此类固定措施		
14.11.4	叠木支撑和楔块—用于顶升/加固负载			
14.11.5	门窗加固			
14.11.6	垂直加固	不适用		

（续）

序号	城市搜索与救援行动		可隐藏不需要的列	可隐藏不需要的列	可隐藏不需要的列
14.11.7	斜向加固		不适用		
14.11.8	水平加固		不适用		
14.11.9	城市搜索与救援队是否对支撑结构和叠木支撑进行监测	城市搜索与救援队将监测支撑结构和叠木支撑，特别是在余震之后			
14.12	绳索救援行动	绳索救援行动将根据当地/国家标准进行			
14.12.1	城市搜索与救援队是否进行了风险评估，从而在开始绳索救援行动之前制定计划				
14.12.2	构建和操作垂直升降系统	城市搜索与救援队将直接向上举起或向下放低模拟的"幸存"受困人员，最低高度为10米			
14.12.3	构建和操作横移系统	城市搜索与救援队需要构建一个横移系统，将模拟的"幸存"受困人员从高点斜移到低点，最小高度差为10米	不适用		
14.13	狭小空间				
14.13.1	在进入狭小空间之前，城市搜索与救援队是否进行了风险评估				

（续）

城市搜索与救援行动		可隐藏不需要的列	可隐藏不需要的列	可隐藏不需要的列
14.13.2	城市搜索与救援队是否能够在狭小空间内安全地开展行动	重点是适当运用个人防护装备、通信装备、支撑措施、空气监测装备、通风措施		
14.13.3	在进入狭小空间之前，队伍是否制定了紧急疏散程序			
14.13.4	在进入狭小空间之前，队伍是否进行了安全简报			
14.13.5	在进出狭小空间期间，城市搜索与救援队是否进行了人员数量追踪	在狭小空间作业期间，将保留所有进出狭小空间的人数记录（如人数记录板）		
14.13.6	在狭小空间作业期间，城市搜索与救援队是否进行了连续的空气监测	城市搜索与救援队应在行动期间使用空气监测装备来持续监测狭小空间内的空气状况		
14.13.7	城市空气管理系统（正压或负压通风）	在狭小空间作业期间，城市搜索与救援队应采用便携式通风（正压或负压）		
14.14	医疗服务	城市搜索与救援队医疗组应有能力在倒塌的建筑结构中提供紧急医疗服务，包括狭小空间的伤员接近、解救以及伤员的移交		

（续）

	城市搜索与救援行动	可隐藏不需要的列	可隐藏不需要的列	可隐藏不需要的列
14.14.1	城市搜索与救援医疗队员是否有能力在整个部署过程中为队伍提供疾病预防和初级保健			
14.14.2	健康监测与医疗福利 城市搜索与救援队医疗队员应对队员的健康进行日常监测，同时关注队员身心健康			
14.14.3	城市搜索与救援队员是否能够在城市搜索与救援和狭小空间环境中提供所列能力（见本行右侧17项内容） 推荐的能力包括： 1. 检伤分类 2. 伤员评估 3. 伤员监测 4. 气道管理 5. 通气支持 6. 出血控制 7. 骨折部位的固定 8. 具备输液或输血能力 9. 给予镇痛和镇静用药 10. 液体疗法／补液 11. 抗生素给药 12. 程序镇静 13. 截肢与适当的镇痛、镇静和麻醉措施 14. 保护伤员免受环境影响 15. 用于解救期间的脊柱固定／"伤员包扎"	不需要现场截肢		

（续）

INSARAG	城市搜索与救援行动		可隐藏不需要的列	可隐藏不需要的列	可隐藏不需要的列
14.14.3	城市搜索与救援队医疗队员是否能够在城市搜索与救援和狭小空间环境中提供所列能力（见本行右侧17项内容）	16. 挤压综合征的管理 17. 烧伤管理			
14.14.4	在狭小空间行动期间，个人防护装备是否适用于伤员	个人防护装备将涉及眼睛、呼吸和听力保护。在适当的情况下，将应用头盔和/或面部保护装置			
14.14.5	城市搜索与救援队的医疗组是否能够在倒塌结构环境中进行现场截肢	在狭小空间内，城市搜索与救援队需要实际展示其进行模拟上肢或下肢截肢的能力	不需要现场截肢		
14.14.6	城市搜索与救援队的医疗组是否能够在倒塌结构环境中处理挤压综合征伤员	在狭小空间内，城市搜索与救援队需要实际展示其处理挤压综合征的能力			
14.14.7	是否能够与搜救犬训导员合作开展紧急兽医治疗	兽医治疗可以由兽医、训练有素的搜救犬训导员或训练有素的城市搜索与救援医务人员提供（或联合提供）。城市搜索与救援队必须证明其有能力在行动基地和工作场地提供兽医治疗	如适用	如适用	必备项

（续）

城市搜索与救援行动		解释说明	可隐藏不需要的列 轻型	可隐藏不需要的列 中型	可隐藏不需要的列 重型 评估方法	备注	颜色代码
14.14.8	城市搜索与救援队医疗组是否建立了相应的程序和系统，以管理队员的重伤、疾病或死亡，包括医疗后送	城市搜索与救援队必须实施其管理队员重伤、疾病或遇难的政策。相应设定必须包含在各演练计划中，以确保分级测评/复测专家可以审查相应的程序					
14.14.9	城市搜索与救援队医疗保健从业人员是否使用伤员治疗表	请参见伤员治疗表。必须将伤员治疗表的副本交给伤员接收机构					
14.14.10	城市搜索与救援队是否保留所治疗伤员的情况摘要	城市搜索与救援队应保留所治疗的本队伍内队员以及治疗的受困人员的记录，供内部使用					
15	撤离和退出策略	解释说明					
15.1	城市搜索与救援队是否制定撤离计划						
15.2	城市搜索与救援队是否与城市搜索与救援协调单元/地方应急管理机构和接待和撤离中心协调撤离事宜	演练计划必须包括相应设定以展示这一情况					

（续）

	城市搜索与救援行动		可隐藏不需要的列	可隐藏不需要的列	可隐藏不需要的列	
15.3	城市搜索与救援队是否根据在受灾国国内所使用或捐赠的装备项目调整其装备清单	装备清单将根据所使用或捐赠的装备项目进行调整				
15.4	城市搜索与救援队是否利用撤离信息更新城市搜索与救援队队伍概况表	填好的撤离表格将发送给城市搜索与救援协调中心				
15.5	针对队伍撤离出发安排，城市搜索与救援管理层是否与其驻受灾国代表（如果有）协商	演练计划应包括相应设定以展示这一情况				
15.6	城市搜索与救援队是否会更新其在虚拟现场行动协调中心和国际城市搜索与救援咨询团协调协管理系统上的状态	城市搜索与救援队应在虚拟现场行动协调中心和国际团协调咨询系统上更新队伍的状态，以表明队伍正在撤离				
15.7	城市搜索与救援队是否完成了国际搜索与救援咨询团任务并将其提交给城市搜索与救援协调单元	在撤离出发前，城市搜索与救援队应完成任务总结报告并将其提交给城市搜索与救援协调单元				

（续）

	城市搜索与救援行动		可隐藏不需要的列 轻型	可隐藏不需要的列 中型	可隐藏不需要的列 重型	评估方法	备注	颜色代码
15.8	在宣布救援阶段结束后，城市搜索与救援协调单元/地方应急管理机构进行了工作移交	此类移交可能包括以下内容： 1. 工作场地报告表 2. 埋压人员解救情况表 3. 撤离表格 4. 任务总结表格 5. 行动管理工具 6. 地图 7. 照片						
16	演练控制组	解释说明						
16.1	城市搜索与救援队是否拥有自己的演练控制组人员，这些人员来自组织内部，接受过设计、设置和运行模拟实战演练的培训	测评主办机构必须提供内部演练控制人员，以设计、开发和实施模拟演练。这也适用于城市搜索与救援队正在参加联合演练的情况。						
16.2	在虚拟现场行动协调中心和国际搜索与救援咨询团协调管理系统的模拟选项卡上，演练控制组是否设置并运行了模拟演练	演练控制组将使用虚拟现场行动协调中心上的演练模拟，作为信息管理系统，支持模拟演练的所有阶段。国际搜索与救援咨询团协调管理系统将作为一种演练工具。如果出现互联网连接故障，那么所需的协调表格采用纸质版						

（续）

	城市搜索与救援行动	可隐藏不需要的列	可隐藏不需要的列	可隐藏不需要的列
16.3	模拟演练是否围绕不断发展的36小时演练而设计，其中包含合理真实的集成场景，确保测评专家能够评估核查表的所有项目	根据提供的信息、场景设定、ASR 2 级评估、工作场地优先级和行动风险评估，必须允许城市搜索与救援队开展演练行动和进行战术决策。城市搜索与救援队将决定演练场景的顺序，而非演练控制组对其进行决定		
16.4	主管部门是否向分级测评专家和国际搜索与救援咨询团秘书处代表提出了支持要求			

核查表结束

绿色总计	0
黄色总计	0
红色总计	0
所有颜色总计	0

附件 D2　已通过分级测评的城市搜索与救援队目录

联合国人道主义事务协调办公室（OCHA）

已通过分级测评的城市搜索与救援队目录

请将更新的调查表通过电子邮件 insarag@un.org 送回国际搜索与救援咨询团秘书处或传真至国际搜索与救援咨询团秘书处，联合国人道主义事务协调办公室日内瓦总部传真号：+41 22 917 0023。

1. 队伍信息		
	队伍名称	
	队伍名称缩写	
	国家	
1.1	国际搜索与救援咨询团分级测评（IEC）（如果已通过分级测评，请注明详细信息）	
	创建年份	
	队伍网站	
2. 基于国际搜索与救援指南的队伍能力		
	部署人数	
	自给自足（持续天数）	
	搜索组（搜救犬和技术搜索）	
2.1	营救组（钢筋混凝土破拆能力）	
	医疗组（医生、护理人员和 / 或护士）	
	根据国际搜索与救援指南进行培训（地点、时间和方式）	
	是否接受过城市搜索与救援协调单元培训（地点，时间和方式）	
3. 联系方式		
主管部门		
3.1	名称	
	部门 / 组织	
国家级政策联络人		
3.2	姓名	
	职能	

（续）

3. 联系方式		
3.2	部门 / 组织	
	地址	
	联系电话	
	传真	
	电子邮件	
国家级行动联络人		
3.3	姓名	
	职能	
	部门 / 组织	
	地址	
	联系电话	
	传真	
	电子邮件	
城市搜索与救援队联络人（个人）		
3.4	姓名	
	职能	
	部门 / 组织	
	地址	
	联系电话	
	传真	
	电子邮件	

附件 D3　分级测评 / 复测专家申请表

个人资料

1.职务：

2.姓名：

3.联系方式

（1）联系电话：

（2）电子邮件：

4.目前所属组织和职位

（1）组织：

（2）职位：

5.过去八年在以下领域的相关城市搜索与救援行动经验

（1）管理：

（2）后勤：

（3）搜索：

（4）营救：

（5）医疗：

6.以前的分级测评 / 复测经验（请注明）

_____

_____

7.国际经验

（1）以前的测评教练经验：

_____

_____

请附上照片

（2）国际搜索与救援咨询团培训：

①国际搜索与救援咨询团认知培训　　　　　　　是 / 否　　日期：

②联合国灾害评估与协调入门课程　　　　　　　是 / 否　　日期：

③城市搜索与救援协调培训课程　　　　　　　　是 / 否　　日期：

④地震模拟演练　　　　　　　　　　　　　　　是 / 否　　日期：

⑤国际搜索与救援咨询团分级测评 / 复　　　　　是 / 否　　日期：
　测专家组组长以及教练课程

（3）国际搜索与救援咨询团会议：

①城市搜索与救援队队长　　　　　　　　　　　是 / 否　　日期：

②国际搜索与救援咨询团区域会议　　　　　　　是 / 否　　日期：

③国际搜索与救援咨询团指导委员会　　　　　　是 / 否　　日期：

④国际搜索与救援咨询团工作组　　　　　　　　是 / 否　　日期：

⑤总结会议　　　　　　　　　　　　　　　　　是 / 否　　日期：

⑥其他：

_____

_____

_____

_____

（4）国际搜索与救援咨询团城市搜索与救援能力评估任务 / 能力建设项目：

是 / 否　　日期：

国家：

（5）城市搜索与救援部署：

日期	事件	组织	职位

申请：

(1) 分级测评 / 复测专家组组长　　是 / 否

(2) 管理测评专家　　　　　　　　是 / 否

(3) 后勤测评专家　　　　　　　　是 / 否

(4) 搜索测评专家　　　　　　　　是 / 否

(5) 营救测评专家　　　　　　　　是 / 否

(6) 医疗测评专家　　　　　　　　是 / 否

主管部门：＿＿＿＿＿＿＿＿＿＿＿＿＿＿＿＿

国际搜索与救援咨询团政策联络人：＿＿＿＿＿＿＿＿＿＿＿＿

姓名：＿＿＿＿＿＿＿＿＿＿＿＿＿＿

电子邮件：＿＿＿＿＿＿＿＿＿＿＿＿

联系电话：＿＿＿＿＿＿＿＿＿＿＿＿

行动联络人签名：＿＿＿＿＿＿＿＿＿＿＿＿

申请人签名：＿＿＿＿＿＿＿＿＿＿＿＿

注意：通过批准这一申请，上文提及的行动联络人证明：申请人将得到财务支持，以上文中描述的能力参加国际搜索与救援咨询团秘书处的测评任务。

请填写表格并通过电子邮件发送给国际搜索与救援咨询团秘书处，电子邮件地址为 insarag@un.org。

附件 D4　分级测评 / 复测教练申请表

个人资料

1. 职务：

2. 姓名：

3. 联系方式

（1）联系电话：

（2）电子邮件：

4. 目前所属组织和职位

（1）组织：

（2）职位：

5. 过去八年在以下领域的相关城市搜索与救援行动经验

（1）管理：

（2）后勤：

（3）搜索：

（4）营救：

（5）医疗：

6. 以前的分级测评 / 复测经验（请注明）

_____

_____

7. 国际经验

（1）以前的测评教练经验：

_____

_____

请附上照片

（2）国际搜索与救援咨询团培训：

①国际搜索与救援咨询团认知培训　　　　　是 / 否　　日期：

②联合国灾害评估与协调入门课程　　　　　是 / 否　　日期：

③城市搜索与救援协调培训课程　　　　　　是 / 否　　日期：

④地震模拟演练　　　　　　　　　　　　　是 / 否　　日期：

⑤国际搜索与救援咨询团分级测评 / 复
　测专家组组长以及教练课程　　　　　　　是 / 否　　日期：

（3）国际搜索与救援咨询团会议：

①城市搜索与救援队队长　　　　　　　　　是 / 否　　日期：

②国际搜索与救援咨询团区域会议　　　　　是 / 否　　日期：

③国际搜索与救援咨询团指导委员会　　　　是 / 否　　日期：

④国际搜索与救援咨询团工作组　　　　　　是 / 否　　日期：

⑤总结会议　　　　　　　　　　　　　　　是 / 否　　日期：

⑥其他：

_____

_____

_____

_____

（4）国际搜索与救援咨询团城市搜索与救援能力评估任务 / 能力建设项目：

是 / 否　　日期：

国家：

（5）城市搜索与救援部署：

日期	事件	组织	职位

姓名：　　　　＿＿＿＿＿＿＿＿＿＿＿＿＿

电子邮件：　　＿＿＿＿＿＿＿＿＿＿＿＿＿

联系电话：　　＿＿＿＿＿＿＿＿＿＿＿＿＿

申请人签名：　＿＿＿＿＿＿＿＿＿＿＿＿＿

请填写表格并通过电子邮件发送给国际搜索与救援咨询团秘书处，电子邮件地址为 insarag@un.org。

附件 D5　分级测评申请第一阶段

分级测评申请

第一阶段

简明证明文件集（A-POE）

队伍名称：＿＿＿＿＿＿＿＿＿＿＿＿＿

分级测评级别：□轻型　　□中型　　□重型

提交日期：　　　/　　　　/

　　　　　（日）　（月）　　（年）

申请提交说明

(1) 将申请书印成纸质版，由国际搜索与救援咨询团政策联络人和行动联络人签署，并通过挂号信邮寄至：

收件方：国际搜索与救援咨询团秘书处

分级测评申请

联合国人道主义事务协调办公室（OCHA）

应急响应科（RSB）

响应支持处（ERS）

万国宫

CH-1211，日内瓦 10 号，瑞士

(2) 将这份申请通过电子邮件发送至：insarag@un.org。

(3) 国际搜索与救援咨询团行动联络人必须后续跟进国际搜索与救援咨询团秘书处，以确保其收到申请书。

(4) 申请必须用英文撰写。

(5) 请注意，从收到申请到参与分级测评的时间跨度至少需要两年。因此，建议城市搜索与救援队将这一因素纳入队伍能力建设计划和时间表。

(6) 在第一阶段申请审查通过并且任命了一名教练后，国际搜索与救援咨询团秘书处负责暂定一个测评日期。

(7) 此份文件集将包含一份最近的教练评估报告，该报告格式遵循位于 www.insarag.org 网站指南说明中 *Guidelines Annex—Volume II, Man C* 选项卡下的"附件 D6　分级测评 / 复测教练评估报告"。

*** 接受分级复测的城市搜索与救援队不需要提交简明证明文件集

1. 国际搜索与救援咨询团联络人

（请填写以下国际搜索与救援咨询团政策联络人详细信息）

姓名：＿＿＿＿＿＿＿＿＿＿＿＿＿＿＿＿＿＿＿＿＿＿

组织：＿＿＿＿＿＿＿＿＿＿＿＿＿＿＿＿＿＿＿＿＿＿

职位：＿＿＿＿＿＿＿＿＿＿＿＿＿＿＿＿＿＿＿＿＿＿

联系方式：　　　　＿＿＿＿＿＿＿＿＿＿＿＿＿＿＿＿＿

地址：　　　　　　＿＿＿＿＿＿＿＿＿＿＿＿＿＿＿＿＿

工作电话：　　　　＿＿＿＿＿＿＿＿＿＿＿＿＿＿＿＿＿

传真：　　　　　　＿＿＿＿＿＿＿＿＿＿＿＿＿＿＿＿＿

电子邮件：　　　　＿＿＿＿＿＿＿＿＿＿＿＿＿＿＿＿＿

（请填写以下国际搜索与救援咨询团行动联络人详细信息）

姓名：　　　　　　＿＿＿＿＿＿＿＿＿＿＿＿＿＿＿＿＿

组织：　　　　　　＿＿＿＿＿＿＿＿＿＿＿＿＿＿＿＿＿

职位：　　　　　　＿＿＿＿＿＿＿＿＿＿＿＿＿＿＿＿＿

联系方式：　　　　＿＿＿＿＿＿＿＿＿＿＿＿＿＿＿＿＿

地址：　　　　　　＿＿＿＿＿＿＿＿＿＿＿＿＿＿＿＿＿

工作电话：　　　　＿＿＿＿＿＿＿＿＿＿＿＿＿＿＿＿＿

传真：　　　　　　＿＿＿＿＿＿＿＿＿＿＿＿＿＿＿＿＿

电子邮件：　　　　＿＿＿＿＿＿＿＿＿＿＿＿＿＿＿＿＿

（请填写以下国际搜索与救援咨询团城市搜索与救援队联络人详细信息）

姓名：　　　　　　＿＿＿＿＿＿＿＿＿＿＿＿＿＿＿＿＿

组织：　　　　　　＿＿＿＿＿＿＿＿＿＿＿＿＿＿＿＿＿

职位：　　　　　　＿＿＿＿＿＿＿＿＿＿＿＿＿＿＿＿＿

联系方式：　　　　＿＿＿＿＿＿＿＿＿＿＿＿＿＿＿＿＿

地址：　　　　　　＿＿＿＿＿＿＿＿＿＿＿＿＿＿＿＿＿

工作电话：　　　　＿＿＿＿＿＿＿＿＿＿＿＿＿＿＿＿＿

传真：　　　　　　＿＿＿＿＿＿＿＿＿＿＿＿＿＿＿＿＿

电子邮件：＿＿＿＿＿＿＿＿＿＿＿＿＿＿＿＿＿＿＿＿＿

2. 申请书

国际搜索与救援咨询团政策联络人通过组织信函发出的正式文书，以支持分级测评申请。

（在此填入具体内容）

3. 分级测评教练

（请填写以下分级测评教练详细信息）

姓名：＿＿＿＿＿＿＿＿＿＿＿＿＿＿＿＿＿＿＿＿＿

组织：＿＿＿＿＿＿＿＿＿＿＿＿＿＿＿＿＿＿＿＿＿

以前的分级测评教练经验：＿＿＿＿＿＿＿＿＿＿＿＿＿＿＿＿

联系方式：＿＿＿＿＿＿＿＿＿＿＿＿＿＿＿＿＿＿＿＿＿

地址：＿＿＿＿＿＿＿＿＿＿＿＿＿＿＿＿＿＿＿＿＿

工作电话：＿＿＿＿＿＿＿＿＿＿＿＿＿＿＿＿＿＿＿＿

电子邮件：＿＿＿＿＿＿＿＿＿＿＿＿＿＿＿＿＿＿＿＿

4. 已通过分级测评的城市搜索与救援队目录

利用 www.insarag.org 网站指南说明中"*Guidelines Annex—Volume II, Man C*"选项卡下的文件"附件 D2　已通过分级测评的城市搜索与救援队目录"，填写已通过分级测评的城市搜索与救援队目录，并将其填入此处。

5. 城市搜索与救援队队伍概况表

从虚拟现场行动协调中心下载城市搜索与救援队队伍概况表，填写完整并插入此处。

6. 城市搜索与救援队组织架构

队伍的组成必须满足本卷手册 A 规定的要求。

（在此填入具体内容）

7. 积极参与国际搜索与救援咨询团活动的证明

国际搜索与救援咨询团活动	日期	参与性质

附件 D6 分级测评 / 复测教练评估报告

分级测评 / 复测教练评估报告

队伍名称: _____

分级测评级别: □轻型 □中型 □重型

教练: _____

联系方式:

联系电话: _____

电子邮件: _____

报告日期: _____

简介

(1) （城市搜索与救援队名称）要求（教练姓名）推动城市搜索与救援队能力的评估，从而为队伍提出建议，根据国际搜索与救援指南和分级测评／复测手册及相关附件完成（分级测评级别）分级测评／复测。

(2) 此初步评估于（起止日期）在（位置）进行。

迄今为止的参与程度

简要描述您迄今为止与城市搜索与救援队保持联系和参与评估的情况。

评估范围

填写此部分时的注意事项：

此次评估任务的目的，是提供关于（城市搜索和救援队名称）当前准备情况。基于国际搜索与救援指南要求，这项评估涉及城市搜索与救援队的五个组成部分，包括管理、后勤、搜索、营救和医疗。

这项评估可能包括对主要利益相关方进行一系列访谈，进行若干相关现场调研，以及观察技能演示，最后汇编评估结果。这项评估特别关注国际搜索与救援指南关于国际救援任务周期（准备、动员、行动、撤离和总结）所要求的相关系统和程序，并参考了国际搜索与救援咨询团分级测评／复测核查表（见分级测评和分级复测子类别—核查表下的指南说明）。

评估结果

1. 管理（在此填入具体内容）

2. 培训（在此填入具体内容）

3. 后勤（在此填入具体内容）

4. 搜索与营救（在此填入具体内容）

5. 医疗（在此填入具体内容）

结论

在结论中说明相关的挑战

作为教练，根据我对于（填入城市搜索与救援队名称）所进行的独立公正评估，我建议／不建议将该队伍添加到分级测评／复测队列中。

教练签名：＿＿＿＿＿＿＿＿＿＿＿＿＿

日期：　　　＿＿＿＿＿＿＿＿＿＿＿＿＿

请参见本卷本册"附件 B—分级测评／复测两年规划时间表"，进行分级测评／复测时间的规划和准备。

请通过以下电子邮件将报告提交国际搜索与救援咨询团秘书处 insarag@un.org。

附件 D7　分级测评 / 复测申请第二阶段

分级测评 / 复测申请

第二阶段

综合证明文件集（C-PoE）

队伍名称：　　_____

分级测评级别：　□轻型　　　□中型　　　□重型

提交日期：　　　　　/　　　　　/

　　　　　（日）　（月）　　（年）

申请提交说明

—(1) 将申请书印成纸质版，由国际搜索与救援咨询团政策联络人和行动联络人签署，并通过挂号信邮寄至：

收件方：

国际搜索与救援咨询团秘书处

分级测评／复测申请

联合国人道主义事务协调办公室（OCHA）

响应支持处（RSB）

应急响应科（ERS）

万国宫

CH-1211，日内瓦10号，瑞士

—(2) 这份申请也将通过电子邮件发送至 insarag@un.org，这样可以确保证明文件集能够在分级测评专家组成员之间传阅。

—(3) 至少在计划的分级测评日期前六个月，申请必须送达国际搜索与救援咨询团秘书处。

—(4) 国际搜索与救援咨询团联络人必须在后续跟进国际搜索与救援咨询团秘书处，确保其收到申请书。

—(5) 申请必须用英文撰写。如果无法用英文撰写，则必须提交一封英文附函，并附上简要解释其内容的非英文文件。

—(6) 综合证明文件集是已批准的简明证明文件集的扩展。

目　录

国际搜索与救援咨询团国家联络人

国际搜索与救援咨询团国家联络人 （只有在提交简明证明文件集后详细情况发生变化时，才需要填写以下国际搜索与救援咨询团联络人的详细情况。如果没有更改，则请声明"无更改"）	
姓名	
组织	
职位	
地址	
工作电话	
传真	
电子邮件	

批准书

（国际搜索与救援咨询团联络人通过组织信函发出的正式文书，批准计划的分级测评日期）

（在此填入具体内容）

分级测评教练

分级测评教练 （只有在提交简明证明文件集后详细情况发生变化时，才需要填写以下分级测评教练的详细情况。如果没有更改，则请声明"无更改"）	
姓名	
组织	
职位	
地址	
工作电话	
传真	
电子邮件	

国际城市搜索与救援队目录

填写国际城市搜索与救援队目录，并在此处插入。

分级复测前自评估核查表

内容	解释说明	是 / 否
1. 准备		
1.1 队伍是否进行了年度模拟演练	已通过分级测评的队伍必须进行年度模拟演练	
1.2 队伍是否参加了队长会议	至少需要达到三分之二的出席率	
1.3 队伍是否参加了区域会议和演练	至少需要达到三分之二的出席率	
1.4 队伍是否参加了指导委员会的会议	如果回答"否"，则必须附上原因	
2. 后续工作		
2.1 队伍是否改进了上一次分级测评 / 复测中标记为"黄色"的项目	必须提交说明队伍"黄色"标记项目具体改进方法的文档	
2.2 队伍是否保持了上一次分级测评中提交的证明文件集中提到的能力	教练应检查队伍是否保持了其国际部署能力	
2.3 队伍是否引入了新的培训和装备	教练应检查队伍是否试图通过引入新方法来提高其能力	
3. 部署		
3.1 队伍是否按照分级测评能力进行了部署（轻型 / 中型 / 重型）	如果回答"否"，则必须附上原因。如果没有需要国际城市搜索与救援部署的重大灾难，则此项不适用	

国家级联络人的评论

（日期，签名）

教练的评论

（日期，签名）

城市搜索与救援队队伍概况表

从虚拟现场行动协调中心下载城市搜索与救援队队伍概况表，填写完整并插入此处。

城市搜索与救援队组织架构

队伍的组成必须满足本卷手册 A 规定的要求。

（在此填入具体内容）

积极参与国际搜索与救援咨询团活动的证明

国际搜索与救援咨询团活动	日期	参与性质

政府城市搜索与救援队

如果城市搜索与救援队是政府队伍，则需要提供相应的证明材料，证明城市搜索与救援队是其政府提供国际人道主义救助计划的一部分。

（在此填入具体内容）

如果是非政府组织城市搜索与救援队，则此项不适用。

非政府组织城市搜索与救援队

如果城市搜索与救援队是一个非政府组织，则需要提供相应的证明材料，证明城市搜索与救援队能够以自给自足的方式进行部署，并具有其申请分级测评级别所要求的能力，根据相应的分级测评级别，在国际搜索与救援指南所要求的期限内进行部署。

（在此填入具体内容）

如果是政府城市搜索与救援队，则此项不适用。

多个机构组成的城市搜索与救援队

如果城市搜索与救援队包含多个组织，则队伍必须提供支持文件，明确这些组织包含在城市搜索与救援队的组成中，并得到政府的完全认可。如果城市搜索与救援队由单个机构组成，则此项不适用。

（在此填入具体内容）

城市搜索与救援队冗余配置计划

城市搜索与救援队完整的成员名册，包括队伍冗余配置计划。

（在此填入具体内容）

国内和国际部署的证明

事件	日期	国内或国际	部署的救援能力 （如人员数量、搜救犬、相应装备）

最近一次总结报告的副本

部署任务完成后，向国际搜索与救援咨询团秘书处提交最新国际部署总结报告的副本。如果队伍尚未在国际上进行部署，则请提交一份最新的国内部署总结报告的副本。

（在此填入具体内容）

国际动员和运输计划详细信息

提交一份国际动员和运输计划。具体而言，包括与飞机提供方或车辆提供方的协议副本。运输计划必须包括回程。

（在此填入具体内容）

装备装载计划详细信息

提交由部署所用飞机／车辆确定的装载计划副本，包括托运人危险品声明的要求。

（在此填入具体内容）

城市搜索与救援队培训计划

城市搜索与救援队正在进行的培训计划的详细信息，包括国际部署培训。

（在此填入具体内容）

紧急医疗后送计划

国际部署期间队员医疗后送安排的详细信息。

（在此填入具体内容）

部署期间自给自足的证明

队伍在部署期间可以实现自给自足的证明，应符合所申请分级测评级别的要求。此项必须包括在所需的部署持续时间内的以下可用资源：①食物；②水；③临时安置场所；④环境卫生设施；⑤初级医疗和兽医护理；⑥补给计划；⑦运输；⑧队伍所需的消耗物资及其库存；⑨通信；⑩库存维护。

（在此填入具体内容）

分级测评方案的详细信息

作为综合证明文件集的一部分，分级测评方案必须提交给国际搜索与救援咨询团秘书处。无论申请何种分级测评，国际搜索与救援咨询团秘书处都建议采用以下分级测评方案。

第 1 天：

— (1) 分级测评专家举办内部会议并提交分级测评专家组组长的简报。

— (2) 介绍分级测评专家成员。

— (3) 审查分级测评时间表。

— (4) 分级测评专家组组长安排测评成员的任务。

— (5) 制定分级测评工作时间表。

— (6) 查看分级测评核查表。

— (7) 查看证明文件集。

— (8) 准备在第二天与城市搜索与救援队和其他相关利益相关方会面。

— (9) 将分级测评专家培训的指导和熟悉情况予以公开。

— (10) 现场道具的初步演练。

— (11) 分级测评专家访问实战现场 36 小时演练场地并审查演练场景，确保演练期间城市搜索与救援队能够：①在不间断的 36 小时演练期间，在模拟现实的环境中开展行动；②展示分级测评核查表要求的所有技能；③展示与所申请分级测评级别相称的技术能力。

第 2 天：

— (1) 分级测评专家与城市搜索与救援队管理层的代表、主管部门的代表和分级测评教练会面。应为详细审查分配足够的时间。如果需要，分级测评专家组组长可以请求延长此环节。应安排以下事件：①测评主办机构的分级测评简报；②关于证明文件集的公开讨论；③问答环节，包括动员程序等。

— (2) 实施城市搜索与救援队冗余配置计划。

— (3) 列举最近的城市搜索与救援培训演练。

（4）提供队员状态的最新医学评估。

（5）提供简报的详细信息（如果队伍已部署到任务中）。

（6）了解队伍的医疗后送程序。

（7）在分级测评专家认为适当的情况下，对队伍文件进行随机审查，如标准行动程序、人员培训记录、疫苗接种记录、后勤库存。

（8）分级测评专家访问城市搜索与救援队后勤基地。

第 3 天：

（1）在演练控制组确定的时间开始模拟演练。

（2）模拟演练至少持续 36 小时。

第 4 天：

模拟演练结束。

第 5 天：

（1）进行可能需要的任何后续会议或访谈。

（2）起草分级测评报告。

（3）口头宣布分级测评结果。

（4）提交城市搜索与救援队的简报。

（在此填入具体内容）

分级测评模拟演练详细信息

分级测评模拟演练的详细信息，应证明该演练在至少 36 小时内不间断进行，并且这些演练场景将确保分级测评专家能够评估分级测评核查表确定的所有技术能力。

包括演练场景现场的照片。

观察 36 小时（最少）不间断进行的基于场景的城市搜索与救援演练。演练持续时间至少为 36 小时，划分如下：

(1) 前六小时用于响应能力评估，其中包括：①警报和启动；②召集城市搜索与救援队；③进行部署前的医学筛检；④进行部署前的后勤检查；⑤进行部署前的个人装备配置；⑥编制部署前的灾情简报；⑦离境海关和入境海关；⑧城市搜索与救援队到达准备"登机"的集结点。

(2) 当到达模拟入境点时，计时器重新启动，安排使用一个小时的时间完成过境活动。

(3) 剩余的 29 个小时用于技术能力评估，其中包括：①接待和撤离中心及现场行动协调中心的建立和运行（在证明熟练掌握接待和撤离中心及现场行动协调中心职能所需的内容之前，分配到接待和撤离中心及现场行动协调中心的人员"不能参与其他活动"；接待和撤离中心至少需要两个小时，现场行动协调中心至少需要两个小时；②行动基地的建立和运行；③勘察行动；④城市搜索与救援行动；⑤撤离。

（在此填入具体内容）

各种其他信息

与城市搜索与救援活动有关的补充资料。

（在此填入具体内容）

教练的建议

建议继续进行分级测评

姓名：

签名：

日期：

（在此填入具体内容）

附件 D8 分级测评 / 复测报告模板

分级测评 / 复测报告

队伍名称: _____

分级测评级别: □轻型　　□中型　　□重型

场地: _____

分级测评 / 复测日期: _____

1. 简介

2002 年 12 月 16 日，联合国大会通过了关于"加强国际城市搜索与救援援助效能和协调"的第 57/150 号决议，确认了国际搜索与救援指南作为协调国际城市搜索与救援响应的主要参考。

国际搜索与救援指南由世界各地的城市搜索与救援响应人员编写，以指导国际城市搜索与救援队和灾害频发国家在重大灾害期间开展救灾行动。国际搜索与救援咨询团秘书处隶属于联合国人道主义事务协调办公室（OCHA）应急响应科（ERS），负责对国际城市搜索与救援队进行国际搜索与救援咨询团分级测评 / 复测。

国际搜索与救援咨询团于（日期）—（日期）对（队伍名称）进行了分级测评 / 复测。分级测评 / 复测活动发生在（位置名称）及其周围。

分级测评 / 复测工作结果的详情如下，其中显示了已完成的核查表和专家意见，提供了一些详细信息和建议，（队伍名称）队伍管理层应考虑将这些建议纳入队伍能力建设计划。

（添加各种其他相关背景信息）

2. 分级测评 / 复测专家组成员

姓名	国家 / 组织	职能
		组长
		副组长
		搜索
		管理
		营救
		后勤
		医疗
	联合国人道主义事务协调办公室	国际搜索与救援咨询团秘书处

（添加有关分级测评 / 复测专家组成员的各种其他相关信息）

3. 分级测评 / 复测核查表

有关核查表，请参见 insarag.org 网站中 "*IEC/R>Checklists*" 小节的指南说明。

4. 专家意见

请参见随附的专家意见。

5. 分级测评流程

分级测评 / 复测专家组感谢（队伍名称）在准备所有分级测评 / 复测材料时所花费的时间和精力……

（国名）政府对这项活动给予了大力支持，分级测评 / 复测专家组可以明确地观察到这一点……

（请添加其他评论）

6. 建议

分级测评 / 复测专家组建议：国际搜索与救援咨询团秘书处根据国际搜索与救援指南，在国际搜索与救援咨询团目录中给予（队伍名称）重型 / 中型城市搜索与救援队分级测评级别。分级测评 / 复测专家组对（队伍名称）队伍取得的成就表示感谢和赞赏。

作为分级测评最终报告的一部分，将专家意见提供给（队伍名称）。本文旨在进一步优化和发展（队伍名称）专业水平和能力，从而提高其拯救生命和提供人道主义援助的能力。

分级测评 / 复测专家组希望感谢并正式致谢整个（国家名称）政府对（队伍名称）组织的大力支持，包括各种形式的支持、指导和领导。

（添加各种其他相关内容）

7. 结论与致谢

在国际搜索与救援咨询团分级测评 / 复测期间，（队伍名称）尽一切努力证明其达到并保持国际搜索与救援指南所列的标准。分级测评 / 复测专家组的一致专业意见认为：（队伍名称）已证明其基本上已经满足了国际搜索与救援指南中规定的最低标准。

获得这一认可并达到国际搜索与救援咨询团所要求能力标准的同时，（队伍名称）应考虑为确保国际搜索与救援咨询团体系持续发展而不断提供支持。相关支持包括：

（1）参加国际搜索与救援咨询团区域地震模拟演练和其他相关发展活动，确保其成员从所提供的教育和经验交流活动中受益。

（2）与其他城市搜索与救援队分享经验和开展合作，与正在发展城市搜索与救援响应能力的队伍分享经验、相互支持并更新信息和技术。

（3）与正在准备分级测评的其他国际搜索与救援咨询团城市搜索与救援队分享信息。

（4）支持国际搜索与救援咨询团秘书处，确保队员随时参加国际搜索与救援咨询团今后举办的活动。

（5）通过让更多的成员接受联合国灾害评估与协调培训，支持救灾行动中的国际协调。

（添加其他相关评论）

由专家组长代表分级测评 / 复测专家组签名：

_____

批准人：

_____

国际搜索与救援咨询团秘书兼应急响应科（ERS）主任

联合国人道主义事务协调办公室（OCHA）

日内瓦总部

日期：_____

抄送：

国际搜索与救援咨询团全球主席

国际搜索与救援咨询团区域主席

分级测评 / 复测专家组

附件 D9 分级测评 / 复测前自评估核查表

分级测评 / 复测前自评估核查表

内容	解释说明	是 / 否
1. 准备		
1.1 队伍是否进行了年度模拟演练	已通过分级测评的队伍必须进行年度模拟演练	
1.2 队伍是否参加了国际搜索与救援咨询团队长会议	至少需要达到三分之二的出席率	
1.3 队伍是否参加了国际搜索与救援咨询团区域会议和演练	至少需要达到三分之二的出席率	
1.4 队伍是否参加了国际搜索与救援咨询团指导委员会的会议	如果回答"否",则必须附上原因	
2. 后续工作		
2.1 队伍是否改进了上一次分测评 / 复测中标记为"黄色"的项目	必须提交说明队伍"黄色"标记项目具体改进方法的文档	
2.2 队伍是否保持了上一次分级测评 / 复测所提交证明文件集中提到的能力	教练应检查队伍是否保持了进行国际部署的能力	
2.3 队伍是否引入了新的培训和装备	教练应检查队伍是否试图通过引入新方法来提高其能力	
3. 部署		
3.1 队伍是否按照分级测评能力进行了部署(重型 / 中型 / 轻型)	如果回答"否",则必须附上原因。如果没有需要国际城市搜索与救援部署的重大灾难,则此项不适用	

政策联络人的评论

(日期,签名)

教练的评论

(日期,签名)

第三卷　现场行动指南

OCHA　United Nations Office
for the Coordination of
Humanitarian Affairs

1 简 介

《国际搜索与救援指南 第三卷：现场行动指南》，面向所有城市搜索与救援队管理人员和队员，旨在作为一份快速参考指南，为各类救灾任务、演练和培训课程提供现场和战术信息。

本手册按照城市搜索与救援能力的五个组成部分进行编排：管理、搜索、营救、医疗和后勤。其中还包括关于安全和安保的一个部分。

第三卷的附件包括：国际搜索与救援咨询团标识系统，以及关于建立接待和撤离中心以及城市搜索与救援协调单元的核查表。这些附件可在 www.insarag.org 网站"指导说明"的"指南附件"小节中查阅。

更多信息可在城市搜索与救援协调单元手册和虚拟现场行动协调中心在线学习模块中查阅。

在这本手册中，各城市搜索与救援队可以添加与其队伍相关的其他具体参考资料，协助救援行动。

响应周期和城市搜索与救援队的职能概览如图 1 所示。

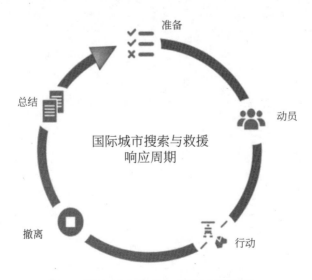

图 1 国际城市搜索与救援响应周期

2　核查表

以下核查表可以作为队伍的指南，提供有效管理城市搜索与救援部署中五个能力组成部分的方法。本卷中描述的示例并非详尽无遗，也不是强制性规定。这些示例用于协助队伍设置和有效运作大型活动。这些示例还有助于提供集体行动指导，帮助队伍在多机构环境中更好地进行协作。

作为城市搜索与救援队，队伍在准备、应对紧急情况时应充分评估其具体配置和独特的队伍需求。

3　管　理

3.1 动员		
行动	描述	参考
确定队伍是否获准进行部署	（1）尽可能多地收集有关受灾国和实际情况的最新信息，以协助决策过程。 （2）与队伍的管理机构联络，确定是否将城市搜索与救援队部署到救灾任务中	附件 B3、B4
对公开材料进行互联网信息搜索，查看虚拟现场行动协调中心以获取更多信息；上传队伍数据	如果打算动员和/或部署队伍，请在虚拟现场行动协调中心上输入信息，详细说明城市搜索与救援队的行程细节，包括抵达受灾国后的特殊需求	附件 B1、B4、B7
确定队伍是否已准备好进行部署/准备情况如何	（1）召开初步规划会议，确定队伍的部署准备情况。 （2）确保在收到援助请求后的 10 小时内可以出发。 （3）在队伍内部沟通并通过管理机构进行沟通。 （4）提供队伍名单和装备清单，确保救灾物资库存可部署到受灾国/地区	附件 B1、B3、B4、B7
向队员简要介绍当前情况	向所有部署人员提供书面和口头简报	附件 B3
确定在受灾国是否有联络人	（1）确定接受援助的国家联络人。联络人可能是大使馆或国家应急管理局。 （2）查询虚拟现场行动协调中心，了解详细信息	附件 B3
向队伍简要介绍行动计划和文化习俗注意事项	向所有部署人员提供书面和口头简报	附件 B3

（续）

3.1 动员		
行动	描述	参考
出发前检查任务是否有任何更改	制定应急计划，根据相关情况的可用信息（如人员配置、专家组成、特殊危险、交通运输等），考虑救灾物资库存、人员和装备的变化	附件 B3、B4
检查救援任务的媒体安排	假设当地机构将管理所有媒体，未经地方应急管理机构明确许可，不会发布任何信息	附件 B3
确保所有人员的问责制	通过地方应急管理机构和 / 或当地执法机构获取安全简报	—
向国家联络人报告队伍情况	确保信息和情报源源不断地进出地方应急管理机构	—
安排并资助前往受灾国的交通运输	制定独立的队伍交通运输计划	—
制定行动计划，涉及安全和安保问题，根据需要往返灾难现场，后勤和专业小组（勘察小组，联络人）确定行动基地和工作场地等	（1）事件行动计划（IAP）是一个详细的计划，概述了实现一个或多个目标所需的行动。 （2）根据城市搜索与救援协调单元分配的任务，事件管理组将确定事件行动计划	—
确保抵达时的行动计划	根据已知条件，制定初步事件行动计划。与地方主管部门联络，以尽快接收最新消息	—
建立接待和撤离中心以及城市搜索与救援协调单元	如果该队伍是第一支进入受灾国的队伍，那么该队伍将在入境点建立一个接待和撤离中心，并在相对于受灾地点的战略位置建立一个城市搜索与救援协调单元	—
为接待和撤离中心以及城市搜索与救援协调单元准备所有文档	根据需要，提供训练有素的、合格的工作人员，建立和运行接待和撤离中心以及城市搜索与救援协调单元的协调职能	附件 B5，B6，B9，B10，B11
检查队伍是否有相应的评估表格	确保所有表格的纸质版本库存和电子版本都可用	—
准备海关入境手续（见本行右侧 5 项内容）	（1）护照照片（4 张）。 （2）身份证。 （3）疫苗接种记录。	—

（续）

3.1 动员		
行动	描述	参考
准备海关入境手续（见本行右侧5项内容）	（4）搜救犬的微芯片和疫苗接种证书，包括扫描阅读器。 （5）队员清单和装备清单	—
检查受灾国内的交通安排	与城市搜索与救援协调单元或地方应急管理机构联络	—
检查救灾物资库存是否可顺利装载/卸载	与城市搜索与救援协调单元或地方应急管理机构联络	—
准备与城市搜索与救援协调单元会面	（1）事件管理组的代表将向城市搜索与救援协调单元通报其需求和能力。 （2）提供所有需求说明的纸质版本	附件B11、B12
与城市搜索与救援协调单元会面，讨论行动基地的位置、物资供应方、其他队伍、当地供应商、国际搜索与救援咨询团、安全和安保以及报告	（1）事件管理组的代表将向城市搜索与救援协调单元通报其需求。 （2）提供所有需求说明的纸质版本	附件B15、B17、B18
与队伍原驻国的联络点进行联络	与队伍国内相关机构建立双向沟通联系，定期提供情况报告	—
准备媒体声明	（1）制定总体媒体计划，详细说明队伍和队员在社交媒体上发布信息的要求。 （2）在传播之前，确保所有信息都经过地方应急管理机构代表的审查	附件B2
制定行动计划	—	—

3.2 行动		
行动	描述	参考
确保队伍遵守受灾国/地区的相关政策，其中涉及与城市搜索与救援协调单元合作的城市搜索与救援队队长，仅根据地方应急管理机构的要求行事	为避免造成混乱，队伍只能进行城市搜索与救援协调单元或地方应急管理机构批准的活动	附件B3

（续）

3.2 行动		
行动	描述	参考
确保事件管理组通过接待和撤离中心进入受灾国/地区，并接受有关当前情况的简报和信息	（1）在抵达受灾国时，队伍必须在接待和撤离中心进行登记。 （2）接待和撤离中心将提供相关信息，包括交通运输和行动基地的位置以及其他情况和文化注意事项	附件 B5、B6、B8
确保事件管理组参加城市搜索与救援协调中心的简报会，获取有关当前情况的信息，并接受队伍的首批任务	（1）在开始任何行动之前，事件管理组将要求与城市搜索与救援协调单元的工作人员会面，接受队伍的首批任务。 （2）请注意，未经城市搜索与救援协调单元批准或请求，除建立行动基地外，不得开始任何其他行动	附件 B9、B10、B11
从城市搜索与救援协调单元收集信息并存档	—	附件 B11
事件管理组需要从城市搜索与救援协调单元获得信息（见本行右侧 23 项内容）	（1）有关当前情况的更新。 （2）指挥链。 （3）联络人。 （4）队伍任务分配。 （5）安全和安保注意事项。 （6）沟通计划。 （7）完成所分配任务的行动周期时长。 （8）将伤员从城市搜索与救援队移交给当地医疗系统的指南，以及受伤的城市搜索与救援队队员的医疗救治和医疗后送计划。 （9）灾区地图。 （10）有关现场疏散的安全和安保问题。 （11）为队伍提供的后勤支持。 （12）报告安排，包括情况报告、行动简报等。 （13）可用且正在使用的沟通方法。 （14）当地提供的城市搜索与救援队后勤支持。 （15）向城市搜索与救援协调单元提交报告和请求的方式。 （16）任务现场位置和信息。 （17）灾害前有关受灾区域的信息。 （18）专业装备的可用性。 （19）总体人口统计、语言和预期受困人员人数。	附件 B11

（续）

3.2 行动		
行动	描述	参考
事件管理组需要从城市搜索与救援协调单元获得信息（见本行右侧 23 项内容）	（20）关于基础设施评估的信息。 （21）确定任务的目标。 （22）翻译人员。 （23）全球定位系统数据	附件 B11
利用城市搜索与救援队队伍概况表，向城市搜索与救援协调单元简要介绍队伍能力	（1）提供电子版或纸质版的队伍概况表副本。 （2）根据需要提供其他信息	附件 B4
安排一个岗位，作为队伍和城市搜索与救援协调单元之间的联络人。这可能有助于队伍与城市搜索与救援协调单元之间的沟通。制定并实施行动期间的初步事件行动计划	要考虑的行动包括： （1）制定初步事件行动计划，实现地方应急管理机构的初始目标。 （2）收集信息以确定问题的影响范围。 （3）制定持续行动的事件行动计划。 （4）考虑采取适当的行动，包括评估、搜索与营救（ASR）级别的行动。 （5）制定队伍内部简报时间表。 （6）定期向城市搜索与救援协调单元通报进展情况。 （7）根据需要订购其他资源。 （8）确定行动成果。 （9）行动的评估和审查。 （10）事件行动计划的更新	附件 B20
确定队伍的后勤需求，并每天将这些需求转发给城市搜索与救援协调单元。城市搜索与救援协调单元将与地方应急管理机构官员协调，提供队伍所需的本地支持	（1）燃料。 （2）木材。 （3）压缩气体。 （4）重型起重和其他专业装备和/或支持人员（如当地应急队伍人员、当地平民志愿者、非政府组织、军事人员等）。 （5）废墟清除计划	—
检查与其他队伍进行协调的需求	在城市搜索与救援协调单元定期会议上完成	—
向所有队伍简要介绍行动情况，包括安全问题	事件管理组定期进行整支队伍的简报汇报工作	附件 B12、B17、B24、B25

（续）

3.2 行动		
行动	描述	参考
在虚拟现场行动协调中心报告并更新相关信息	虚拟现场行动协调中心的信息更新，通常是地方应急管理机构的职责。未经地方应急管理机构事先批准，请勿在虚拟现场行动协调中心上发布信息	附件 B25
构建轮值系统（轮班系统）	（1）中型和重型队应确保 24 小时持续行动。 （2）轻型队需要与城市搜索与救援协调单元合作，确保持续行动与其能力级别相称	—
制定媒体计划并执行	（1）要求城市搜索与救援协调单元提供有关地方应急管理机构针对媒体交互要求的信息。 （2）向队员简要介绍与媒体互动的程序	附件 B2
是否与队员进行了有效的沟通	—	—
队伍是否制定了医疗、运输、现场疏散、媒体、通信和危险品管理的计划	—	附件 B17、B18
与城市搜索与救援协调单元/地方应急管理机构一起准备会议要求（包括内部会议），并根据要求协调对国内的简报	—	附件 B12、B25
评估城市搜索与救援协调单元确定的行动基地候选位置	城市搜索与救援协调单元可能会要求城市搜索与救援队确定入境国际城市搜索与救援队可能使用的行动基地的位置	附件 B14、B15、B16
建立详细的行动日志，列出每个现场任务期间事件和活动的时间顺序；完成针对特定地点的报告	日志可以通过电子方式或通过手动输入进行维护，并应包括以下内容： （1）获救人员和寻回尸体的数量。 （2）开展的其他活动。 （3）潜在任务现场的详细信息。 （4）安全和安保注意事项。 （5）工作场地草图。 （6）行动中在装备、物资供应、人员等方面的不足	附件 B25

（续）

3.2 行动		
行动	描述	参考
城市搜索与救援队队长必须参加计划的城市搜索与救援协调单元简报汇报工作，确保队伍随时了解当前情况和最新发展	—	附件 B11
是否建立了必要的风险评估表格	—	附件 B21、B22、B23
与专家（工程师、危险品专家及安保人员）一起进行风险评估	—	附件 B21、B22

3.3 撤离		
行动	描述	参考
在考虑撤离之前，与地方应急管理机构进行联络	—	附件 B11
在撤离获得批准后，确保向地方应急管理机构进行有效的简要汇报	—	—
管理虚拟现场行动协调中心，定期发布及更新	—	附件 B24
通知城市搜索与救援协调单元，所有任务均已完成	—	附件 B11、B12
推动实物捐赠	由地方应急管理机构／城市搜索与救援协调单元决定	—
协调队伍的交通运输	—	—
提交任务总结	—	附件 B29
确保后续任务得到及时完成	—	—

（续）

3.3 撤离		
行动	描述	参考
通知国内代表有关队伍即将回国	—	—
制定回国准备计划	—	—
拆除行动基地	—	—
确保所有队员已清点	—	—
确保与各方的有效沟通	—	—
准备新闻稿	由地方应急管理机构/城市搜索与救援协调单元决定	附件 B1
确保通过接待和撤离中心从行动区域（AAO）撤离，到达指定的出境点	将建立并运行接待和撤离中心，确保所有即将撤离的队伍都得到相应处理。在最后撤离和从行动区域启程之前，队伍应确保与接待和撤离中心进行联络	—
建立预定程序，以防出现需要立即将行动基地或工作场地人员疏散到安全位置的情况	如果情况突然发生变化，可能需要疏散行动基地或工作场地的工作人员。至关重要的是，所有人员都掌握指示需要疏散的信号和应立即采取的行动	附件 B18
队伍计划外撤离	行动区域的情况可能会发生变化，以至于无法继续开展行动。如果一支队伍需要从行动区域撤出并且时间允许，则应遵循标准撤离程序。如果情况紧急，队伍需要快速撤离，则应通知城市搜索与救援协调单元，并尽快将所有人员转移到安全的环境中	附件 B18

3.4 总结		
行动	描述	参考
管理虚拟现场行动协调中心，并发布经过批准的情况更新信息	—	—
完成任务后，关闭虚拟现场行动协调中心上的任务	—	—
对于城市搜索与救援队的行动、培训、差距和人员问题进行分析	制定结构化的汇报流程	附件 B30

（续）

3.4 总结		
行动	描述	参考
确保所有小组（营救、搜索、后勤和医疗）完成任务报告	—	附件 B30
确保解决伤员后续治疗以及短期和长期压力管理问题	确保向所有人员提供任务后心理健康检查服务	—
建议在任务后对搜救犬进行兽医检查	—	—
确保完成总结报告。总结报告将包括经验教训总结	国际搜索与救援咨询团秘书处要求及时收到城市搜索与救援队总结报告的副本；最好在队伍回国后的45天内收到	附件 B29、B30

4　搜　索

4.1 动员		
行动	描述	参考
常规技术搜索		
确保装备可用于技术搜索，如搜索摄像机	将搜索装备列为城市搜索与救援队物资库存的永久部分	—
与营救、后勤和医疗人员进行协调	确保其他物资库存中没有重复的装备	—
向管理层报告	提供所有可用装备的文件记录	—
搜救犬搜索		
确保提供搜救犬微芯片、疫苗接种文件、旅行证件和其他健康报告	开发与搜救犬有关的信息文件集，可根据要求提供	—
确保为搜救犬提供适当的犬笼和／或犬舍	仅使用专用犬笼。临时围栏可能会对搜救犬造成伤害	—
检查有关搜救犬的文化注意事项	出发前向队长寻求简报	附件 B3

（续）

4.1 动员		
行动	描述	参考
在部署期间，随时检查搜救犬疫苗接种卡的有效状态	—	—
考虑搜救犬的运输选择，如犬笼	仅使用专用犬笼。临时围栏可能会对搜救犬造成伤害	—
考虑搜救犬休息站的安置事宜	搜救犬需要定期休息，才能在现场进行有效的搜救工作	—
检查受灾国的搜救犬健康风险，如极端天气	不断监测天气状况，不要在极热或极冷的天气下使用搜救犬	—
检查搜救犬的紧急疏散计划	出发前向队长寻求简报	附件B17、B18

4.2 行动		
行动	描述	参考
常规技术搜索		
制定安全和安保计划，并向队伍介绍情况	在尝试搜索之前，需要进行充分的风险评估	—
确定搜索和勘察策略	确定搜索是采用人工搜索、声学装备还是其他方法（如红外热像仪或无人机）。搜索方法可能会影响其他活动，需要明确传达给事件管理组	—
与地方主管部门进行联络，向当地社区人员和第一响应人了解其他受困人员的信息	那些在现场并熟悉受灾地区的人员将是最好的信息来源。考虑在将人员撤离现场之前，应进行快速访谈	—
与地方主管部门就建筑结构相关建议进行联络	地方政府和市政官员通常会有详细的建筑计划	—
确定是否可以与受困人员进行语言或视线联系	列队搜索和呼叫搜索应当是确定受困人员位置的第一步	—
与地方主管部门联络以确定搜索策略	许多机构将制定应对重大紧急情况的详细计划。城市搜索与救援队需要确保其救援活动与当地安排相协调	—

（续）

4.2 行动		
行动	描述	参考
确保与所有其他队伍职能领域的沟通	队伍的所有活动都需要由事件管理组协调。队伍应遵循事件管理组的指示，未经事件管理组批准，不得进行变更	—
确定队员是否熟悉疏散信号系统	余震和其他条件可能导致建筑结构进一步移动和倒塌。队伍需要准备好在需要时立即撤离	—
确保所有人员的责信制度	在搜救活动开始之前，如果没有建立人员责信制度，那么不应开始任何活动	—
确保配置适当的个人防护装备（PPE）	个人防护装备是防止人员受伤的最后一道防线。个人防护装备应始终处在完好状态	—
确保所有装备的重新调试，并在使用后还给后勤人员	确保装备尽快为下一个任务做好准备。与后勤职能人员联络，确保消耗品在使用后立即得到更换	—
搜救犬搜索		
确保搜救犬的休息时间和人员轮值（轮班制）	搜救犬需要定期休息才能有效工作。过度工作会降低搜救犬的有效性	—
在必要时以综合方式应用搜救犬、听觉搜索和光学搜索	去除可能掩盖气味或阻碍视线的材料，可能有助于搜救犬的有效性	—
确定搜救犬/队员是否可以执行其他任务或优先事项	保持有效的沟通，以促进搜救犬小组发挥最佳作用	—
搜索组负责人应考虑本行右侧9项内容	（1）通过适当的营养、饮水、休息和压力控制技术，帮助搜救人员在身体条件上做好准备。 （2）现场评估包括安全风险、结构风险、危险品风险、受困人员人数以及与搜索相关的各种其他信息。 （3）确保在每次行动之前满足相应的装备需求，并且装备运转正常。 （4）确保遵循所有安全规范和程序。 （5）在搜索过程中对搜救犬小组的行动进行简要汇报、询问和观察。 （6）向相应的城市搜索与救援队管理人员报告相关信息，并协调各种后续或重新分配的活动。	—

（续）

4.2 行动		
行动	描述	参考
搜索组负责人应考虑本行右侧 9 项内容	（7）在工作周期轮值过程中，换班时应对所有正在进行的行动进行简短的交底。 （8）向直接上级报告搜救人员事件压力、受伤、疲劳或疾病的各种体征／症状。 （9）根据要求参加城市搜索与救援队的每日简报和会议	—

4.3 撤离		
行动	描述	参考
搜救犬搜索		
确保为搜救犬提供适当的犬笼和／或犬舍	仅使用专用犬笼。临时围栏可能会对搜救犬造成伤害，尤其是在运输过程中	—
确保搜救犬（健康、能力胜任、卫生、饮食等）为路上的行程做好准备，包括所有专业工具和装备	对搜救犬进行全面检查，并为其路上行程提供食物和水。如果可能的话，将所有搜救犬聚集在一起运输	—
确保搜救犬有机会在出发前及时排便	如果未执行此项，则可能会导致搜救犬受到伤害	—

4.4 总结		
行动	描述	参考
搜索负责人准备并向所属城市搜索与救援队提交任务报告	队伍的每个组成部分都必须向事件管理组提交每日报告。利用此项报告，现场行动协调中心和地方应急管理机构可以得到每日情况报告	附件 B24
建议兽医在任务后对搜救犬进行检查	在恢复正常活动之前，应对搜救犬进行彻底检查	—
参加城市搜索与救援队的总结汇报	—	附件 B29
对城市搜索与救援队的行动进行分析（分析内容包括行动表现和战术，培训差距，人员问题，队员新要求）	建议针对搜索进行汇报，以寻求所开展活动的最佳做法。以此为今后的培训活动提供信息	—

（续）

4.4 总结		
行动	描述	参考
分析准备阶段的队伍状况和需求	—	—

5 营 救

5.1 动员		
行动	描述	参考
检查装备的准备情况	需要定期检查所有装备，确保其准备就绪。应保留这些检查的全面记录	—
物资库存是否适合受灾国 / 地区	向事件管理组寻求部署前简报，确保所有装备都适合灾区的条件，如极端寒冷的天气条件	附件 B3
检查受灾国的搜救犬健康风险，如极端天气	在出发前，事件管理组应进行全面的风险评估	附件 B3
检查紧急疏散计划	疏散计划需要包含在风险评估中	附件 B18
与结构工程师一起检查救援策略	在受损建筑物内或其附近行动之前，应征求有相关资质的工程师的建议	—
就战术 / 问题与危险品和安保部门联络	检查危险情况，包括管道、下水道泄漏等。在开始行动之前，确保行动地区得到地方主管部门的保护	附件 B21
与营救、后勤和医疗人员进行协调	当地救援单位可能位于队伍所在的位置。始终保持联络，以确保队伍提议的活动与救灾总体战略保持一致	—
向管理层报告	定期向事件管理组提供情况报告	—

5.2 行动		
行动	描述	参考
遵循受灾国 / 地区有关救灾行动的政策和程序	确保所有行动都与行动区域中事件管控者的战略意图一致	附件 B3
制定安全和安保计划，并向队伍介绍情况	进行风险评估并确保所有队员都了解风险和预防措施	附件 B17

（续）

5.2 行动		
行动	描述	参考
应用国际搜索与救援咨询团的标识系统	仅使用国际搜索与救援咨询团的标识系统，确保随后到来的队伍熟悉标识	附件 B26
检查任务分配并确定策略，根据现有信息确定需要的具体装备	—	—
与后勤部门联络运输事宜，并检查燃料	确保队伍有足够大的车辆来携带所需的装备。避免让队员长途携带重型装备	—
检查是否有其他的救援装备	当地供应商或许能够为救援装备提供组件支持	—
与医疗部门联络以寻求可能的治疗，并确定伤员移交点	与医务人员协商设立伤员分诊点	—
在通道掘进、支护、医疗维持、受困人员解救、使用有氧防尘面罩期间，检查现场安全	在各种活动之前，查阅相关风险评估	—
确保疏散点的设立	最好清楚地标记疏散点。标牌或旗帜可能会有所帮助	附件 B18
确认队员是否熟悉疏散信号系统	三声喇叭长鸣应作为疏散信号	附件 B26
确保工作适当移交给其他班次人员或其他紧急服务人员	与接管工作的队伍进行书面和口头交接	附件 B25
管理内部和外部的报告系统	向事件管理组提供所有活动的书面报告，包括找到或解救的受困人员人数等信息；受困人员状态，幸存或遇难；人员受伤情况和遇到的各种问题	—
确保所有装备的重新调试，并在使用后还给后勤人员	与后勤组合作，尽快确保装备为下一个任务做好操作准备	—
确保所有人员的有效清点制度	清点制度将构成风险评估进程的一部分	—
考虑洗消事宜	所有人员在离开工作现场前应洗手，并在进入行动基地之前淋浴。应建立清洁区和脏污区	—
确保在返回行动基地时进行汇报	队员在结束现场行动前应进行简短的及时情况汇报	附件 B24

5.3 撤离		
行动	描述	参考
向城市搜索与救援协调单元简要介绍结构稳定性问题，并就进一步的行动提出建议	提供有关所有行动和解救场地状况的综合报告	附件 B11

5.4 总结		
行动	描述	参考
营救小组准备资料，并向其所属城市搜索与救援队提交任务报告	应尽快完成具体的营救报告。此报告应详细说明所有行动并提出改进建议	附件 B24、B30
应进行整个队伍的汇报	所有人员都应参与汇报过程，并鼓励提供反馈	—

6　医　疗

6.1 动员		
行动	描述	参考
确保部署的城市搜索与救援队医务人员具备本行右侧 6 项内容	（1）护照。 （2）个人所用药物。 （3）疫苗接种记录。 （4）个人防护装备。 （5）行医执照文件。 （6）联系人姓名和号码列表	—
确定部署前检查是否已完成	应对所有人员的文件进行检查	—
评估医疗检查报告，并在需要时与管理层联络	向队长报告不符合部署医疗要求的各类人员	—
检查医疗任务和程序	与当地卫生主管部门联络	—
进行远程信息收集，包括本行右侧 6 项内容	（1）各种地方病医疗情况（如人类免疫缺陷病毒／艾滋病、狂犬病等）。 （2）确定是否需要针对特定国家／地区进行预防（如疟疾）。 （3）罕见的或特定地点的医疗状况和适当的预防措施（如传染疾病）。 （4）海拔和／或极端天气因素。 （5）当地卫生和医疗基础设施（包括兽医设施）。 （6）医疗后送计划（根据当时的已知情况）	附件 B3、B17、B18

（续）

6.1 动员		
行动	描述	参考
审查城市搜索与救援队处理队员在部署期间工伤（IOD）或死亡的政策	（1）受伤人员应首先由队伍医务人员在当地医疗资源的协助下进行治疗。 （2）导致城市搜索与救援队队员死亡的伤害，需要按照规定与地方主管部门合作管理	—
监督管制药品的管理责任和安全	所有药物都需要在行动基地区域内妥善保管。在部署期间，只有经过授权的医务人员才能使用各类药物	—
启动医疗事件日志（MIL）	所有医疗干预措施应由城市搜索与救援队医务人员单独记录。这些信息在伤员和医务人员之间是保密的，这是伤员所希望的	—
与负责危险品和安全的指定人员协调处理已知的事件危害	医务人员应为已知风险做好准备，包括应对危险品事件	—
准备向城市搜索与救援协调单元咨询的问题，包括本行右侧6项内容	（1）当地医疗指挥架构。 （2）当地医疗资源（包括兽医）的可用性，以支持城市搜索与救援医疗活动。 （3）国际组织和医疗资源的可用性（如医院、野战医院）。 （4）伤亡人员移交程序。 （5）伤亡人员运输能力。 （6）死亡人员的处理程序，包括由地方应急管理机构确定的灾难受害者身份识别（DVI）程序	—
制定医疗行动计划	这项计划应纳入总体行动计划，并在整个任务期间不断更新。包括： （1）根据需要审查医疗任务的优先级。 （2）与当地和国际医疗和卫生基础设施组织合作。 （3）应对资源限制。 （4）应对补给限制。 （5）对于遇难者的管理，包括对于灾难受害人员身份的识别要求	—
检查所有医疗文件	—	—
确定受灾国是否设立了医疗联系人，队伍国内是否有紧急联系人	与受灾国的当地医疗联络点建立联系	—

（续）

6.1 动员		
行动	描述	参考
确保运输后的搜救犬处于健康状态	在行动基地建立后，尽快对搜救犬进行全面检查	—
向管理层报告	定期向事件管理队提供情况报告	—

6.2 行动		
行动	描述	参考
在行动基地内准备医疗设施，具体包括本行右侧7项内容	（1）对行动基地医疗站（BMS）进行日常维护，确保其干净、整洁和功能正常。 （2）与城市搜索与救援队医疗负责人和联络官（LO）一起确保受控药物的管理责任和安全。 （3）每天记录和更新使用的医疗耗材。 （4）根据需要监测需要冷藏的药物。 （5）记录各类医疗装备故障、损坏或丢失。 （6）向城市搜索与救援队医疗负责人反馈各类装备问题或库存不足的物品。 （7）根据需要，与医疗官一起制定补给计划	附件B14、B15
确保任务现场的医疗能力，具体包括本行右侧8项内容	（1）针对指定工作场地进行医疗管理和监督。 （2）在行动期间监控救援小组的健康和医疗福利。 （3）根据需要，在工作场地设置和运作医疗站。 （4）为任务现场制定医疗后送计划。 （5）监控受困人员救援行动的潜在负面影响（如灰尘、噪声、坠落的碎片），并根据需要与救援人员协调缓解措施。 （6）在解困和解脱的过程中，确保伤员可以使用个人防护装备（PPE，如眼睛、听力和呼吸防护装备）。 （7）确保现场药物的管理责任和安全。 （8）确保医疗装备库存，并限制只有授权人员才能使用	—
确保与受灾地区以及本国的其他医疗服务机构取得联系	（1）与受灾地区的当地卫生机构联络。 （2）与队伍原驻国保持联系	—
支持救援行动	根据需要为救援行动提供医疗服务	—

（续）

6.2 行动		
行动	**描述**	**参考**
检查医疗后送计划，以应对可能发生的紧急情况	对所有考虑到的情况进行风险评估，并制定应对程序	—
确保基地和工作场地都达到卫生标准	与后勤人员合作，建立基地卫生程序	—
持续进行健康检查，并持续监控队员和搜救犬的健康状况	将护理人员分配到各救援组，并持续监控队员的健康状况	—
检查伤亡人员移交程序	（1）医务人员需要了解当地程序，将伤员移交给当地医疗系统。 （2）应制定相应制度，将受伤队员后送回国接受进一步治疗	附件 B27
确保适当的医疗运输程序	同上	—
确保医疗文件的妥善管理	与伤员治疗有关的所有文件应保密，并保存在安全的地点	—
参加城市搜索与救援队每日简报工作，并发布每日医疗简报	医疗组的一名代表应作为事件管理组的成员，参与所有简报会	—
根据需要提供持续的临床护理，包括心理评估和监测	—	—
加强对城市搜索与救援队队员的监控，具体包括本行右侧4项内容	（1）与压力相关的健康问题，并酌情采用压力管理技术（如缓解疲劳）。 （2）关于成员总体健康状况趋势的监测（如腹泻）。 （3）补液状况。 （4）营养状况	—
与负责危险品和安全问题的人员协作，具体包括本行右侧3项内容	（1）确认危险品污染或其他风险暴露的可能性（以及每支队伍潜在风险应对协议的文件）。 （2）确认各种污染物或暴露风险的洗消程序信息。 （3）确认危险品暴露的可行处理选项	附件 B21
根据需要，监测在当地医疗机构住院的城市搜索与救援队队员	当地医疗机构收治的队员需要每天接受监测，直到出院	—

（续）

6.2 行动		
行动	描述	参考
确保对患有潜在传染性疾病的城市搜索与救援队队员实施隔离程序，以免危及其他队员	确保在行动基地内设置隔离区域，容纳任何可能患有传染性疾病的队员	—
促进健康和卫生习惯，确保行动基地的安全，具体包括本行右侧 3 项内容	（1）食物储存和准备。 （2）安全的饮用水。 （3）环境卫生	附件 B14

6.3 撤离		
行动	描述	参考
确保医疗负责人启动撤离计划，应考虑到本行右侧 2 项内容	（1）考虑限制性药物的管理。 （2）考虑捐赠有效期临近的医疗用品 / 药物	附件 B1
确定医疗物资库存的捐赠，具体包括本行右侧 3 项内容	（1）确定要捐赠的医疗装备和相应的消耗品（如果有）。 （2）确定捐赠物品的适当接受者（如当地卫生主管部门、其他国际组织）。 （3）与联络官和城市搜索与救援队负责人就捐赠的医疗物品进行沟通，因为这与医疗物资库存清单的修改有关	—
与当地相关卫生主管部门协调撤离事宜（如通过城市搜索与救援协调单元或地方应急管理机构）	确保撤离不会对队伍任何受伤队员的健康产生负面影响	附件 B1、B29
协调在部署期间住院的城市搜索与救援队队员的回国	如果受伤队员无法与队伍一起回国，则应指定其他队员陪同受伤队员，直到他们可以回国	—
在离开受灾国之前，请考虑进行健康和医疗福利检查	考虑安排训练有素的心理学家或医生对其进行检查	—
对医疗物资库存进行基本的洗消、包装和装载	—	—
适当包装需要冷藏的物品，以进行运输	—	—

（续）

6.3 撤离		
行动	描述	参考
通过联络官确保受控药物的管理责任和安全	以书面形式向队长确认所有药物均被妥善保管，以进行运输	—
准备初步医疗行动总结报告（AAR）	—	—

6.4 总结		
行动	描述	参考
在回国后，确保对所有队员进行及时的医疗随访	考虑对所有队员进行身体和心理检查	附件 B30
完成并提交所有医疗文件	—	—
参加城市搜索与救援队的总结汇报	—	附件 B29
报告城市搜索与救援队医疗部分及其装备库存恢复后的行动准备情况	—	—
按照城市搜索与救援队政策的要求，为行动总结提供医疗信息	医疗组长应进行汇报，并整合所有信息，作为行动总结的一部分	—

7 后 勤

7.1 动员		
行动	描述	参考
确保有足够的后勤保障、装备和人员，在任务期间建立并运行行动基地，具体包括本行右侧 9 项内容	（1）充足的食物和水。 （2）装备储存和维护设施。 （3）在任务期间为队伍提供环境卫生和个人卫生设施。 （4）充足和适当的医疗用品。 （5）搜救犬的休息和锻炼区域。 （6）适合当地天气条件的临时安置场所。 （7）通信装备。 （8）电力保障和照明。 （9）运输	附件 B14、B15、B16

（续）

7.1 动员		
行动	描述	参考
检查所有运输文件、危险品和装备	队员清单和装备清单	—
检查航空运输情况	—	—
在任务期间，队伍是否能自给自足（食物和水）	—	—
确定队伍是否有能力购买和/或获取补给品（燃料）	—	—
检查受灾国/地区的交通运输能力	—	—
检查到达指定国家机场的能力，具体包括本行右侧4项内容	（1）与机场安检人员进行联系。 （2）与机场主管部门就卸货事宜进行联系。 （3）制定卸货/装货计划。 （4）在卸货/装货期间监视物资库存	附件B8
检查队伍和受灾国的通信情况，并制定通信计划	—	—
与队伍的其他部分协调，以确保所有物资库存需求	—	—
确定队伍是否有食物/饮料运输能力	—	—
与队伍的所有其他部分就物资库存的优先级进行联络	—	—
确定队伍是否有运输计划，具体包括本行右侧4项内容	（1）收集有关运输路线/流动性的信息。 （2）制定运输路线计划。 （3）检查车辆和司机信息，告知安全问题和路线建议。 （4）制定和安排运输应急计划	—
向城市搜索与救援协调单元询问有关行动基地、水、燃料和卫生的问题	—	附件B13
制定后勤计划以服务于多个现场	—	—
考虑行动基地勘察，并建立全球定位系统坐标	—	附件B14、B15、B16

（续）

7.1 动员		
行动	描述	参考
制定在受灾地区建立行动基地的计划	—	附件B14、B15、B16
确保队伍有一个总体的行动基地计划和人员配置计划	—	附件B14、B15、B16
在抵达灾区时，确保安全等级和情况已更新	制定安全和安保计划	附件B17、B18
确保相应的人员清点制度涵盖所有人员	—	—
确保向所有人员通报情况	—	附件B1、B3、B7、B26
汇编运输文档；确定可能需要额外或补充后勤支持的情况，如气候条件	—	—
向管理层报告		

7.2 行动		
行动	描述	参考
在选择行动基地位置时，请考虑本行右侧9项内容	（1）位置由地方应急管理机构/现场行动协调中心/城市搜索与救援协调单元提供。 （2）适当面积的区域（最小面积50米×40米）。 （3）在环境允许的情况下，行动基地的位置应尽可能安全可靠。 （4）靠近城市搜索与救援协调单元和工作场地。 （5）交通便利。 （6）环境考虑因素（如硬质地面、排水良好等）。 （7）靠近后勤和支持资源。 （8）应位于不影响通信（卫星）的区域。 （9）安排训练有素的城市搜索与救援队后勤专家组负责行动基地的维护	附件B14、B15、B16、B17、B18

（续）

7.2 行动		
行动	描述	参考
根据任务优先级和可用资源，选择和设置场地，具体包括本行右侧 12 种场地	（1）装备库存和维护区域。 （2）医疗救治区域。 （3）管理区域。 （4）通信中心。 （5）食物准备和进食区域。 （6）人员住宿区域。 （7）环境卫生和个人卫生区域。 （8）车辆停放场地。 （9）运输通道区域。 （10）搜救犬区域。 （11）简报会开设区域。 （12）发电机和照明应合理布置，确保安全可靠的环境	附件 B14、B15、B16
与外部 / 内部各方的协调供应和后勤工作	—	—
制定并确保有效的运输计划	—	—
在轮值系统内，确保工作人员和搜救犬有足够的食物和补给	—	—
支持行动基地的安保和安全措施管理	—	附件 B17
确保制定适当的废物管理程序。与地方应急管理机构或城市搜索与救援协调单元联络，了解融入当地废物管理安排的具体方式。考虑废物储存的方法，然后根据需要清除废物	请考虑以下废物： （1）污水和废水。 （2）垃圾，包括食物垃圾。 （3）医疗废物，包括受污染的医疗废物。 （4）个人净化程序造成的污染废水。 （5）碳氢化合物废物，包括燃料和油。	—
制定疏散计划和撤离计划	—	附件 B28

7.3 撤离		
行动	描述	参考
启动撤离计划	—	附件 B28

（续）

7.3 撤离		
行动	描述	参考
行动基地的位置应尽可能恢复到其原始状态	—	—
与地方应急管理机构/现场行动协调中心/城市搜索与救援协调单元协调撤离工作	—	附件 B28
提供相应资源，满足撤离期间的后勤需求，包括准备货运清单、打包和装载等	—	—
确保在撤离阶段保持相关的通信联系	—	—
确保后勤所需文档准确无误	—	—
装备将重新调试、检查和包装以返回国内，同时考虑以下因素	撤离期间可能出现的检疫问题。在回国途中可能重新部署。赠送装备和/或资源。如果可能，行动基地的位置应恢复到其原始状态	—
考虑向受灾国捐赠/赠送救灾物资	—	—

7.4 总结		
行动	描述	参考
确保所有物资库的存项都已准备好，随时可以部署	—	—
参加城市搜索与救援队的总结汇报	—	附件 B29
装备应进行清洁、检查和重新存放，以备再次使用	—	—
以书面报告的形式，向管理层分享经验教训	—	—

8 安全和安保

8.1 动员		
行动	描述	参考
确保所有人员都准备好救灾行动的部署。任务就绪状态的注意事项包括本行右侧 4 项内容	（1）相关证件齐全（包括护照、签证、疫苗接种证书、亲属紧急联系人）。 （2）为救灾环境准备适当的个人防护装备。 （3）适合当地气候的衣服。 （4）已接受相应的安全培训	联合国 BS-AFE 课程
装备和补给供应方面，具体包括本行右侧 6 项内容	（1）安全措施已纳入人员和装备的包装、标签、储存和移动过程中。 （2）专用装备应同时提供操作手册。 （3）队员必须接受相应培训，以使用队伍装备、个人防护装备、识别危险和制定缓解程序。 （4）有足够数量的适合带入受灾国的食物，不会对个人健康和工作表现产生不利影响。 （5）为初始阶段准备了足够的水，并且有足够的净水装置支持队伍的需求。 （6）有足够的环境卫生和个人卫生用品可供部署	—
安全等级设定方面，具体包括本行右侧 6 个等级	（1）等级 1——最低。 （2）等级 2——低。 （3）等级 3——中等。 （4）等级 4——较高。 （5）等级 5——高。 （6）等级 6——极高	附件 B17
安排一名队员负责安保和安全职能	—	—
识别一般安全问题和特定灾害的安全问题，并将其纳入最初的队伍简报	确定灾区的环境条件。 在出发前，确定并向队伍简要介绍与前往受灾国运输方式相关的危险，以及在受灾国内交通运输期间最有可能遇到的危险	附件 B21、B3、B17
在运输过程中监控并强制实施既定的安全和安保措施	—	—

（续）

8.1 动员		
行动	描述	参考
通过接待和撤离中心和 / 或现场行动协调中心 / 城市搜索与救援协调单元，接收关于安全和安保方面的简报，具体包括本行右侧 5 项内容	（1）运输装备的类型和使用条件。 （2）当地驾驶规定。 （3）装备的转移。 （4）各种特殊危险考虑因素（如道路状况、地雷、动物、基础设施、天气、抢劫、国内动乱、犯罪行为、禁区、检查站程序、护送程序等）。 （5）明确当地可用的医疗能力，应对前往灾害现场期间发生的紧急情况	—
根据情况实施安全程序，具体包括本行右侧 7 项内容	（1）车辆检查计划。 （2）确保储备燃料的供应。 （3）人员活动程序，如至少两人一组开展行动等。 （4）制定疏散路线。 （5）建立安全避风港。 （6）实施人员清点系统。 （7）建立通信协议	—

8.2 行动		
行动	描述	参考
与现场行动协调中心 / 城市搜索与救援协调单元就安全和安保问题进行联络	请注意，安全和安保条件可能会迅速变化。确保与地方主管部门的持续沟通	—
行动基地位置和行进路线	持续对行动基地、行进路线和指定的工作区域进行风险 / 危险分析，并采取适当的缓解措施	—
行动基地周边控制	使用物理屏障或其他措施，划定行动基地区域，建立对行动基地和工作场所周边实现控制的程序	附件 B14、B15、B16、B17
更新每日简报	确保将安全和安保注意事项纳入行动计划和简报	附件 B17、B18
医疗后送程序，具体包括本行右侧 3 项内容	（1）确保建立、通报和实施预警系统和疏散计划。	附件 B18、B26

（续）

8.2 行动		
行动	描述	参考
医疗后送程序，具体包括本行右侧 3 项内容	（2）在整个任务期间，应针对所有人员进行清点。 （3）确保队员遵守"两人同行制度"	附件 B18、B26
为行动基地和工作场地的安全提供充足的照明	—	附件 B14、B15、B16
持续关注天气预报	—	—
做好基本卫生工作，具体包括本行右侧 2 项内容	（1）确保采取生物医学控制措施（如队员的身体恢复，伤员的处理，环境卫生、个人卫生的保持等）。 （2）在离开工作场地、进入行动基地之前，确保人员和装备遵循洗消措施规定	—
确保所有队员都配置可靠的通信装备	在行动基地外，每位队员应始终携带无线电或其他通信装备	—
制定轮班表	确保队员有序地进行充分的休息、轮换、喝水和进食	—

8.3 撤离		
行动	描述	参考
此阶段的人员注意事项包括本行右侧 4 项内容	（1）减轻疲劳。 （2）监控队员是否有压力症状。 （3）防止注意力不集中和意志消沉。 （4）保持队伍纪律，确保定期信息交流	—

8.4 总结		
行动	描述	参考
在返回基地时，应考虑本行右侧 2 项安全和安保问题	（1）安全和安保问题已纳入总结报告。必须强调安全调查结果和经验教训，并将其纳入今后的培训课程、实战演练和行动指南。 （2）必须补充安全装备和用品库存	附件 B29、B30
参加城市搜索与救援队的总结汇报		附件 B29

9 危险品处置

一般来说，在评估疑似受污染的场地时，应采取以下策略：

如果认为某个场地受到了污染，队伍应当评估其是否有办法在这种环境中安全地进行工作。在没有对队伍短期或长期行动中危险品处理能力进行彻底评估的情况下，队伍不应承诺进入受污染的场地。如果认为队伍可以在受污染的环境中工作，则应考虑以下八项内容：

（1）确保安全的方法——始终在上风口和上坡。
（2）确保指挥畅通和控制安排到位，并得到所有在场人员的充分理解。
（3）尽可能保护现场，确保他人的安全。
（4）设法识别污染物（联合国编号、危险货物或危险化学品代码）。
（5）评估潜在危害，并在可能的情况下尽量减少环境污染。
（6）如果可能，则寻求帮助（如专家建议／其他资源）。
（7）如果在队伍的能力范围内，则确保安全。
（8）始终做最坏打算，直到证明并非如此。

洗消工作可能涉及大量装备和劳力的投入，因此，应考虑避免过度扩大队伍在这方面的能力。

每当使用防护服或装备时，应考虑洗消策略。在向受污染场地投入资源之前，应考虑以下三点：

（1）应根据危险／风险评估和现场调查进行风险分析。
（2）队伍应评估营救幸存受困人员与寻回遇难者遗体的风险。
（3）队伍还应考虑附近其他搜索和营救优先事项。

在各种工作场地进行搜救行动时，队伍应考虑以下问题，并在行动期间实施监测机制：

（1）氧气水平。

（2）物质或周边环境的易燃性。

（3）毒性水平。

（4）爆炸极限。

（5）放射性物质排放和监测。

以下考虑因素也可能影响是否进行搜索和救援行动的决定：

（1）狭小空间状况。如果可以轻松隔离或减轻危险，并执行相关处置，则认为情况是安全的，并且将继续行动。

（2）接近受困人员所需的时间。这是对接近第一名受困人员所需时间的估计。计时应包括减轻危害、切割楼板、墙壁、屋顶等所需的时间，并在需要时对通道以及相关毗邻结构进行支护和支撑。

（3）特定场所信息。特别关注和监测某些类型的危险，特别是涉及核能、放射性元素、专业军事设施、化学品制造以及生物制品的生产或储存。

（4）洗消。需要仔细规划，确保队伍有适当的洗消程序，为包括搜查犬在内的成员提供充分的洗消处理。

（5）进入或不可进入现场的条件，以及随后的风险评估。①完成任务所需的时间；②可用个人防护装备的保护和限制；③风险收益分析的结果；④资源状况；⑤安保和安全注意事项。

进行检测和监测时应考虑以下两点：

（1）工作场地和行动基地都需要检测和监控。

（2）工作场地的检测和监控应由队伍中指定的危险品专家执行，包括以下内容：①为每个指定建筑结构建立安全周界；②为每个指定建筑结构建立无污染进入点；③制定计划，监控行动过程中遇到的其他狭小空间或潜在空间；④建立洗消场所，包括适当处置受污染的洗消废液；⑤确保对指定的工具和装备（包括防护服）进行洗消处理；⑥确保对指定的运输车辆进行洗消处理。

有关危险品评估指南，请参见本卷附件 B21（原附件 U）。

> **注意**：具备危险品处理能力的城市搜索与救援队可以帮助识别灾难发生后的潜在化学危害，如有毒物质泄漏。队伍可以标记危险区域以警告他人，并立即向城市搜索与救援协调单元报告此威胁，城市搜索与救援协调单元将与地方应急管理机构协调。

附件 A　国际搜索与救援指南修订表（2015—2020）

序号	修订的主题
1	执行了国际搜索与救援咨询团指导委员会 2018 年会上的相关决定，涉及城市搜索与救援协调单元。 （1）从临时现场行动协调中心过渡。 （2）根据需要添加城市搜索与救援协调单元的参考资料
2	原始版本的所有图表都保留
3	本卷中的所有内容都已更新并更加翔实，为城市搜索与救援队提供全面指导
4	国际搜索与救援指南的第三卷只可在 www.insarag.org 网站上查阅
5	附件 （1）增加了题为"国际搜索与救援指南修订表（2015—2020）"的附件 A，介绍了从 2015 版指南至今的最新变化。 （2）从 2015 版指南起，以下附件已移至 www.insarag.org 网站指南说明中的 "Guidelines Annex—Volume Ⅲ" 选项卡。 ①附件 A　城市搜索与救援队的职业规范 ②附件 B　媒体管理核查表 ③附件 C　国家信息—受灾地区情况模板 ④附件 D　城市搜索与救援队队伍概况表 ⑤附件 E　接待和撤离中心建立核查表 ⑥附件 F　接待和撤离中心汇报材料 ⑦附件 G　安全简报 ⑧附件 H　机场评估 ⑨附件 I　现场行动协调中心 / 城市搜索与救援协调单元规划表和城市搜索与救援规划工具 ⑩附件 J　城市搜索与救援协调单元建立核查表 ⑪附件 K　现场行动协调中心 / 城市搜索与救援协调单元—地方应急管理机构初步简报

（续）

序号	修订的主题
⑫	附件 L　标准会议议程核查表
⑬	附件 M　任务分配信息包
⑭	附件 N　行动基地要求
⑮	附件 O　行动基地布局
⑯	附件 P　管理帐篷布局
⑰	附件 Q　安全和安保计划，现场安保官核查表
⑱	附件 R　疏散计划
⑲	附件 S　大范围评估和分区评估
⑳	附件 T　评估、搜索与营救级别（ASR 级别）
㉑	附件 U　危险品评估指南
㉒	附件 V　工作场地分类和结构评估
㉓	附件 W　工作场地优先选择表
㉔	附件 X　工作场地报告表
㉕	附件 Y　灾害事件 / 分区情况报告
㉖	附件 Z　城市搜索与救援队标记系统和信号
㉗	附件 B27　埋压人员解救情况表
㉘	附件 B28　撤离表格
㉙	附件 B29　任务总结报告
㉚	附件 B30　城市搜索与救援队总结报告

附件 B　附件载于网站 www.insarag.org

以下附件已移至 www.insarag.org 网站指南说明中的"*Guidelines Annex—Volume Ⅲ*"选项卡。

> **注意**：这些文件旨在作为参考材料，有关各类表格（如城市搜索与救援队队伍概况表）的最新和可修订版本的文件，建议读者参考 www.insarag.org. 网站上的 *Guidance Notes—Forms*。

附件 B1　城市搜索与救援队的职业规范 *

附件 B2　媒体管理核查表 *

附件 B3　国家信息—受灾地区情况模板

附件 B4　城市搜索与救援队队伍概况表 *

附件 B28 撤离表格 *

附件 B29 任务总结报告 *

附件 B30 城市搜索与救援队总结报告 *

附件 B1 城市搜索与救援队的职业规范

— (1) 执行任务时的城市搜索与救援队队员的行为方式是国际搜索与救援咨询团、援助国和受灾国以及受灾国地方官员的主要关注点。

— (2) 城市搜索与救援队应始终致力于成为一个组织良好、训练有素的专家团队的代表，这些专家聚集在一起以帮助需要专家援助的社区。在任务结束时，城市搜索与救援队应当已经做出积极的救灾响应，并且在工作环境和社交方面有着令人难忘的出色表现。

— (3) 职业伦理包括人权、法律、道德和文化问题，也涉及城市搜索与救援队队员与受灾国社区之间的关系。

— (4) 国际搜索与救援咨询团城市搜索与救援队的所有成员都好像是其队伍和国家的大使，代表全球国际搜索与救援咨询团体系。如果队员违反相关原则或存在行为不当，均被视为违反职业伦理。任何不当行为都可能损害城市搜索与救援队的工作成效，并给整支队伍的表现抹黑，损害队伍所在国以及全球国际搜索与救援咨询团体系的形象。

— (5) 在执行任务期间，城市搜索与救援队队员不应利用任何情况趁机为自身谋求利益，所有队员都有责任始终以专业的方式行事。

— (6) 执行国际任务的城市搜索与救援队必须自给自足，确保队伍永远不会成为负担，因为接受援助的国家已经不堪重负。

国际搜索与救援咨询团按照人道主义原则开展行动，这些原则构成了人道主义行动的核心。

需要考虑的敏感事项有如下几点：

— (1) 当地社区对生命的重视。

— (2) 文化意识，包括种族、宗教和国籍。

（3）谈话期间，戴太阳镜可能被认为是不合礼仪的。

（4）由于语言差异而导致的沟通障碍。

（5）职业伦理和价值观的差异。

（6）不同的地方服饰。

（7）关于食物和礼仪的当地习俗。

（8）当地执法惯例。

（9）当地关于武器的政策。

（10）当地的生活条件，以及当地的驾驶习惯和约定。

（11）关于使用各种药物的地方政策。

（12）酒类和非法药物的法规。

（13）对于敏感信息的处理。

（14）对于搜救犬的使用。

（15）照顾和处理伤员和/或遇难者。

（16）着装要求或标准。

（17）性别限制。

（18）娱乐限制。

（19）本地通信限制和可接受的使用方法。

（20）拍摄并展示受困人员或建筑物的照片。

（21）收集纪念物（建筑部件等）。

（22）在设置建筑标记系统时引起的表面污损。

（23）进入禁区（军事、宗教等）。

（24）道德标准。

（25）其他队伍能力和行动方法的考虑事项。

（26）利用小费促进合作。

（27）政治问题。

（28）可能加剧压力情况的各种行动或行为。

（29）对于吸烟场合的规定。

（30）社交媒体和网络的规范使用方式。

附件 B2　媒体管理核查表

1. 动员

启动后，城市搜索与救援队应：①准备新闻稿；②向所有人员介绍最新信息和媒体主要事项。

抵达受灾国后，指定的城市搜索与救援队代表应：①与地方应急管理机构 / 现场行动协调中心 / 城市搜索与救援协调单元建立联系；②确定新闻发布指南和基本规则；③从现场行动协调中心 / 城市搜索与救援协调单元获取地方应急管理机构媒体管理计划的副本。

2. 行动

城市搜索与救援队应制定媒体计划，其中包括：①规划媒体发布和专题报道；②现场管理媒体；③参加新闻发布会；④与现场行动协调中心 / 城市搜索与救援协调单元进行协调。

3. 撤离

城市搜索与救援队应：①与现场行动协调中心 / 城市搜索与救援协调单元进行协调；②准备新闻稿；③参加新闻发布会或撤离访谈；④与队伍基地协调有关媒体事项的信息；⑤确定可以发布的具体信息和文档。

4. 媒体管理建议

1）媒体采访时应遵循的原则

—（1）执行任务时的城市搜索与救援队队员的行为方式是国际搜索与救援咨询团、援助国和受灾国以及受灾国地方官员的主要关注点。

—（2）询问记者的姓名，然后在您的回复中称呼对方的姓名。

—（3）告知对方您的全名。采访场合不适合使用昵称。

—（4）选择采访地点（如果可能），确保您对采访地点感到满意，适当考虑一下背景信息。

—（5）选择时间（如果可能）。如果您愿意 5 分钟后再采访，请询问记者是否可以。但是，您应当记住，记者采访有时间限制。

（6）保持冷静。您的举止和对采访显而易见的把控对于决定采访的进展和节奏非常重要。

（7）讲述事实。

（8）保持合作态度。您有责任向公众解释情况。大多数问题都有答案，如果您现在不知道答案，请告知记者您将努力去了解问题所涉及的实际情况。

（9）保持专业精神。不要让您对媒体或记者的个人感受影响您的回应。

（10）保持耐心，您可能会遇到愚蠢的问题，不要因那些用心不良或缺乏礼数的问题而生气。如果再次遇到同样的问题，请重复您的回答，而不要生气。

（11）不要着急，慢慢回答。如果您在录音采访或非广播采访中犯了错误，请说明您想重新开始您的回答。如果是现场采访，只需重新回答。

（12）使用信息完整、逻辑连贯的句子。这意味着用您的答案复述这个问题，以获得完整的"采访片段"。

2）媒体采访时应避免的错误

（1）不得歧视任何类型的媒体或任何特定的新闻机构。您应当欢迎所有媒体的采访，如电视或广播、全国报纸或本地报纸以及外国或国内其他媒体。

（2）不要使用"无可奉告"这类辞令。

（3）不要发表您的个人意见。坚持实事求是。

（4）不要讲一些不希望公开报道的内容。您所说的任何内容都可能会对您造成影响。

（5）不要撒谎。无心的谎言也是不应当说的。故意说谎是愚蠢的行为。

（6）不要夸大其词。真相迟早会大白于天下。

（7）不要有防备心态。媒体及其受众可以识别出被采访者的防备心态，并倾向于认为其在隐瞒某些内容。

（8）不要有畏惧心理。恐惧使人畏首畏尾，不是您想要展示的面貌。

（9）不要顾左右而言他。坦率地说明您对情况的了解，以及您计划采取的用以减轻灾害损失的具体措施。

（10）不要使用生僻的专业术语。公众不熟悉专业领域所用的大部分术语。

（11）不要抱有抵触情绪。现在不是告诉记者您对媒体印象不佳的时候。

（12）不要试图对救灾行动进行评判或指手画脚，换成您来指挥也同样并非易事。

（13）面对采访记者，不要戴墨镜。

（14）不要吸烟。

（15）不要承诺任何结果或进行无端猜测。

（16）不要回应谣言。

（17）不要重复诱导式提问的内容。

（18）不要诋毁受灾国或任何其他组织的救灾努力。

附件 B3　国家信息——受灾地区情况模板

模板用于调查灾区以便队伍在本国基地建立基础信息。受灾地区情况：模板用于调查灾区以建立基础信息。

灾情信息		
1	灾害类型	
2	受灾地区	
3	受灾日期	
4	受灾时间（当地）	
5	级别 / 程度	
6	初步报告	
安全保卫		
7	安全事宜	
8	安保情况	

（续）

灾区基本信息		
9	国名	
10	首都	
11	官方语言	
12	政体	
13	宗教	
14	文化信息	
15	入境要求	
16	时差	
17	货币	
18	靠右驾驶 / 靠左驾驶	
19	国际区号	
20	人口规模	
21	人口特征	
地形描述		
22	平地 / 山区	
23	森林 / 荒原	
24	城市 / 乡村	
主要建筑特点		
25	建筑类型	
26	大小	
气候		
27	气候信息	
28	天气预报	
关键基础设施的状况		
29	机场	

（续）

30	港口	
31	公路 / 铁路	
32	桥梁	
33	发电站	
34	饮用水供应	
35	其他	
健康医疗		
36	疫苗接种要求	
37	健康事宜	
38	水质	
39	流行病	
响应		
40	国内响应	
41	国际响应	
42	合作框架	
援助国 / 队伍信息		
43	使馆 / 区域领事代表	
44	队伍使命 / 任务	
其他信息		
45		
填表人		
46	日期：	姓名：
		职位：

附件 B4　城市搜索与救援队队伍概况表

队伍信息将上传到虚拟现场行动协调中心，并提交给接待和撤离中心/现场行动协调中心。

A0. 队伍编码				A1. 国籍			
A2. 队伍名称							
A3. 人数	人			A4. 搜救犬数量			只
A5. 队伍响应类型	重型	×	中型	×	轻型	×	其他
A6. 国际搜索与救援咨询团分级	是	×	否	×			
响应能力							
A7. 技术搜索	是	×	否	×			
A8. 搜救犬搜救	是	×	否	×			
A9. 营救	是	×	否	×			
A10. 医疗	是	×	否	×			
A11. 危险品侦检	是	×	否	×			
A12. 结构工程师	是	×	否	×	数量	人	
A13. 接待和撤离中心/现场行动协调中心支持	是	×	否	×			
A14. 城市搜索与救援协调支持	是	×	否	×			
A15. 其他能力							
预计抵达信息							
A16. 预计抵达日期				日/月/年			
A17. 预计抵达时间				小时：分钟			
A18. 抵达地点				A19. 飞机类型			
保障需求							
自给自足	B1. 水	天数	B2. 食物		天数		
是否需要寻求支援	B3. 地面运输		是	×	否	×	
	B4. 物资需求		是	×	否	×	

（续）

运输（仅在 B3 选择"是"时填写）			
B5. 人数	人	B6. 搜救犬数量	只
B7. 装备	吨	B8. 装备	立方米

物资（仅在 B4 选择"是"时填写）			
B9. 汽油	（升 / 天）	B11. 氧气（切割用）	
B10. 柴油	（升 / 天）	B12. 丙烷（切割用）	
B5. 人数	人	B13. 医用氧气	
B14. 行动基地面积需求		平方米	
B15. 其他后勤需求			

联系方式		
队伍联系方式	国际搜索与救援咨询团行动联络人	国际搜索与救援咨询团政策协调人
C1. 姓名	C5. 姓名	C8. 姓名
C2. 移动电话	C6. 移动电话	C9. 移动电话
C3. 卫星电话	C7. 电子邮件	C10. 电子邮件
C4. 电子邮件		

行动基地	
C11. 地址（如已知）	
C12. 无线电频率	
C13. GPS 坐标（如已知）	

填表人姓名		职务 / 岗位	

城市搜索与救援队撤离信息

进入撤离阶段后队伍需要填写的信息

预计离开信息		
D1. 预计离开日期	日 / 月 / 年	
D2. 预计离开时间	小时 : 分钟	

（续）

D3. 离开地点					
D4. 运输 / 飞行信息					
是否需要支援	D5. 地面运输	是	×	否	×
	D6. 特殊需求	是	×	否	×
运输（仅在 D5 选择"是"时填写）					
D7. 人数	人	D8. 搜救犬的数量			只
D9. 装备	吨	D10. 装备			立方米
特殊需求（仅在 D6 选择"是"时填写）					
D11. 装卸需求		是	×	否	×
D12. 在离境点的住宿需求		是	×	否	×
D13. 其他后勤需求					

城市搜索与救援队队伍概况表

INSARAG
Preparedness – Response

填写说明

A. 队伍信息	
A0	三个字母的奥林匹克国家代码，代码列表在单独的工作表上；后接国家队伍编码，01、02、03 等为已通过分级测评队伍，10、11、12 等为未通过分级测评队伍
A1	队伍所属国
A2	队伍在国际或国内使用的名称
A3	出队总人数
A4	出队搜救犬总数
A5	根据国际搜索与救援指南，队伍的响应类型
A6	队伍分级测评的状态
A7	响应队伍是否具备技术搜索能力
A8	响应队伍是否具备犬搜索能力
A9	响应队伍是否具备营救能力
A10	响应队伍是否具备医疗能力

（续）

A11	响应队伍是否具备危险品侦检能力
A12	响应队伍是否配备结构工程师？如有，填写工程师数量
A13	响应队伍是否有能力建立临时现场行动协调中心 / 接待和撤离中心
A14	响应队伍是否有能力支持城市搜索与救援协调
A15	描述其他能力，如：自我运输保障，水域乘船救援能力等
A16	预计到达受灾区域的日期，日期格式为 日 / 月 / 年
A17	预计到达受灾区域的时间，使用 24 小时制的当地时间填写
A18	到达受灾区域的地点（机场、城市、港口等）
A19	飞机类型（型号，大小）
B. 支持需求	
B1	自备水可持续天数
B2	自备食物可持续天数
B3	确认是否需要地面运输支持
B4	确认是否需要物资支持
B5	需要运输支持的人员总数
B6	需要运输支持的搜救犬总数
B7	需要运输支持的装备总重量，以吨为单位
B8	需要运输支持的装备总体积，以立方米为单位
B9	每日所需汽油量，以升为单位
B10	每日所需柴油量，以升为单位
B11	确认是否需要切割用氧气
B12	确认是否需要切割用丙烷
B13	确认是否需要医用氧气补给
B14	行动基地所需用地面积，以平方米为单位
B15	其他后勤需求
C. 联系方式	
C1	队伍联络人的姓名或职务

（续）

C2	队伍联络人的移动手机号码
C3	队伍联络人的卫星电话号码
C4	队伍联络人的电子邮箱地址
C5	行动联络人的姓名或头衔
C6	行动联络人的移动手机号码
C7	行动联络人的电子邮箱地址
C8	政策联络人的姓名或头衔
C9	政策联络人的移动手机号码
C10	政策联络人的电子邮箱地址
C11	行动基地的位置或地址，如知道需填写
C12	行动基地无线电频率，以兆赫兹为单位
C13	行动基地 GPS 坐标，标准 GPS 格式为地图数据 WGS84。如有可能，请使用十进制坐标系，如 Lat ± dd.dddd° Long ± ddd.dddd°
D. 撤离信息（如知晓，请填写）	
D1	预计从受灾区域撤离的日期，日期格式为 日 / 月 / 年
D2	预计从受灾区域撤离的时间，使用 24 小时制的当地时间填写
D3	撤离受灾区域的地点（机场、城市、港口等）
D4	离开受灾区域的运输情况，如航班信息
D5	确认是否需要地面运输支持
D6	确认是否需要物资支持
D7	需要运输支持的人员总数
D8	需要运输支持的搜救犬总数
D9	需要运输支持的装备总重量，以吨为单位
D10	需要运输支持的装备总体积，以立方米为单位
D11	装卸协助需求，如叉车等
D12	在撤离地点的临时住宿需求
D13	其他信息或者后勤需求

附件 B5 接待和撤离中心建立核查表

接待和撤离中心建立核查表 
确定机场管理局或相应机构，明确空中和地面交通控制、行政、后勤、海关、边检、安保、人道主义援助存储设施联络人。若有必要，确定军事联络员
安排机场的公务通行，尤其是若需要，应安排从机场飞机通道通行
向机场管理局简要介绍接待和撤离中心和现场行动协调中心的合作意图，以及其如何支持国际人员和救济物资的到达
商议接待和撤离中心的地点，该地点要明显并便于接近，但不能过于影响公众通行
为接待和撤离中心设立通信链接并架设通信技术设备
设立一个或多个明显和便于接近的接待台
为人群管理做准备，包括： （1）在机场各处设置接待和撤离中心的指引标识。 （2）在接待处和接待和撤离中心设置明显的标记（接待和撤离中心旗帜）；安排寻呼机场管理局
为到达的队伍准备等待区，包括搜索犬的区域
为到达的队伍安排通关、入境并提供行政支持
安排运送队伍至灾害现场
准备有关此行目的、联络信息、情况更新的分发简报
若有条件，分发地图
为到达队伍的登记准备调查问卷
为到达的队伍准备简报
准备为将要离开的队伍提供保障，包括住宿、后勤、机票预订
为将要离开的队伍准备调查问卷
制定撤离策略，包括确认应维持的识别程序和应移交的实体
联系相关负责单位，向其提供有关接待和撤离中心意图和能力的信息，协助机场管理局使抵达的国际救援队伍能够迅速赶赴灾区

（续）

设立一系列岗位，使到达的救援队伍快速完成手续。岗位应包括入境、海关、报到、简报、后勤和通往现场的交通
在行动中监督接待和撤离中心人员的活动
确保从接待和撤离中心到现场行动协调中心／城市搜索与救援协调单元和地方应急管理机构的信息流
与地方应急管理机构和机场管理局合作，为抵达的国际救援队伍提供后勤保障。这项任务包括明确抵达的城市搜索与救援队的后勤需求，与地方应急管理机构一起做必要的后勤安排，还有为刚抵达的救援队伍做简报
若现场行动协调中心和地方应急管理机构要求接待和撤离中心协助追踪国际捐赠，那么这项责任将归属接待和撤离中心／城市搜索与救援协调单元的后勤职能
联系后勤群组，若其已被建立
确保建立接待和撤离中心，包括设立岗位以便抵达的救援队伍快速完成手续
确保用以执行任务的电子设备的设置和运行，包括通信技术设备、接待和撤离中心的互联网连接及通信
到达的救援队伍在专门的接待处注册信息，并与现场行动协调中心和其他利益相关者分享该信息
建立定期的电子文档归档和备份制度

接待和撤离中心结构计划

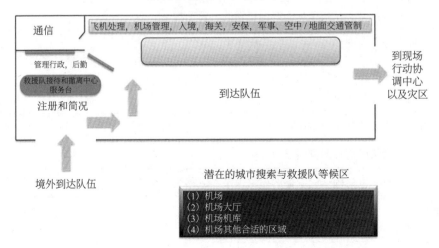

附件 B6 接待和撤离中心汇报材料

<table>
<tr><td colspan="4">接待和撤离中心汇报材料
（含有重要信息，将分发给抵达的城市搜索与救援队）</td><td colspan="2"></td></tr>
<tr><td colspan="6">A 形势报告</td></tr>
<tr><td>A.1</td><td colspan="2">日期［日—月］</td><td colspan="3"></td></tr>
<tr><td>A.2</td><td colspan="2">时间［小时：分钟］</td><td colspan="3"></td></tr>
<tr><td>A.3</td><td colspan="2">灾区概况</td><td colspan="3"></td></tr>
<tr><td>A.4</td><td colspan="2">响应</td><td colspan="3"></td></tr>
<tr><td>A.5</td><td colspan="2">协作机制</td><td colspan="3"></td></tr>
<tr><td>A.6</td><td colspan="2">安全事宜</td><td colspan="3"></td></tr>
<tr><td>A.7</td><td colspan="2">保卫事宜</td><td colspan="3"></td></tr>
<tr><td>A.8</td><td colspan="2">所用的 GPS 坐标（一般都是 WGS84）</td><td colspan="3"></td></tr>
<tr><td colspan="6">B 行动基地地址</td></tr>
<tr><td>B.1</td><td colspan="2">分区</td><td colspan="3"></td></tr>
<tr><td>B.2</td><td colspan="2">城市</td><td colspan="3"></td></tr>
<tr><td>B.3</td><td colspan="2">地址</td><td colspan="3"></td></tr>
<tr><td>B.4</td><td colspan="2">地名</td><td colspan="3"></td></tr>
<tr><td rowspan="2">B.5</td><td rowspan="2" colspan="2">GPS—坐标
［纬度/经度 Hddd.Dddd°］</td><td>纬度</td><td colspan="2"></td></tr>
<tr><td>经度</td><td colspan="2"></td></tr>
<tr><td colspan="6">C 现场行动协调中心详情</td></tr>
<tr><td>C.1</td><td colspan="2">分区</td><td colspan="3"></td></tr>
<tr><td>C.2</td><td colspan="2">城市</td><td colspan="3"></td></tr>
<tr><td>C.3</td><td colspan="2">地址</td><td colspan="3"></td></tr>
<tr><td>C.4</td><td colspan="2">地名</td><td colspan="3"></td></tr>
<tr><td rowspan="2">C.5</td><td rowspan="2" colspan="2">GPS—坐标
［纬度/经度 Hddd.Dddd°］</td><td>纬度</td><td colspan="2"></td></tr>
<tr><td>经度</td><td colspan="2"></td></tr>
<tr><td>C.6</td><td colspan="2">线路信息（如绕路、堵塞）</td><td colspan="3"></td></tr>
<tr><td>C.7</td><td colspan="2">电话号码</td><td colspan="3"></td></tr>
<tr><td>C.8</td><td colspan="2">无线电频率</td><td colspan="3"></td></tr>
<tr><td>C.9</td><td colspan="2">电子邮件地址</td><td colspan="3"></td></tr>
<tr><td>C.10</td><td colspan="2">下一次现场行动协调中心会议</td><td colspan="3"></td></tr>
<tr><td colspan="6">D 队伍需求</td></tr>
<tr><td>D.1</td><td colspan="2">运输</td><td colspan="3"></td></tr>
<tr><td>D.2</td><td colspan="2">供给</td><td colspan="3"></td></tr>
<tr><td colspan="6">E 其他信息</td></tr>
</table>

接待和撤离中心汇报材料

填写说明

A	情况报告
A.1	情况报告的日期格式为日，用数字表示，月用三个字母表示，如 13APR
A.2	情况报告的时间；24 小时制的当地时间
A.3	灾区概况
A.4	响应等级（如城市搜索与救援队的出队人数）
A.5	适合该响应的合作框架
A.6	国家或灾区总体安全事宜
A.7	国家或灾区总体安保事宜
A.8	使用地方应急管理机构和现场行动协调中心指定的 GPS 坐标系；默认为 WGS84 十进制坐标，如 N/S ± 12.3456°　E/W ± 123.4567°
B	行动基地地址
B.1	行动基地所在的分区，如果知道
B.2	行动基地所在的城市
B.3	行动基地的地址
B.4	行动基地所在的地名
B.5	行动基地的 GPS 坐标使用 WGS84 十进制坐标，如 N/S ± 12.3456°　E/W ± 123.4567°
C	现场行动协调中心详情
C.1	现场行动协调中心所在的分区
C.2	现场行动协调中心所在的城市
C.3	现场行动协调中心的地址
C.4	现场行动协调中心所在的地名
C.5	现场行动协调中心的 GPS 坐标使用 WGS84 十进制坐标，如 N/S ± 12.3456°　E/W ± 123.4567°
C.6	通往现场行动协调中心的道路信息（如绕路、堵塞）
C.7	现场行动协调中心的联系电话，如果知道
C.8	无线电频率
C.9	电子邮件地址
C.10	下一次现场行动协调中心会议的具体时间和日期
D	队伍需求
D.1	运输能力和请求流程
D.2	供给能力和请求流程

附件 B7　安全简报

队伍刚抵达时使用：

简报内容和结构

1. 背景——当地地理环境

— (1) 涵盖周边邻国。

— (2) 主要物流中心（机场、港口等）。

— (3) 地形地貌。

— (4) 主要特点。

— (5) 人口中心。

— (6) 使用地图——直观材料。

— (7) 公路道路条件。

背景——当地历史

— (1) 重要日期和事件。

— (2) 种族群落——规模和位置。

— (3) 历史上的依赖程度——受他人影响。

— (4) 主要的收入来源（工业、农业、矿业）和位置。

政治问题

— (1) 主要政党和 / 或政客。

— (2) 目的、目标和动态。

— (3) 影响程度。

— (4) 其他相关事宜。

2. 你的任务——其他利益相关者——新成员

— (1) 你的任务、角色和指令。

（2）你的位置和范围。

（3）国有资产的位置。

（4）其他国际利益相关者的位置。

（5）民事军事合作和协作。

3. 安全概况

（1）安全形势概况。

（2）近期安全事件。

（3）武装团体、分裂分子、好战分子。

（4）敏感事项 / 自然灾害。

（5）危及安全的其他方面（如犯罪）。

（6）危险品。

威胁和风险

（1）一般威胁和风险。

（2）对威胁的响应。

（3）行动限制、"越界"地段或戒严。

（4）其他组织的威胁等级（如 UN 分级系统）。

安保计划

（1）计划大纲和目标。

（2）可从何处得到。

（3）避寒、迁移、撤离的程序（启动、安全避难所、线路、优先事项等）。

（4）办公地点的应急和安保程序（火灾或爆炸，安全的房屋——避寒）。

4. 医疗计划——通信录

（1）国际医疗援助（医务部门、民事 / 军事等）。

（2）当地医院（推荐和不推荐）。

（3）位置和联系方式（使用地图）。

（4）推荐你随身携带的东西。

（5）医药箱（车辆／建筑物）。

（6）现场的医疗状况（疾病）。

（7）危险动植物。

5. 当地法律和习俗

（1）当地警察。

（2）其他相关的应急机构。

（3）重要的法律（不寻常的或与众不同的法律）。

（4）联系方式（如果相关且有用）。

（5）驾驶规则。

（6）特殊的着装要求。

（7）其他当地习俗。

问题和答案？

_____

_____

附件 B8　机场评估

表格：AA-2.2

机场评估（概要）

发送完整的评估至 asscssments@unilc.org

填表说明

这个快速评估表格是用来通知联合国联合后勤中心机场是否可用，部分可用还是完全可用。如果有足够的时间，请使用正常格式来做机场评估。确保使用正确的机场名称。由控制塔（如果有的话）获取经纬度坐标，并采用十进制（使用 GPS）。试着从当地权威机构获取信息。如果时间不充裕，专注于提供主要跑道的数据。在备注栏标出哪些导航设备可供使用或不可用

（续）

基本情况								
姓名								
电子邮件								
评估日期	日 / 月 / 年							
位置详情								
国家								
机场名称或最近的城市								
海拔	英尺	未知						
纬度（N/S）十进制								
经度（E/W）十进制								
ICAO 代码		未知						
机场详情								
最近见过在该机场运转的最大的飞机是哪架？								
控制塔	是 确认	是 不适用	否	未知	货物卸载设备	是	否	未知
VHF 无线电	是 确认	是 不适用	否	未知	型号	是	否	未知
燃料	是 确认	是 不适用	否	未知	型号	是	否	未知
中等尺寸 AC 的停机容量	---AC			未知	地面电源	是	否	未知
导航设施	是 确认	是 不适用	否	未知	消防	是	否	未知
安保	良好 / 临界 / 不好			未知				
跑道 1								
长度（公布的）	米							
可用的长度	米							
宽度	米							
地表	铺砌	碎石	土地	草地				
方位								
跑道 2								
长度（公布的）	米							
可用的长度	米							
宽度	米							
地表	铺砌	碎石	土地	草地				
方位								

（续）

一般注意事项：
1. 日期格式都是日 / 月 / 年。
2. 所有的测量单位都是米制（千米、公吨等），除了机场海拔用英尺表示
备注：

附件 B9　现场行动协调中心规划指南

A	现场行动协调中心位置									
A.1	队伍编号（代码）									
A.2	日期	日—月								
A.3	时间	小时：分钟								
A.4	分区									
A.5	城市									
A.6	地址									
A.7	地名									
A.8	GPS 基准，默认为 WGS85									
A.9	GPS 坐标 ［纬度 / 经度 ± ddd.dddd°］	纬度								
		经度								
B	形势报告									
B.1	灾区情况概述									
B.2	响应									
B.3	协作机制									
B.4	安全事宜									
B.5	保卫事宜									
C	上一个行动阶段工作									
C.1	作业现场的位置									
C.2	救出受困人员人数	人								
C.3	找到遗体的数量	人								
C.4	建筑物评估的数量	座								
C.4.1	完全倒塌	座								
C.4.2	部分倒塌	座								

（续）

C.4.3	未损毁	座		
D 下一个行动阶段的任务				
D.1	搜索任务			
D.2	救援任务			
D.3	医疗任务			
D.4	工程任务			
E 城市搜索与救援队的需求				
E.1	人员（翻译、司机、向导）			
E.2	车辆（轿车、卡车）			
E.3	食物			
E.4	水			
E.5	避难所			
E.6	用作支撑的木材			
E.7	发电机所用燃料			
E.8	车辆所用燃料			
E.9	重型装备			
F 受灾人员的需求				
F.1	任务区域的受灾人口			
F.2	避难所			
F.3	卫生			
F.4	医疗			
F.5	其他			
G 行动基地位置				
G.1	分区			
G.2	城市			
G.3	地点—代码			
G.4	地址			
G.5	地名			
G.6	GPS 坐标 ［纬度 / 经度 ± ddd.dddd°］	纬度		
		经度		

（续）

H	通信手段	
H.1	电话号码	
H.2	无线电频率	
I	临时现场行动协调中心的移交	
I.1	临时现场行动协调中心移交给谁	
I.2	现场行动协调中心的移交日期	日—月
I.3	临时现场行动协调中心的移交时间	小时：分钟
J	其他信息	

附件 B10　城市搜索与救援协调单元建立核查表

城市搜索与救援协调单元建立核查表

与现场行动协调中心和其他救援组织建立联系

向现场行动协调中心确认一个合适的行动基地位置。
在控制范围内，分配人员职能和主要职责领域

与城市搜索与救援队的队长们进行内部会议并发布简报

先期确定优先区域，以部署城市搜索与救援资源，指导救援力量到最需要的区域、跟踪
进度，并按需调整响应安排

向现场行动协调中心／地方应急管理机构简要介绍正在进行的行动

协调损毁评估

监控和评估行动的效率、效果和影响

监控接待和撤离中心活动

收集、整理、分析和传播收到的与建筑物坍塌相关的行动信息，包括即将到位的人道主
义援助的后勤协调

检查城市搜索与救援协调单元信息流（输入、过程、输出）

准备和分发形势报告

协调制订和执行通用的评估调查、问卷和其他信息收集工具

保证城市搜索与救援协调单元有足够的工作和住宿空间

保证满足城市搜索与救援协调单元的交通运输需求

（续）

按要求确认当地后勤资源，如交通、燃料、服务与安全
确认／建立／维持必需的技术需要，包括电力、照明等，保证城市搜索与救援协调单元的正常运营
确定设备和各类设施是否够用
紧密联系其他救援机构和后勤群组（如已建立），以确保协调公共后勤服务
经现场行动协调中心／地方应急管理机构确定，提供海关通关、本地文件和税收的程序
促进与其他救援机构在设施、供给和设备上的合作与共享
定期与其他国际协调机构沟通，确保定期的信息交流
与现场行动协调中心／地方应急管理机构合作，建立媒体互动指南
支持捐赠者／贵宾访客和实况调查任务
就媒体问题与现场行动协调中心／地方应急管理机构保持密切联系
更新城市搜索与救援协调单元工作人员和其他救援人员的安保信息，为城市搜索与救援协调单元制订安保计划，包括工作人员疏散计划
确保安全和保卫措施到位
监控安全形势和联合国安全阶段划分
若需要，向所有受灾方介绍安全程序，促进这些程序的实施
制订医疗后送计划
管理要求计划
文件和文档的收发信息
引入管理体制和程序，包括日志和文件存档体系
获取城市搜索与救援协调单元所需的地图、木板、文具和其他支撑材料
获取并运用翻译／口译服务
编制城市搜索与救援队伍中关于城市搜索与救援协调单元人员的名册
设立城市搜索与救援协调单元入口点以进行有效的人群管理
协助更新通信录
应城市搜索与救援协调单元负责人要求安排会议、汇报和其他活动
安排适当的行政支持和设备
为会议提供支持，如会场、汇报材料、联合主持等
建立信息管理体系，用于支持各群组信息管理系统
确保与相关政府机构的联系

附件 B11 现场行动协调中心/城市搜索与救援协调单元——地方应急管理机构简报

现场行动协调中心—地方应急管理机构简报 用于从地方应急管理机构收集信息		
A 形势报告		
A.1	日期	日—月
A.2	时间	小时 : 分钟
A.3	受灾区域形势概述	
A.4	协调机制	
A.5	安全问题	
A.6	保卫问题	
A.7	使用的基准（通常为 WGS84）	
B 当地响应组织		
B.1	能力	
B.2	组织机构	
B.3	城市搜索与救援综合本地响应	
C 行动进展		
C.1	正在进行的救援行动位置	
C.2	协助需求	
C.3	所需协助类型	
D 行动需求		
D.1	重型队数量	支
D.2	中型队数量	支
D.3	瓦砾清除装备	
D.4	木材、汽油、燃料	
E 医疗问题		
E.1	受害者移交程序（生存/死亡）	
E.2	当地紧急医疗能力	
E.3	城市搜索与救援队医疗后送计划	

（续）

F	通信	
F.1	蜂窝网络	
F.2	方案	
F.3	地方应急管理机构联系方式	
G	其他信息	

	Z 填表人信息	
	Z.1	姓名
	Z.2	职称 / 职务

附件 B12　标准会议议程核查表

标准会议议程核查表

标准会议议程核查表用于现场行动协调中心 / 城市搜索与救援协调单元 / 分区协调中心内部会议

INSARAG
Preparedness – Response

A	基本信息	
A.1	日期	日—月
A.2	时间	小时 : 分钟
A.3	城市	
A.4	分区	
A.5	地点 / 会场	
A.6	会议目的	
A.7	会议协调人（姓名 / 机构）	
B	概览	
B.1	形势	
B.1.1	安全	
B.1.2	保卫	
B.1.3	一般情况	
B.1.4	具体情况	
B.2	活动（现场 / 内部）	
B.2.1	已结束的活动	

（续）

B.2.2	正在进行的活动	
B.2.3	计划的活动	
B.3	资源	
B.3.1	现有资源	
B.3.2	即将到位的资源	
C　分析		
C.1	概要	
C.2	优先项	
D　下一步计划		
D.1	行动建议	
D.2	说明	
D.3	其他事宜	
D.4	问题	
E　下次会议		
E.1	日期	日—月
E.2	时间	小时 : 分钟

	Z　填表人信息	
	Z.1	姓名
	Z.2	职称 / 职务

附件 B13　任务分配信息包

任务分配信息包

本表用于在分配任务时向城市搜索与救援队介绍情况

INSARAG
Preparedness – Response

A　基本信息		
A.0	工作场地编号（如果是分配工作场地）	
A.1	被分配的队伍	
A.2	分配日期	日—月
A.3	分配时间	小时 : 分钟
A.4	分区	

（续）

A.5	城市											
A.6	街道 / 门号，地名											
A.7	GPS 坐标［纬 / 经 ± ddd.dddd。］（如果是工作场地分配，则为场地标记的位置，如果是分区评估，则是起始点的方角坐标）	纬度										
		经度										
A.8	GPS 坐标［纬 / 经 ± ddd.dddd°］（如果是分区评估，则是对角的坐标）	纬度										
		经度										
A.9	分区 / 工作场地边界描述（如有必要）											

B 任务信息

F.8	建筑物用途				
F.9	建筑类型				
F.10	建筑规模				
F.11	倒塌 / 损毁情况				
B.1	需要执行的 ASR 级别	ASR 2 级	ASR 3 级	ASR 4 级	ASR 5 级
B.2	报告频率和时间（按要求标记）				
B.3	后勤需求和供给				
B.4	通道 / 路径（描述）信息				
B.5	灾区现场相关行动联系人				
B.6	工作场地 / 分区内其他活动				
B.7	安全 / 安保问题				

C 附件

C.1	大范围评估报告	是 / 否
C.2	工作场地报告	是 / 否
C.3	前期工作场地报告	是 / 否
C.4	图片［文件名］	是 / 否

D 其他信息

	Z 填表人信息	
	Z.1	姓名
	Z.2	职称 / 职务

任务分配信息包填写说明

A	基本信息
A.0	若任务与工作场地相关，注明工作场地编号
A.1	被指派进行城市搜索与救援行动的工作场地队伍编码。格式是三个字母的奥林匹克国家代码加上国家队伍代码（如 GER01）
A.2	任务日期
A.3	任务时间
A.4	使用分区代码注明任务分区
A.5	城市
A.6	工作场地地址或坐标
A.7	若是工作场地分配，则为场地标记的位置坐标，若是分区评估，则是起始点的方角坐标
A.8	若为区域评估，注明任务分区与起始点相对的方角坐标
A.9	若需要，增加分区／工作场地的边界描述，作为对坐标的补充
B	任务详情
F.8	描述建筑物用途（如商业、居住、医院等）
F.9	建筑类型（如砖、钢筋混凝土、钢结构等）
F.10	建筑规模（如层数、地下层数、面积）
F.11	坍塌／损毁情况（如全部倒塌、部分倒塌、损坏等）
B.1	评估搜索救援任务的级别
B.2	按需要注明报告频率和时间
B.3	注明任何后勤要求以及可用供给
B.4	描述到达工作场地或任务区域的路径
B.5	包括行动现场相关当地联系人（如姓名、位置、卫星电话等）
B.6	描述工作场地分区内的其他活动
B.7	描述工作场地／分区的特别安全保卫问题
C	附件
C.1	如任务是分区任务（ASR 2 级），须附大范围评估报告
C.2	附分区评估—现场分类表
C.3	如其他城市搜索与救援队已经在工作场地，须附前期工作场地报告
C.4	附图片和文件名
Z	填表人信息
Z.1	填表人姓名
Z.2	队内职称或职务

附件 B14　行动基地要求

行动基地都需要些什么，又有哪些要求？

水、电和排污系统　　　　小汽车和卡车　　　　邻近行动现场

重型队用地面积 50 米 ×50 米（干燥、平面划分、俯瞰测量）

安保，检查建筑物的安全，天气状况，防盗措施

停车场 + 仓库区域（小汽车和卡车、救援材料、工具）

饮食 + 会谈（厨房、食物存储、饮食 + 会议）

宿营，休息 + 休闲（遛狗、就寝隐私、急救）

卫生（洗手间，淋浴，清洁 / 脏污区域）

工作场所（管理、传达、媒体）

附件 B15 行动基地布局

行动基地布局示例

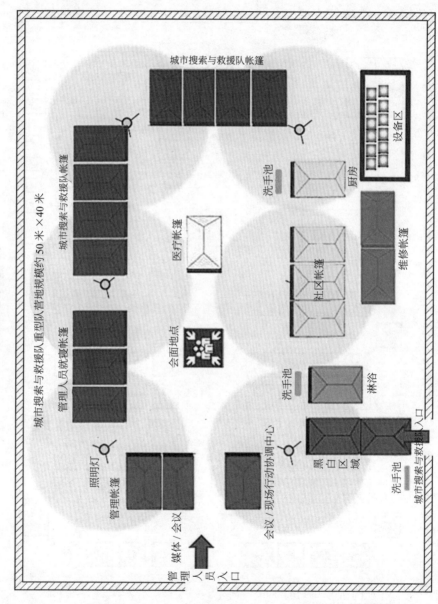

城市搜索与救援队帐篷

设备区

洗手池

厨房

城市搜索与救援队帐篷

城市搜索与救援队重型队营地规模约 50 米 × 40 米

医疗帐篷

维修帐篷

社区帐篷

管理人员就寝帐篷

会面地点

洗手池

淋浴

照明灯

管理帐篷

媒体/会议

会议/现场行动协调中心

黑白区域

城市搜索与救援队入口

洗手池

管理人员入口

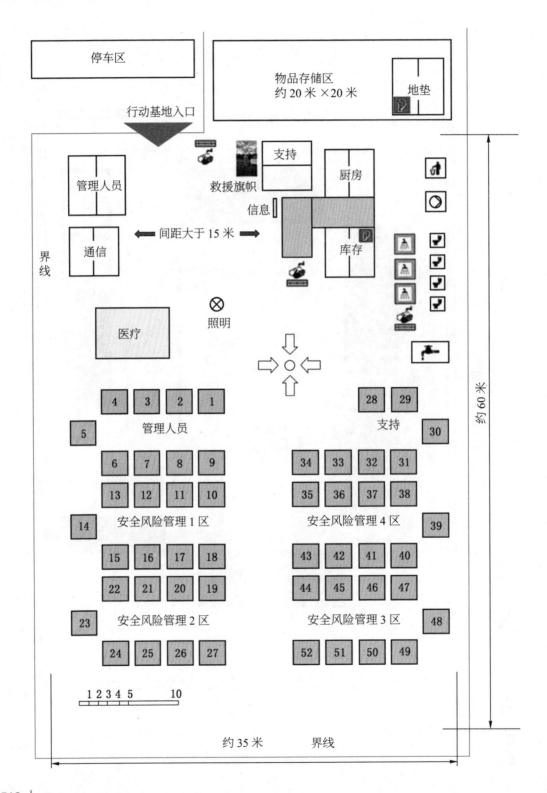

附件 B16   管理帐篷布局

管理帐篷示例

示例 1：

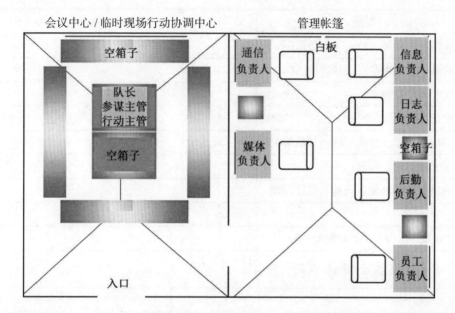

示例 2：

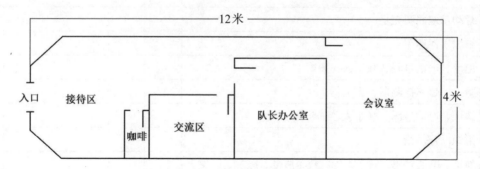

附件 B17　安全和安保计划

到达

1. 出发前收集现场信息

事项	√	×	备注
破坏情况、种类、地点、覆盖范围			
危险品信息、种类、份量（FEAT）			
天气和天气预报			
医疗情况			
行动地区犯罪、恐怖活动、暴乱情况			
特别文化信息、宗教			
当地特殊驾驶规定、当地人驾驶习惯			
地雷			
与 CoO/CMa 讨论 / 制定安保策略			

2. 行动基地行动准备期间的安全

事项	√	×	备注
检查自有物品是否齐全并且功能完善			
保护行动基地不受外部干扰			
行动基地照明充足			
组织安保巡逻			
地址、电话号码、联系人（警察）			
防火（烟雾探测器、灭火器）			
地址、电话号码、联系人（消防队）			
组织医疗供给			
地址、电话号码、联系人（急救车服务、医院、医生）			
寻求与地方应急管理机构、城市搜索与救援协调单元（联合国、欧盟）、其他队伍、非政府组织、群众、媒体的合作，进行安保			
天气预报和可能发生的危险情况			
行动区域的地形和可能存在的危险（河流、山坡）			
周围建筑可能存在的危险			

（续）

事项	√	×	备注
确定和标示集结地点			
异常气味			
地表／植物变色			
可疑的植物，当地出现落叶			
发生可疑的动物行为或出现很多动物尸体，同一种类动物聚集在同一个地点。			
当地人口异常病症的累积出现			
可疑的个人或群体			
军事设施、化工厂、仓库、冷库			
检查发生暴乱、犯罪行为的隐患点			
评估安全区、使领馆			
制定详尽的安保计划			
制作安全简报			
制定疏散计划			
给救援单位讲解特种危险品情况			
安装并关联人员检查系统			
检查进出区域洗消系统是否可用、在用			
检查队员相关的压力症状			
检查所有队员休息时间是否充足			

3. 工作场地

事项	√	×	备注
与主管部门／安全信息部门一起检查计划路线			
检查车辆情况（水、机油、汽油、蓄电池、车胎、安全装备、通信工具、确保没有可能引起麻烦的物品在车上，如毒品）			
检查司机状态			
务必检查通信模式，何人何时报告			
地雷			
禁入区域			

（续）

事项	√	×	备注
检查站、特殊行为			
警察护送或结队行车			

4. 工作场地安全

可能的危险 / 事项	√	×	备注
吸入有毒物			
有害物质的扩散			
恐惧反应			
坠落			
放射性 / 核危险			
生物危险			
化学危险			
精神崩溃			
溺水			
疾病			
倒塌			
爆炸			
电			
正确穿戴足够的个人防护装备（PPE）			
第一响应人控制体系，何人何处			
地形危险			
危险情况下行为准则			
建筑物、废墟、余震、环境等危险			
确定并沟通现场标记 / 障碍的类型			
异常气味			
地表 / 植物变色			
明显的植被，当地落叶			
发生可疑的动物行为或出现很多动物尸体，同一种类动物聚集在同一个地点			

（续）

可能的危险 / 事项	√	×	备注
当地人口异常病症的累积出现			
可疑的个人或群体			
军事设施、化工厂、仓库、冷库			
确定洗消场所			
与事件指挥者及救援单位沟通安保概念，包括疏散概念			
确认安保规定仍然有效，并确定人们仍遵守这些规定			

返程

事项	√	×	备注
检查返程的安全、区域、交通、暴乱			
完整且可用的特种部队装备，并打包			

附件 B18　疏散计划

行动基地疏散计划

警报方式（警报器、喇叭……）

信息列表

人员 / 机构	通信（电话、手机、卫星电话、甚高频、高频）

交通

车辆	人员

地点

集合地点（RV）		纬度	
		经度	
前往路线			
备用集合地点		纬度	
		经度	
前往路线			
边界穿越点		纬度	
		经度	
安全区、避寒区		纬度	
		经度	
前往路线			

疏散时携带物品：小背包（所有人）、通信设备（分队长）、急救用品（医护人员）

评估期间疏散计划

警报方式（警报器、喇叭……）

信息列表

人员 / 机构	通信（电话、手机、卫星电话、甚高频、高频）

交通

车辆	人员

地点

集合地点（RV）		纬度	
		经度	
前往路线			
备用集合地点		纬度	
		经度	
前往路线			
边界穿越点		纬度	
		经度	
安全区、避寒区		纬度	
		经度	
前往路线			

疏散时携带物品：小背包（所有人）、通信设备（分队长）、急救用品（医护人员）

现场疏散计划

警报方式（警报器、喇叭……）

信息列表

人员 / 机构	通信（电话、手机、卫星电话、甚高频、高频）

交通

车辆	人员

地点

集合地点（RV）		纬度	
		经度	
前往路线			
备用集合地点		纬度	
		经度	
前往路线			
边界穿越点		纬度	
		经度	
安全区、避寒区		纬度	
		经度	
前往路线			

疏散时须携带的物品：小背包（所有人）、通信设备（分队长）、急救用品（医护人员）。

附件 B19 大范围评估和分区评估

现场分区评估结果表

场地编号	建筑物用途	坐标	建筑类型	损毁程度	平面图	地下	楼层 1. 2.稳定性 3.空隙	可能的幸存者人数	入口	评估分类	ASR级别 1-2-3-4-5	优先级

用途:
T: 餐馆、酒吧
U: 公寓、宾馆; V: 写字楼、行政单位
W: 学校
X: 购物中心、贸易
Y: 工厂、工业
Z: 医院、养老院; 收容所 收

建筑类型:
A: 砖/混凝土楼板   B: 钢筋混凝土
C: 预制房
D: 砖/木质楼板
E: 钢筋混凝土墙体   F: 天然石料/土坯
G: 钢结构建筑
H: _____

损毁程度:
0: 无损毁
1: 中等
2: 较高
3: 坍塌

大空隙
小空隙
无空隙

平面图:
S: 正方形   R: 长方形
A: 角形   C: 形状复杂

受害者:
1- 确定存活
2- 失踪
3- 未知/死亡

地下:
S: 软   H: 硬
R: 岩石   N: 巢底

稳定建筑物:
无须加固即可开展救援活动

不稳定建筑:
救援活动开展前必须进行加固

极其不稳定:
在"不可进入"时适用
标记系统→信息报给地方应急管
理机构和现场行动协调中心

大范围评估					
（用于报告大范围评估中收集的信息）					INSARAG Preparedness – Response

F.1 队伍编号		F.3 时间		报告编号	
F.2 日期					

V- 基础信息

V.1- 评估地区名称［如分区名称］

V.2- 评估地区描述［如海边、丘陵、沼泽］

V.3-GPS 起始坐标（直角）［纬 / 经 ± ddd.dddd°］

V.4-GPS 最终坐标（对面直角）

V.5- 该地区城镇和乡村

W- 分区规划信息

V.1- 估计受损建筑数量	
V.2- 估计部分倒塌建筑数量	
V.3- 估计完全倒塌建筑数量	
V.4- 分区（如商业、住宅、工业）	
V.5- 估计潜在工作场地数量	
V.6- 估计受伤者人数	
V.7- 估计失踪者人数	
V.8- 估计死亡者人数	

X- 安保问题

X.1- 安全［危险 / 风险］：				
X.2- 安保（no.）	L	1 级—最低	2 级—低	3 级—中等
		4 级—略高	5 级—高	6 级—最高

Y- 后勤

行动基地可能地点	名称	
	面积	米 × 米

Z- 进入分区和分区内情况

（续）

Z.1-道路/桥梁情况可使用损坏	道路/桥梁清单：
可使用损坏	
可使用损坏	
可使用损坏	
可使用损坏	

Z.2-机场	机场名称：
可使用损坏	

Z.3-港口	
可使用损坏	

E 填表人：	
E.1 姓名：	
E.1 职称/职位：	

分区草图

（续）

<table>
<tr><td></td><td></td><td></td><td></td><td></td><td></td><td></td><td></td><td></td><td></td><td></td><td></td><td></td></tr>
<tr><td></td><td></td><td></td><td></td><td></td><td></td><td></td><td></td><td></td><td></td><td></td><td></td><td></td></tr>
<tr><td></td><td></td><td></td><td></td><td></td><td></td><td></td><td></td><td></td><td></td><td></td><td></td><td></td></tr>
<tr><td></td><td></td><td></td><td></td><td></td><td></td><td></td><td></td><td></td><td></td><td></td><td></td><td></td></tr>
<tr><td></td><td></td><td></td><td></td><td></td><td></td><td></td><td></td><td></td><td></td><td></td><td></td><td></td></tr>
<tr><td></td><td></td><td></td><td></td><td></td><td></td><td></td><td></td><td></td><td></td><td></td><td></td><td></td></tr>
<tr><td></td><td></td><td></td><td></td><td></td><td></td><td></td><td></td><td></td><td></td><td></td><td></td><td></td></tr>
<tr><td></td><td></td><td></td><td></td><td></td><td></td><td></td><td></td><td></td><td></td><td></td><td></td><td></td></tr>
</table>

其他信息：

附件 B20　评估、搜索与营救（ASR 级别）

ASR 级别	描述	定义与目的	何人 / 何时执行
1	大范围评估	为分区设置、行动基地选择和总体行动计划而对受灾区域进行的前期调查	受灾国的地方应急管理机构 / 联合国灾害评估和协调队 / 第一响应人 / 少数城市搜索与救援队
2	工作场地优先级评估	为确定任务分区内幸存者救援位置而进行的快速系统评估	派遣到相应分区的城市搜索与救援队
3	快速搜索与营救	在指派的工作场地前期开展的快速搜救行动，以最大限度挽救生命	派遣至相应区域的城市搜索与救援队
4	全面搜索与营救	在同一工作场地部署全部的城市搜索与救援力量，彻底搜寻所有可能存在幸存者的空间	派遣至相应区域的城市搜索与救援队
5	全覆盖搜索和恢复	全面搜寻整个工作场地，定位所有幸存者和遇难者。两种选择：①对坍塌建物全面挖掘；②逐个房间清查未坍塌建筑物	地方应急管理机构，有时在救援阶段与城市搜索与救援队一起行动

附件 B21　危险品评估指南

策略考虑

中型和重型国际城市搜索与救援队需具备能分辨危险环境的知识，将其对队员、灾民以及环境造成的损失、伤亡的风险降至最低。各救援队也应能够向他人说明其发现的污染情况。如上所述，国际城市搜索与救援队应该：

能够识别可能产生污染的情况；

具备技术专长，能为地方应急管理机构、现场行动协调中心和其他参与者提供可靠的建议；

能够进行环境侦测和监控，为队员提供基本的保护；

进行基本的洗消工作；

知道救援队处理复杂危险品方面的局限性

行动注意事项

若确定某个地点已被污染，或怀疑某个地点已被污染，则不应展开城市搜索与救援行动，直至适当的评估工作完成。若救援队能力所及，则可将污染源隔离；否则，应用警戒线隔离该区域作相应的标记，并立即报告城市搜索与救援协调单元。

一般情况下，评估疑似污染地点应采用如下方法：

确保方法安全——总是在逆风处和上坡的位置；

确保指挥和控制措施清晰明确且所有在场人员完全理解；

确保场地的安保，以保证其他人员的安全；

设法确定污染物（联合国编号、危险物品或危险化学品编号）；

评估潜在危害，在可能的情况下将环境污染减少到最小；

寻求协助—专家建议 / 其他资源，如有可能的话；

若救援队能力所及——排除危险；

始终做好最坏打算，直至证明并非如此；

洗消工作可能既需要装备又需要人力，因此应避免在该区域投入过多救援队精力；

无论何时使用防护服或防护装备，都必须考虑洗消措施

决策过程注意事项

向污染场所配置资源之前，以下事项必须考虑：

必须执行基于灾害 / 风险评估和现场调研的风险分析；

救援队伍应就幸存者救援和遇难者遗体收集进行风险评估；

救援队也应考虑邻近区域的其他优先搜救任务

现场行动注意事项

在任何现场展开搜救行动时，教援队应注意如下事项，并在行动期间进行监控：

氧气量；

物质或周围空气的可燃性；

毒性；

爆炸范围；

放射性监测

（续）

其他注意事项
以下事项也影响是否开展搜救行动： 空间条件——如果危害可轻易隔离或减轻，且已进行相关处置，则此情形可视为可处理，行动继续； 接近受害者所需时间——接近第一个受害者所需的预计时间。减轻危害、破拆地板、墙壁、屋顶等，支撑以及加固通道和相关毗邻结构所需时间应包括在内； 特定场所信息——应密切关注并监控特定类型的危害目标，尤其是那些涉及核能、放射性元素、特殊军事设施、化工厂和生物制品工厂或仓库； 洗消——周密计划，确保救援队有为队员，包括搜救犬，提供适当洗消的措施； 可入或禁入条件——和后续的危险评估； 完成任务所需时间； 现有人员保护装备的安全性和局限性； 利弊分析的结果

附件 B22　工作场地分类和结构评估

　　ASR 2 级分区评估的目的是为了评估倒塌建筑，确定可开展生命救援的场地。城市搜索与救援协调单元将使用这一信息列出优先顺序并决定分配哪支队伍去哪个场地。确定工作场地优先顺序时考量的一个条件是优先级分类。

　　优先级分类的目的是评估优选分类的相关因素，比较倒塌的建筑物结构并决定优先顺序。确定优先级分类的关键在于比较分类因素的一致性。

第一优先顺序：按幸存者情况进行分类。

　　工作场地优先级顺序的等级是基于以下幸存者的信息：确定存活幸存者的数量、可能存活幸存者的数量，以及在废墟中只有遇难者的情况。确定存活幸存者的场所优先于可能存活幸存者的场所。最高优先级是存活幸存者数量最多的工作场地。只有遇难者的建筑物可能只会在 ASR 5 级时分配给城市搜索与救援队。

　　为了帮助决定哪支队伍去哪个场地，进行场地优选分类的队伍应估计行动的时长。行动时长仅在评估人员知道被埋压人员位置时可以估计出来。行动时长将依据建筑结构，如材质和大小，并且还取决于装备和专业技术。评估应当基于队伍的一般能力，且总是一个粗略的结果。预估时长将帮助城市搜索与救援协调单元可以将较大的队伍派至困难的或者需要较长时间才能完成的较大场地。城市搜索与救援协调单元收集所有确定和可能存在生还幸存者的信息。除非是相关的信息，否则不收集所有遇难者的信息。

以下四个分类由上述分类策略得出：

分级策略	幸存者情况	预估行动时间
A	确定幸存者	少于 12 小时
B	确定幸存者	多于 12 小时
C	可能有幸存者	未评估
D	只有尸体	未评估

确定有幸存者：意味着城市搜索与救援评估队伍确定倒塌的建筑物中有人幸存。可能有幸存者：意味着在建筑物中存在有人幸存的可能，但评估队不能确认是否还活着甚至不知是否仍在建筑物中。比如说周围的人报告有人失踪，或者是学校在上课期间倒塌了。

只有遇难者：意味着没有生还者，但地方应急管理机构可能派出队伍去清理尸体。

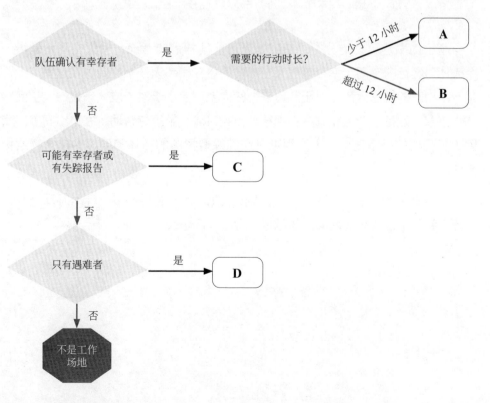

第二优先顺序：建筑物信息和行动限制。

在某些情况下，城市搜索与救援协调单元需要使用额外的建筑物和行动条件的相关信息，来对工作场地的优先等级进行排序。下面列举了有用信息的例子。这些没有被放在优先等级中，以避免优先级分类变得过于复杂。

建筑物相关信息包括以下四项内容：

> (1) **用途**：例如住宅、办公室、学校和医院等，这些将提供可能被埋压人员的迹象。
> (2) **场地大小（占地面积和楼层数量）**：建筑物越大，需要的行动时间越长。
> (3) **结构类型**：结构材料越重，需要的行动时间越长。
> (4) **倒塌建筑物分类**：①倾斜：一个、一些或者所有柱子和墙朝一个方向倒塌，致使楼层倾斜倒塌；②翻倒：一部分或整栋建筑向一侧倒塌；③饼式塌陷：一个、一些或所有楼层全部倒塌；④完全倒塌：一个、一些或所有楼层、柱子和墙倒塌，形成了一个瓦砾堆；⑤悬垂：建筑物较低的部分倒塌，较高的部分悬挂在低层的上方。

基于倒塌建筑物的分类，空隙信息可能同样需要考虑：①大空隙：是指一个人能够爬行的空间。幸存者在大空间内的生存概率大于小空间。在这里"大"是一个相对的概念，比如对于儿童来说的大空间会小于对于成人来说的大空间；②小空隙：是指一个人在其中很难移动，且只能平躺等待帮助。在小空间里，受困人员受伤的概率更大，因为很难有空间躲避掉落的物体和倒塌的建筑物结构部件。

与行动能力相关的因素有：①可用资源：资源限制越多，行动时间越长；②场地和队伍位置：场地离队伍越远，行动时间越长。

附件 B23 工作场地优先选择表

工作场地优先选择表
本表用于场地信息收集和优先级评估

建筑物信息				
E1. 工作场地代码		E2. GPS 坐标 十进制	± dd.dddd°	± ddd.dddd°
E3. 地址				
E4. 工作场地范围描述				
E5. 建筑物用途				
F9. 建筑材料				
F10. 楼层面积	米 × 米	F11. 楼层数量	层	F12. 地下室数量 层

幸存者情况		F8. 优先级分类		
F4. 由队伍确认废墟中被埋压幸存者数量	人		<12 小时	>12 小时
F5. 营救幸存者的工作时长是否将少于 12 小时	是 / 否	确认有存活的幸存者	A	B
F6. 被报告的总体失踪人数(只有可能存活的)，如果没有，填 0。如果 不知道，请不要填写	人	可能有存活的幸存者	C	
F7. 有没有遇难者？如果有，估计有多少？如果没有，填 0。如果不知道，请不要填写	人	只有遇难者	D	

F13. 建筑物倒塌情况

F15. 在此工作场地上可能需要开展的主要城市搜索与救援行动	
类型	人员数量，装备，装备需求等
A：搜救犬 / 技术搜索	详细信息：
B：支撑	
C：破拆	
D：抬升和移除	
E：绳索 / 高空作业	
F：医疗需求	

F16. 风险 / 危险 / 其他信息								
F1. 队伍编码	AAA	00	F2. 日期	日	月	F3. 时间	小时	分钟
填报人姓名				职称 / 岗位				

（续）

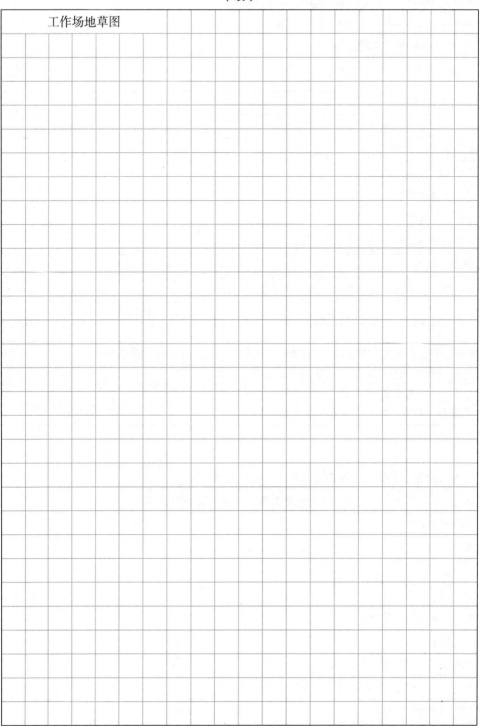

工作场地草图

工作场地优先选择表

填写说明

E1	工作场地代码：第一部分填写工作区域字母代码，第二部分填写工作区域数字代码，如 C-6。如果没有区域字母代码，则只填写数字代码。如有可能，随后补充。使用软件收集时，工作场地区域和数字代码分别在不同位置填写
E2	工作场地的 GPS 坐标，用作工作场地标记 标准 GPS 格式：地图数据 WGS84 或者地方应急管理机构要求的其他格式 如有可能尽量使用十进制坐标，如 Lat ± dd.dddd°　Long ± ddd.dddd°
E3	街道地址或工作场地的当地名称
E4	如果工作场地代码不能明确说明工作区域范围，则需要额外对工作场地区域范围进行描述。例如，一家医院可能是一个工作场地，但它可能包括几栋相关联的建筑，这种情况应在此处说明，如有必要请在表格后附上草图以说明情况
E5	描述建筑物的主要用途，如医院、工厂、办公楼、寺庙、居民楼、学校、带地下车库的公寓等
F1	执行评估任务的队伍编码。格式是三个字母的奥林匹克国家代码加国家救援队数字代码
F2	日期指的是完成优先选择评估的日期。日期用数字表示，月份用三个字母表示，如 13APR
F3	时间指的是完成优先选择评估的时间，使用 24 小时制的当地时间
F4	城市搜索与救援队确认的幸存者人数
F5	估算营救幸存者所需时间是否少于 12 小时。这将很难做到，但即使是一个大概的估算也将对工作场地优先级排序，以及派遣哪支队伍很有帮助。城市搜索与救援行动设定可以写在 F15
F6	估计并填写在工作场地失踪人员的数量。这个数字不包括 F4 和 F7 的数量。此数字表示的是在建筑物内额外可以被找到的幸存者人数。如果没有，请填 0。如果不知道，请不要填写数字
F7	如果工作场地内有遇难者，请填写估计的数量。如果没有，请填 0。如果不清楚，请不要填写
F8	使用优先等级方法图，确定优先等级字母
F9	描述主要的建筑物类型，如钢筋混凝土、钢结构、砖石结构、石造建筑、木质结构等
F10	给出建筑物 / 废墟的占地面积，用"米 × 米"表示，如 25 米 × 40 米

（续）

F11	给出建筑物地面以上的层数
F12	给出地下室的数量（如果有）
F13	描述建筑物倒塌类型，如倾斜、馅饼状、完全倒塌、翻倒和／或悬垂。此处提供的是关于受困空间和建筑物稳定性的信息。如果有关联，请描述局部受损情况，如承重部分倾斜、开裂或失效
F14	简要描述工作场地存在的可能影响城市搜索与救援行动的危险或风险
F15	对所需的城市搜索与救援行动进行简要评估： 在勾选格中标记可能需要执行的城市搜索与救援工作类型； 使用文本框描述执行行动所需人员、装备和时间的初步估计
F16	风险／危险／其他信息，如结构稳定性

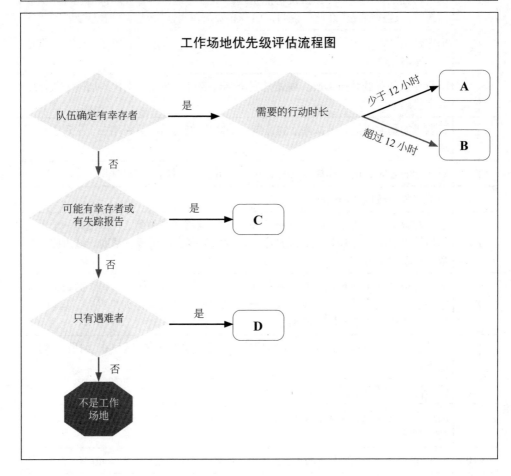

工作场地优先级评估流程图

附件 **B24** 工作场地报告表

工作场地报告表

本表用于报告工作场地在某个特定工作阶段的任务完成情况或用于场地交接

E1. 工作场地代码		E2. GPS 坐标 十进制		± dd.dddd°	± ddd.dddd°
E3. 地址					
E4. 工作场地范围描述:					

工作场地情况报告

行动报告时间段		G1. 开始日期	日	月	G2. 开始时间	小时	分钟
G3. 行动持续时间							
队伍情况	G4. 队伍编码	AAA	00	G5. 第二支队伍编码		AAA	00
G6. 正在实施中的 ASR 级别							
G7. 工作场地的其他行动:							
G8. 可从工作场地中撤出的资源							
G9. 工作场地存在的危险和风险:							
G10. 工作场地相关行动联系人:							
G11. 报告编号		G12. 任务是否完成		是 / 否			

工作场地计划信息

G13. 工作场地仍未找到的失踪人员数量	人
G14. 确定存活或正在被施救的幸存者数量	人
G15. 是否已提交所有的埋压人员解救表	是 / 否
G16. 下一个工作阶段的任务计划概要:	
G17. 后勤需求和其他信息:	

任务预计完成时间		G18. 日期	日	月	G19. 时间	小时	分钟
填表人姓名			职称 / 岗位				

（续）

工作场地草图

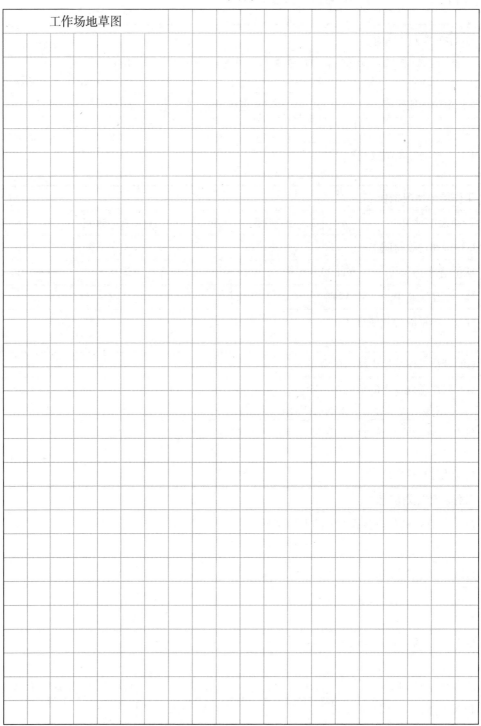

工作场地报告表

填写说明

E1	工作场地代码：第一部分填写工作区域字母代码，第二部分填写工作区域数字代码，如 C-6。如果没有区域字母代码，则只填写数字代码
E2	工作场地的 GPS 坐标，用作工作场地标记 标准 GPS 格式：地图数据 WGS84 或者地方应急管理机构要求的其他格式 如有可能尽量使用十进制坐标，如 Lat ± dd.dddd°　Long ± ddd.dddd°
E3	街道地址或工作场地的当地名称
E4	如果工作场地代码不能明确说明工作区域范围，则需要额外对工作场地区域范围进行描述。例如，一家医院可能是一个工作场地，但它可能包括几栋相关联的建筑，这种情况应在此处说明，如有必要请在表格后附上草图以说明情况
G1	本行动报告时间段开始日期。日期用数字表示，月份用三个字母表示，如 12NOV
G2	本行动报告时间段开始时间。使用 24 小时制的当地时间
G3	行动的持续时间
G4	被指派到工作场地执行城市搜索与救援行动的队伍编码。格式是三个字母的奥林匹克国家代码加上国家队伍数字代码
G5	被指派到工作场地执行城市搜索与救援行动的第二支队伍编码。格式是三个字母的奥林匹克国家代码加上国家队伍数字代码
G6	说明 ASR 级别。在格子内填写 3、4 或 5
G7	列出工作场地其他行动，如大规模支撑作业，由当地起重机操作员辅助开展的重型抬升工作
G8	列举可从工作场地撤离的资源。如不再需要起重机
G9	简要描述工作场地存在的可能影响城市搜索与救援行动的危险或风险
G10	列出在工作场地的当地相关联系人，如：建筑所有人、当地救援队队长、当地起重机操作员
G11	如长时间救援行动需要填写多张报告单，同一工作场地报告单应按序号标出
G12	标出工作场地任务是否完成（是或否）
G13	为制定工作计划，说明工作场地尚被认为失踪的人数
G14	工作场地尚存活或正在被施救的人员数量
G15	明确是否所有的压埋人员解救情况表已完成（提醒用）
G16	工作场地下一个工作时间段行动计划纲要
G17	列出工作场地当前救援行动的后勤需求及其他相关信息，包括所附照片、场地中已知的遇难者人数等
G18	预计工作场地任务完成日期
G19	预计工作场地任务完成时间

附件 B25 灾害事件 / 分区情况报告

灾害事件 / 分区情况报告 |||||||| INSARAG Preparedness – Response
本表用于总结某一灾害事件或分区内的行动情况								

本表格用途：			如果是分区报告，请填写以下内容：				
1 事件报告			3 分区编号			
2 分区报告			4 分区名称			
报告时间段	5 开始日期		6 开始时间			
	7 结束日期		8 结束时间			

本报告时间段情况								
9 城市搜索与救援队数量	重型	个	中型	个	其他	个		
10 已确定的工作场地总数	个							
11 工作场地情况	总数		ASR 3 级		ASR 4 级		ASR 5 级	
12 目前正在执行任务的工作场地数量	个		个		个		个	
13 目前正在等待开始的工作场地数量	个		个		个		个	
14 目前已完成任务的工作场地数量	个		个		个		个	
15 埋压人员信息	本阶段		总计				
16 被解救的幸存者数量	人		人				
17 遇难者遗体被移除的数量	人		人				
18 其他行动：								
19 安全事宜：								
20 安保情况：								

计划编制			
下一个行动 / 报告时间段	21 开始日期	22 开始时间	
	23 结束日期	24 结束时间	
25 下一个行动阶段的目标：			
26 是否需要额外的救援队伍	重型	中型	
27 是否需要其他资源：			
28 是否有可供再调遣的队伍或其他资源：			
29 其他计划问题：			
填表人姓名		职称 / 岗位	

（续）

目前灾害事件 / 分区内的城市搜索与救援队			
序号	队伍编码	队伍名称	说明
1	AAA 00		
2	AAA 00		
3	AAA 00		
4	AAA 00		
5	AAA 00		
6	AAA 00		
7	AAA 00		
8	AAA 00		
9	AAA 00		
10	AAA 00		
11	AAA 00		
12	AAA 00		
13	AAA 00		
14	AAA 00		
15	AAA 00		
16	AAA 00		

灾害事件 / 分区内的其他队伍和资源			
序号	名称	类型	说明
1			
2			
3			
4			
5			
6			
7			
8			
9			

灾害事件 / 分区情况报告	

填写说明

1	如果本表目的是提供整体灾害事件的情况说明，请在格子内画"×"
2	如果本表目的是提供某一特定分区的情况说明，请在格子内画"×"
3	如果本表目的是提供某一特定分区的情况说明，请填写分区代码（如字母）
4	如果本表目的是提供某一特定分区的情况说明，请填写分区名称（如果有）
5	本报告时间段开始日期。日期用数字表示，月份用三个字母表示，如 12 NOV
6	本报告时间段开始时间。使用 24 小时制的当地时间
7	本报告时间段结束日期。日期用数字表示，月份用三个字母表示，如 12 NOV
8	本报告时间段结束时间。使用 24 小时制的当地时间
9	根据国际搜索与救援指南填写灾害事件 / 分区内的城市搜索与救援队数量
10	本报告时间段在灾害事件 / 分区内已确定的工作场地总数，含已开始或未开始行动的
11	本栏是总结当前灾害事件 / 分区内工作场地的情况。总数是指灾害事件 / 分区内各种工作场地（包括正在执行任务、等待和已完成任务）的总数。ASR 3 级、ASR 4 级、ASR 5 级：在工作场地开展的评估、搜索和营救级别依照国际搜索与救援咨询团协调手册确定
12	本报告时间段正在开展城市搜索与救援行动的工作场地数量，详细列出执行每一个 ASR 级别任务的工作场地数量
13	本报告时间段正在等待开展城市搜索与救援行动的工作场地数量，详细列出每一个 ASR 级别任务的工作场地数量
14	本报告时间段已经完成城市搜索与救援行动的工作场地数量。必须只记录在工作场地上已完成的最终 ASR 任务级别
15	灾害事件 / 分区内的被困人员信息 —本阶段：指当前报告时间段记录的被困人员数量 —总计：指自救援行动开始所累积记录的被困人员总数
16	灾害事件 / 分区内已被解救的幸存者人数
17	灾害事件 / 分区内已被清理的遇难者数量
18	灾害事件 / 分区内正在进行的其他行动（如分区内关键基础设施结构评估）
19	灾害事件 / 分区内需要被上报的安全问题
20	灾害事件 / 分区内需要被上报的安保情况

（续）

21	下一个行动 / 报告时间段开始日期。日期用数字表示，月份用三个字母表示，如 12 NOV
22	下一个行动 / 报告时间段开始时间。使用 24 小时制的当地时间
23	下一个行动 / 报告时间段结束日期。日期用数字表示，月份用三个字母表示，如 12 NOV
24	下一个行动 / 报告时间段结束时间。使用 24 小时制的当地时间
25	下一个行动阶段需要实现的目标
26	如需要其他救援队伍，请按照队伍类型详细列出
27	灾害事件 / 分区内需要的额外资源
28	列出灾害事件 / 分区内可供再调遣的队伍和资源
29	列出在下一个行动阶段必须被解决的计划问题

附件 B26　城市搜索与救援队标记系统和信号

1. 队伍功能识别

通过队服、徽标等上面的标记，反映出国家和队名。

人员：下列职位必须用英语、色彩清晰地标记在马甲、肩章、头盔等装备上面：①管理层：白色；②医疗人员：红十字／红新月；③安全官：橙色。

车辆上必须采用队旗、磁贴等方式来标记队伍名称。

2. 通用区域标记

采用橙色喷漆来书写所有标记。一一识别指定区域或者工作场地。具体为：

（1）以区域地址或位置标记。

（2）以地标或代号（如糖厂 1 号楼）标记。

（3）以地理坐标或 GPS 坐标标记。

（4）若没有地图，必须绘制草图并递交给城市搜索与救援协调单元。

（5）绘制地图时，首要的地理标记应是街道名称（附图 1）、楼号。若无法知晓街道名称、房号，地标应当作为参考，并确保所有救援机构普遍使用。

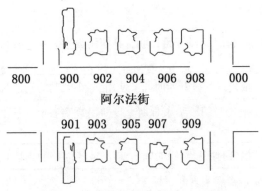

附图1　街道名称和建筑物编号标记

3. 结构定位标记

结构定位标记包括外部标记和内部标记。

外部标记：建筑结构临街一侧定位为第一侧面，建筑结构的其他侧面从第一侧面开始沿顺时针方向进行数字编号（附图2）。

附图2　建筑物外部标记示意图

内部标记：建筑结构的内部将被分为多个象限。象限按字母顺序从第一侧面（前）和第二侧面的相交处开始，按顺时针方向依次标记。四个象限相交的中心区域定义为象限E。象限E（中央大厅、电梯、楼梯等）适用于多层建筑。

4. 工作场地标记

1）受困人员标记

受困人员标记用于标识可能存在或已确认伤亡人员（幸存或遇难）的位置，如在废墟下方 / 被掩埋位置。

受困人员标记应使用下列方法：

当队伍（如搜救组）不在现场且无法立刻实施行动时，应进行现场标记。涉及多起伤亡灾害事件或搜索行动的具体位置无法确定时，应进行现场标记。

应在靠近伤亡人员的建筑表面进行标记，如附图 3 所示。

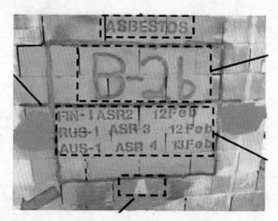

附图 3 现场标记示意图

队伍应根据情况使用自喷漆、建筑用蜡笔、贴纸、防水卡等材料书写标记。标记尺寸应在 50 厘米左右。

标记颜色需十分醒目，并与背景颜色形成反差。救援行动结束后，标记应被废弃。

除非建筑中有伤亡人员存在，否则不能在标有工作场地编号的建筑前侧标记。连续示例如下所示。

描述	示例	实例
大尺寸的"V"形标记适用于所有可能存在受困人员的位置，包括幸存受困人员或遇难者	V	
如果需要，"V"形标记旁可设置箭头，以标示位置	V	

（续）

描述	示例	实例
在"V"形标记下方："L"表示已确认的幸存受困人员，后跟一个数字（如"2"）表示该地点的幸存受困人员人数，如"L-2""L-3"等。"D"表示已确认的遇难者，后跟一个数字（如"3"）表示该地点遇难者人数，如"D-3""D-4"等	V L - 1 V D - 1	
如果伤亡人员救援已执行，则下方的相关标记将划掉并更新（如果需要）；例如，"L-2"可能被划掉，并标记"L-1"，表示只剩一名幸存受困人员未被救出	V L – 2 D – 1 L – 1	
如果所有的"L"和/或"D"标记都已被划掉，那么说明所有已知的受困人员均被转移	V L – 1 D – 1	

2）快速清理标记系统（RCM）

工作场地分类和标记系统只在有潜在生命的救援现场中使用。对没有能力或不需要救援的地方一般不做标记。这能使救援队伍更快地运作、最大限度地挽救生命并简化队伍间的协作。然而有这样的情况，当救援队已经确定此处没有幸存受困人员或只有遇难者时，留下一个标记是非常有意义的。留下标准的、无须作业的标记。除了可以防止救援队重复工作外，还有其他优点。当确定有必要进行此类协作和标记时，应当使用快速清理标记系统（RCM）。标记系统的使用应由城市搜索与救援队自行判断或由地方应急管理机构/现场行动协调中心/城市搜索与救援协调单元下达要求。

快速清理标识系统操作流程如下：

（1）救队或地方应急管理机构/现场行动协调中心做出执行此级标识的

决定。

（2）只有在可以快速完全搜索工作场地或有确切证据证实不可能进行场地救援时，才能使用快速清理标记系统。

（3）快速清理标记系统标识有两种："已清理"和"只有遇难者"。

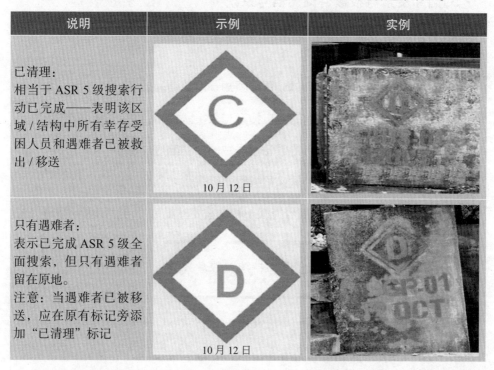

说明	示例	实例
已清理： 相当于 ASR 5 级搜索行动已完成——表明该区域 / 结构中所有幸存受困人员和遇难者已被救出 / 移送	C 10 月 12 日	
只有遇难者： 表示已完成 ASR 5 级全面搜索，但只有遇难者留在原地。 注意：当遇难者已被移送，应在原有标记旁添加"已清理"标记	D 10 月 12 日	

可应用于能够进行快速搜索或有确切消息证实没有幸存受困人员或只有遇难者的建筑物上。

可应用于非结构性区域——汽车 / 物体 / 附属建筑 / 废墟等——已按照以上标准完成搜索的区域。

标记在物体 / 区域上最明显 / 最合理的地方，以提供最好的视觉效果。

用大尺寸的"C"外加菱形框表示"已清理"，或用大尺寸的"D"外加菱形框表示"只有遇难者"。在其下方标注如下，并采用以下方式：

（1）队伍编码_____（如 AUS-01）。

（2）搜索日期_____/_____（如 10 月 19 日）。

（3）队伍可使用以下材料：自喷漆、建筑用蜡笔、贴纸、防水卡等。

（4）字体大小：约为 20 厘米 ×20 厘米。

（5）颜色：明亮且与背景颜色对比鲜明。

5. 国际搜索与救援咨询团信号系统

（1）有效的紧急信号系统对保证在受灾区域执行任务的安全性是至关重要的。

（2）城市搜索与救援队全体成员必须知晓紧急信号。

（3）紧急信号必须对所有的城市搜索与救援队通用。信号必须简洁清楚。

（4）队员必须能够对所有的紧急信号做出快速响应。

（5）哨子以及其他鸣笛装置必须按照如下规则发出信号：

疏散：三声短信号，每声信号持续 1 秒，重复发出信号，直到现场清理完成。

━━━　　━━━　　━━━

暂停行动—安静：一声长信号，持续 3 秒。

━━━━━━━━

恢复行动：一声长信号加一声短信号。

━━━━━　　━━

附件 B27　埋压人员解救情况表

埋压人员解救情况表		
本表用于收集被解救的埋压人员基本信息，并按指示递交至城市搜索与救援协调单元或者是地方应急管理机构	INSARAG Preparedness – Response	
E1. 工作场地代码	V1. 埋压人员编号	
工作场地代码及埋压人员编号组合起来是记录和追踪埋压人员的唯一编码		
E2. 埋压人员位置 GPS 坐标	E2.GPS 坐标　十进制	

（续）

E3. 地址	
G3. 队伍编码	
V2. 解救日期	
V3. 解救时间	

V4. 埋压人员其他信息；仅当地方应急管理机构或城市搜索与救援协调单元要求时记录，如：姓名、国籍、性别、年龄等

埋压人员位置

V5. 楼层		V6. 在建筑物中的位置	

V7. 解救埋压人员需要的工作级别（画"×"）

仅帮助		清除少量瓦砾		ASR 3 级		ASR 4 级		ASR 5 级	

V8. 解救所用时间总计		小时		分钟	

V9. 埋压人员状况	幸存		遇难	

V10. 埋压人员受伤情况	无危险		稳定		危重	

V11. 将埋压人员移交至：

当地居民/家庭		救护车		医疗队		野战医院	
直升机		医院		太平间		其他	

V12. 埋压人员接收人的姓名和联系方式：

V13. 其他信息（如参与解救工作的其他队伍）：

填表人姓名		职称/岗位	

埋压人员解救情况表

填写说明

E1	工作场地代码：第一部分填写工作区域字母代码，第二部分填写工作区域数字代码，如 C-6。如果没有区域字母代码，则只填写数字代码
V1	被解救埋压人员编号：每个从工作场地解救出来的埋压人员都应该被分配一个编号，简化使用 1 代表第一个被解救的，2 代表第二个，如此类推。同时，将工作场地代码进行组合，为每一名被解救的埋压人员提供一个唯一的、可记录和追踪的身份代码
E2	工作场地的 GPS 坐标，用作工作场地标记： 标准 GPS 格式：地图数据 WGS84 或者地方应急管理机构要求的其他格式。 如有可能尽量使用十进制坐标，如 Lat ± dd.dddd°　Long ± ddd.dddd°
E3	街道地址或工作场地的当地名称
G3	执行评估任务的队伍编码。格式是三个字母的奥利匹克国家代码加国家救援队数字代码（GER01）
V2	解救日期：日期用数字表示，月份用三个字母表示，如：JAN、FEB、MAR
V3	解救时间：使用 24 小时制的当地时间
V4	被解救埋压人员个人信息：由于受灾国或地区适用的患者保密限制，只有在城市搜索与救援队或地方应急管理机构的指示下，才进行个人信息收集 姓名：如果知道，或通过身份信息得到确认。 国籍：如果知道，或通过身份信息得到确认。 年龄：若有必要的话可进行估算。 性别：男性或女性
V5	埋压人员方位，楼层：埋压人员被解救时所在或估计的楼层
V6	埋压人员方位，在建筑物内的位置：指明埋压人员被解救时所在建筑物内的大致位置，如厨房、东南角
V7	城市搜索与救援队解救埋压人员需要的工作级别，最合适的 ASR 级别
V8	解救埋压人员花费的时间：小时和分钟
V9	埋压人员状态：在相关的方框里做记号，幸存或者遇难
V10	埋压人员的伤情：在相关的方框里做记号
V11	被解救的埋压人员移交给：在相关的方框里做记号，接收的个人或团体
V12	接收被解救埋压人员的联系方式
V13	其他信息：这一栏可以用来填写其他细节信息，如参与解救埋压人员的其他队伍

附件 B28 撤离表格

城市搜索与救援队撤离信息

进入撤离阶段后队伍需要填写的信息

预计离开信息					
D1. 预计离开日期			日 / 月 / 年		
D2. 预计离开时间			小时：分钟		
D3. 离开地点					
D4. 交通运输 / 航班信息					
是否需要支援	D5. 地面运输	是	×	否	×
	D6. 特殊需求	是	×	否	×
运输（仅在 D5 选择"是"时填写）					
D7. 人数		人	D8. 搜救犬数量		只
D9. 装备		吨	D10. 装备		立方米
特殊要求（仅在 D6 选择"是"时填写）					
D11. 装卸需求			是	×	否	×
D12. 在离境点的住宿需求			是	×	否	×
D13. 其他后勤需求					

撤离表格填写说明

D. 撤离信息（如知晓，请填写）	
D1	预计从受灾区域撤离的日期，日期格式为 日 / 月 / 年
D2	预计从受灾区域撤离的时间，使用 24 小时制的当地时间填写
D3	撤离受灾区域的地点（机场、城市、港口等）
D4	离开受灾区域的运输情况，如航班信息
D5	确认是否需要地面运输支持
D6	确认是否需要物资支持
D7	需要运输支持的人员总数
D8	需要运输支持的搜救犬总数
D9	需要运输支持的装备总重量，以吨为单位
D10	需要运输支持的装备总体积，以立方米为单位
D11	装卸协助需求，如叉车等
D12	在撤离地点的临时住宿需求
D13	其他信息或者后勤需求

附件 B29　任务总结报告

任务总结报告

在离开受灾国之前，所有城市搜索与救援队都应填写本表，并交送现场行动协调中心或接待和撤离中心

队伍编码	
队伍名称	
联系信息（国内）姓名	
电子邮件	
电话	
分配任务区域，行动分区	

结果

项目描述	
数量	
救出幸存者	
移除的遇难者	
对目前国际搜索与救援指南的建议：	

附件 B30 城市搜索与救援队总结报告

城市搜索与救援队总结报告

在国内或国际城市搜索与救援队行动结束后 45 天内，应向城市搜索与救援队秘书处提交一份总结报告，如有相关照片纪实，应附在报告中一同上交。

总结报告应包含下述大纲的内容

队伍名称	
任务	
概况	
准备	
动员	
行动	
与地方应急管理机构协调	
与现场行动协调中心协调	
与其他队伍合作	
行动基地	
队伍管理	
后勤	
搜索	
营救	
医疗	
撤离	
经验教训	
建议	
填表人	
联系方式	

图书在版编目（CIP）数据

国际搜索与救援指南. 2020 ／ 联合国人道主义事务
协调办公室（OCHA）编；中国地震应急搜救中心编译.
－－北京：应急管理出版社，2023
（国际人道主义灾害响应系列丛书）
ISBN 978－7－5020－9138－5

Ⅰ.①国… Ⅱ.①联… ②中… Ⅲ.①灾害—救援—
国际合作—指南 ②事故—救援—国际合作—指南 Ⅳ.
①X4－62②X928.04－62

中国版本图书馆 CIP 数据核字（2021）第 238079 号

国际搜索与救援指南（2020）
（国际人道主义灾害响应系列丛书）

编　　者	联合国人道主义事务协调办公室（OCHA）
编　　译	中国地震应急搜救中心
责任编辑	闫　非
编　　辑	王雪莹　孟　琪
责任校对	李新荣
封面设计	解雅欣
出版发行	应急管理出版社（北京市朝阳区芍药居 35 号　100029）
电　　话	010－84657898（总编室）　010－84657880（读者服务部）
网　　址	www.cciph.com.cn
印　　刷	北京地大彩印有限公司
经　　销	全国新华书店
开　　本	710mm×1000mm¹/₁₆　印张　36¹/₄　字数　622 千字
版　　次	2023 年 12 月第 1 版　2023 年 12 月第 1 次印刷
社内编号	20210782　　　　　定价　220.00 元